Fehlertolerante Auswertung von Messdaten

Daten- und Modellanalyse, robuste Schätzung

von
Prof. Dr.-Ing. Wilhelm Caspary

Oldenbourg Verlag München

Prof. Dr.-Ing. Wilhelm Caspary lehrte bis 2002 am Institut für Geodäsie der Universität der Bundeswehr München.

Bibliografische Information der Deutschen Nationalbibliothek

Die Deutsche Nationalbibliothek verzeichnet diese Publikation in der Deutschen Nationalbibliografie; detaillierte bibliografische Daten sind im Internet über http://dnb.d-nb.de abrufbar.

© 2013 Oldenbourg Wissenschaftsverlag GmbH
Rosenheimer Straße 143, D-81671 München
Telefon: (089) 45051-0
www.oldenbourg-verlag.de

Lektorat: Dr. Gerhard Pappert
Herstellung: Tina Bonertz
Titelbild: shutterstock.com; Illustration: Irina Apetrei
Einbandgestaltung: hauser lacour
Gesamtherstellung: Grafik + Druck GmbH, München

Dieses Papier ist alterungsbeständig nach DIN/ISO 9706.

ISBN   978-3-486-72771-5
eISBN   978-3-486-73579-6

Inhaltsverzeichnis

Vorwort

Als klassische Methoden der Mathematischen Statistik für die Auswertung von Beobachtungsreihen haben sich vor allem die Methode der kleinsten Quadrate, die Maximum Likelihood Methode und die beste lineare unverzerrte Schätzung durchgesetzt. Diese Methoden unterscheiden sich in der zu minimierenden Zielfunktion und damit in der zugrunde liegenden Theorie. Auf gutartige Beobachtungsreihen angewandt liefern sie aber gleichwertige, und unter bestimmten Voraussetzungen sogar identische, Resultate. Die Welt ist jedoch nicht immer gutartig. Daher hat man schon früh damit angefangen, Vorkehrungen gegen den Einfluss zweifelhafter Beobachtungsdaten auf das Beobachtungsergebnis zu treffen. Die wohl älteste Maßnahme besteht darin, den größten und den kleinsten Wert einer Beobachtungsreihe zu streichen, und für die weitere Berechnung nur die verbleibenden Werte zu verwenden. Im Laufe der Zeit sind viele Verfeinerungen und Alternativen zu diesem pragmatischen Vorgehen entwickelt worden. Heute steht eine kaum noch überschaubare Anzahl von Methoden zur fehlertoleranten Auswertung von Messreihen zur Verfügung, die den Anwender vor die kaum lösbare Aufgabe stellt, die für sein Problem am besten Geeignete auszuwählen.

Mit diesem Buch ist nicht beabsichtigt, das Arsenal an robusten Methoden um weitere Varianten zu vergrößern. Vielmehr sollen die für die praktische Auswertung von Messdaten wichtigsten Methoden mathematisch exakt dargestellt und hinsichtlich ihrer Eigenschaften kritisch verglichen werden, um eine Entscheidungsbasis für die Verwendbarkeit zu schaffen. Das Buch richtet sich in erster Linie an Ingenieur-, Geo- und Naturwissenschaftler, die ein solides Grundwissen in den Standardverfahren der angewandten Statistik besitzen, etwa in dem Umfang, wie es in [Caspary/Wichmann 2007] dargestellt ist, und sich für die immer wichtiger werdenden fehlertoleranten Schätzverfahren interessieren. Vor allem zwei Tendenzen sind es, die die Bedeutung dieser Methoden steigern. Zum Einem nimmt durch die moderne Sensortechnologie das Volumen an Messwerten gewaltig zu und ist nur noch mit automatischen oder zumindest automatisierten Auswerteverfahren zu bewältigen. Der prüfende Blick eines erfahrenen Beobachters auf die Messwerte, der bis vor kurzem noch die wichtigste Qualitätskontrolle darstellte, ist nicht mehr möglich. Zum Anderen erfordern viele Beobachtungen heute, zum Beispiel im Bereich des Katastrophenschutzes und der Geosensornetze, eine Auswertung in (oder nahezu in) Echtzeit. Auch hier sind automatisch ablaufende Prozeduren erforderlich, die robust gegen fehlerhafte Messwerte sein müssen.

Zwei unterschiedliche Strategien zur Behandlung fehlerbehafteter Messwerte haben sich in den zurückliegenden 40 Jahren herausgebildet und sind auch heute noch Gegenstand intensiver Forschung. Die erste Strategie setzt auf die Analyse von Messreihen und Auswertemodellen, um mögliche Ausreißer aufzudecken und zu eliminieren oder gesondert zu behandeln. Wichtigste Hilfsmittel sind dabei Verteilungsannahmen und statistische Tests. Die zweite Strategie setzt auf die Entwicklung von robusten Schätzverfahren, die auch dann noch brauchbare Ergebnisse liefern, wenn die Modellannahmen nur ungefähr zutreffen und die

Beobachtungen Ausreißer enthalten. [Barnett/Lewis 1994] kommentieren in ihrem Standardwerk *Outliers in Statistical Data* den Gebrauch dieser Strategien folgendermaßen:

> Thus we have an interesting dichotomy where: (i) **robustness** may be seen to include in a much broader compass (of possible alternative models to *F*) **some** concern for the effect of **outliers**, and (ii) the **study of outliers** may be seen to include, in a much broader compass (of different aims and objectives) **some** concern for the the notion of **robustness** of inference methods in the face of outliers. It is vital that we should recognize the **limited** extend of overlap of the two areas of study and not seek to marginalize the relevance of one or other of the two by tacitly assuming that one encopasses the other ('less important') one.

Beide Strategien haben große praktische Bedeutung und können wesentlich dazu beitragen, die richtigen Antworten zu erhalten und die richtigen Entscheidungen zu treffen, wenn die Datengrundlage von zweifelhafter Qualität ist. Die wesentlichen Entwicklungen auf diesem Gebiet und die überwiegende Anzahl von Veröffentlichungen stammen von Wissenschaftlern, die statistische Methoden in den Bereichen Ökonometrie, Medizin, Biologie und Geisteswissenschaften anwenden oder auf dem Gebiet der Mathematischen Statistik arbeiten. Die Adaption dieser Methoden ist in den Ingenieur- und Naturwissenschaften noch nicht sehr verbreitet, da die Beobachtungen hier in der Regel unter kontrollierten Bedingungen gewonnen werden und daher seltener fehlerhaft sind. [Bessel 1838] bemerkt dazu:

> Wir haben die Regel angenommen und ohne Ausnahme befolgt, die Anstellung einer Beobachtung selbst, als die Anerkennung hinreichend günstiger äußerer Umstände anzusehen; d. h. wir haben jede gemachte Beobachtung, und zwar alle mit gleichem Gewichte, zu dem Resultate stimmen lassen, ohne das etwanige Zusammentreffen ungünstiger Umstände mit der stärkeren Abweichung einer Beobachtung, als einen Grund zu ihrer Ausschließung gelten zu lassen. Wir haben geglaubt, nur durch die feste Beobachtung dieser Regel, Willkür aus unseren Resultaten entfernen zu können.

Diese Auffassung ist heute aber nicht mehr sachgerecht, da die eingangs bereits genannte fortschreitende Automatisierung der Beobachtungs- und Auswerteverfahren eine Weiterentwicklung der traditionellen Schätzverfahren erfordert.

Andererseits garantieren robuste Schätzmethoden nicht, dass das Ergebnis der Wirklichkeit näher kommt als die Resultate der klassischen Methoden; denn auch sie können nichts gegen systematische Verfälschungen der Beobachtungswerte ausrichten. Sie werden daher nicht die klassischen Schätzer verdrängen. Aber sie sind eine wichtige Egänzung des Handwerkzeugs der angewandten Statistik und können viel dazu beitragen, die Beobachtungen zu filtern und die Qualität der Schätzungen zu verbessern. Eine interessante Diskussion der Entwicklung und der Bedeutung der robusten Schätzer im Vergleich zu den klassischen Methoden findet man in [Stiegler 2010].

Im ersten Teil des Buches wird an einigen Beispielen die Bedeutung von Ausreißern und von Modellanalysen dargelegt. Wichtige Kriterien zur Beurteilung von Schätzern werden zusammengestellt, und die Grundtypen robuster Schätzer werden anhand der Auswertung von wiederholten Messungen derselben Größe erläutert.

Der zweite Teil des Buches ist der Analyse linearer Modelle gewidmet. Der Einfluss einzelner Beobachtungen auf die Parameterschätzung und die Aufdeckbarkeit von Ausreißern werden behandelt. Es geht also im Wesentlichen um die Beurteilung der Zuverlässigkeit von Beobachtungsmodellen im Sinne von [Baarda 1968].

Der nächste Teil ist der robusten Parameterschätzung in linearen Modellen gewidmet. Eine vollständige Darstellung aller Methoden würde den Rahmen des Buches sprengen. Daher erfolgt eine Einschränkung auf die nach Einschätzung des Autors für den angesprochenen Leserkreis wichtigsten Methoden. Durch zahlreiche Literaturhinweise wird der Leser in den Stand versetzt, bei Bedarf auf relativ einfache Weise weitere Informationen zu speziellen Themenbereichen hinzuzuziehen. Entwicklungen für verschiedene Anwendungsgebiete der robusten Schätzung runden diesen Teil ab.

Im letzten Teil werden schließlich noch einige robuste Methoden zur Auswertung von Bilddaten erläutert, die eine wichtige Rolle in dem aktuellen Bereich des Rechnersehens spielen. Obwohl diese Methoden nicht mit den in der Mathematischen Statistik entwickelten Kriterien der Robustheit bewertet werden können, gehören sie durchaus zum Thema dieses Buches.

Die Notation wurde in Anlehnung an [Caspary/Wichmann 2007] gewählt und stimmt daher eher mit den Gepflogenheiten in der Messtechnik als in der Mathematischen Statistik überein. Da die Literatur auf dem behandelten Gebiet nahezu ausschließlich in englisch verfasst ist, hatte die Entscheidung, dieses Buch auf deutsch zu schreiben, zur Folge, dass viele Begriffe und Abkürzungen eingedeutscht werden mussten. Nur die universell eingeführten englischen Bezeichnungen wurden beibehalten.

Für die praktische Durchführung von Schätzungen gibt es eine ganze Reihe erprobter Programmpakete, die neben den klassischen Methoden eine Reihe robuster Verfahren enthalten und Kennzahlen zur Modelldiagnose ausgeben. Beim Einsatz dieser Programme ist genau darauf zu achten, wie die Ausgabegrößen definiert sind, denn es gibt leider große Unterschiede in der verwendeten Terminologie, und nur die begleitenden Handbücher und Veröffentlichungen können hier für Klarheit sorgen. Beispiele sind R [Jureckova/Raton 2006], [R Development 2006], und S [Venables/Ripley 2002].

1 Einführung und Grundlagen

1.1 Schätzungen

Auf nahezu allen Gebieten der Wissenschaft werden Daten erhoben, Beobachtungen durchgeführt oder Messungen vorgenommen, um Theorien und Hypothesen zu überprüfen, um Grundlagen zur Beurteilung realer Verhältnisse zu gewinnen oder um mathematische Modelle zur Beschreibung interessierender Phänomene zu entwickeln. Auf der Grundlage der Ergebnisse der Auswertung dieser Daten werden sodann Entscheidungen getroffen, Prognosen gestellt oder neue Theorien entwickelt. Daten sind daher von grundlegender Bedeutung in unserer heutigen Wissensgesellschaft.

1.1.1 Motivation und Rückblick

Alle Erfahrung zeigt, dass wiederholte Beobachtungen einer Größe, wie sie auch immer gewonnen werden, in gewissen Grenzen streuen. Sei es dass die Messungen durch zufällige Messabweichungen überlagert werden, sei es, dass das beobachtete Objekt oder Phänomen natürlichen Schwankungen unterworfen ist, oder sei es, dass die gesuchte Größe nur als statistischer Erwartungswert existiert. Die Auswertung der Daten hat das Ziel, (einige wenige) Parameter zu gewinnen, die eine möglichst treffende und erschöpfende Antwort auf die gestellte Frage ermöglichen.

Die klassischen Methoden zur Datenauswertung wurden vor über 200 Jahren von Wissenschaftlern zur Lösung astronomischer und geodätischer Probleme entwickelt. Es ging dabei um die Bestimmung von geographischen Koordinaten und die Durchführung von Landvermessungen, um die Ermittlung der Figur der Erde und um mathematische Modelle zur Beschreibung der Bahnen von Himmelskörpern. Die Daten waren das Ergebnis sorgfältiger Messungen. Ihre Streuung ließ sich, wie umfangreiche Untersuchungen zeigten, dokumentiert u. a. in [Czuber 1891], problemlos durch die Normalverteilung beschreiben. Die in dieser Periode entwickelte Methode der kleinsten Quadrate (*MkQ*) [Gauss 1887] zur Schätzung von Parametern führt für Messungen mit normalverteilten Abweichungen bekanntlich zu den wahrscheinlichsten Werten (Maximum-Likelihood Schätzung). Darüberhinaus war diese Schätzmethode vor dem Computerzeitalter wegen der linearen Form der zu lösenden Gleichungen, die Einzige, die für praktische Rechnungen geeignet war. Heute spielt die Linearität der Schätzgleichungen kaum noch eine Rolle. Auch nichtlineare und iterative Lösungen sind problemlos möglich. Dies führte zur Rückbesinnung auf alte Schätzprinzipien wie die Minimierung der Summe der Abweichungsbeträge und zur Entwicklung neuer Verfahren, die auch für nicht normalverteilte Beobachtungsfehler zu optimalen Schätzergebnissen führen. Diese Entwicklungen kommen vornehmlich aus dem Bereich der Mathematischen Statistik, die seit dem Beginn des vorigen Jahrhunderts vor allem im englischsprachigen Raum große Fortschritte gemacht hat. Frühe Ansätze zur Robustifizierung statistischer Schätzverfahren sind in [Stigler 1973] beschrieben. Der Schwerpunkt der Anwendungen der neuen Schätzmethoden liegt in Wissenschaftsgebieten wie Medizin, Ökonometrie, Sozialwissenschaften und Biowissenschaften. Ihr Einsatz in den Natur-, Ingenieur- und Geowissenschaften ist insbesondere dort erfolgversprechend, wo keine bewährten Modelle bekannt sind und daher zunächst probeweise Auswertungen durchgeführt werden, wo durch Wiederholungsmessungen Objektveränderungen detektiert werden sollen und wo die Daten automatisch oder in Echtzeit ausgewertet werden müssen.

Zur Veranschaulichung der folgenden Ausführungen und zur Einführung in die gewählte Terminologie werden zunächst sechs ganz unterschiedliche, einfache aber typische Beispiele eingeführt, an denen später die fehlertoleranten Methoden demonstriert werden sollen. Die Ergebnisse der Parameterschätzung mit der klassischen Methode der kleinsten Quadrate sind mit angegeben, ohne dass hier schon eine weitergehende Analyse erfolgt.

1.1.2   Stichproben

Wenn der Wert einer einzelnen Größe ermittelt bzw. geschätzt werden soll, so wird in der Regel eine Stichprobe entnommen, die repräsentativ für die statistische Grundgesamtheit ist. Diese Grundgesamtheit stellt man sich als Menge aller denkbaren Realisierungen der Zufallsvariablen vor, deren Parameter gesucht sind. Diese Realisierungen können wiederholte Messungen einer physikalischen Größe sein oder Eigenschaften von gleichartigen Objekten. Zwei Beispiele sollen dies verdeutlichen.

1. Beispiel: Wiederholungsmessungen

In [Czuber 1891] wird über eine Vielzahl von praktischen Untersuchungen berichtet, deren Ziel es war, die Übereinstimmung der Normalverteilung mit realen Messfehlern zu prüfen. Alle dokumentierten Messreihen bestätigen die Normalverteilungsannahme. Eine dieser Reihen (s. Tabelle 1.1) besteht aus 40 mikroskopischen Bestimmungen der Lage eines Teilstrichs auf einem Maßstab. Die Messungen wurden in England durchgeführt. Die Messwerte l_i sind von gleicher Genauigkeit in der Dimension $yard \times 10^{-6}$ angegeben. Czuber hat sie dem Buch *Geodesy* von A. R. Clarke entnommen.

Tabelle 1.1: Messwerte der Lage eines Teilstrichs

$$\begin{bmatrix} 3{,}68 & 3{,}11 & 4{,}76 & 2{,}75 & 4{,}15 & 5{,}08 & 2{,}95 & 6{,}35 \\ 3{,}78 & 4{,}49 & 2{,}81 & 4{,}65 & 3{,}27 & 4{,}08 & 4{,}51 & 4{,}43 \\ 3{,}43 & 3{,}26 & 2{,}48 & 4{,}84 & 5{,}48 & 3{,}76 & 4{,}59 & 2{,}64 \\ 2{,}98 & 4{,}21 & 5{,}23 & 4{,}45 & 3{,}95 & 2{,}66 & 3{,}28 & 3{,}78 \\ 3{,}22 & 3{,}98 & 3{,}91 & 5{,}21 & 4{,}43 & 2{,}28 & 4{,}10 & 4{,}18 \end{bmatrix}$$

Die klassische Mittelbildung liefert $\sum l_i = 157{,}18$, $x = \frac{\sum l_i}{40} = 3{,}9295$, mit dem gerundeten Mittel 3,93 erhält man folgende Verbesserungen (Residuen) v_i:

Die weitere Rechnung ergibt $\sum v_i = 0{,}02$, $\sum |v_i| = 29{,}26$, $\sum v_i^2 = 32{,}5268$ und als empirische Standardabweichung $s = \sqrt{32{,}5268/39} = 0{,}913$ yard $\times 10^{-6}$.

Tabelle 1.2: Residuen bezogen auf den Mittelwert

$$
\begin{bmatrix}
+0{,}25 & +0{,}82 & -0{,}83 & +1{,}18 & -0{,}22 & -1{,}15 & +0{,}98 & -2{,}42 \\
+0{,}15 & -0{,}56 & +1{,}12 & -0{,}72 & +0{,}66 & -0{,}15 & -0{,}58 & -0{,}50 \\
+0{,}50 & +0{,}67 & +1{,}45 & -0{,}91 & -1{,}55 & +0{,}17 & -0{,}66 & +1{,}29 \\
+0{,}95 & -0{,}28 & -1{,}30 & -0{,}52 & -0{,}02 & +1{,}27 & +0{,}65 & +0{,}15 \\
+0{,}71 & -0{,}05 & +0{,}02 & -1{,}28 & -0{,}50 & +1{,}65 & -0{,}17 & -0{,}25
\end{bmatrix}
$$

2. Beispiel: Körpergröße

Die durchschnittliche Körpergröße der Menschen scheint in den letzten Jahrzehnten kontinuierlich zuzunehmen. Um diese Annahme zu überprüfen, soll die mittlere Größe 18jähriger Männer ermittelt werden. Dazu werden in verschiedenen Regionen Stichproben genommen. Eine dieser Stichproben besteht aus den 30 Schülern einer bayrischen Abiturientenklasse. Es wurden in alphabetischer Reihenfolge der Schüler folgende Körpergrößen in der Dimension cm gemessen:

Tabelle 1.3: Körpergröße in Zentimeter

$$
\begin{bmatrix}
184 & 170 & 185 & 190 & 177 & 180 \\
190 & 180 & 178 & 186 & 176 & 184 \\
195 & 183 & 179 & 175 & 180 & 176 \\
193 & 171 & 173 & 193 & 177 & 184 \\
183 & 188 & 211 & 208 & 177 & 194
\end{bmatrix}
$$

Die klassische Mittelbildung liefert $\sum l_i = 5520$, $x = \frac{\sum l_i}{30} = 184$. Bezogen auf dieses Mittel erhält man folgende Verbesserungen (Residuen) v_i:

Tabelle 1.4: Residuen bezogen auf den Mittelwert

$$
\begin{bmatrix}
0 & +14 & -1 & -6 & +7 & +4 \\
-6 & +4 & +6 & -2 & +8 & 0 \\
-11 & +1 & +5 & +9 & +4 & +8 \\
-9 & +13 & +11 & -9 & +7 & 0 \\
+1 & -4 & -27 & -24 & +7 & -10
\end{bmatrix}
$$

Die weitere Rechnung ergibt $\sum v_i = 0$, $\sum |v_i| = 218$, $\sum v_i^2 = 2734$, und damit die empirische Standardabweichung $s = \sqrt{2734/29} = 9{,}7\,\text{cm}$.

1.1.3 Lineare Modelle

In der Mathematischen Statistik spielt das Modell der Linearen Regression eine herausragende Rolle. Es ist leicht zu verstehen, sehr anpassungsfähig und rechentechnisch einfach zu lösen, solange die Methode der kleinsten Quadrate zur Schätzung der Parameter eingesetzt wird. Die Terminologie und die Darstellung des Modells sind allerdings sehr uneinheitlich. Als

Formulierung des theoretisches Modells der Regression findet man häufig

$$y = X\beta + \varepsilon.$$

Man bezeichnet darin y als Vektor der abhängigen oder Antwort-Variablen, X als Designmatrix mit den erklärenden oder Prädiktor-Variablen x_{ij}, β als Vektor der Regressionsparameter und ε als Fehlervektor. Wenn X und β als nichtstochastisch aufgefasst werden, erhält man das sogenannte Gauß-Markov Modell. Für das Stichprobenmodell formuliert man entsprechend

$$y = Xb + e,$$

wobei b der geschätzte Parametervektor und e der Residuenvektor ist. Häufig findet man auch die Formulierungen

$$X\beta = y + e$$

oder

$$y_i = x_{i1}\theta_1 + \cdots + x_{ip}\theta_p + e_i, \quad i = 1, \ldots, n.$$

Die Elemente x_{ij} der Designmatrix können deterministische oder stochastische (gemessene) Größen sein. Meist wird angenommen, dass der Fehlervektor ε aus stochastisch unabhängigen Elementen besteht, die alle dieselbe Verteilung besitzen mit $E(\varepsilon_i) = 0$ $\forall i$ und $Var(\varepsilon_i) = \sigma^2 = $ const. Enthält das Modell nur die Parameter θ_1 und θ_2 in der Beziehung $y_i = \theta_1 + x_i\theta_2 + \varepsilon_i$, so spricht man von einfacher Regression, ist die Zahl der Parameter größer, so handelt es sich um eine multiple Regression.

In vielen Anwendungsbereichen statistischer Methoden sind andere Modellformulierungen üblich. So werden in den Natur- und Ingenieurwissenschaften die Unbekannten vorzugsweise mit x bezeichnet und dies auch für lineare Modelle beibehalten. Das führt zu der Formulierung

$$l = Ax + \varepsilon, \quad \text{bzw.} \quad l + v = A\hat{x}, \quad P, \qquad (1.1)$$
$$E(\varepsilon) = 0, \; Var(\varepsilon) = \Sigma_\varepsilon = \Sigma_l = \sigma_0^2 Q, \quad Q^{-1} = P,$$

in der l der $(n \times 1)$-Beobachtungsvektor, A die $(n \times u)$-Koeffizienten- bzw. Designmatrix, x der $(u \times 1)$-Vektor der zu schätzenden Unbekannten bzw. Parameter und ε der $(n \times 1)$-Vektor der wahren Messabweichungen mit dem Erwartungswert 0 ist. Aus der Annahme, dass A und x deterministischer Natur sind, folgt dass ε und l dieselbe $(n \times n)$-Dispersionsmatrix Σ besitzen. Diese wird in den Varianzfaktor σ_0^2 und die Kofaktorenmatrix Q zerlegt, deren Inverse die Gewichtsmatrix P ist. In den meisten Fällen sind die Beobachtungen unkorreliert. Dann ist P die Diagonalmatrix der Gewichte, die bei einfachen Anwendungen zur Einheitsmatrix wird. Das Ergebnis der Schätzung ist der Parametervektor $\hat{x}$, der in das Modell eingesetzt, den Vektor v der Residuen (Verbesserungen) liefert. Die Modellformulierung (1.1) wird in diesem Buch verwendet, wenn nicht spezielle anwendungsbezogene Bezeichnungen günstiger erscheinen.

3. Beispiel: Kalibrierung eines Barometers

Die Bestimmung der Standkorrektion und des Temperaturausdehnungskoeffizienten eines Federbarometers ist [Großmann 1961] entnommen. Die Kalibrierung wurde an einem heißen Junitag durchgeführt. Es wurden zu 13 Zeitpunkten die Temperatur t in °C, das Quecksilbernormalbarometer und das Federbarometer in mmHg abgelesen. Bei den letzten fünf Ablesungen wurde eine Kühlvorrichtung benutzt, um eine größere Temperaturspanne zu erzielen. Die Ablesungen des Quecksilberbarometers wurden auf 0 °C reduziert und als Sollwerte angesehen. Die Differenz Sollwert minus Federbaromer wird als Beobachtung l in die Auswertung eingeführt. Es wird ein linearer Zusammenhang zwischen Temperatur und Barometerablesung angenommen, so dass das einfache Modell der Geradenausgleichung $l_i = a + bt_i + \varepsilon_i$ angesetzt werden kann. Zur Vereinfachung der Rechnungen werden l und t auf ihre Mittelwerte $\bar{t}$ und $\bar{l}$ bezogen. Dies führt wegen der Rundung zwar zu Rechenunschärfen. Diese sind jedoch für die Verwendung der Ergebnisse ohne Belang.

Tabelle 1.5: Kalibrierdaten des Federbarometers [Grossmann 1961]

Uhrzeit	t	l	$t^* := t - \bar{t}$	$l^* := l - \bar{l}$	$v \times 10^3$
13.05	31,4	−6,96	+11,31	−0,759	−12,99
13.40	29,7	−6,86	+9,61	−0,659	+3,11
14.10	28,4	−6,74	+8,31	−0,539	−28,11
14.30	26,2	−6,62	+6,11	−0,419	+2,13
15.00	24,4	−6,54	+4,31	−0,339	+45,05
15.50	22,8	−6,40	+2,71	−0,199	+14,32
16.45	20,4	−6,23	+0,31	−0,029	+8,22
17.55	18,2	−6,05	−1,89	+0,151	−21,54
19.10	16,2	−5,94	−3,89	+0,261	+5,04
21.30	13,6	−5,76	−6,49	+0,441	+2,60
23.15	12,0	−5,64	−8,09	+0,561	−8,13
1.00	10,2	−5,49	−9,89	+0,711	−35,21
3.40	7,7	−5,38	−12,39	+0,821	+25,52
$\sum$	261,2	−80,61	+0,03	+0,003	+0,01

Für die Standkorrektion erhält man $\hat{a} = -4{,}829$ mmHg und für den Temperaturausdehnungskoeffizienten $\hat{b} = -0{,}068291$ mmHg/°C. Aus den Residuen $v_i = \hat{a} + \hat{b}t_i - l_i$ folgt mit $s^2 = \sum v_i^2/(13-2) = 5{,}2077 \times 10^{-4}$ die empirische Varianz bzw. die Standardabweichung $s = 0{,}0228$ mmHg der Messwerte, bezogen auf das lineare Modell. Die geschätzten Parameter haben die Standardabweichungen $s_{\hat{a}} = 0{,}0181$ mmHg und $s_{\hat{b}} = 0{,}0845 \times 10^{-2}$ mmHg/°C

4. Beispiel: Stack Loss Data

Dieses Beispiel, das [Brownlee 1965, S. 454 ff.] entnommen ist, hat in der statistischen Literatur einige Berühmtheit erlangt. Es ist in zahlreichen Veröffentlichungen analysiert worden und wird auf mehreren Internetseiten statistischer Institute als Übungsbeispiel verwendet. Einen Überblick über diese Quellen findet man z. B. in [Rousseeuw/Leroy 1987] und in

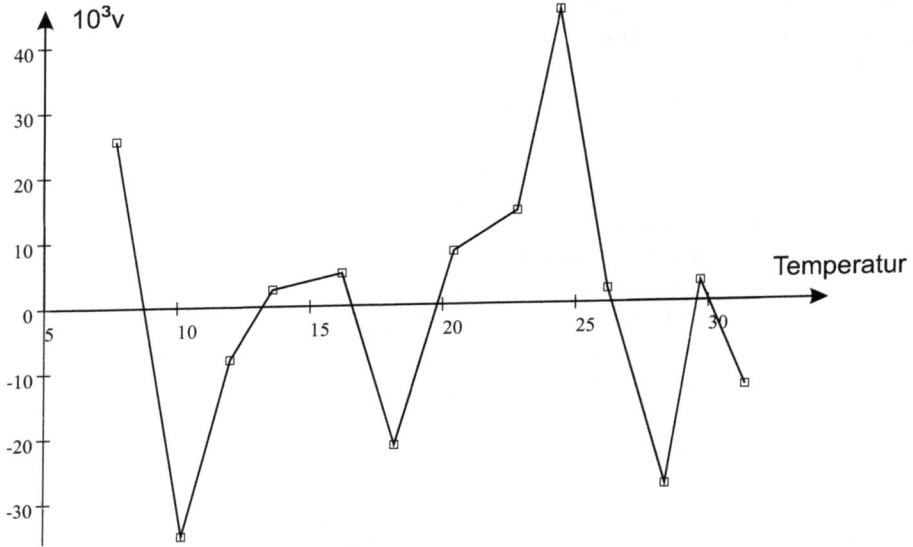

Abbildung 1.1: Verbesserungen der Ablesungen des Federbarometers

Tabelle 1.6: Stack Loss Data [Brownlee 1965]

Tag	l_i	a_{i1}	a_{i2}	a_{i3}	a_{i4}	v_i	Tag	l_i	a_{i1}	a_{i2}	a_{i3}	a_{i4}	v_i
1	42	1	80	27	89	−3,2	11	14	1	58	18	89	−2,6
2	37	1	80	27	88	+1,9	12	13	1	58	17	88	−2,8
3	37	1	75	25	90	−4,6	13	11	1	58	18	82	+1,4
4	28	1	62	24	87	−5,7	14	12	1	58	19	93	+0,1
5	18	1	62	22	87	+1,7	15	8	1	50	18	89	−2,4
6	18	1	62	23	87	+3,0	16	7	1	50	18	86	−0,9
7	19	1	62	24	93	+2,4	17	8	1	50	19	72	+1,5
8	20	1	62	24	93	+1,4	18	8	1	50	19	79	+0,5
9	15	1	58	23	87	+3,1	19	9	1	50	20	80	+0,6
10	14	1	58	18	80	−1,3	20	15	1	56	20	82	−1,4
							21	15	1	70	20	91	+7,2

[Dodge 1996], der 60 verschiedene Schätzungen für die Regressionsparameter aus der Literatur zusammengestellt hat. Die Daten wurden zur Effizienzanalyse einer Fabrikanlage für die Oxidation von Ammoniak zu Salpetersäure erfasst. An 21 Arbeitstagen wurden folgende Daten erhoben: a_{i2} ist die Lufttemperatur, a_{i3} ist die Temperatur des Kühlwassers, mit dem in einem Kühlturm die Salpetersäure absorbiert wird, a_{i4} ist die Konzentration der Säure minus 50, mal 10 und l_i ist 10 mal der Prozentsatz des zugeführten Ammoniaks, der unoxidiert entweicht und daher als Verlust die Effizienz charakterisiert.

Für die multiple lineare Regression mit vier Regressoren wird das Modell (1.1) gebildet und nach der Methode der kleinsten Quadrate ausgewertet. Das Ergebnis lautet

$$l + v = -39{,}92a_1 + 0{,}716a_2 + 1{,}295a_3 - 0{,}152a_4.$$

Mit $f = 21 - 4 = 17$ Freiheitsgraden erhält man die empirische Standardabweichung von $s = 3{,}24$. In der Indexdarstellung sind die Residuen v_i über den Tagen aufgetragen.

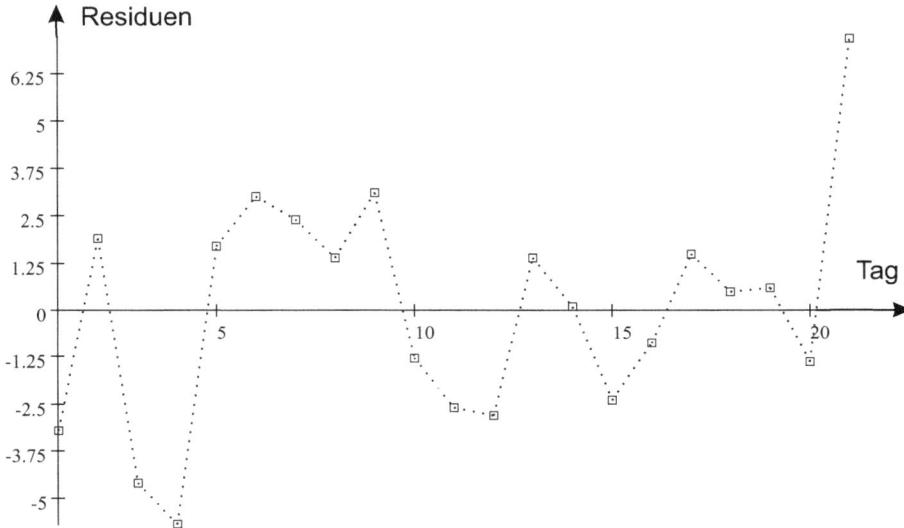

Abbildung 1.2: Residuen der multiplen Regression

5. Beispiel: Punktverschiebungen

Bei der Überwachung von Erdkrustenbewegungen, Hangrutschungen, Bodensenkungen oder Deformationen von Bauwerken, wird das Objekt durch geeignet ausgewählte Punkte repräsentiert, deren Position/Höhe in gewissen Zeitintervallen bestimmt werden. Die Unterschiede der Positionen/Höhen zwischen zwei oder mehreren Messzeitpunkten (Epochen) werden mit statistischen Methoden (Deformationsanalyse) analysiert, um Information über die Stabilität bzw. Veränderungen des Objekts zu gewinnen. Die Literatur über geeignete Analysemethoden ist sehr umfangreich. Eine ausführliche Würdigung der einzelnen Entwicklungsschritte der Deformationsanalyse mit den entsprechenden Literaturangaben findet man in [Welsch/Heunecke/Kuhlmann 2000]. Neuere Arbeiten sind [Kanani 2000], [Even-Tzur 2002], [Wu/Chen 2002], [Caspary/Beineke 2003], [Chan/Xu/Ding/Dai 2006] und [Soudarin/Cretaux 2006]. Aus [Caspary/ Beineke 2003] ist das folgende konstruierte Beispiel entnommen.

Ein Objekt sei durch fünf Punkte repräsentiert, deren Koordinaten y_i, x_i den Anfangszustand (Nullepoche E_0) fehlerfrei definieren, z. B. als Sollkoordinaten an einem Bauwerk, als Objektkoordinaten vor einer Belastung oder als Ergebnisse einer Erstmessung hoher Genauigkeit. Nach einer gewissen Zeit werden die Messungen wiederholt (Epoche E_1). Sie liefern die Ko-

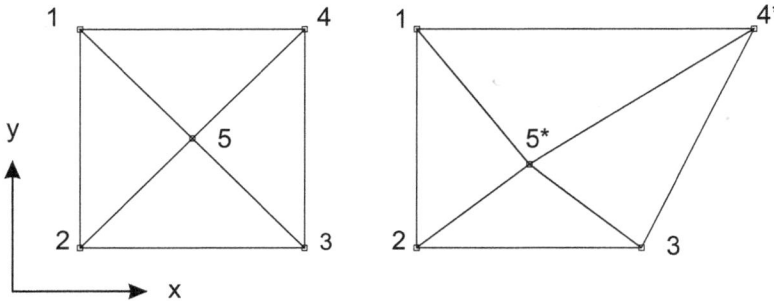

Abbildung 1.3: Testobjekt in Epochen E_1 und E_2

Tabelle 1.7: Punktkoordinaten und Residuen

Punkt	y	x	Y	X	v_Y	v_X	Δ
1	1,0	0,0	0,994	0,005	0,108	0,086	0,138
2	0,0	0,0	−0,009	−0,021	−0,018	−0,020	0,027
3	0,0	1,0	−0,015	0,982	−0,144	0,106	0,179
4	1,0	1,0	1,007	1,493	−0,037	−0,273	0,275
5	0,5	0,5	0,381	0,489	0,091	0,101	0,136

ordinaten Y_i, X_i. Hier wurden diese durch Addition von normalverteilten Zufallsgrößen mit Erwartungswert 0 und Standardabweichung 0,01 zu den Sollkoordinaten erzeugt. Ferner erhielt der Punkt 4 eine x-Verschiebung von 0,5 und der Punkt 5 eine y-Verschiebung von 0,12. Um diese Verschiebungen aufzudecken, wird eine lineare Transformation (Helmerttransformation) durchgeführt, deren Parameter eine Nullpunktverschiebung, eine Drehung und eine Maßstabsanpassung sind. Da die Beziehungen zwischen den Koordinaten und den Transformationsparametern nicht linear sind, werden Ersatzparameter c und d eingeführt, die eine lineare Formulierung erlauben. Mit diesen lautet das Modell in der für das Anwendungsgebiet üblichen Notation für p in beiden Epochen identische Punkte:

$$\left.\begin{bmatrix} Y_i + v_{Y_i} = a + y_i c - x_i d \\ X_i + v_{X_i} = b + x_i c + y_i d \end{bmatrix}\right\} i = 1, 2, \ldots, p.$$

Die Parameter a und b sind Translationen in y- bzw. x-Richtung, $c = m \cos \alpha$ und $d = m \sin \alpha$ sind Funktionen des Maßstabs m und des Drehwinkels α. Bei der Parameterschätzung mit der Methode der kleinsten Quadrate wird $\sum (v_{Y_i}^2 + v_{X_i}^2) = \sum \Delta_i^2$ minimiert. Die Δ_i werden als Restklaffen bezeichnet. Ihre statistische Analyse gibt Aufschlüsse über die Objektveränderungen zwischen den Messepochen. In diesem Beispiel sollten sie idealerweise genau die Verschiebungen der Punkte 4 und 5 wiedergeben. Wird $l = (Y_1 \, X_1 \, Y_2 \ldots X_p)^t$, $\boldsymbol{v} = (v_{Y_1} \, v_{X_1} \, v_{Y_2} \ldots v_{X_p})^t$ und $\boldsymbol{x} = (a \, b \, c \, d)^t$ gesetzt. So erhält man mit $A^t = \begin{pmatrix} 1 & 0 & 1 & \ldots & 0 \\ 0 & 1 & 0 & \ldots & 1 \\ y_1 & x_1 & y_2 & \ldots & x_p \\ -x_1 & y_1 & -x_2 & \ldots & y_p \end{pmatrix}$ unter der Annahme, dass die Koordinaten unabhängig und gleichgenau sind, das lineare Modell (1.1)

$$l + v = A x, \quad P = I.$$

Die Schätzung liefert die Parameter

$$a = -0,0266 \quad c = 1,1290 \quad \alpha = 6,694°$$
$$b = -0,0412 \quad d = 0,1325 \quad m = 1,137$$

Die Summe der Abweichungsquadrate beträgt $\sum v_i^2 = 0,1459$. Mit dem Freiheitsgrad $f = 10 - 4 = 6$ folgt daraus die empirische Varianz von $s^2 = 0,0243$ bzw. die Standardabweichung $s = 0,156$. Die Abb. 1.4 zeigt, wie die eingeführten Verschiebungen der Punkte 4 und 5 durch die Schätzung mit der Methode der kleinsten Quadrate auf alle Punkte verteilt werden. Der Tabelle 1.7 entnimmt man, dass die Restklaffen in den unveränderten Punkten 1 und 3 größer ausfallen als die reale Verschiebung des Punktes 5.

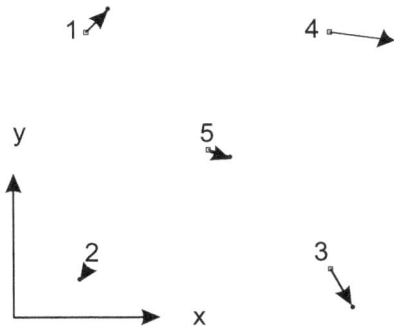

Abbildung 1.4: Restklaffen nach der Transformation

6. Beispiel: Punktbestimmung

Die Landesgrenze verläuft auf einem Gebirgsgrat und ist durch Grenzsteine markiert. Die genauere Festlegung des Grenzverlaufs erfordert einen zusätzlichen Punkt. Zur Bestimmung der Position dieses Neupunktes (N) werden von den beiden Nachbarpunkten und von zwei weiteren im Tal liegenden Punkten Streckenmessungen ausgeführt. Da durch die Strecken die Höhe des Punktes nur sehr unsicher bestimmt ist, wird zusätzlich von dem Talpunkt P_4 aus die Zenidistanz zum Neupunkt gemessen.

Um die Genauigkeit weiter zu verbessern und eine durchgreifende Kontrolle zu ermöglichen, wurde mit GPS der Vektor vom Talpunkt P_4 zum neuen Grenzpunkt N bestimmt. In der folgenden Tabelle sind die Koordinaten, die Messergebnisse und die a priori Standardabweichungen sowie die Näherungskoordinaten des neuen Grenzpunktes zusammengestellt. Für die

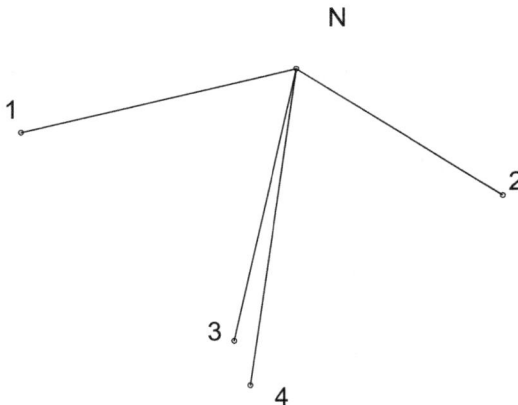

Abbildung 1.5: Punkteinschaltung

Tabelle 1.8: Koordinaten und Messergebnisse

| Koordinaten [km] | | | $P \to N$ | | $P_4 \to N$ | | |
Pkt	x	y	h	d [m]	s [cm]	GPS		s [cm]
1	4,0	−10,0	1,6	12043,305	3,75	Δx	5000,020	1,6
2	3,0	11,0	1,5	9224,404	2,94	Δy	1999,980	1,6
3	0,7	−0,7	0,8	5174,910	1,85	Δh	1099,940	6,2
4	0	0	0,7	5496,402	1,98			
N	5,0	2,0	1,8	Zenitdistanz $= 87{,}1726\,\text{gon}, s_z = 0{,}3\,\text{mgon}$				

gemessenen Schrägstrecken wurde das Fehlergesetz $\sigma_d^2 = \sigma_A^2 + (cd)^2$ mit $\sigma_A = 10\,\text{mm}$ und $c = 3\,\text{mm/km}$ angenommen. Die übrigen Standardabweichungen sind aus Wiederholungsmessungen geschätzt worden. Bei der Aufstellung der Beobachtungsgleichungen wurden die Koordinaten der Festpunkte als fehlerfrei vorausgesetzt. Von den Gleichungen

$$d = \sqrt{\Delta x^2 + \Delta y^2 + \Delta h^2}$$

$$z = \arctan \frac{\sqrt{\Delta x^2 + \Delta y^2}}{\Delta h} = \arctan \frac{D}{\Delta h}$$

ausgehend, erhält man die Differentiale

$$\partial d = \frac{\Delta x}{d}\partial x + \frac{\Delta y}{d}\partial y + \frac{\Delta h}{d}\partial h$$

$$\partial z = \frac{\Delta x \Delta h}{D d^2}\partial x + \frac{\Delta y \Delta h}{D d^2}\partial y - \frac{D}{d^2}\partial h,$$

deren Koeffizienten die Elemente der Designmatrix bilden. Wenn die gekürzten Beobachtungen l(gemessen) $- l$(Näherungskoordinaten) in [cm] und [0,1 mgon] eingeführt werden, ergibt sich für die Koordinatenunbekannten in [cm] folgende Koeffizientenmatrix. Zur Fest-

Tabelle 1.9: Linearisiertes Modell

Einheiten	A			l	p	v
d_1 [cm]	0,083	0,996	0,017	5,0	0,71	$-5,747$
d_2 [cm]	0,217	$-0,976$	0,033	$-2,0$	1,16	$3,167$
d_3 [cm]	0,831	0,522	0,193	$-3,0$	2,92	$3,851$
d_4 [cm]	0,910	0,364	0,200	4,0	2,66	$-2,906$
z[0,1 mgon]	0,215	0,086	$-1,135$	$-4,0$	1,11	$2,144$
Δx [cm]	1	0	0	2,0	3,91	$-0,839$
Δy [cm]	0	1	0	$-2,0$	3,91	$1,122$
Δh [cm]	0	0	1	$-6,0$	0,26	$7,788$

legung der Gewichte der Beobachtungen wird der Varianzfaktor $\sigma_0^2 = 10$ gewählt. Dies führt mit $p_i = \sigma_0^2/s_i^2$ auf die individuellen Gewichte in der vorletzten Spalte, mit denen das Modell (1.1) komplett ist. Die Methode der kleinsten Quadrate erfordert hier, dass $\boldsymbol{v}^t \boldsymbol{P} \boldsymbol{v} = $ min wird. Sie führt bekanntlich auf die Normalgleichungen $\boldsymbol{A}^t \boldsymbol{P} \boldsymbol{A} \hat{\boldsymbol{x}} = \boldsymbol{A}^t \boldsymbol{P} \boldsymbol{l}$, deren Lösung zu den Näherungskoordinaten des Neupunktes zu addieren ist.

$$\hat{x}_N = 1.16\,\text{cm} \quad \hat{y}_N = -0.88\,\text{cm} \quad \hat{h}_N = 1.79\,\text{cm}.$$

Für die Schätzung der erzielten Genauigkeit erhält man die Summe der Quadrate $\boldsymbol{v}^t \boldsymbol{P} \boldsymbol{v} = 129,4$ mit dem Freiheitsgrad $f = 8 - 3 = 5$. Daraus folgen $s_0^2 = 25,9$ und $s_0 = 5,1$. Die dimensionslose Größe s_0^2 ist eine Schätzung für den a priori gewählten Varianzfaktor $\sigma_0^2 = 10$.

1.1.4   Schätzgrößen

Aus Messdaten können verschiedenartige Informationen über das beobachtete Objekt oder Phänomen gewonnen werden. Die folgenden Darstellungen beschränken sich auf die Schätzung von Lage- und Streuungsparametern.

Als Lageparameter werden Erwartungswerte oder deterministische Größen bezeichnet, die bei Stichproben als repräsentativ für die Messwerte gelten können, und das Zentrum ihrer Verteilung bilden. Beispiele sind das arithmetische Mittel und der Median. In linearen Modellen sind es die Modellparameter. Als Sreuungs- oder Skalenparameter werden Größen wie die Varianz, die Standardabweichung, ein Quantilenabstand oder die durchschnittliche Abweichung bezeichnet, die die Variabilität der Messdaten charakterisieren und zur Standardisierung der Zufallsgrößen eingesetzt werden, d. h. um ihnen die Varianz 1 zu geben. Sinnvolle Schätzer sollten folgende Kriterien erfüllen.

Seien $l = (l_1, l_2, \ldots, l_n)$ eine Messreihe, $\hat{x} = \hat{x}(l_1, l_2, \ldots, l_n)$ ein Schätzer für den Lageparameter x, $\hat{s} = \hat{s}(l_1, l_2, \ldots, l_n)$ ein Schätzer für den Streuungsparameter s und a, b Konstanten. Ein Lageschätzer heißt

Translationsäquivariant, wenn

$$\hat{x}([l_1 + a], [l_2 + a], \ldots, [l_n + a]) = \hat{x}(l_1, l_2, \ldots, l_n) + a \tag{1.2}$$

und

Skalenäquivariant, wenn

$$\hat{x}(bl_1, bl_2, \ldots, bl_n) = b\hat{x}(l_1, l_2, \ldots, l_n) \tag{1.3}$$

gilt. Der Schätzer sollte neben diesen beiden Eigenschaften sicher stellen, dass $\hat{x}(-l) = -\hat{x}(l)$ gilt und für $l \geq 0$ auch $\hat{x} \geq 0$ ausfällt. Ähnliche Forderungen haben sinnvolle Sreuungsparameter zu erfüllen. Diese heißen

Translationsinvariant, wenn

$$\hat{s}([l_1 + a], [l_2 + a], \ldots, [l_n + a]) = \hat{s}(l_1, l_2, \ldots, l_n) \tag{1.4}$$

und
Skalenäquivariant, wenn

$$\hat{s}(bl_1, bl_2, \ldots, bl_n) = b\hat{s}(l_1, l_2, \ldots, l_n) \tag{1.5}$$

gilt. Ferner soll $\hat{s}(l) = \hat{s}(-l)$ gelten.

Neben diesen Grundvoraussetzungen sollen die Schätzer noch eine Reihe statistischer Kriterien erfüllen, die Gegenstand der Schätztheorie sind. Die wichtigsten dieser Kriterien sind Erwartungstreue, Konsistenz, Effizienz, Suffizienz und gewisse asymptotische Eigenschaften auf die hier nicht näher eingegangen wird, da sie in der statistischen Literatur ausreichend dargestellt sind, siehe z. B. [Fisz 1976, Kap.13], [Borutta 1988, Abschnitt 2.2], [Koch 1997, Abschnitt 31], [Caspary/Wichmann 2007, Abschnitt 3.1.2].

1.1.5 Klassische Methoden der Parameterschätzung

Den großen Mathematikern wie Gauss, Legendre, Laplace, die sich um 1800 intensiv mit der Entwicklung von Methoden zur Schätzung unbekannter Größen aus Messdaten beschäftigten, war natürlich klar, dass sie wegen der unvermeidlichen Messfehler nicht die wahren (richtigen) Werte ermitteln konnten. Sie definierten daher einen günstigsten Wert, indem sie, neben anderen Ansätzen, in Analogie zur Situation bei einem Glücksspiel (bei dem man nur verlieren kann), eine Verlustfunktion wählten, die minimal werden sollte. Diese Verlustfunktion wurde als Funktion der Differenzen v_i zwischen dem günstigsten Wert und den Beobachtungen gebildet. In Konkurrenz standen vor allem zwei Funktionen, nämlich $\sum |v_i|$ und $\sum v_i^2$. Die erste Funktion wurde vor allem von Laplace favorisiert. Als mittleren zu befürchtenden Verlust definierte er die Größe $\sum |v_i| / n$, die später auch als durchschnittlicher Fehler bezeichnet wurde. Gauß und Legendre legten hingegen ihren Schätzfunktionen die quadratische Verlustfunktion zu Grunde, aus der sie ebenfalls einen mittleren zu befürchtenden Verlust (Fehler) ableiteten. Die Willkür, die der Wahl jeder Verlustfunktion zu Grunde liegt, ist viel diskutiert worden, siehe z. B. [Gauss 1887, S. 5]. Eine neuere kritische Betrachtung findet man u. a. in [Henning/Kutlukaya 2007]. Es gab aber gewichtige Gründe, die dazu führten, dass die Methode der kleinsten Quadrate sich als universale Schätzmethode durchsetzen konnte.

Obwohl intuitiv vieles für das Schätzprinzip $\sum |v_i| \rightarrow$ min spricht, heute auch als L_1-Schätzung bezeichnet, hat es schwerwiegende Nachteile. Die Verlustfunktion ist weder konvex noch stetig. Der Schätzer ist nicht in allen Fällen eindeutig bestimmt. In linearen Modellen haben $r(A)$ Residuen v_i den Wert 0, und schon eine ungünstig liegende grob fehlerhafte Messung kann die Schätzergebnisse unbrauchbar machen. Die Schätzgleichungen sind nichtlinear und erfordern zu ihrer Lösung spezielle Algorithmen, z. B den Simplexalgorithmus. Daher wurde die L_1-Schätzung erst mit leistungsfähiger EDV für größere Probleme anwendbar. Sie ist seitdem intensiv untersucht worden und ist Gegenstand zahlreicher Veröffentlichungen. Zusammenfassende Darstellungen findet man u. a. in [Narula/Wellington 1982], [Dielman/Pfaffenberger 1982], [Bloomfield/Steiger 1983] und [Dodge 1987]. Neuere Arbeiten sind: [Somogyi/Zavoti 1990], [Soliman/Christensen 1991], [Ellis/Morgenthaler 1992], [Dielman/Rose 1994], [Knight 1998], [Lai/Lee 2005] und [Giloni/Simonoff/Sengupta 2005].

Die *Methode der kleinsten Quadrate*, von Gauss und Legendre entwickelt, hat sich seit Beginn des 19. Jahrhunderts als Standardverfahren durchgesetzt. Sie hat sich in der angewandten Statistik bestens bewährt und an ihren Ergebnissen werden alle anderen Methoden gemessen. Das Schätzprinzip $\sum v_i^2 \to$ min hat Gauss gefunden, als er danach suchte, welche statistischen Eigenschaften die Messfehler haben müssen, wenn das arithmetische Mittel der wahrscheinlichste Wert für die unbekannte Messgröße ist. Bekanntlich fand er, dass die Messfehler die heute so genannte Normalverteilung haben müssen, und dass die Schätzung durch Minimierung der Summe der Fehlerquadrate erfolgt. Neben den oben angeführten Analogien zum Glücksspiel, zeigte er später, dass die Schätzung nach der Methode der kleinsten Quadrate zu Ergebnissen führt, die minimale Varianz besitzen.

Die *Maximum-Likelihood Methode* wurde in der heute üblichen Darstellung von [Fisher 1922] entwickelt. Sie ist eine parametrische Schätzmethode, bei der vorausgesetzt wird, dass die Verteilung der Grundgesamtheit, aus der die Stichprobe stammt, bekannt ist. Die Parameter werden so geschätzt, dass die Wahrscheinlichkeit dafür, dass die vorliegende Stichprobe auftritt, zum Maximum wird. Für normalverteilte Beobachtungen führt dies auf die Methode der kleinsten Quadrate, während man für Laplace-verteilte Messwerte die L_1-Schätzung erhält.

Die *beste lineare unverzerrte Schätzung* ist eine Methode, bei der lineare Beziehungen zwischen den Messwerten und den unbekannten Parametern formuliert werden, siehe z. B. (1.1). Die Schätzgleichungen für die Parameter werden dann so abgeleitet, dass die Schätzergebnisse erwartungstreu sind und minimale Varianz besitzen. Diese Vorgehensweise stimmt mit der Methode der kleinsten Quadrate überein, wenn die Beziehungen zwischen Messgrößen und Parametern linear sind.

Die *Bayes Schätzung* beruht auf der Anwendung des Bayes Theorems. Die Parameterschätzung kann dazu als Entscheidungsproblem formuliert werden, bei dem Vorkenntnisse über die Verteilung der unbekannten Parameter vorliegen. Es muss eine Entscheidungsregel für die Schätzung der Parameter festgelegt werden. Jede Entscheidung ist mit Kosten verbunden, die durch eine Verlustfunktion quantifiziert werden und die Güte der Schätzung charakterisieren. In Abhängigkeit von der a priori Dichte der Parameter und der gewählten Verlustfunktion erhält man unterschiedliche Schätzergebnisse. Wird die a priori Dichte der Parameter als nichtinformativ, die Dichte der Beobachtungen als normal und die quadratische Verlustfunktion gewählt, so geht das Verfahren in die Methode der kleinsten Quadrate über.

Diese klassischen Methoden sind intensiv untersucht worden und werden in der angewandten Statistik erfolgreich eingesetzt. Sie sind Gegenstand ungezählter wissenschaftlicher Abhandlungen und zahlreicher Monographien und Lehrbücher, einige neuere deutschsprachige sind: [Koch 1997], [Koch 2000], [Benning 2002], [Niemeier 2002], [Jäger/Müller/Saler/Schwäble 2005] und [Caspary/Wichmann 2007]. Allerdings können die klassischen Schätzer ihre positiven Eigenschaften verlieren, wenn die Annahmen, die zugrunde gelegt werden, nicht oder nur ungefähr zutreffen und insbesondere, wenn die Messdaten Werte enthalten, denen nicht vertraut werden kann. Schon ein einziger unentdeckter grober Messfehler kann die Schätzergebnisse völlig wertlos machen.

1.2   Robuste Schätzungen

1.2.1   Ziele und Entwicklung

Robuste Schätzmethoden wurden entwickelt, um gewisse Schwächen der klassischen Methoden zu beseitigen oder zumindest abzumildern. Die Schwächen bestehen im Wesentlichen darin, dass die Ergebnisse in starkem Maße von dem gewählten mathematischen Modell abhängen, und dass durch das Auftreten von Hebelpunkten (s. Abschnitt 5.1) in linearen Modellen die Schätzergebnisse deutlich verfälscht werden können. Die Annahmen über das stochastische Modell müssen, wie z. B. bei der Methode der kleinsten Quadrate, nicht immer eine spezielle Verteilung der Beobachtungen enthalten. Aber sie enthalten, oft implizit, Aussagen über die Gewichte der Beobachtungen, über Korrelationen zwischen den Messwerten und die Annahme, dass diese keine groben Fehler enthalten. Nur allzu häufig stimmen die Annahmen nicht mit der Realität überein.

Das gelegentliche Auftreten von groben Fehlern (Ausreißern) in den erhobenen Daten hat schon seit den Anfängen der Statistik zu Überlegungen und Diskussionen geführt, wie damit umgegangen werden soll. Meist wurde pragmatisch, d. h. subjektiv, eine Regel festgelegt, ab wann eine Beobachtung, die auffällig von den anderen abweicht oder nach der Schätzung eine ungewöhnlich große Verbesserung erhält, als Ausreißer betrachtet werden soll. Am bekanntesten sind wohl die 3σ-Regel und das 95 %-Fraktil der Normal- oder Studentverteilung als Grenzwerte. Die nach einer solchen Regel identifizierten Ausreißer werden gestrichen, anschließend werden die bereinigten Daten nach einer der klassischen Methoden ausgewertet. Diese noch heute weit verbreitete Strategie kann in gewissem Sinne als robust gegen Ausreißer bezeichnet werden. Allerdings gibt es heute robuste Schätzmethoden, die weitaus eleganter und wirksamer sind.

Den entscheidenden Schritt zur Entwicklung moderner robuster Methoden machte Huber, der in seiner wegweisenden Veröffentlichung [Huber 1964], ein neues Konzept zur Ableitung robuster Schätzer entwickelte und dieses auf eine solide mathematisch-statistische Grundlage stellte. Wichtige Weiterentwicklungen und Ergänzungen der theoretischen Grundlagen sind, veranschaulicht mit zahlreichen Beispielen, in [Huber 1972] und [Huber 1981] veröffentlicht. Die Grundidee besteht darin, den Schätzer so zu gestalten, dass er in einer gewissen ε-Umgebung (U_ε) der hypothetischen Verteilung der Beobachtungen, vgl (1.10), optimale Ergebnisse liefert. Die Optimalität ist dabei so definiert, dass im Sinne einer Minimaxlösung der mögliche Maximalwert der asymptotischen Varianz des Schätzwertes an der ungünstigsten Verteilung in U_ε zum Minimum wird,und die maximale systematische Abweichung begrenzt bleibt. Diese Absicherung der Schätzung hat natürlich einen Preis. Dieser besteht darin, dass die Effizienz der Schätzung im Falle, dass die hypothetische Verteilung (Normalverteilung) vollkommen der Realität entspricht, geringer ist als beim Einsatz eines klassischen Schätzers.

Die robusten Schätzverfahren haben in der statistischen Auswertung von Beobachtungsreihen in allen Anwendungsbereichen, in denen die Daten eher als Ergebnisse von Erhebungen als von technischen Messungen zustande kommen, große Bedeutung gewonnen. In diesen Bereichen erfolgten auch die wesentlichen Weiterentwicklungen dieser Methode, die in einer kaum überschaubaren Menge von wissenschaftlichen Veröffentlichungen, fast ausschließlich in englischer Sprache, dokumentiert sind. Als wichtige Gesamtdarstellungen der robusten Schätzung mit unterschiedlichen Schwerpunkten seien [Hoaglin/Mosteller/Tucky 1983], [Hampel/Ronchetti/Rousseeuw/Stahel 1986], [Huber 1981], [Rousseeuw/Leroy 1987], [Staudte/Sheather 1990], [Wilcox 2005] und [Maronna/Martin/Yohai 2006] genannt. Erste Auseinandersetzungen mit der robusten Schätzung im technisch-naturwissenschaftlichen Bereich finden sich u. a. in [Carosio 1978, 1982, 1995], [Rocke/Downs/Rocke 1982], [Borutta 1988], [Caspary 1986, 1988, 1989], [Somogyi/Zavoti 1993], [Koch 1996] und [Wicki 1999].

1.2.2   Einige Definitionen

In der Literatur ist eine Reihe wünschenswerter Eigenschaften robuster Schätzer formuliert und mathematisch formalisiert worden, die sich zum Teil auf asymptotische Eigenschaften der Schätzfunktion und zum Teil auf das Verhalten des Schätzers bei der Anwendung auf endliche Stichproben beziehen. Für die exakte Formulierung und Begründung einiger dieser Kriterien sind vertiefte Kenntnisse der Topologie und der Analysis erforderlich, auf die im Rahmen dieses Buches nicht zurückgegriffen werden soll. Es wird vielmehr versucht mit einfacheren mathematischen Hilfsmitteln die Kriterien anschaulich und plausibel zu machen. Auf strenge mathematische Beweise wird weitgehend verzichtet. Die angegebenen Quellen werden den an der Theorie interessierten Lesern weiterhelfen. Vorbereitend seien einige Definitionen und Beziehungen bereitgestellt.

Für die folgenden Darstellungen ist es zweckmäßig, den Schätzer als Funktional T zu betrachten, das eine Verteilung F oder eine Stichprobenverteilung F_n auf eine relle Zahl abbildet. So können z. B. der Erwartungswert als

$$T(F) = E(X) = \int_{-\infty}^{\infty} x \, dF(x) = \xi \tag{1.6}$$

und die Varianz, sofern sie existiert, als

$$T(F) = Var(X) = \int_{-\infty}^{\infty} (x - \xi)^2 \, dF(x) = \sigma^2 \tag{1.7}$$

formuliert werden. Für die Verteilung der Stichprobe l gilt die Darstellung

$$F_n(l) = \frac{1}{n} \sum_{l_i < l} \delta_{l_i}, \tag{1.8}$$

wobei δ_{l_i} für die Punktmasse 1 an der Stelle l_i steht, deren Abbildung auf das arithmetische Mittel durch das folgende Funktional erzeugt wird

$$T(F_n) = T_n = T_n(l_1, l_2, \cdots, l_n) = \sum l \, dF_n(l) = \frac{1}{n} \sum_{i=1}^{n} l_i. \tag{1.9}$$

Als Umgebung U_ε einer symmetrischen parametrischen Verteilung F kann ein Gebiet betrachtet werden, in dem alle Verteilungen der Form

$$F_\varepsilon = (1 - \varepsilon)F + \varepsilon H, \quad 0 < \varepsilon < 1, \quad H \text{ symmetrisch} \tag{1.10}$$

liegen mit $\varepsilon < 1$ konstant. Je kleiner ε gewählt wird, um so näher liegen die Verteilungen F und F_ε zusammen. Gleichung (1.10) wird für kleines ε und mit δ_x als Punktmasse 1 an der Stelle x

$$F_{\varepsilon,x} = (1 - \varepsilon)F + \varepsilon\delta_x \tag{1.11}$$

auch als Ausreißermodell bezeichnet. Um angeben zu können, wie groß der Abstand zwischen zwei Verteilungen ist, bzw. wie eng sie benachbart sind, muss in der Umgebung U_ε eine Metrik eingeführt werden. Zum Beispiel in [Huber 1981, Kap. 2] ist dieses Problem streng behandelt, wobei der Abstand sowohl für die Levy als auch für die Prohorov Metrik definiert wird. In der Prohorov Metrik [Hampel 1971], die den Raum vollständig und separabel macht, ist der Abstand zwischen zwei Verteilungen F und G durch

$$\Pi(F,G) = \inf\{\varepsilon > 0 : F(A) \leq G(A^\varepsilon) + \varepsilon \; \forall \text{ Ereignisse } A\} \tag{1.12}$$

gegeben. Dabei steht A^ε für die Menge aller Punkte, deren Abstand von A kleiner ε ist. Etwas anschaulicher ist der Kolmogorov Abstand [Donoho/Liu 1988], [Gill 1989], [Wilccox 2005, Abschnitt 2.1.1], der folgendermaßen definiert ist

$$K(F,G) = \sup_x |F(x) - G(x)| \tag{1.13}$$

und auch Grundlage des KS-Tests für die Übereinstimmung einer Stichprobenverteilung mit einer hypothetischen Verteilung ist [Caspary/Wichmann, Abschnitt 8.2.4].

Der Einfluss einer einzelnen Beobachtung l auf ein Funktional T_n wird durch die Sensitivitätskurve (SK) angegeben. Diese lautet mit $l_{-1} = (l_1, l_2, \cdots, l_{n-1})$ als ursprüngliche Stichprobe

$$SK(l; l_{-1}, T_n) = n(T_n(l_{-1}, l) - T_{n-1}(l_{-1})), \tag{1.14}$$

oder mit Bezug auf (1.11) und $\varepsilon = n^{-1}$

$$SK(l; l_{-1}, T_n) = n\left\{T\left(\left[\frac{n-1}{n}\right]F_{n-1} + \frac{1}{n}\delta_l\right) - T(F_{n-1})\right\}. \tag{1.15}$$

Sie gibt an, wie ein Schätzer T_{n-1} seinen Wert ändert, wenn eine Beobachtung l hinzukommt. Für das arithmetische Mittel (1.9) folgt daraus zum Beispiel mit

$$F_n = \frac{n-1}{n}F_{n-1} + \frac{1}{n}l, \quad x_- = \frac{1}{n-1}\sum_{i=1}^{n-1} l_i, \quad x = \frac{1}{n}\sum_{i=1}^{n} l_i$$

$$SK(l; l_{-1}, T_n) = n\left\{\frac{n-1}{n}x_- + \frac{1}{n}l - x_-\right\} = n(x - x_-)$$
$$= (n-1)x_- + l - nx_-) = l - x_-.$$

Das Ergebnis ist keineswegs überraschend, zeigt es doch, dass die Änderung proportional zur Größe der zusätzlichen Beobachtung l und damit im Prinzip unbeschränkt ist.

Anstelle dieser auf eine Stichprobe bezogene SK wird für allgemeinere Analysen das infinitesimale Verhalten eines Schätzers T durch die heuristisch gefundene Einflussfunktion (EF) bzw. Einflusskurve [Hampel 1974] betrachtet.

$$EF(x; F, T) = \lim_{\varepsilon \to 0} \frac{T([1 - \varepsilon]F + \varepsilon\delta_x) - T(F)}{\varepsilon}. \tag{1.16}$$

Sie beschreibt die normierte Auswirkung einer infinitesimalen Störung der Verteilung F an der Stelle x auf das Funktional T. Unter der Voraussetzung der Differenzierbarkeit, kann EF als partielle Ableitung verstanden werden, die für das Modell der kontaminierten Verteilung (1.10) folgende Form annimmt

$$\frac{dT}{dH}(F) = \lim_{\varepsilon \to 0} \frac{T([1 - \varepsilon]F + \varepsilon H) - T(F)}{\varepsilon} \tag{1.17}$$

1.2.3 Allgemeine Forderungen

Robuste Schätzer sollen so beschaffen sein, dass sie auch dann gute Ergebnisse liefern, wenn die Verteilung der Daten von der Verteilung abweicht, für die der Schätzer optimale Ergebnisse liefert. Als Abweichungen werden typischer Weise einzelne Ausreißer (grobe Fehler) und viele kleine Abweichungen, die Folge der Form der Stichprobenverteilung sind, in Betracht gezogen. Aber auch nicht modellierte Korrelationen und Genauigkeitsunterschiede sollte der Schätzer verkraften können. Generell sollten kleine Abweichungen der Daten von der hypothetischen Verteilung nur zu kleinen Änderungen der Schätzergebnisse führen. Falls die Daten frei von Abweichungen sind, sollte der robuste Schätzer wenig Effizienzverlust im Vergleich zum optimalen klassischen Schätzer aufweisen. Weitere Ziele der robusten Schätzung sind die Identifikation von zweifelhaften Daten, um sie für eine nachfolgende Ursachenforschung bereit zustellen und die Aufdeckung von ungünstigen Strukturen im Auswertemodell, die zum dominanten Einfluss einzelner Beobachtungen führen (Hebelpunkte).

1.2.4 Qualitative Robustheit

Eine notwendige Voraussetzung dafür, dass ein als Funktional (1.6) darstellbarer Schätzer robust ist, ist seine Stetigkeit an der Verteilung F bezüglich der Kolmogorov Metrik. Dies ist aber nicht hinreichend, dazu muss Stetigkeit auch bezüglich einer schwächeren Topologie der Umgebung der Verteilung erfüllt sein [Huber 1981].

Eine mathematische Formulierung der Definition der qualitativen Robustheit findet man in [Hampel/Ronchetti/Rousseeuw/Stahel 1986, Abschnitt 2.2b]: Eine Folge von Schätzern $\{T_n; n \geq 1\}$ ist an der Verteilung F qualitativ robust, wenn für jedes $\varepsilon > 0$ ein $\partial > 0$ existiert, so dass für alle G in der Familie der Verteilungen aus der die Stichprobe l stammt und für alle n

$$\Pi(F, G) < \partial \implies \Pi(V_F(T_n), V_G(T_n)) < \varepsilon \tag{1.18}$$

gilt, wobei $V_F(T_n)$ die Verteilung des Funktionals T_n an der Verteilung F bedeutet und Π die Prohorov Distanz ist. Zwischen der Robustheit und der Stetigkeit eines Funktionals besteht ein enger Zusammenhang. Eine Folge von Schätzern $\{T_n;\ n \geq 1\}$ ist stetig an F, wenn für jedes $\varepsilon > 0$ ein $\partial > 0$ und ein n_0 existiert, so dass für alle $m,n \geq n_0$ und für alle empirischen Verteilungsfunktionen F_m, F_n die Beziehung

$$\left.\begin{bmatrix} \Pi(F,F_m) < \partial \\ \Pi(F,F_n) < \partial \end{bmatrix}\right\} \implies |T_m(F_m) - T_n(F_n)| < \varepsilon \tag{1.19}$$

gilt. Eine Folge $\{T_n\}$ von Schätzern, die stetig an F ist und deren Elemente alle stetige Funktionen der Beobachtungen sind, ist qualitativ robust (Theorem 1 [Hampel/Ronchetti/ Rousseeuw/Stahel 1986, Abschnitt 2.2b]).

Diese doch sehr theoretischen Betrachtungen vereinfachen sich etwas, wenn nur stetige Verteilungen F zugelassen werden, da für solche die Abstände (1.13) und (1.12) bzw. die verwendeten Metriken zu denselben Bedingungen für die Stetigkeit der Folge $\{T_n\}$ an F führen. Die Stetigkeit sichert, dass kleine Änderungen der Modellverteilung F nur geringe Änderungen in der Verteilung von T_n verursachen und, dass T_n ein konsistenter Schätzer ist. Dies lässt sich formal so ausdrücken: Nach dem Kolmogorov Theorem gilt für alle empirischen Stichprobenverteilungen mit Wahrscheinlichkeit 1 : $K(F_n, F) \to 0$ für $n \to \infty$. Ist T stetig an F so folgt weiter $K(F_n, F) \to 0 \implies |T(F_n) - T(F)| \to 0$ und damit die Konsistenz von T. Diese Stetigkeitseigenschaften qualifizieren ein Funktional als robusten Schätzer. Sie sagen aber noch nichts über seine konkreten Eigenschaften in der Klasse der robusten Schätzer aus. Da es in der Regel schwierig ist, den strengen Nachweis der qualitativen Robustheit zu führen, begnügen sich die meisten Autoren damit, notwendige Eigenschaften zu überprüfen. Zu diesen gehört insbesondere, dass der Schätzer eine stetige und beschränkte Einflussfunktion (1.16) besitzen muss.

Als Beispiel sei das arithmetische Mittel (1.6) betrachtet. Es zeigt sich, dass das Funktional T nicht an jeder Verteilung stetig ist. Wählt man nämlich das Ausreißermodell (1.11), so ist zwar $K(F, F_{\varepsilon,x}) \leq \varepsilon\ \forall x$ aber $|T(F) - T(F_{\varepsilon,x})| = \varepsilon |x - T(F)|$ kann durch geeignete Wahl von x beliebig groß gemacht werden. Das Mittel ist daher an $F_{\varepsilon,x}$ weder konsistent noch qualitativ robust.

1.2.5   Quantitative Robustheit – Bruchpunkt

Da Größe, Art und Häufigkeit der Abweichungen von der Modellverteilung sehr variabel sein können und als unbekannt angesehen werden müssen, können globale Qualitätsmaße für Schätzfunktionen, wie maximaler systematischer Fehler oder minimale Varianzzunahme, nicht ohne Weiteres in allgemeiner Form abgeleitet werden. Anders verhält es sich mit dem Bruchpunkt, der zwar nur ein pauschales Maß für die Robustheit ist und im Wesentlichen die Empfindlichkeit in Bezug auf Ausreißer angibt. Aber er besitzt eine intuitive, leicht verständliche Bedeutung und ist intensiv untersucht worden, wie man der umfangreichen Literatur entnehmen kann z. B. [Hampel 1971, 1985], [Donoho/Huber 1983], [Rousseew 1983], [Chao 1986], [Sakata/White 1996], [Mizera/Müller 1999], [Becker/Gather 1999], [Genton/Lucas 2003], [Hennig 2004] und [Davies/Gather 2005]. Er wird daher trotz seiner eingeschränkten Aussagekraft häufig zur Beurteilung eines Schätzers herangezogen.

Der Bruchpunkt ist definiert als der größte Abstand vom parametrischen Modell, d. h. in der Regel der größte Prozentsatz an Ausreißern in der Stichprobe, den ein robuster Schätzer verkraften kann, d. h. trotz dessen Existenz er brauchbare Ergebnisse liefert. Zuweilen findet man in der Literatur auch die komplementäre Definition: Der Bruchpunkt ist der kleinste Prozentsatz an Ausreißern, der das Schätzergebnis völlig unbrauchbar machen kann. Diese verbalen, unscharfen Definitionen können auf verschiedene Weise mathematisch formalisiert werden. In Anlehnung an die ursprüngliche Definition in [Hampel 1971] gilt Folgendes: Seien $\{T_n\}$ eine Folge von Schätzern, $K(\delta) = K$ eine kompakte Untermenge des Parameterraums und $\Pi(F,G)$ der Prohorov Abstand zwischen den Wahrscheinlichkeitsmaßen F und G, dann ist der Bruchpunkt $\delta^* = \delta^*(\{T_n\},F)$ durch

$$\delta^* = \sup\{\delta \le 1 : \exists \ K \text{ mit } \Pi(F,G) < \delta \tag{1.20}$$
$$\implies G(T_n \in K) \to 1 \text{ für } n \to \infty\}$$

gegeben. Der Bruchpunkt sagt also aus, bis zu welchem Prohorov Abstand vom parametrischen Modell der Schätzer noch nützliche Ergebnisse liefern kann, bzw. ab wann die Abweichungen von der Modellverteilung dazu führen können, dass die Schätzergebnisse an den Grenzen des Parameterraums liegen und damit sinnlos sind. Er ist ein pauschales, von der Verteilung unabhängiges, konservatives Maß, das eine grobe Beurteilung der Robustheit eines Schätzers ermöglicht. Diese attraktiven Eigenschaften implizieren allerdings den Nachteil, dass er nicht als Zielfunktion zur Entwicklung robuster Schätzer geeignet ist. Man liest an (1.20) ab, dass der Bruchpunkt ein deterministisches Maß ist, das in der gegebenen asymptotischen Form zwar für die generelle Beurteilung eines Schätzers aber für die Anwendung auf konkrete Schätzprobleme wenig geeignet ist. Darauf zugeschnitten sind Darstellungen für endliche Stichproben, die man z. B. in [Donoho/Huber 1983] findet:

Sei $l = (l_1,l_2,\ldots,l_n)$ eine gegebene Stichprobe vom Umfang n und $T = \{T_n; n = 1,2,\ldots\}$ ein Schätzer, der für die Stichprobe l das Ergebnis $T(l)$ liefert. In Anlehnung an (1.10) und (1.11) seien zwei Versionen der Abweichungen ε von der Modellverteilung betrachtet.

1. Die Stichprobe l wird kontaminiert, indem m Einzelwerte durch willkürliche andere Werte $y_1, y_2, \ldots, y_m$ ersetzt werden. Es entsteht die neue Stichprobe $\tilde{l}$ mit dem Verschmutzungsgrad $\varepsilon = m/n$.

2. Sei F_n (1.8) die empirische Verteilung der Stichprobe l und G_m die Verteilung einer anderen Stichprobe $\tilde{l}$ vom Umfang m. Der Abstand dieser Stichproben sei durch ein beliebiges Maß $D(F_n,G_m) \le \varepsilon$ gegeben, vgl. (1.13), (1.12).

Der Schätzer T hat für die Stichprobe l den Bruchpunkt δ^*, der als kleinster Wert von ε definiert ist, der dazu führt, dass sich der Schätzwert $T(\tilde{l})$ beliebig stark von $T(l)$ unterscheidet. Dies wird konkretisiert, indem zunächst die maximale Abweichung (bias) B, die durch die Kontamination ε entstehen kann, gebildet wird: $B(\varepsilon; l,T) = \sup|T(l) - T(\tilde{l})|$ und dann der Bruchpunkt

$$\delta^*(l,T) = \inf(\varepsilon; B(\varepsilon; l,T) = \infty) \tag{1.21}$$

als das kleinste ε definiert wird, das den Abstand über alle Grenzen wachsen lässt.

Eine alternative Definition des asymptotischen Bruchpunkts für eine allgemeinere Kontamination der Modellverteilung F findet man in [Maronna/Martin/Yohai 2006, Abschnitt 3.2]. Angepasst an die hier gewählte Darstellung erhält man folgende Formulierung: Der asymptotische Bruchpunkt δ^* des Schätzers $\hat{x}$ an der kontaminierten Verteilung

$$F_\varepsilon = (1-\varepsilon)F + \varepsilon G, \quad \varepsilon \in (0,1)$$

als Funktion von G ist definiert durch

$$\hat{x}_{n \to \infty}((1 - \varepsilon)F + \varepsilon G) = \infty \qquad \text{für } \varepsilon \geq \delta^* \text{ und } \forall G.$$

Streng genommen gilt diese Definition nur für Lageschätzer. Bei Schätzern die an andere Grenzen gebunden sind, sind diese anstelle von ∞ einzusetzen.

Als einfachstes Beispiel sei das arithmetische Mittel betrachtet. Nach der Darstellung (1.9) ist das Mittel der modellkonformen Stichprobe

$$T(F_n) = n^{-1} \sum l_i = x.$$

Die kontaminierte Stichprobe habe die Verteilung $\widetilde{F_n} = (1 - \varepsilon)F_n + \varepsilon \delta_l$. Daraus folgt

$$T(\widetilde{F_n}) = (1 - \varepsilon)x + \varepsilon \delta_l$$

und für einen Ausreißer

$$\tilde{x} = n^{-1}(n - 1)x + n^{-1}\delta_l.$$

Es ist sofort ersichtlich, dass der erste Ausdruck auf der rechten Seite der Gleichung konstant ist, so dass sich der Schätzwert $\tilde{x}$ proportional mit δ_l ändert. Wegen $\delta_l \to \infty \implies \tilde{x} \to \infty$ hat das Mittel den Bruchpunkt 0, denn schon ein extremer Ausreißer macht das Ergebnis unbrauchbar. Viel robuster ist der Median $\bar{x}$ als Schätzer für den Lageparameter, der immerhin den Bruchpunkt 0,5 besitzt, also bis zu 50 % Ausreißer in der Stichprobe verkraften kann. Dies ist offensichtlich der höchste Wert, den der Bruchpunkt in einer vernünftig formulierten Schätzaufgabe erreichen kann, denn bei mehr Ausreißern wäre es nicht mehr möglich, zwischen guten Beobachtungen und Ausreißern zu unterscheiden. Der Preis für diese Eigenschaft des Medians ist die geringe Effizienz an F_n, d. h. $\sigma_{\bar{x}}^2 > \sigma_x^2$, wenn F_n die Stichprobenverteilung ist.

Der Bruchpunkt ist ein einfaches intuitives Konzept zur Beurteilung des globalen Verhaltens von Schätzern in Situationen, in denen starke Abweichungen vom angenommenen Modell möglich sind. Das lokale Verhalten wird dagegen meist durch Analyse der Auswirkungen infinitesimaler Modellabweichungen, z. B. mithilfe der Einflussfunktion, ermittelt. [Donoho/Huber 1983] geben einen anschaulichen Vergleich aus den Materialwissenschaften: Die Materialfestigkeit kann durch die Begriffe Steifigkeit und Bruchfestigkeit beschrieben werden. Die Steifigkeit charakterisiert das lokale Verhalten bei geringer Belastung, während die Bruchfestigkeit die Grenzbelastung ist, die zum Materialbruch führt.

In der dargestellten Form unterliegt der Bruchpunkt aber gewissen Einschränkungen, denn er bezieht sich auf einen Parameterraum, dessen Grenzen im Unendlichen liegen. Es gibt aber jenseits der einfachen Lage- und Streuungsparameter Statistiken, deren Existenz an andere Grenzen gebunden ist. Beispiele sind Korrelationskoeffizienten und Parameter stationärer stochastischer Prozesse. Aber auch ein Streuungsparameter kann als zusammengebrochen betrachtet werden, wenn er den Wert 0 annimmt. Durch Verallgemeinerung der Definition auf der Grundlage der Struktur von Gruppen versuchen [Davies/Gather 2005] diese Schwäche zu beheben. Eine anerkannte Lösung, d. h. eine vollständig befriedigende theoretische Grundlage für eine stringente, alle Fälle umfassende Definition des Bruchpunktes, scheint allerdings noch nicht gefunden zu sein.

Für den angewandten Statistiker sind diese Probleme kaum relevant. Er muss sich nur darüber im Klaren sein, dass der Bruchpunkt eines der Kriterien zur Beurteilung von Robustheit ist, das allerdings neben seiner hohen Aussagekraft auch gewisse Unschärfen besitzt. Auch muss er die Frage, ob ein hoher Bruchpunkt überhaupt angestrebt werden muss, aufgabenspezifisch beantworten. Denn Ausreißer werden kaum den Wert ∞ annehmen. Viel größere Schwierigkeiten bereiten in der Regel Beobachtungen, die in einem Grenzbereich liegen und nicht eindeutig als Ausreißer identifizierbar sind sowie geringe systematische Verfälschungen einer größeren Anzahl von Beobachtungen.

1.2.6 Quantitative Robustheit – Einflussfunktion

Grundlage für weitere wichtige Robustheitsmaße ist die Einflussfunktion (1.16), die von Hampel 1968 eingeführt wurde und in [Hampel 1974] ausführlich behandel ist. Die Einflussfunktion gibt an, wie sich eine infinitesimale Änderung der Verteilungsfunktion F auf den eingesetzten Schätzer T auswirkt. Sie ist eine Funktion von T, F und der Stelle x, an der die Verschmutzung vorliegt. Die geforderten Regularitätsbedingungen und die Stetigkeit an der Stelle x vorausgesetzt, gilt mit (1.11)

$$EF(x; F, T) = \lim_{\varepsilon \to 0} \frac{T(F_{\varepsilon,x}) - T(F)}{\varepsilon} = \frac{\partial}{\partial \varepsilon} T(F_{\varepsilon,x})_{\varepsilon=0}. \tag{1.22}$$

Die EF kann als partielle Ableitung von T an der Stelle x nach ε für $\varepsilon = 0$ bezüglich der Verteilung F betrachtet werden. Sie kann daher zur näherungsweisen Darstellung des Schätzers T an der kontaminierten Verteilung $F_{\varepsilon,x}$ dienen.

$$T(F_{\varepsilon,x}) = T(F) + \varepsilon EF(x; F, T) + Gl.h.O.$$

Zum besseren Verständnis seien zunächst zwei ganz einfache Beispiele betrachtet: Das Funktional für das arithmetische Mittel ist durch (1.6) gegeben. Dafür erhält man die EF

$$EF(x; F, T) = \lim_{\varepsilon \to 0} \frac{([1 - \varepsilon]\xi + \varepsilon x - \xi)}{\varepsilon} = x - \xi,$$

die eine Gerade durch den Punkt ξ darstellt. Ganz entsprechend erhält man für den Schätzer der Varianz (1.7), unter der Annahme, dass F die beiden ersten Momente besitzt und ξ bekannt ist:

$$EF(x; F, T) = \lim_{\varepsilon \to 0} \frac{([1 - \varepsilon]\sigma^2 + \varepsilon[x - \xi]^2 - \sigma^2)}{\varepsilon} = (x - \xi)^2 - \sigma^2.$$

Diese EF ist eine quadratische Parabel mit dem Scheitel $-\sigma^2$ an der Stelle ξ. Zusätzliche Beobachtungen x im Intervall $\xi \pm \sigma$ verringern die Varianz, während außerhalb liegende sie quadratisch wachsen lassen. Beide EF sind unbeschränkt, d. h. für $x \to \infty$ geht auch $EF \to \infty$.

An diesen Beispielen erkennt man sehr deutlich, welche Information die EF enthält und insbesondere, dass Schätzer nur dann robust gegen Ausreißer sein können, wenn die Funktion beschränkt ist.

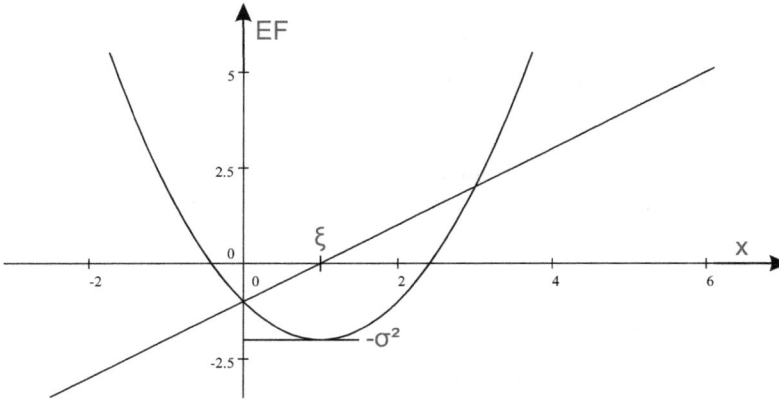

Abbildung 1.6: Einflussfunktion des Mittels (linear) und der Varianz (quadratisch) für $\xi = 1$

Als wichtiges Maß für die Robustheit gilt daher nach [Hampel 1974] die *Ausreißersensitivität*, die durch

$$\gamma^* = \sup_x |EF(x; F, T)| \tag{1.23}$$

definiert ist. Man sollte sich aber nicht nur gegen Ausreißer durch die Wahl eines Schätzers mit kleinem γ^* schützen. Auch viele kleine Abweichungen von der Modellverteilung, die z. B. durch Rundungen oder Zusammenfassungen von ursprünglichen Daten entstehen, können das Schätzergebnis erheblich verfälschen.

Der maximale Einfluss dieser lokalen Verschiebungen der Daten wird durch die *Verschiebungssensitivität*

$$\lambda^* = \sup_{x \neq y} |EF(x; F, T) - EF(y; F, T)| / |x - y| \tag{1.24}$$

abgeschätzt, die ein standardisiertes Maß für lokale Änderungen ist. Die Interpretation von λ^* ist nicht immer einfach, da Unstetigkeiten und steile Abschnitte der EF zu extremen Werten führen können, die aber häufig als harmlos zu bezeichnen sind.

Oft ist es wichtig, bei der Auswahl eines Schätzers zu wissen, ob und ab wann Daten als Ausreißer verworfen werden. Dies tritt dann ein, wenn die EF den Wert 0 annimmt. Als *Verwerfungspunkt* ist die Größe

$$\rho^* = \inf_x \{\rho > 0; EF(x; F, T) = 0 \text{ für } |x| \geq \rho\} \tag{1.25}$$

von Hampel in [Hampel 1974] eingeführt worden, vgl. auch [Borutta 1988].

Wenn das Funktional T differenzierbar und G eine Verteilungsfunktion in der Nachbarschaft von F ist, so kann eine Linearisierung (Taylorentwicklung) von $T(G)$ um $T(F)$ durchgeführt werden

$$T(G) = T(F) + \int EF(x; F, T)[G(dx) - F(dx)] + GL.h.O. \tag{1.26}$$

Wird nun für G die Stichprobenverteilung F_n eingesetzt, so erhält man wegen $\int EF(x; F,T)dF(x) = 0$ aus (1.26)

$$T_n(F_n) = T(F) + \int EF(x; F,T)dF_n(x) + Gl.h.O.$$

und mit Auswertung der Stichprobe und Umformung

$$\sqrt{n}[T_n(F_n) - T(F)] = \frac{1}{\sqrt{n}} \sum_{i=1}^{n} (x_i; T,F) + Gl.h.O.$$

Wenn die x_i unabhängig sind und der gleichen Verteilung angehören, ist nach dem zentralen Grenzwertsatz der Hauptterm auf der rechten Seite normalverteilt mit Erwartungswert 0. Da für $n \to \infty$ $F_n \to F$ strebt, kann für nicht zu kleines n angenommen werden, dass die $Gl.h.O.$ vernachlässigbar sind. Es folgt damit für die linke Seite ebenfalls die Normalverteilung mit Erwartungswert 0. Für die asymptotische Varianz von T bezüglich der Verteilung F erhält man unter diesen Annahmen:

$$Var[T(F)] = \int EF(x; F,T)^2 dF(x). \tag{1.27}$$

1.2.7   Der ideale Schätzer

Die dargestellten Entwicklungen gelten für die Schätzung eines Parameters auf der Basis einer Stichprobe. Für das Regressionsmodell, nimmt die EF die Form eines Vektors an, dessen Komponenten die partiellen Ableitungen nach den einzelnen Parametern sind. Dies erschwert die Interpretation und lässt auch keine einfache graphische Darstellung mehr zu, schmälert aber nicht die Bedeutung der abgeleiteten Kriterien.

Eine Vielzahl von Forderungen an die Eigenschaften eines robusten Schätzers sind in diesem Abschnitt formuliert und begründet worden. Sie sollen hier noch einmal zusammenfassend dargestellt werden, wobei die Reihenfolge keine Priorisierung bedeutet. Ein guter Schätzer sollte

- *qualitativ robust* sein: eine geringe Verschmutzung der Daten sollte nur eine geringe Auswirkung auf den Schätzer haben,
- einen *hohen Bruchpunkt* besitzen: er sollte sicheren Schutz gegen große Kontamination der Daten bieten, insbesondere resistent gegen grobe Ausreißer sein,
- *geringe Ausreißersensitivität* aufweisen: durch eine beschränkte Einflussfunktion sollte die Wirkung von Ausreißern und untypischen Daten begrenzt sein,
- *geringe Verschiebungssensitivität* haben: lokale geringe Unschärfen der Daten sollten nur geringen Einfluss auf das Schätzergebnis haben,
- einen *Verwerfungspunkt* besitzen, der für die Schätzaufgabe und die Datenqualität angemessen ist, d. h. er sollte Ausreißer eliminieren aber keine brauchbare Information ungenutzt lassen. Diese Eigenschaft wird auch als gute *Trennschärfe* bezeichnet,
- *geringe Varianz am idealen Modell* aufweisen: bei modellkonformen Daten sollte die Varianz des Schätzer nicht wesentlich größer sein als die eines für das Modell optimalen Schätzers, d. h. er sollte *effizient* sein.

Diese Kriterien überlappen sich teilweise. Sie sind nicht bei allen Schätzaufgaben von gleicher Wichtigkeit und auch nicht alle gleichzeitig erfüllbar. Deshalb ist es wenig erstaunlich, dass es nicht den optimalen robusten Schätzer sondern vielmehr eine kaum noch zu überschauende Anzahl unterschiedlicher robuster Schätzfunktionen gibt. Diese Situation erleichtert es dem angewandten Statistiker nicht gerade, die für seine Aufgabe günstigste Variante herauszufinden. Der Lösung dieses Problems kann er nur dann nahe kommen, wenn er sich solide Kenntnisse auf diesem Spezialgebiet der Schätztheorie erarbeitet hat. Denn für die Auswertung realer Daten muss immer ein Kompromiss gefunden werden, der sicher stellt, dass keine unvernünftigen Schätzergebnisse erzeugt werden. Die theoretisch streng entwickelten Schätzeigenschaften, s. z. B. [Davies 1993] müssen in der Praxis nicht überbewertet werden, da sie sich oft auf Grenzsituationen beziehen, die zwar theoretisch wichtig aber praktisch meist nicht relevant sind.

2 Messdaten

2.1 Statistische Eigenschaften

Grundlage für den Einsatz statistischer Methoden zur Auswertung von Messreihen ist die Vorstellung, dass die beobachteten Größen Realisierungen von Zufallsvariablen sind. Die Menge aller möglichen oder theoretisch denkbaren Realisierungen bildet eine Grundgesamtheit. Die Messreihe wird dann als Stichprobe aus einer solchen Grundgesamtheit betrachtet. Die Kenntnis der Verteilung der Zufallsvariablen und damit der Stichprobe ist für die Wahl des Auswerteverfahrens von größter Wichtigkeit, denn optimale Ergebnisse erhält man nur dann, wenn die Auswertung auf die Verteilung abgestimmt ist. Oft fehlen diese Kenntnisse jedoch oder die Situation ist deutlich komplexer als oben angenommen, dann sind verallgemeinerte Auswertemethoden gefragt, die auch in unklaren Situationen noch brauchbare Ergebnisse erwarten lassen. Insbesondere soll damit der Einfluss zweifelhafter Messwerte unterdrückt werden, was nach [Hart/Lotze/Woschni 1997] am besten durch Stutzen und Winsorisieren erreicht werden kann (s. Kap. 3.1). Neben diesem klassischen Ansatz gibt es modernere Entwicklungen, die die Ungewissheit über die tatsächlichen Eigenschaften der Daten durch Verwendung der Intervallmathematik oder der Theorie unscharfer Mengen zu modellieren versuchen. Eine gründliche Untersuchung des Potentials dieser Methoden zur Beschreibung und Berücksichtigung der den Daten innewohnenden Ungewissheit findet man in [Kutterer 2002].

In der Statistik entwickelte Auswerteverfahren haben sich auch in Bereichen bewährt, in denen die oben beschriebenen Grundlagen fehlen. Beispiele sind die Approximation von Funktionen über berechnete Stützpunkte und die Geostatistik, in der räumliche Strukturen, die nur einmal vorhanden sind, erfolgreich mit Zufallsfunktionen beschrieben werden.

2.1.1 Datenarten

Die zur Auswertung vorliegenden Daten für die Schätzung realer Größen oder fester Parameter können durch Messungen im physikalischen Sinn gewonnen worden sein. Es wird dabei angenommen, dass nichtstochastische Größen zu ermitteln sind, die einen „wahren Wert" besitzen. Die Streuung der Messwerte hat ihre Ursache in der Unvollkommenheit des Messwerkzeugs oder der Messanordnung, in nicht kontrollierbaren Einwirkungen des Umfeldes auf den Messprozess und das Messobjekt sowie in der Begrenztheit der Wahrnehmungsfähigkeit des Beobachters, sofern der Messprozess nicht automatisch abläuft. Diese Situation ist typisch in der Physik sowie in den Natur- und Ingenieurwissenschaften (s. 1. Beispiel). So gewonnene Messreihen bildeten den Ausgangspunkt der Entwicklung der Ausgleichungsrechnung nach der Methode der kleinsten Quadrate und standen bis zum Ende des 19. Jahrhunderts im Fokus der Mathematischen Statistik bei der Weiterentwicklung von Auswertemethoden. Sie werden der Schwerpunkt der folgenden Ausführungen sein.

Die Daten können aber auch das Ergebnis von Erhebungen, statistischen Erfassungen oder Beobachtungen sein, wobei durchaus auch Messungen durchgeführt werden, die aber in der Regel nicht die Ursache der Streuung der Daten sind. Die Streuung ist vielmehr Kennzeichen der stochastischen Eigenschaften der Grundgesamtheit, die hier aus einer Menge gleichartiger Objekte besteht (s. 2. Beispiel). Die zu schätzenden Größen sind Verteilungsparameter, wie Erwartungswerte, Varianzen und Korrelationen, die die statistische Grundgesamtheit charakterisieren. Die meisten neueren Entwicklungen in der Mathematischen Statistik zielen auf diesen Anwendungsbereich, so auch das Konzept der robusten Schätzung. Um dieses zu verstehen und auch weil es bei messtechnischen Problemen durchaus vergleichbare Szenarien gibt, soll dieser Bereich immer am Rande mitbetrachtet werden.

Eine weitere wichtige Gruppe statistischer Daten wird bei der Erfassung von Zeitreihen gewonnen, die in nahezu allen Wissenschaftsbereichen eine Rolle spielen. Als Beispiele seien nur der Verlauf der Aktienkurse, die Höhe des Wasserspiegels an einem Pegel und die hochfrequenten Sensordaten bei der Überwachung von Bauwerken genannt, vgl.[Resnik 2009]. Die Schwankungen der Werte in einer Zeitreihe setzen sich in der Regel aus systematischen und zufälligen Anteilen zusammen. Die zu schätzenden Größen sind die Modellparameter des systematischen Verlaufs und die Parameter des stochastischen Prozessmodells. Die gängigen statistischen Schätzverfahren setzen voraus, dass die Zeitreihe ergodisch ist und nach Abspaltung eines Trends durch einen stationären stochastischen Prozess modelliert werden kann.

Räumliche Daten sind dadurch charakterisiert, dass sie Punkte in der Ebene oder im Raum beschreiben, die sich neben der Position durch Attribute unterscheiden können. Die wichtigsten Datenlieferanten nutzen satelliten- bzw. flugzeuggestützte oder terrestrische bildgebende Verfahren und/oder die Scannertechnologie. In der Regel fallen bei diesen Messverfahren gigantische Datenmengen an, aus denen geometrische Strukturen räumlicher Objekte abgeleitet werden. Neben dem Messrauschen, das die Genauigkeiten der Positionen bestimmt, spielt die Unsicherheit der Zuordnung der Punkte zu geometrischen Strukturen als Fehlerquelle für das zu schätzende Ergebnis eine große Rolle. So müssen z. B. beim flugzeuggestützen Scannereinsatz für den Aufbau eines digitalen Modells der Erdoberfläche, siehe u. a. [Kistler/Attwenger/Dorsch 2009] alle Positionen, die sich auf Baumwipfel oder Hausdächer beziehen erkannt und eliminiert werden, ehe das Reliefmodell berechnet wird.

2.1.2   Verteilung der Messabweichungen

Da der Begriff Fehler in seiner umgangssprachlichen Bedeutung nicht unbedingt an die Realisierung einer statistischen Größe denken lässt, soll in Übereinstimmung mit dem Gebrauch in der modernen Messtechnik der Begriff Abweichung vorgezogen werden. Die klassische *„Fehlertheorie"* unterscheidet systematische und zufällige Abweichungen, die sich jedoch nicht immer scharf trennen lassen, sowie grobe Fehler, die aber, da sie aufgedeckt und eliminiert werden können, meist nicht weiter behandelt werden. Die systematischen Abweichungen werden eher als messtechnisches Problem gesehen. Durch gut geplante Messanordnungen und durch die Erfassung und modellhafte Berücksichtigung von Einflussfaktoren hofft man, sie weitgehend beherrschen zu können. Der Schwerpunkt der wissenschaftlichen Auseinandersetzung liegt daher auf den zufälligen Abweichungen. Die Erfahrung lehrt, dass diese Abweichungen unvermeidbar sind, dass dem Betrage nach gleich große negative und positive Abweichungen mit ungefähr gleicher Häufigkeit vorkommen und dass dem Betrage nach kleine Abweichungen häufiger als große auftreten. Die ersten Versuche dieses Verhalten der Abweichungen durch ein *„Fehlergesetz"* zu modellieren, gehen auf Simpson 1756 [Czuber 1891, S. 111] zurück, der zur Annäherung der Häufigkeitsverteilung ein gleichschenkeliges Dreieck mit der Abweichung Null an der Spitze vorschlug. Viele Astronomen und Mathematiker des 18. Jahrhunderts haben sich an der Weiterentwicklung der Fehlertheorie beteiligt. So vertrat Bernulli in einer Arbeit von 1778 [Harter 1974, I S. 151] die Ansicht, dass das Fehlergesetz durch einen Halbkreis darzustellen sei. Gauss war es schließlich, der 1809 das Fehlergesetz veröffentlichte, das wir heute als Normalverteilung bezeichnen. Er leitete es aus dem Postulat ab, dass das arithmetische Mittel der wahrscheinlichste Wert einer Größe ist, für die eine Reihe gleichguter Messungswerte vorliegt. Eine ausführliche Darstellung der historischen Entwicklung der Fehlertheorie und der Methode der kleinsten Quadrate findet man u. a. in [Merriman 1877], [Czuber 1891] und [Harter 1974/75].

Die eindimensionale Normalverteilung $N(\xi, \sigma^2)$

$$\Phi(y) = \frac{1}{\sigma\sqrt{2\pi}} \int_{-\infty}^{y} e^{-\frac{(x-\xi)^2}{2\sigma^2}} dx \tag{2.1}$$

ist durch die beiden Parameter ξ und σ vollständig festgelegt. Der Lageparameter $\xi = E(X)$ liegt im Maximum der Dichtefunktion $\varphi(x)$, deren Form, die sogenannte Glockenkurve, durch die Standardabweichung σ bestimmt wird. Man bezeichnet σ auch als Skalen- bzw. Skalierungsparameter, da die durch σ dividierte Variable x dimensionslos wird, und $(x - \xi)/\sigma$ die normierte Normalverteilung $N(0,1)$ besitzt. Der optimale Schätzer für den Erwartungswert einer normalverteilten Stichprobe $l = (l_1, l_2, \ldots, l_n)$ ist, im Umkehrschluss zur Grundannahme von Gauss, das arithmetische Mittel $x = \frac{1}{n}\sum_{i=1}^{n} l_i$, und der Skalenparameter wird durch die empirische Standardabweichung $s = \left(\frac{\sum_{i=1}^{n}(l_i-x)^2}{n-1}\right)^{1/2}$ optimal geschätzt. Zwei weitere Kenngrößen von Verteilungen basieren auf dem 3. und 4. Moment der Zufallsvariablen. Als k-tes zentrales Moment einer Verteilung bzw einer Stichprobe sind die Größen

$$\beta_k = E\{(l-\xi)^k\} \quad \text{bzw.} \quad b_k = n^{-1}\sum_{i=1}^{n}(l_i-x)^k \tag{2.2}$$

definiert. Diese Kenngrößen sind die Schiefe γ und der Exzess ζ bzw. deren Stichprobenversionen g und z

$$\gamma = \beta_3/\sqrt{\beta_2^3} \quad \text{bzw.} \quad g = b_3/s^3$$
$$\zeta = \beta_4/\beta_2^2 - 3 \quad \text{bzw.} \quad z = b_4/s^4 - 3. \tag{2.3}$$

Für normalverteilte Zufallsvariable sind Schiefe und Exzess identisch Null. Die Schiefe zeigt Abweichungen der Dichtefunktion von der Symmetrie zum Erwartungswert an. Ein positives γ bedeutet Rechtslastigkeit und negatives Linkslastigkeit der Dichtebelegung. Ein positiver Exzess besagt, dass die Dichte im Vergleich zur Normalverteilung einen höheren Gipfel und stärkere Ränder besitzt. Sie ist hochgewölbt (leptokurtisch). Negativen Exzess besitzen flachgipfelige Dichten, die auch flachgewölbt oder platykurtisch bezeichnet werden.

Die Gaußsche Ableitung der Normalverteilung, die, wie bereits ausgeführt, auf der Annahme fußt, dass das arithmetische Mittel der wahrscheinlichste Wert ist, war vielen zeitgenössischen Wissenschaftlern zu theoretisch und gab ihnen den Anstoß, nach anderen Beweisen zu suchen, die den Messprozess zum Ausgangspunkt nehmen. Die Ergebnisse dieser Bemühungen sind in [Czuber 1891, Art.35–45] ausführlich gewürdigt. Sie sollen hier kurz zusammengestellt werden. Die Grundidee besteht in der Annahme, dass die Messabweichung durch das Zusammenwirken vieler Fehlerquellen zustande kommt. Diese Idee lag schon den Arbeiten von Laplace aus dem Jahre 1774 zugrunde. Dieser verglich den Beobachtungsfehler mit dem Verlust beim Glücksspiel, der sich als Summe von Einzelverlusten ergibt. Für den Beobachtungsfehler nahm er an, dass er aus einer großen Zahl unabhängiger Fehlerquellen gespeist wird, die alle demselben Fehlergesetz folgen und numerisch gleichen Elementarfehlern dieselbe Wahrscheinlichkeit geben. Er leitete unter dieser Hypothese eine Verteilung ab, deren Struktur der Normalverteilung entspricht.

Unter vereinfachten Voraussetzungen entwickelte Hagen 1837 das Fehlergesetz. Er nahm an, dass der Messfehler sich als Summe aus einer sehr großen Zahl unabhängiger gleicher sehr kleiner Elementarfehler ergibt, die mit gleicher Wahrscheinlichkeit das positive wie das negative Vorzeichen annehmen. Man kann dies mit dem Wurf einer Münze vergleichen, bei dem man mit gleicher Wahrscheinlichkeit die Werte $+\varepsilon$ und $-\varepsilon$ erhält. Um die Wahrscheinlichkeit zu ermitteln, bei n Würfen einen bestimmten Wert $m\varepsilon$ als Summe zu erhalten, wird der Quotient der günstigen zu den möglichen Fällen gebildet. Mit Hilfe der Kombinatorik und mit zulässigen Vereinfachungen für $n \to \infty$ und $\varepsilon \to 0$ kommt man so auf das Gesetz der Normalverteilung.

Bessel wandte sich realistischeren Annahmen zu. Er zeigte in [Bessel 1838] zunächst, dass die Messabweichung nicht nur eine Ursache haben kann, da sich für verschiedene Annahmen eines Fehlergesetzes unterschiedliche wahrscheinliche Fehler ergeben, die nicht mit der Normalverteilung im Einklang sind. Sodann untersuchte er das Zusammenwirken von zwei Fehlerursachen, und verallgemeinerte dieses Vorgehen schließlich für das gleichzeitige Auftreten vieler, beliebig wirkender unabhängiger Fehlerursachen, die positiven und negativen Fehlern dieselbe Wahrscheinlichkeit geben. Er schloss aus seinen Ableitungen, dass die Annäherung an die Normalverteilung um so enger wird, je größer die Anzahl der Fehlerursachen ist, dass diese aber nicht erwartet werden kann, *wenn eine oder einige der Fehlerursachen beträchtlich größere Wirkungen äußern als die übrigen, oder wenn ihre Anzahl nicht groß ist.* Als Beispiel aus der Praxis und zur Untermauerung der Sinnhaftigkeit seiner Annahmen analysierte Bessel die Messung der Entfernungen eines Fixsterns vom Pol mit einem Meridiankreis. Er identifizierte 13 unterschiedliche Fehlerquellen, die teilweise schon mehrere Fehlermöglichkeiten zusammenfassen, und schließt mit der Bemerkung: *Ich werde vermuthlich in der Aufzählung von Ursachen, welche zur Erzeugung eines scheinbaren Beobachtungsfehlers zusammenwirken, mehrere übersehen haben...*

Dieser Besselsche „*Beweis*" der Normalverteilung ist von vielen Autoren verallgemeinert und präzisiert worden. In [Merriman 1878] findet man 13 solcher „*Beweise*" zitiert und verglichen. Sie können als Vorläufer des Zentralen Grenzwersatzes gesehen werden, auf den wir uns heute zur Begründung der Normalverteilung berufen.

Der Zentrale Grenzwersatz ist eigentlich eine Gruppe von Grenzwertsätzen, die historisch gewachsen ist. Diese Sätze geben die Bedingungen an, unter denen eine Summe von Zufallsvariablen gegen die Normalverteilung strebt. Sie bilden damit die Grundlage für die überragende Bedeutung der Normalverteilung in der Statistik. Die einfachste Form ist der *Satz von de Moivre-Laplace*, der gelegentlich auch als Lokaler Grenzwertsatz bezeichnet wird. Er besagt, dass die Summe von n $(0,1)$-verteilten Zufallsvariablen eine binomialverteilte Zufallsvariable $X_n \sim B(n,p)$ mit $E(X_n) = np$ und $Var(X_n) = np(1-p)$ ist, die mit wachsendem n gegen die Normalverteilung strebt

$$\lim_{n \to \infty} \frac{X_n - np}{\sqrt{np(1-p)}} = Y_n \sim N(0,1)$$

bzw.

$$\lim_{n \to \infty} P\left(\frac{X_n - np}{\sqrt{np(1-p)}} < y \right) = \Phi(y).$$

Eine Verallgemeinerung dieses Satzes ist der im Folgenden zitierte *Satz von Lindeberg-Levy*. Sei $X_1, X_2, X_3, \ldots$ eine Folge von unabhängigen Zufallsvariablen, die alle dieselbe Verteilung besitzen, deren Erwartungswert ξ und deren Varianz σ^2 existieren und endlich sind. Wird nun die Zufallsvariable $Y_n = X_1 + X_2 + \cdots + X_n$ gebildet, so hat diese nach Voraussetzung den Erwartungswert $E(Y_n) = n\xi$ und die Varianz $Var(Y_n) = n\sigma^2$. Die damit gebildete neue Zufallsvariable

$$Z_n = \frac{Y_n - n\xi}{\sigma \sqrt{n}}$$

hat den Erwartungswert $E(Z_n) = 0$ und die Varianz $Var(Z_n) = 1$. Der Grenzwertsatz besagt nun, dass die Folge der Verteilungsfunktionen $F_n(z)$ der oben definierten Zufallsvariablen Z_n für jeden Wert z die Beziehung

$$\lim_{n \to \infty} F_n(z) = (2\pi)^{-\frac{1}{2}} \int_{-\infty}^{z} e^{-\frac{z^2}{2}} dz \tag{2.4}$$

erfüllt. Oder einfacher formuliert, für jedes relle z gilt die Beziehung

$$\lim_{n \to \infty} P(Z_n \leq z) = \Phi(z).$$

Eine weitere Verallgemeinerung liefert der *Satz von Lindeberg-Feller*, der angibt, unter welchen Bedingungen die Summe von Zufallsvariablen mit unterschiedlicher Verteilung gegen die Normalverteilung konvergiert. Seien $\{X_i; i = 1, 2, \ldots\}$ eine Folge unabhängiger Zufallsvariabler, G_i ihre Verteilungsfunktionen mit den Erwartungswerten $E(G_i) = \xi_i$ und den Varianzen $Var(G_i) = \sigma_i^2 \neq 0$ und gelte $C_n = (\sum_{i=1}^{n} \sigma_i^2)^{\frac{1}{2}}$. Dann folgt die Beziehung

$$\lim_{n \to \infty} \max_{1 \leq i \leq n} \sigma_i / C_n = 0.$$

Unter diesen Annahmen erfüllt die Folge der Verteilungsfunktionen $F_n(z)$ der normierten Zufallsvariablen $Z_n = \sum_{i=1}^{n} (X_i - \xi_i)/C_n$ die Beziehung (2.4) genau dann, wenn für jedes $\varepsilon > 0$ die Bedingung

$$\lim_{n \to \infty} \frac{1}{C_n^2} \sum_{i=1}^{n} \int_{|x - \xi_i| > \varepsilon C_n} (x - \xi_i)^2 dG_i(x) = 0$$

gilt. Wenn alle Zufallsvariablen X_i stetig sind mit der Dichte $g_i(x)$, kann in der Bedingung $dG_i(x) = g_i(x)dx$ gesetzt werden. Für diskrete Zufallsvariable X_i mit den Sprungstellen x_{ik} und den Sprunghöhen p_{ik}, $k = 1, 2, \ldots$ nimmt die Bedingung die Form

$$\lim_{n \to \infty} \frac{1}{C_n^2} \sum_{i=1}^{n} \int_{|x_{ik} - \xi_i| > \varepsilon C_n} (x_{ik} - \xi_i)^2 p_{ik} = 0$$

an. Für eine Folge unabhängiger Zufallsvariabler X_i, die gleichmäßig beschränkt sind, d. h. es existiert eine Zahl K, so dass für alle i die Wahrscheinlichkeit $P(|X_i| \leq K) = 1$ ist, und für deren Varianzen $Var(X_i) \neq 0$ $\forall i$ gilt, ist genau dann die Beziehung (2.4) erfüllt, wenn $\lim_{n \to \infty} C_n^2 = \infty$ ist.

Die umfangreichen Beweise der Grenzwertsätze, weitere Hinweise und zahlreiche Anwendungsbeispiele findet man u. a. in [Fisz 1976] und [Irle 2005].

Die Annahme der Normalverteilung als Modell für das statistische Verhalten von Messabweichungen ist mit den obigen Ausführungen wohlbegründet. In den folgenden Betrachtungen wird daher die Normalverteilung als Stamm- oder Referenzverteilung benutzt werden. In praktischen Anwendungen wird man allerdings die Voraussetzungen für die Gültigkeit der Grenzwertsätze kaum verifizieren können, insbesondere sind die Fehlerquellen selten unabhängig, oft nicht wirklich stochastisch, und für ihre Anzahl gilt in der Regel $n \ll \infty$, daher sind gewisse Modifizierungen angebracht, die den Abweichungen vom idealen Modell Rechnung tragen. Ganz wesentlich ist es, sich stets bewusst zu machen, dass die Normalverteilung ein Modell ist, das die Wirklichkeit nur annähernd beschreibt.

Wenn die Ursache des statistischen Verhaltens einer Beobachtungsreihe nicht in Messabweichungen zu suchen ist, sondern in der Natur des Messobjektes liegt, wird ebenfalls häufig die Normalverteilung zur Grundlage der statistischen Auswertung gewählt, wobei als Begründung auch hier angenommen wird, dass die Variabilität der Objekte durch das Zusammenwirken einer Vielzahl von Ursachen zustande kommt. Als umfangreiches aber auch umstrittenes Beispiel seien die soziologischen Untersuchungen in [Murray 1994] angeführt.

Es gibt jedoch auch eine Vielzahl von zufälligen Erscheinungen, die gänzlich andere Verteilungsmodelle zur Beschreibung ihrer Eigenschaften erfordern. Diese können diskrete Modelle sein wie die Binomialverteilung, die Poissonverteilung oder die hypergeometrische Verteilung, die z. B. in der Qualitätskontrolle von Bedeutung sind. Oder es können Modelle für stetige Zufallsvariable sein, wie die Rechteckverteilung oder die Exponentialverteilung, die nur positive Werte annimmt und beispielsweise zur Beschreibung der Lebensdauer von technischen Komponenten oder von radioaktiven Zerfallsprozessen geeignet ist. Diese Verteilungen, wie wichtig sie auch für zahlreiche Anwendungen der Statistik sind, werden im Rahmen dieses Buches nicht weiter behandelt. Dasselbe gilt für die mit der Normalverteilung verwandten Testverteilungen. Interessierte Leser werden auf die zahlreich vorhandene einschlägige Literatur verwiesen.

2.1.3 Empirische Verteilung von Messreihen

Eine vorliegende Messreihe kann, wie eingangs erläutert, als Stichprobe aus der Grundgesamtheit aller denkbaren Messwiederholungen betrachtet werden. Ihre Verteilung sollte daher im Rahmen der Zufälligkeit der Verteilung der Grundgesamtheit bzw. der Zufallsvariablen, die auf der Grundgesamtheit definiert ist, entsprechen. Sei $X_n = (x_1, x_2, \ldots, x_n)$ eine Beobachtungsreihe vom Umfang n, dann gilt für ihre Verteilung

$$F_n(x) = n^{-1} \sum_{x_i < x} \delta_{x_i}, \tag{2.5}$$

wobei δ_{x_i} für die Punktmasse 1 an der Stelle x_i steht. Zur Darstellung dieser empirischen Verteilung ist es zweckmäßig, die Beobachtungen ihrer Größe nach zu ordnen. Diese sogenannte Ordnungsstatistik der Beobachtungsreihe sei mit $X_{(n)} = (x_{(1)}, x_{(2)}, \ldots, x_{(n)})$ bezeichnet, wobei stets $x_{(i)} \le x_{(i+1)}$ gelten soll. Für größere Messreihen werden Klassen gebildet, in denen die (relativen) Häufigkeiten der in die einzelnen Klassen fallenden Werte ermittelt und anschließend im Histogramm graphisch dargestellt werden. Diese einfache Vorgehensweise, die ein sehr anschauliches Bild der empirischen Verteilung einer Stichprobe gibt, führt für das 1. Beispiel, Tabelle 1.1, zu folgendem Ergebnis:

Tabelle 2.1: Nach Größe geordnete Messwerte des 1. Beispiels

$$\begin{bmatrix} 2{,}26 & 2{,}81 & 3{,}26 & 3{,}76 & 3{,}98 & 4{,}21 & 4{,}51 & 5{,}08 \\ 2{,}48 & 2{,}95 & 3{,}27 & 3{,}78 & 4{,}08 & 4{,}43 & 4{,}59 & 5{,}21 \\ 2{,}64 & 2{,}98 & 3{,}28 & 3{,}78 & 4{,}10 & 4{,}43 & 4{,}65 & 5{,}23 \\ 2{,}66 & 3{,}11 & 3{,}43 & 3{,}91 & 4{,}15 & 4{,}45 & 4{,}76 & 5{,}48 \\ 2{,}75 & 3{,}22 & 3{,}68 & 3{,}95 & 4{,}18 & 4{,}49 & 4{,}84 & 6{,}35 \end{bmatrix}$$

Für das Histogramm werden sieben Klassen symmetrisch zum Mittelwert gebildet. Die gewählten Klassengrenzen und die durch Auszählen ermittelte Anzahl der Messwerte in den Klassen sind in Tabelle 2.2 zusammengestellt.

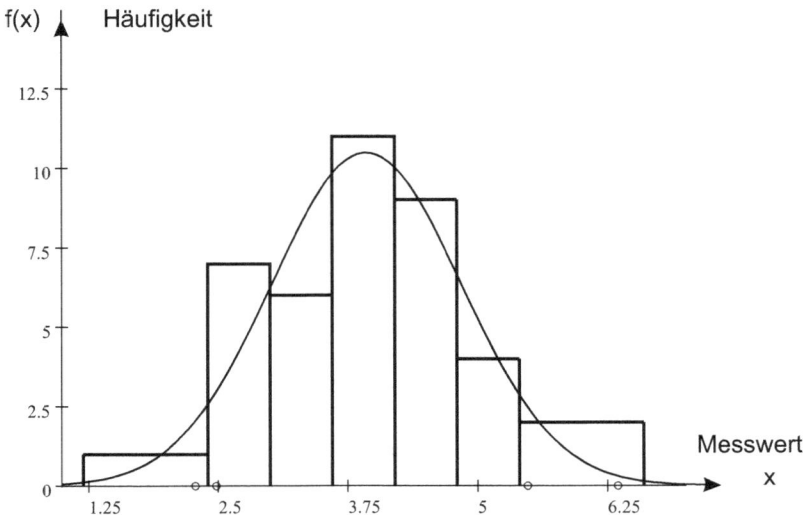

Abbildung 2.1: Häufigkeitsverteilung

Tabelle 2.2: Klassen häufigkeiten der Messwerte

Klasse	1,2–2,4	2,4–3,0	3,0–3,6	3,6–4,2	4,2–4,8	4,8–5,4	5,4–6,6
Anzahl	1	7	6	11	9	4	2

Die graphische Darstellung zeigt das Histogramm zusammen mit der Normalverteilung $N(3,93; 0,834)$. Die beiden kleinsten und die beiden größten Werte der Messreihe sind durch kleine Kreise auf der x-Achse kenntlich gemacht.

Die Übereinstimmung der empirischen Verteilung mit der Normalverteilung wird in [Czuber 1891] *im Hinblick auf die nur mäßige Anzahl der Beobachtungen… als befriedigend betrachtet.* In Abschnitt 80 dieses Buches werden weitere Messreihen, die aus der Praxis stammen und nicht wie die Vorstehende zum Zwecke des Vergleichs durchgeführt wurden, mit der Normalverteilung verglichen. Das Ergebnis wird als Bestätigung der Normalverteilungshypothese interpretiert. Bei genauerer Betrachtung der Zusammenstellungen fällt aber auf, dass bei fast allen Beobachtungsreihen in der Nähe von Null und an den Rändern Abweichungen häufiger auftreten als nach der Theorie zu erwarten ist, und an den Flanken der Dichtefunktion ein Defizit an Abweichungen vorliegt. Die Tendenz zu positiven Exzessen ist deutlich erkennbar.

Auch nach diesen als historisch zu bezeichnenden Untersuchungen haben sich zahlreiche Wissenschaftler damit beschäftigt, zu überprüfen, ob die Normalverteilung das beste Verteilungsmodell für praktische Messreihen ist. Eine Zusammenstellung und Wertung der neueren Veröffentlichungen zu diesem Thema findet man in [Borutta 1988]. Das umfangreiche Datenmaterial, das analysiert wurde, besteht aus präzisen geodätischen Messungen, wie Richtungsmessungen in Triangulationsnetzen, aus denen Dreieckswidersprüche gebildet wurden (18085 Dreiecke in Italien, 914 Dreiecke des europäischen Triangulationsnetzes, 269 Dreiecke des österreichischen Netzes), aus Differenzen zwischen Hin- Rücknivellement (1186 Differenzen aus Messungen im Nildelta, Daten aus Dänemark, Österreich), 1343 Differenzen von Kreiselmessungen, Bildkoordinatenmessungen in aero-photogrammetrischen Aufnahmen (8 Bildflüge mit insgesamt 25144 Messpunkten), Koordinatenmessungen von Reseaukreuzen in 13 Luftbildern mit insgesamt 6801 Punkten. Mit Ausnahme der Kreiselmessungen zeigen alle Messreihen einen deutlichen Exzess. Borutta schließt aus diesen Untersuchungen: *Alle diese Beispiele zeigen, dass die Normalverteilung nicht als Naturgesetz der Verteilung von Beobachtungsfehlern zu betrachten ist. Sie stellt vielmehr eine mehr oder weniger gute Approximation für die tatsächlich vorhandene, jedoch unbekannte, Verteilung der Messfehler dar. Insbesondere bei umfangreichen Beobachtungsreihen, deren Erhebung sich über einen längeren Zeitraum erstreckt, können die Messbedingungen nicht konstant gehalten werden. Die Folge sind schwankende Messgenauigkeit und damit Inhomogenität des Datenmaterials, was zu einem ausgeprägten Exzess der empirischen Verteilung führt.*

Auch in anderen Anwendungsbereichen der Statistik sind die Erfahrungen ähnlich. So findet man z. B. in dem Werk [Sachs 1988, S. 41], das sich an eine breite Leserschaft aus den Gebieten Technik, Naturwissenschaften und Medizin richtet, die Aussage: *der Praktiker muss sich damit abfinden, dass es, streng genommen, in der Empirie keine Normalverteilung gibt. Indessen lassen sich symmetrische eingipfelig verteilte Beobachtungen zumindest in ihrem mittleren Bereich als angenähert normalverteilt auffassen.*

Neben den zufälligen Abweichungen, die bei allen Messungen mit vergleichbaren Eigenschaften auftreten und sich daher gut für eine grundsätzliche Analyse eignen, ist trotz aller Vorkehrungen stets auch mit systematischen Einflüssen auf die Beobachtungsergebnisse zu rechnen. Art und Zusammenwirken der verschiedenartigen Abweichungen bei technischen Messungen sind in [Barry 1978] ausführlich behandelt. Die systematischen Abweichungen hängen von Messverfahren, Messobjekt, Messumgebung, Messprozess und weiteren oft schwer identifizierbaren und beherrschbaren Faktoren ab. Sie erfordern daher eine individuelle Analyse. Eine gründliche Diskussion dieser Problematik sowie die Behandlung von Methoden zur quantitativen Bestimmung und zur Bekämpfung von Messabweichungen findet man ebenfalls in [Profos 1984]. In der Metrologie sind systematische Abweichungen das größte Problem. Sie können oft nur durch Ringversuche aufgedeckt und abgeschätzt werden. Da die Auflösung bei physikalischen Messverfahren heute oft ein bis zwei Zehnerpotenzen höher als die erreichbare Genauigkeit ist, bestimmen die systematischen Abweichungen den Fehlerhaushalt der Methoden, s. z. B. [Tarbeyev 1984]. Als pseudosystematische Abweichungen werden in [Keiser/Matthias 1981] zufällige Abweichungen bezeichnet, die nur Werte ≥ 0 annehmen können. Diese treten vor allem bei Längenmessungen auf, wenn das Abbesche Komparatorprinzip verletzt wird. Dieses besagt, dass bei der Längenmessung das Werkstück bzw. der zu messende Abstand und die Skale bzw. das eingesetzte Messwerkzeug in einer Linie angeordnet sein müssen. Am Beispiel der Mikrometermessung und der Längenmessung in Teilstücken mit Stab, Band, Draht oder durch Staffelung wird das statistische Verhalten dieser Abweichungen a.a.O. untersucht.

2.1.4 Maximalabweichung

Unter der Normalverteilungshypothese können Messabweichungen jeden Wert zwischen $-\infty$ und $+\infty$ annehmen. Allerdings nimmt die Wahrscheinlichkeit für das Auftreten großer Abweichungen mit wachsendem Betrag rasch ab. So liegen außerhalb der Grenzen $\pm 2\sigma$ nur noch 4,56 % und außerhalb $\pm 3\sigma$ nur noch 0,27 % der Abweichungen. Diese geringe Wahrscheinlichkeit großer Abweichungen verführt dazu, von einer gewissen Grenze an Werte als grob fehlerhaft zu deklarieren und zu streichen. Diese Grenze wurde zunächst subjektiv oder von Fall zu Fall festgelegt. Es blieb aber strittig, ob es überhaupt zulässig oder sinnvoll ist, Beobachtungen zu streichen, wenn nicht eindeutig nachweisbar ein grober Fehler gemacht wurde. Die Befürworter des Streichens stark abweichender Beobachtungen sahen die Rechtfertigung darin, dass das Streichen zur Verringerung der geschätzten Varianz und damit zur Steigerung der Genauigkeit des Schätzwertes führt.

Sei $X_n = (x_1, x_2, \ldots, x_n)$ eine Beobachtungsreihe mit unabhängig normalverteilten Werten, und gelte $E(x_i) = \xi$ und $Var(x_i) = \sigma^2 \ \forall \ i$. Wenn nun x^* die größte auftretende Beobachtung bezeichnet, so ist die Wahrscheinlichkeit dafür, dass x^* den Grenzwert k nicht überschreitet, gleich der Wahrscheinlichkeit, dass $-\infty < x_i \leq k$ für alle x_i gilt. Für jedes einzelne x_i hat man somit $P\{x_i \leq k\} = \Phi(k)$, daraus folgt für die Gesamtheit der Beobachtungen die Wahrscheinlichkeit $\Phi^n(k)$ als Produkt der Einzelwahrscheinlichkeiten. Wird nun für k die größte aufgetretene Beobachtung eingesetzt, so erhält man die Verteilung

$$F(x^*) = \Phi^n(x^*) \text{ bzw. } f(x^*) = n\Phi^{n-1}(x^*)\varphi(x^*).$$

Den Schwellenwert x_α^*, den x^* nur mit der Wahrscheinlichkeit α überschreitet, erhält man aus

$$F(x_\alpha^*) = 1 - \alpha = \Phi^n(x_\alpha^*) \to (1 - \alpha)^{1/n} = \Phi(x_\alpha^*).$$

Unter der Annahme $x_i \sim N(\xi, \sigma^2)$ folgt $x_\alpha^* = \xi + \sigma u_\alpha^*$ mit $u_\alpha^* = \Phi^{-1}[(1 - \alpha)^{1/n}]$ aus der normierten Normalverteilung und damit der Wert x_α^*, der bei einer Stichprobe vom Umfang n nur mit der Wahrscheinlichkeit α überschritten wird. Bei gegebenem n und gewähltem α kann so für normalverteilte Stichproben mit bekannten Parametern eine maximal zulässige Abweichung festgelegt werden.

Einen interessanten Weg verfolgte Jordan, der vorschlug, den Exponentialausdruck der Gaussschen Funktion durch ein Polynom zu approximieren, das den Wert Null an der Stelle des Maximalfehlers annimmt, so dass die Wahrscheinlichkeit für größere Abweichungen verschwindet. Als Maximalfehler wählte er den Wert 3σ, den er als generell geeigneten Grenzwert empfahl, [Jordan 1877]. In [Jordan 1904] sind diese Entwicklungen erweitert und zusammenfassend dargestellt. Ähnliche Untersuchungen führte Helmert durch, der den Ansatz aber schließlich als theoretisch nicht befriedigend verwarf und darauf hinwies, dass der zulässige Maximalfehler von der Anzahl der Beobachtungen abhängig zu machen sei [Helmert 1877] und je nach Umfang der Beobachtungsreihe zwischen 3σ und 5σ angenommen werden könne. Die Wichtigkeit dieser Erkenntnis kann leicht gezeigt werden:

Seien $X_n = (x_1, x_2, \ldots, x_n)$ eine Beobachtungsreihe, $\hat{x} = n^{-1} \sum x_i$ das arithmetische Mittel und $s^2 = (n-1)^{-1} \sum (x_i - \hat{x})^2$ die Varianz der Beobachtungen, dann gilt für jedes x_j

$$\frac{|(x_j - \hat{x})|}{s} < \frac{n-1}{\sqrt{n}}.$$

Der Beweis erfolgt, indem man beide Seiten der Ungleichung quadriert und dann mit s^2 multipliziert:

$$(x_j - \hat{x})^2 < s^2 \frac{(n-1)^2}{n} = \frac{n-1}{n} \sum_i (x_i - \hat{x})^2 = \frac{n-1}{n} \left\{ (x_j - \hat{x})^2 + \sum_{i \neq j} (x_i - \hat{x})^2 \right\}.$$

Man liest aus dieser Ungleichung ab, dass für $n \leq 10$ die rechte Seite einen Wert < 3 annimmt, d. h. dass die größte auftretende Messabweichung stets kleiner als die dreifache empirische Standardabweichung ist und somit bei kleinen Stichproben nach der 3σ-Regel niemals eine Beobachtung verworfen werden kann.

Dixon vergleicht die zu seiner Zeit diskutierten Kriterien für die Aufdeckung von fehlerhaften Beobachtungen und stellt fest, dass für verschiedene Stichprobenumfänge und in Abhängigkeit davon, ob σ bekannt ist oder aus den Beobachtungen geschätzt werden muss, unterschiedliche Kriterien erfolgreich sind. Er resümiert schließlich: *Many authors have written on the subject of rejection of outlying observations. Apparently none have been successful in obtaining a general solution to the problem. Nor has there been success in the development of a criterion for discovery of outliers by means of a general statistical theory...* [Dixon 1950].

Die Versuche, eine Methode zu entwickeln, mit der die Größe der gerade noch akzeptablen Abweichung objektiv bestimmt werden kann, haben auch nach 1950 noch zu einer Fülle von wissenschaftlichen Aufsätzen, aber bis heute nicht zu einer befriedigenden Lösung geführt.

Das Problem ist wohl darin zu sehen, dass jede Lösung subjektive Annahmen über Verteilungsmodelle und Wahrscheinlichkeiten enthalten muss. Darüber können auch in aller mathematischen Strenge abgeleitete Formeln und Kriterien nicht hinwegtäuschen. Wie in den vorstehenden Ausführungen mehrfach angeklungen, tritt das Problem in ähnlicher Form bei der Aufdeckung von Ausreißern im Beobachtungsmaterial auf. Auch dort werden subjektive Festlegungen mit mathematischer Strenge kombiniert, wie in Abschnitt 2.2 dargelegt werden wird.

2.1.5 Mischverteilungen

Als Modell für die Verteilung der Messabweichungen ist die Normalverteilung von grundlegender Bedeutung. Sowohl theoretische als auch praktische Gründe dafür sind in 2.1.2 ausführlich dargelegt. Der Vergleich empirischer Verteilungen mit der Normalverteilung in 2.1.3 zeigt allerdings, dass die Differenzen, obwohl sie in den untersuchten Stichproben nur gering sind, ein typisches Muster aufweisen. Sehr kleine und sehr große Abweichungen treten häufiger und mittlere seltener auf, als bei der Normalverteilung zu erwarten ist. Diese wohlbekannte Situation hat dazu geführt, dass zahlreiche Versuche gemacht wurden, die Normalverteilung zu modifizieren oder durch andere Modelle zu ersetzen, die diese typischen Differenzen nicht aufweisen. So wird z. B. in [Lye/Martin 1993] vorgeschlagen, statt der Normalverteilung verallgemeinerte Exponentialverteilungen zur Modellierung von Messreihen zu verwenden.

Romanowski befasste sich mit dieser Thematik in einer Serie von Arbeiten [Romanowski 1964] bis [Romanowski/Green 1983]. Er ging dabei von dem de Moivre-Hagen Modell aus, das er durch die Einführung des Fehlers Null erweiterte. Durch die Festlegung einer Quote für den Nullfehler gelang ihm die Formulierung der „modulierten Normalverteilung", die einen höheren Gipfel und stärkere Ränder als die Normalverteilung besitzt und sich daher dem Histogramm realer Beobachtungsreihen gut anpasst. Winter hat sich in einer wissenschaftlichen Arbeit [Winter 1978] ausführlich mit der modulierten Normalverteilung befasst und ihre Eignung an umfangreichem Datenmaterial getestet. Sein Fazit lautet: *Das Modell ist wirklichkeitsfremd und kompliziert, zur mathematischen Lösung sind spezielle Voraussetzungen bezgl. des Wertebereichs der Nicht-Nullfehler und der Modulatoren erforderlich.* Als praktikablere Alternative zur Normalverteilung schlägt er die Verwendung von Mischverteilungen vor.

In [Maronna/Martin/Yohai 2006] wird ebenfalls vorgeschlagen randstarke (heavy-tailed) Verteilungen durch Mischverteilungen zu approximieren, oder als Modell die t-Verteilung zu verwenden, die sich durch die Wahl des Freiheitsgrades f flexibel an das Histogramm einer Stichprobe anpassen lässt. Für $f \to \infty$ geht die t-Verteilung in die Normalverteilung über, und für $f = 1$ erhält man die Cauchy-Verteilung, deren Erwartungswert nicht existiert. Die Verteilungsfunktion der t-verteilten Zufallsvariablen T lautet

$$\Psi(z) = P(t \leq z) = \int_{-\infty}^{z} \psi(t)dt \qquad (2.6)$$

$$\psi(t) = C(f)(1 + t^2/f)^{-(f+1)/2}, \ C(f) = \Gamma(\frac{f+1}{2})/\sqrt{f\pi}\,\Gamma\left(\frac{f}{2}\right).$$

Der Erwartungswert beträgt

$$E(T) = 0 \text{ für } f > 1, \text{ unbestimmt für } f = 1,$$

und für die Varianz erhält man

$$Var(T) = \frac{f}{f-2} \text{ für } f > 2, \text{ unbestimmt für } f \le 2.$$

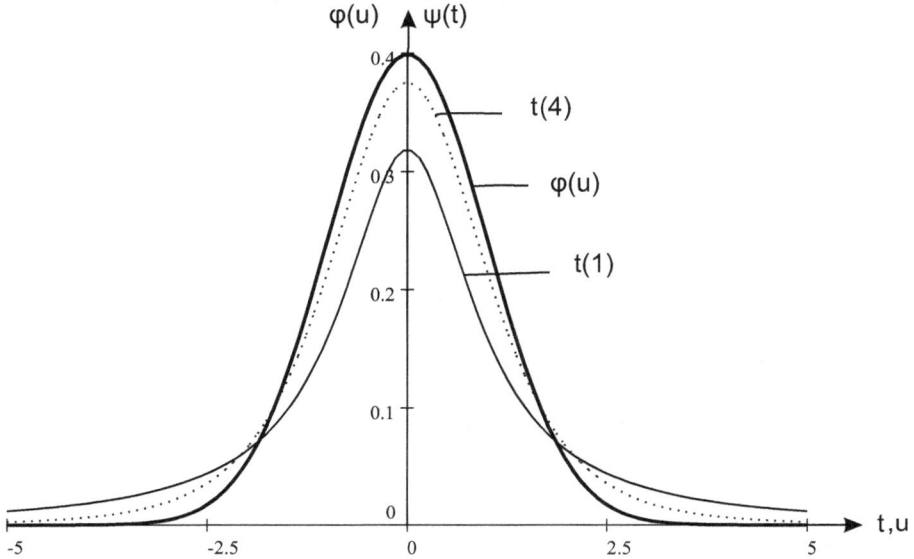

Abbildung 2.2: Normalverteilung und t-Verteilung für $f = 1$ und $f = 4$

Die Abbildung 2.2 zeigt die Standardnormalverteilung sowie die t-Verteilungen mit $f = 1$, deren Varianz unbestimmt ist, und mit $f = 4$ mit der Varianz 2.

Das Modell der Mischverteilung basiert auf der Annahme, dass sich die Stichprobe aus Werten zusammensetzt, die verschiedenen Grundgesamtheiten angehören. Die Verteilungen der Grundgesamtheiten können von unterschiedlicher Art sein, oder es kann angenommen werden, dass sie sich lediglich im Erwartungswert und/oder der Varianz unterscheiden. Als allgemeine Form erhält man

$$F = \sum_{i=1}^{n} p_i G_i, \ \sum p_1 = 1.$$

In der Regel reicht es aus, die Mischung von zwei Verteilungen zu betrachten. Eine ist als Stammverteilung für den überwiegenden Teil der Beobachtungen gültig, denen ein nur geringer Anteil Beobachtungen mit der zweiten Verteilung beigemischt ist. Diese Beimischung wird als Verschmutzung oder Kontamination der Stammverteilung bezeichnet. Wenn ihr Anteil mit ε angegeben wird, so erhält man die Darstellung

$$F = (1 - \varepsilon)G + \varepsilon H, \ \varepsilon \ll 1.$$

Als Stammverteilung G wird in den meisten Untersuchungen eine Normalverteilung gewählt. Für kleines ε und symmetrisches H liegt die Mischverteilung nach Abschnitt 1.2.2, Gleichung

(1.10) in einer ε-Umgebung von G. Wird für H die Funktion δ_x eingesetzt, die die gesamte Wahrscheinlichkeitsmasse im Punkt x konzentriert, so erhält man das Ausreißermodell (1.11).

Im Folgenden soll die Mischverteilung aus zwei Normalverteilungen betrachtet werden. Den Ableitungen in [Patel/Read 1982] folgend, kann die resultierende Verteilung als mischnormal bezeichnet werden. Sie ist in Abhängigkeit von den Parametern ξ_1, ξ_2 und σ_1^2, σ_2^2 sowie der Mischvariablen ε entweder ein- oder zweigipfelig.

$$F_m = (1 - \varepsilon)N(\xi_1, \sigma_1^2) + \varepsilon N(\xi_2, \sigma_2^2), \ 0 \leq \varepsilon \leq 1 \qquad (2.7)$$

Zur Beurteilung der Form der mischnormalen Verteilung werden die Momente benötigt. Bezeichnet man mit $\alpha_k = \int_{-\infty}^{\infty} x^k f(x) dx$ die gewöhnlichen und mit $\beta_k = \int_{-\infty}^{\infty} (x - \alpha_1)^k f(x) dx$ die zentrierten Momente, so erhält man (vgl. [Borutta 1988]):

$$\alpha_1 = (1 - \varepsilon)\xi_1 + \varepsilon\xi_2$$
$$\alpha_2 = (1 - \varepsilon)(\xi_1^2 + \sigma_1^2) + \varepsilon(\xi_2^2 + \sigma_2^2)$$
$$\alpha_3 = (1 - \varepsilon)(\xi_1^3 + 3\xi_1\sigma_1^3) + \varepsilon(\xi_2^3 + 3\xi_2\sigma_2^3) \qquad (2.8)$$
$$\alpha_4 = (1 - \varepsilon)(\xi_1^4 + 6\xi_1^2\sigma_1^2 + 3\sigma_1^4) + \varepsilon(\xi_2^4 + 6\xi_2^2\sigma_2^2 + 3\sigma_2^4)$$

daraus folgen die zentrierten Momente wenn ξ_i durch $(\xi_i - \alpha_1)$ ersetzt wird. Die Verteilung F_m ist symmetrisch, wenn die Mischvariable $\varepsilon = 0{,}5$ beträgt oder wenn $\xi_1 = \xi_2$ gilt. Im zweiten Fall ist F_m außerdem eingipfelig, und besitzt die Varianz

$$\beta_2 = \sigma_m^2 = (1 - \varepsilon)\sigma_1^2 + \varepsilon\sigma_2^2$$

sowie das vierte zentrale Moment

$$\beta_4 = 3(1 - \varepsilon)\sigma_1^4 + 3\varepsilon\sigma_2^4,$$

während die zentralen Momente mit ungeradem Index, β_1 und β_3, verschwinden. Der Exzess der Verteilung F_m mit $\xi_1 = \xi_2$ beträgt nach (2.3)

$$\zeta = \frac{\beta_4}{\beta_2^2} - 3 = \frac{3(1 - \varepsilon)\sigma_1^4 + 3\varepsilon\sigma_2^4}{((1 - \varepsilon)\sigma_1^2 + \varepsilon\sigma_2^2)^2} - 3.$$

Da der Exzess ζ dieser Mischverteilung stets ≥ 0 ist, ist F_m für $\xi_1 = \xi_2$ leptokurtisch d. h. die Dichtefunktion hat einen höheren Gipfel als die Normalverteilung mit gleicher Varianz. Zum Beweis dieser Eigenschaft muss gezeigt werden, dass $3(1 - \varepsilon)\sigma_1^4 + 3\varepsilon\sigma_2^4 - 3((1 - \varepsilon)\sigma_1^2 + \varepsilon\sigma_2^2)^2 \geq 0$ gilt. Nach Division durch 3 und Ausmultiplizieren des zweiten Ausdrucks auf der linken Seite folgt $(1 - \varepsilon)\sigma_1^4 + \varepsilon\sigma_2^4 - \{(1 - \varepsilon)^2\sigma_1^4 + 2\varepsilon(1 - \varepsilon)\sigma_1^2\sigma_2^2 + \varepsilon^2\sigma_2^4\} = [(1 - \varepsilon) - (1 - \varepsilon)^2]\sigma_1^4 - 2\varepsilon(1 - \varepsilon)\sigma_1^2\sigma_2^2 + [\varepsilon - \varepsilon^2]\sigma_2^4 = (\varepsilon - \varepsilon^2)(\sigma_1^2 - \sigma_2^2)^2 \geq 0$. Da stets $\varepsilon \leq 1$ gilt, liest man aus der Ungleichung ab, dass für $\sigma_1 = \sigma_2$ und für $\varepsilon = 1$ der Exzess $\zeta = 0$ ist. In allen anderen Fällen folgt $\zeta > 0$.

Zur Bildung einer kontaminierten Normalverteilung wird meist angenommen, dass $0 < \varepsilon \leq 0{,}1$ eine realistische Wahl ist. Für die Parameter der kontaminierenden Normalverteilung wird ein verschobener Erwartungswert $\xi_2 = \xi_1 + k_1$ (mean shift model) oder eine Vergrößerung der Varianz $\sigma_2^2 = k_2^2\sigma_1^2$ (variance inflation model), oder beides angenommen.

Dichte

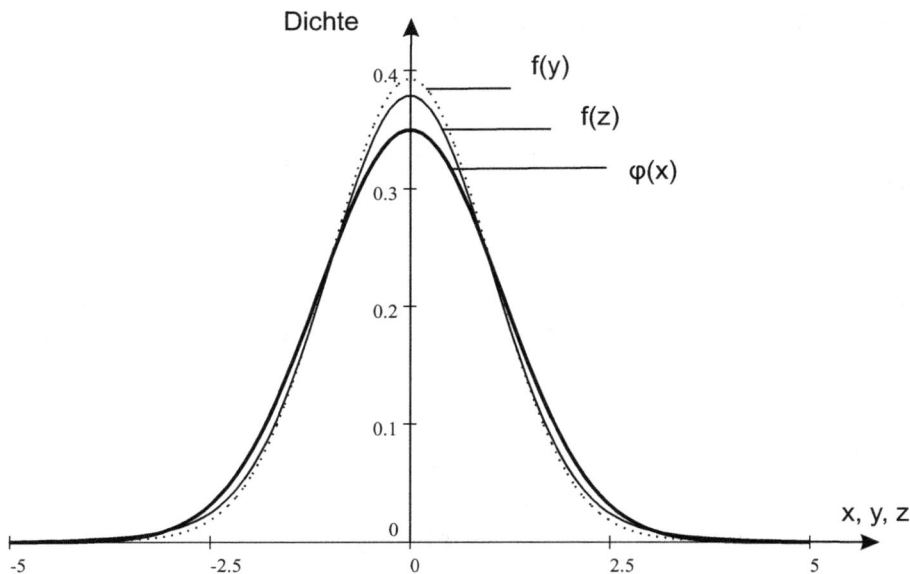

Abbildung 2.3: Normalverteilung und Mischverteilungen

Die Abbildung 2.3 zeigt die beiden Mischverteilungen $f_m(y)$, $y \sim 0{,}9N(0;1) + 0{,}1N(0;4)$, und $f_m(z)$, $z \sim 0{,}98N(0;1) + 0{,}02N(0;16)$. Beide haben dieselbe Varianz $\sigma_m^2 = 1{,}3$. Zum Vergleich ist die Normalverteilung $\varphi(x)$, $x \sim N(0;1{,}3)$ dargestellt.

Es gibt auch Vorschläge, ξ und σ^2 als Zufallsvariable, die in einem engen Intervall selbst der Normal-, der Rechteck- oder der χ^2-Verteilung folgen, zu wählen, und eine große Anzahl der mischenden Verteilungen bis hin zum Stichprobenumfang festzulegen, vgl. [Winter 1978]. Diese Arbeiten haben wesentlich zum Verständnis der Natur der Verteilung von Beobachtungsreihen beigetragen und, als Ursache für die Abweichungen von der theoretisch zu erwartenden Normalverteilung, variable Beobachtungsbedingungen identifiziert. Allerdings sind die entwickelten, zum Teil sehr komplizierten Mischnormalverteilungen für den Auswerter ohne praktische Bedeutung. Er sollte aber durch diese Arbeiten für die Unsicherheit der Annahmen über die empirische Verteilung von Messreihen, deren wahre Verteilung stets unbekannt bleibt, sensibilisiert sein und mit entsprechender Umsicht das Auswerteverfahren wählen und mit Vorsicht die Ergebnisse interpretieren.

Mischverteilungen müssen nicht unbedingt aus Normalverteilungen zusammengesetzt werden. [Hazan/Landsman/Makov 2003] untersuchen die Eigenschaften von Mischungen von Exponentialverteilungen mit unterschiedlichen Potenzen. Sowohl Simulationsstudien als auch theoretische Untersuchungen zeigen die Überlegenheit solcher Mischungen für Daten aus dem Bereich der Finanzwirtschaft. Die Eignung für andere Anwendungsbereiche ist noch wenig untersucht.

Ebenfalls aus dem Bereich der Ökonometrie kommt die Erzeugung von Zufallsverteilungen durch Mischung von schiefnormalen Verteilungen unterschiedlicher Varianzen. Sie werden hauptsächlich zur Bildung von Volatilitätsmodellen eingesetzt, die die Form von Zeitreihen haben. Die auszuwertenden Daten sind unterschiedlich genau und folgen Verteilungen, die multimodal, schief und randstark sein können. Die Varianzenmodellierung in diesen Zeitreihen erfolgt häufig nach dem [G]ARCH-Modell (*[generalized] autoregressive conditional heteroscedacity*). Den aktuellen Stand und einen Überblick über die umfangreiche Literatur auf diesem Gebiet findet man u. a. in [Basso/Lachos/Cabral/Ghosch 2010] und [Boudt/Croux 2010].

2.2 Ausreißer

Zu den ältesten Problemen bei der Auswertung von Beobachtungen gehört es, eine schlüssige Entscheidungsregel festzulegen, nach der verdächtige Beobachtungen als noch akzeptabel oder aber als unbrauchbar gekennzeichnet werden können. Eine allgemeine Lösung dieses Problems kann es wohl nicht geben, da die Vielfalt der Aufgabenstellungen und der beobachteten Objekte zu einer ebensolchen Vielfalt unterschiedlicher Eigenschaften der Daten führt, die einer individuellen Behandlung bedürfen. Und wenn eine richtige Entscheidung getroffen wurde, ergeben sich neue Probleme, denn dann muss festgelegt werden, wie mit den zweifelhaften und den als fehlerhaft markierten Daten weiter verfahren werden soll. In Anbetracht der Wichtigkeit, eine saubere Lösung zu finden und der Schwierigkeit, das Problem in den Griff zu bekommen, wundert es nicht, dass eine schier unüberschaubare Zahl von Lösungsvorschlägen publiziert worden ist. Als höchst informative Darstellungen der historischen Entwicklungen und des aktuellen Standes der Wissenschaft zum jeweiligen Veröffentlichungszeitpunkt seien die Arbeiten [Hawkins 1980], [Beckman/Cook 1983) und [Barnett/Lewis 1994] genannt. Während diese Werke das Thema eher aus Sicht der Mathematischen Statistik behandeln und Ausreißertests in den Mittelpunkt stellen, findet man in [Schendera 2007] eine breite Diskussion des Phänomens Ausreißer in Datenerhebungen der unterschiedlichsten Art, einschließlich ihrer Aufdeckung mit vorwiegend heuristischen graphischen Methoden, ihrer Interpretation und Regeln zur weiteren Behandlung. Eine andere Strategie zur Lösung des Ausreißerproblems besteht darin, Schätzverfahren so zu gestalten, dass Ausreißer im Datenmaterial keinen oder nur minimalen Einfluss auf die Schätzergebnisse haben. Diese Thematik wird im Mittelpunkt des 3. und 7. Kapitels stehen, während hier zunächst die Identifikation von Ausreißern behandelt wird.

Bei technischen Messungen, die in der Regel unter kontrollierten Bedingungen durchgeführt werden, spielt das Ausreißerproblem sicher nicht dieselbe Rolle wie in der Statistik. Trotzdem darf es nicht vernachlässigt werden, da es bei manchen Aufgaben gerade auf die stark abweichenden Werte ankommt, und gelegentlich Identifikations- und Zuordnungsprobleme zu lösen sind, die sich die auf diesem Gebiet entwickelten Strategien zunutze machen können. In den älteren Fachbüchern über die Methode der kleinsten Quadrate wird auf Ausreißer meist nicht eingegangen, da sie gewöhnlich mit groben Fehlern gleichgesetzt und daher für aufdeckbar gehalten werden. So schreibt Helmert in [Helmert 1872] *Wir sehen von groben Fehlern in dieser Schrift ab, da sie durch Aufmerksamkeit vermieden, mindestens nachträglich berichtigt werden können.* Ähnliches liest man in [Wolf 1968]: *Der Betrag des groben Fehlers muss also, wenn alle Zweifel ausgeschaltet sein sollen, um ein Vielfaches größer sein als der dem tatsächlichen Genauigkeitsgrad der Messungen entsprechende Unsicherheitsbereich. Der grobe Fehler kann daher leicht, insbesondere im Zusammenwirken mit anderen*

Beobachtungen, erkannt und eliminiert werden. Mit der Ausmerzung von groben Fehlern befasst sich die Ausgleichungsrechnung also nicht! Und in [Bjerhammar 1973] findet man *The most obvious non-accidental error is the blunder or gross error. When a measurement is made and we observe 57 instead of the correct value of 75, we have committed a blunder. Normally all such errors can be detected before they can influence the final result and we are not going to take any further analysis of such errors.* Erst mit der Entwicklung der robusten Schätzung [Huber 1964] und den Arbeiten zur Zuverlässigkeit von geodätischen Netzen [Baarda 1968] hat sich die Situation geändert. Aktuelle Monographien über Parameterschätzung behandeln meist in eigenen Abschnitten die Ausreißerproblematik, siehe z. B. [Koch 1997], [Benning 2002], [Niemeier 2002], [Caspary/Wichmann 2007].

2.2.1 Definitionsversuche

Trotz ungezählter Versuche, eine eindeutige Definition zu formulieren, ist der Begriff des Ausreißers nach wie vor schwammig und hängt in hohem Grade vom Kontext ab. Dazu zwei Zitate aus [Barnett/Lewis 1984]: (a) *We shall define an outlier in a set of data to be an observation (or subset of observations) which appears to be inconsistent with the remainder of that set of data. The phrase 'appears to be inconsistent' is crucial. It is a matter of subjective judgement on the part of the observer whether or not he picks some observation (or a set of observations) for scrutiny.* (S. 4), (b) *..., the major problem in outlier study remains the one that faced the very earliest workers in the subject – what is an outlier and how should we deal with it? We have taken the view that the stimulus lies in the subjective concept of surprise engendered by one, or a few, observations in a set of data: that this surprise initiates an investigation of the statistical property (or influence) of the detected outlier.* (S. 360). Einen ähnlichen Standpunkt nimmt [Hawkins 1980] ein, wenn er auch das Überraschtsein über einen Messwert nicht direkt nennt. *The intuitive definition of an outlier would be an observation which deviates so much from other observations as to arouse suspicions that it was generated by a different mechnism* (S. 1). Die Schwierigkeit, eine exakte Definition des Begriffs Ausreißer zu formulieren, veranlassen [Beckman/Cook 1983] zu folgenden Bemerkungen: *Although much has been written, the notion of an outlier seems as vague today as it was 200 years ago. ...an outlier is a subjective, post-data concept. Historically, "objective" methods for dealing with outliers were employed only after the outliers were identified through a visual inspection of the data* (S. 120). Nach weiteren Ausführungen zur Subjektivität des Konzepts heißt es: *... "outliers" now seems to be used by some authors to indicate any observation that does not come from the target population, although most recent papers lack even an informal definition* (S. 121).

Diese Zitate, wie auch der überwiegende Teil der Literatur auf diesem Gebiet, beziehen sich auf überschaubare Stichproben und Beobachtungsreihen mäßigen Umfangs, bei denen eine visuelle Inspektion oder einfache graphische Methoden ausreichen, um Auffälligkeiten zu erkennen. Prüft man unter diesem Gesichtspunkt die Beispiele des Abschnitts 1.1.2, so wird man bei den Wiederholungsmessungen zur Bestimmung der Lage eines Teilstrichs (1. Beispiel) den letzten Wert in der ersten Zeile von Tabelle 1.1 als ungewöhnlich groß bewerten. Das zugehörige Residuum (Tabelle 1.2) erreicht mit $v_{max} = -2,42$ den 2,68-fachen Betrag der empirischen Standardabweichung $s_v = s\sqrt{(n-1)/n}$. Bei einer normalverteilten Stichprobe mit bekannten Parametern tritt ein solcher Wert mit $P = 0.0037$ auf, d. h. bei

272 Beobachtungen dürfte man von einem solchem Wert nicht überrascht sein. Der Umfang der Beobachtungsreihe ist aber nur 40, und sowohl Mittelwert als auch Standardabweichung wurden aus der Messreihe geschätzt. Für das maximale studentisierte Residuum entnimmt man unter diesen Umständen z. B. aus [Barnett/Lewis 1984,Tab VIIIa] den kritischen Wert von 2,87 bei einer Irrtumswahrscheinlichkeit von $\alpha = 0,05$. Auf der Basis dieses Tests wird der verdächtige Wert wohl nicht als Ausreißer betrachtet werden dürfen. Wenn auch die Messprotokolle keinen Hinweis auf Unregelmäßigkeiten bei der verdächtigen Messung enthalten, wird man sie als modellkonform akzeptieren. Diese anscheinend so objektive Entscheidung ist aber durchaus kritisch zu hinterfragen. Wesentliche Grundlage ist die Normalverteilungshypothese, die nach den Ausführungen in Abschnitt 2.1.3 bei realen Messreihen aber meist nur eine mehr oder weniger gute Näherung darstellt. Die Wahl einer Irrtumswahrscheinlichkeit liegt im freien Ermessen des Bearbeiters oder ist durch Konvention vorgegeben. Die Berechnung der kritischen Werte schließlich erfolgt durch komplizierte strenge Rekursionsformeln, die aber nur auf den Bonferroni Ungleichungen basierende Näherungen liefern.

Etwas anders ist die Situation beim 2. Beispiel. Es sei angenommen, dass die Werte sorgfältig überprüft wurden, so dass grobe Mess- oder Protokollierungsfehler ausgeschlossen werden können. Die Variabilität der Stichprobenwerte ist daher allein durch die unterschiedliche Körpergröße der Probanden verursacht. Unter der Hypothese, dass die Größenverteilung einer Normalverteilung folgt, fallen die zwei mittleren Werte der letzten Zeile von Tabelle 1.3 als ungewöhnlich groß auf. Die entsprechenden studentisierten Residuen lauten $-2,83$ und $-2,51$. Man kann nun als kritische Werte für das maximale Residuum aus Tabelle VIIIa in [Barnett/Lewis 1984] für $\alpha = 0,05(0.01)$ die Fraktile $2,74(3,10)$ entnehmen. Wenn die Irrtumswahrscheinlichkeit von 5 % strikt angewandt wird, ist die größte Beobachtung als Ausreißer zu markieren. Der zweitgrößte Wert liegt unterhalb der Signifikanzschwelle, ist aber durchaus verdächtig. Wie in einer solchen Situation zweckmäßig fortgefahren wird, wird in den folgenden Abschnitten erläutert. Welche Schlussfolgerungen aus dem Auftreten von Ausreißern in einer solchen Stichprobe zu ziehen sind, hängt davon ab, welchem Zweck die Ergebnisse der Erhebung dienen sollen. Ein Streichen der Werte kommt sicher nicht infrage, da dies einer Verfälschung der realen Zusammensetzung der Stichprobe gleichkäme.

Diese einfachen Beispiele unterstreichen die oben zitierten Aussagen. Ausreißer sind nicht immer falsche oder fehlerhaft erfasste Werte. Sie widersprechen aber den Erwartungen und geben daher Anlass, die Umstände der Beobachtungen und die Modellvorstellungen zu überprüfen. Eine scharfe Grenze zwischen normalen Beobachtungen und Ausreißern kann mit wissenschaftlichen Methoden nicht gezogen werden. Die Kennzeichnung eines Messwertes als Ausreißer setzt immer eine Hypothese über das erwartete statistische Verhalten der Stichprobe und eine Konvention über die akzeptable Wahrscheinlichkeit einer fehlerhaften Entscheidung voraus. Diese Problematik wird auch in [Müller 1979] herausgearbeitet. Neben der Darstellung statistischer Tests für Ausreißer wird dort auch diskutiert, welche Schlüsse aus der Aufdeckung von Ausreißern in der physikalischen Messtechnik zu ziehen sind, und wann Ausreißer gestrichen werden dürfen. Bei strukturierteren Modellen der Statistik kommt zu dieser generellen Unschärfe des Konzepts noch die Unsicherheit der Modellbildung. Bei der Analyse der Messdaten linearer Modelle, die Gegenstand des sechsten Kapitels ist, werden diese Aspekte vertieft behandelt.

Eine wichtige Rolle spielt das Ausreißerproblem auch bei der Zeitreihenanalyse. Der Einfluss schon eines unerkannten Ausreißers kann zu völlig falschen Schätzwerten für die Modellparameter führen. Ein Ausreißer kann aber auch ein wichtiges Ereignis sein, das Hinweise für nötige Schutzmaßnahmen gibt. Dies soll ein einfaches Beispiel verdeutlichen. Die Zeitreihe der Pegelstände der Donau bei Passau zeigt über Jahrzehnte Höhen zwischen 400 und 700 cm mit einzelnen Spitzen zwischen Mai und August. Am 12. 08. 2002 gab es ein Sommerhochwasser mit einem Pegelstand von 1081 cm. Unter datentechnischen Gesichtspunkten war dies ein Ausreißer. Aber als wirklich überraschend kann ein solcher Wert nicht bezeichnet werden, wenn man das sogenannte Jahrhunderthochwasser vom 10. 06. 1954 mit einem Pegel von 1220 cm erinnert. Auch ein Streichen dieser Ausreißer wird dem angewandten Statistiker nicht in den Sinn kommen. Er wird zur Auswertung der Daten eher mit zwei Modellen arbeiten. Eines das den durchschnittlichen Pegelstand und ein zweites, das das Auftreten seltener Ereignisse modelliert.

Mit einem anderen Aspekt des Ausreißerproblems setzen sich [Kern et al. 2005] auseinander, die zeigen, dass auch bei großen Datenmengen schon eine Ausreißerquote von $< 0,2\,\%$ die Parameterschätzung nachteilig beeinflusst. In dem Beitrag wird dargelegt, dass man aus Massendaten, in diesem Fall von Satellitenmissionen zur Bestimmung des Schwerefeldes der Erde, vor der Auswertung Ausreißer eliminieren muss und wie dies erfolgen kann. Diese Aufgabe der Bereinigung großer Datenmengen gewinnt mit der modernen Sensortechnologie zunehmend an Bedeutung. Da die Verfahren automatisch ablaufen müssen, ist eine operationelle Definition der Ausreißer erforderlich. Es müssen Schwellenwerte festgelegt werden, die sich an den Eigenschaften der Daten orientieren. Alle Beobachtungen, die diese Schwellen überschreiten, sind per definitionem Ausreißer und werden ausgeschieden. Eine Einzelbetrachtung der fraglichen Messwerte ist nicht möglich. Wenn auf diesem Wege eine größere Anzahl von Messwerten, darunter solche, die eigentlich modellkonform sind, gestrichen werden, so ist dies wegen der Menge an Daten in der Regel leicht zu verkraften.

2.2.2   Einzelausreißer in einfachen Stichproben

Die Suche nach Ausreißern in einer Beobachtungsreihe $l = (l_1, l_2, \ldots, l_n)$ beginnt in der Regel damit, dass die Werte nach aufsteigender Größe geordnet werden. Diese geordnete Stichprobe (Ordnungsstatistik) sei mit $l_o = (l_{(1)}, l_{(2)}, \ldots, l_{(n)})$ bezeichnet, d. h. also $l_{(1)}$ ist der kleinste und $l_{(n)}$ der größte gemessene Wert. Zahlreiche graphische Methoden werden zur weiteren Analyse empfohlen, die häufig dann in der Statistik eingesetzt werden, z. B. [Carling 2000] und [Frigge/Hoaglin/Iglewcz 1989], wenn die Verteilung der Stichprobe unspezifiziert ist, und daher nicht auf Tests, die auf einer konkreten Verteilungsannahme basieren, zurückgegriffen werden kann. Demselben Zweck dienen pragmatisch festgelegt Regeln zur Markierung von Ausreißern, deren Leistungsfähigkeit u. a. in [Hoaglin/Iglewcz/Tukey 1986] durch umfangreiche Simulationstudien untersucht worden ist. Als günstig hat es sich dabei erwiesen, die Schwellenwerte für Ausreißer bei symmetrischen Verteilungen durch die empirischen Quartile zu definieren. Seien Q_u das untere und Q_o das obere Quartil. Als Ausreißer werden dann Werte kleiner $Q_u - k(Q_o - Q_u)$ und größer als $Q_o + k(Q_o - Q_u)$ markiert. Für k hat sich der Wert 1,5 bewährt. Diese Regel hat den Vorteil, dass sie ohne Theorie und vertafelte kritische Werte auskommt. Auf das 1. Beispiel aus 1.1.2 angewandt, wird zunächst die geordnete Messreihe gebildet, die in Tabelle 2.1 bereits vorliegt. Für $n = 40$ können die Quartile sofort abgelesen werden: $Q_u = 3,22$, $Q_o = 4,51$, und daraus folgen die Schwellenwerte $3,22 - 1,5(4,51 - 3,22) = 1,28$ sowie $4,51 + 1,5(4,51 - 3,22) = 6,44$. Nach dieser

Tabelle 2.3: Geordnete Stichprobe, 2. Beispiel

$$
\begin{bmatrix}
170 & 171 & 173 & 175 & 176 & 176 \\
177 & 177 & 177 & 178 & 179 & 180 \\
180 & 180 & 183 & 183 & 184 & 184 \\
184 & 185 & 186 & 188 & 190 & 190 \\
193 & 193 & 194 & 195 & 208 & 211
\end{bmatrix}
$$

Regel enthält die Messreihe keine Ausreißer. Die entsprechende Anwendung auf das 2. Beispiel liefert nach Bildung der geordneten Stichprobe die Quartile $Q_u = 177$ und $Q_o = 190$ und damit die Schwellenwerte $177 - 1{,}5(190 - 177) = 158$ und $190 + 1{,}5(190 - 177) = 210$. Der größte Wert ist nach dieser Regel ein Ausreißer. Beide Beispiele weisen auf ein Problem hin, das bei der praktischen Anwendung der statistischen Tests typisch ist. Die Maximalwerte liegen häufig so knapp über oder unter den kritischen Werten, dass nach der Entscheidung noch ein hohes Maß an Unsicherheit bleibt.

Diese anschaulichen Analysetechniken sollen hier nicht weiter behandelt werden. Im Folgenden wird angenommen, dass die Verteilung der Beobachtungen mit ausreichender Genauigkeit durch eine Normalverteilung approximiert werden kann, und dass die Beobachtungen gleichgenau und unabhängig sind: $l_i \sim N(\xi, \sigma^2)\ \forall i$, $Kov(l_i, l_j) = 0$ für $i \neq j$. Ferner sei angenommen, dass ξ und σ^2 unbekannte Parameter sind, zu deren Schätzung die Beobachtungen durchgeführt wurden. Ein nach [Hawkins 1980] lokal optimaler Test zur Prüfung, ob die Beobachtungsreihe Ausreißer enthält, nutzt die empirische Schiefe oder den empirischen Exzess, die in Gleichung (2.3) definiert sind. Die Nullhypothese lautet

$$
H_0: \quad l_i \sim N(\xi, \sigma^2) \quad \forall i.
$$

Als Alternativen werden Mischverteilungen nach (2.7) angenommen mit $\varepsilon = 1/n$, wobei die kontaminierende Verteilung entweder einen verschobenen Erwartungswert

$$
H_1: \quad F_m = (1 - \varepsilon)N(\xi, \sigma^2) + \varepsilon N(\xi + k_1, \sigma^2)
$$

oder eine vergrößerte Varianz

$$
H_2: \quad F_m = (1 - \varepsilon)N(\xi, \sigma^2) + \varepsilon N(\xi, k_2^2 \sigma^2)
$$

besitzt. Der Test gegen H_1 hat maximale Macht in der Umgebung von $k_1 = 0$, wenn als Verwerfungsregion $\sqrt{|g|} > C_1$ gewählt wird, mit

$$
g = \frac{b_3}{s^3} = \frac{\sum_{i=1}^{n}(l_i - x)^3}{n s^3} = \text{emp. Schiefe.}
$$

Wird H_0 verworfen, so wird bei negativem g angenommen, dass $l_{(1)}$ und bei positivem g, dass $l_{(n)}$ ein Ausreißer ist. Für den Test gegen H_1 oder H_2 wird die Verwerfungsregion $z + 3 > C_2$ ermittelt, mit

$$
z = \frac{b_4}{s^4} - 3 = \frac{\sum_{i=1}^{n}(l_i - x)^4}{n s^4} - 3 = \text{emp. Exzess.}
$$

Beim Verwerfen von H_0 wird nun angenommen, dass die Beobachtung, die am weitesten vom Mittelwert entfernt ist, als Ausreißer markiert werden kann. Der Test ist der lokal beste invariante Test sowohl gegen Verschiebung des Erwartungswertes als auch gegen die Alternative der Varianzvergrößerung. Beide Tests können auch sequentiell durchgeführt werden, indem nach dem Entfernen eines Ausreißers die Statistiken g bzw. z der verkleinerten Stichproben erneut gegen die Schwellenwerte getestet werden. Die kritischen Werte C_1 und C_2 sind in [Barnett/Lewis 1984, Tab. XVa,b] für $\alpha = 1\,\%$ und $\alpha = 5\,\%$ und verschiedene n zwischen 5 und 1000 vertafelt, siehe auch [Ferguson 1961]. Die Messwerte des 1. Beispiels ergeben $g_1 = -0{,}26$ und $z_1 = -0{,}37$, während die Körpergrößen des 2. Beispiels auf $g_2 = -1{,}03$ und $z_2 = 0{,}79$ führen. Für den Ausreißertest ergibt sich damit folgende Situation:

Tabelle 2.4: Testergebnis: 1. und 2. Beispiel

		Schiefe			Exzess	
	$\sqrt{g_1}$		$-0{,}51$	$z_1 + 3$		$2{,}63$
1. Bsp.	C_1	$5\,\%$	$0{,}59$	C_2	$5\,\%$	$4{,}06$
		$1\,\%$	$0{,}87$		$1\,\%$	$5{,}04$
	$\sqrt{g_2}$		**$-1{,}01$**	$z_2 + 3$		$3{,}79$
2. Bsp.	C_1	$5\,\%$	$0{,}66$	C_2	$5\,\%$	$4{,}11$
		$1\,\%$	$0{,}99$		$1\,\%$	$5{,}21$

Die Daten des 1. Beispiels enthalten demnach keine Ausreißer, während die auf der Schiefe basierende Teststatistik des 2. Beispiels über dem 1 %-Fraktil liegt und damit auf das Vorhandensein mindestens eines Ausreißers hinweist. Streng genommen identifizieren diese Tests keine Ausreißer, sie können nur die Hypothese H_0 verwerfen. Geschieht dies, so ist es naheliegend, die Ursache in der Extrembeobachtung $l_{(1)}$ oder $l_{(n)}$ oder in beiden zu sehen. Eine sichere Entscheidung ist dies allerdings nicht.

Zahlreiche Ausreißertests stützen sich auf normierte oder studentisierte Residuen. Als normierte (standardisierte) Residuen bezeichnet man gewöhnlich die Größen $u_i = (l_i - \xi)/\sigma$, die unter H_0 wie $N(0,1)$ verteilt sind. Da hier jedoch angenommen werden soll, dass die wahren Verteilungsparameter unbekannt sind, müssen sie durch die Schätzungen x und s ersetzt werden. Mit $x = \sum l_i/n$ erhält man für die Residuen $v_i = (l_i - x)$ die Standardabweichung $s_v = \sqrt{\frac{n-1}{n}}\,s$. Wenn die Schätzungen x und s statistisch unabhängig von einander sind, weil sie z. B. aus verschiedenen Stichproben stammen, bildet man die extern studentisierten Residuen $w_i = v_i/s_v$ mit x und s_v unabhängig. Diese Größen w_i sind t-verteilt mit $f = n - 1$ Freiheitsgraden. In der Mehrheit der praktischen Fälle liegt jedoch nur eine Beobachtungsreihe vor, aus der sowohl x als auch s geschätzt werden müssen. In diesem Fall werden die intern studentisierten Residuen $z_i = v_i/s_z$ gebildet. Mit $s_z = s\sqrt{\frac{n-1}{n}}$ und $s = \sqrt{\sum v_i^2}/\sqrt{n-1}$ erhält man $z_i = v_i\sqrt{n}/\sqrt{\sum v_i^2}$. Die Verteilung dieser Größen wurde erstmals von [Thomson 1935] angegeben. Eine einheitliche Bezeichnung für diese Verteilung hat sich nicht durchgesetzt, sie soll im Folgenden, wie bei Thompson, Tau-Verteilung genannt werden, kurz $z_i \sim \tau_{n-1}$. Wobei $n - 1 = f$ die Anzahl der Freiheitsgrade der Verteilung ist. Die Dichtefunktion der t-Verteilung lautet nach(2.6)

$$\psi(t) = C_1(f)(1 + t^2/f)^{-(f+1)/2}, \quad C_1(f) = \frac{\Gamma\frac{f+1}{2}}{\Gamma\frac{f}{2}\sqrt{f\pi}} \tag{2.9}$$

$$(l_i - x)/s_v = w_i \sim t_f \quad \text{mit } f = n - 1, \ (x - l_i) \text{ und } s_v \text{ unabhängig,} \quad (2.10)$$

$$E(w) = 0, \quad E(w^2) = \frac{f}{f - 2}.$$

Die Ableitung der τ-Verteilung ist mehrfach veröffentlicht. Allerdings wird meist die Zufallsvariable $b_i = (x - l_i)/\sqrt{\sum (x - l_i)^2}$ betrachtet. Der interessierte Leser findet sie u. a. in [Thompson 1935], [Grubbs 1950], [Quesenberry/David 1961], [Stefansky 1972] und [Hawkins 1980, Kap. 3.2].

$$\phi(\tau) = C_2(f)(1 - \tau^2/f)^{(f-3)/2},$$

$$C_2(f) = \frac{\Gamma \frac{f}{2}}{\Gamma \frac{f-1}{2} \sqrt{f\pi}} \quad \text{für } \tau^2 \leq f \quad \text{und } f > 3 \quad (2.11)$$

$$(l_i - x)/s_z = z_i \sim \tau_f \quad \text{mit } f = n - 1, \ s \text{ aus } (x - l_i) \text{ geschätzt,}$$

$$E(z) = 0, \quad E(z^2) = 1.$$

Die beiden Verteilungen beschreiben das stochastische Verhalten eines beliebigen studentisierten Residuums w_i beziehungsweise z_i. Sie stehen in einem funktionalen Verhältnis zu einander:

$$\tau_f = t_{f-1} \sqrt{f} / \sqrt{f - 1 + t_{f-1}^2}$$

$$t_f = \tau_{f+1} \sqrt{f} / \sqrt{f + 1 - \tau_{f+1}^2}, \quad (2.12)$$

und geben die Verteilung an, die man für das i-te studentisiertes Residuum erhalten würde, wenn man die Beobachtungsreihe N-mal wiederholte mit $N \to \infty$. Für den Test auf Ausreißer wird jedoch die Wahrscheinlichkeit für das Auftreten eines bestimmten verdächtigen Wertes, z. B. $Z = \max_i(z_i)$ oder $Z' = \max_i |z_i|$, benötigt. Eine strenge Lösung dieses Problems ist mit Hilfe der Verteilung des Vektors $\mathbf{z}_o^t = (z_{(1)} z_{(2)} \ldots z_{(n)})$ der nach aufsteigender Größe angeordneten studentisierten Residuen möglich, die u. a. in [Grubbs 1950] und [Hawkins 1980] angegeben ist. Das Ergebnis kann als $(n - 1)$-faches Integral dargestellt oder durch eine Rekursionsformel mit $n - 1$ Gliedern gewonnen werden. Die Berechnung der Schwellenwerte für n und α muss durch umständliche numerische Integration erfolgen. Tabellen mit kritischen Werten findet man u. a. in [Grubbs 1950], [Hawkins 1980] und [Barnett/Lewis 1994]. Wesentlich übersichtlicher und leichter zu handhaben ist die näherungsweise Berechnung von Schwellenwerten mit Hilfe der Bonferroni-Ungleichung.

Seien $\{S, A, P\}$ ein Wahrscheinlichkeitsraum, $A_1, A_2, \ldots, A_n$ eine Folge von Ereignissen in A, und gelte $\forall i: \overline{A_i}$ ist Komplement von A_i in S, dann lautet die 1. Bonferroni-Ungleichung, von manchen Autoren Boolsche Ungleichung genannt:

$$P(A_1 \cup A_2 \cup \cdots \cup A_n) \leq P(A_1) + P(A_2) + \cdots + P(A_n) \quad (2.13)$$

$$P(\cup_{i=1}^{n} A_i) \leq \Sigma_{i=1}^{n} P(A_i), \quad 1 \leq n \leq \infty,$$

und die 2. Ungleichung

$$P(A_1 \cap A_2 \cap \cdots \cap A_n) \geq 1 - \{P(\overline{A_1}) + P(\overline{A_2}) + \cdots + P(\overline{A_n})\}.$$

Beweise findet man in allen Lehrbüchern über Wahrscheinlichkeitsrechnung. Außerdem gilt als Folge der Axiome der Wahrscheinlichkeit allgemein in $\{S, A, P\}$

$$P(\sum_{i=1}^{n} A_i) = \sum_{i=1}^{n} P(A_i) - \sum_{j,k=1, j<k}^{n} P(A_j A_k) \tag{2.14}$$

$$+ \sum_{j,k,l=1, j<k<l}^{n} (A_j A_k A_l) - + \ldots (-1)^{n-1} P(A_1 \ldots A_n).$$

Führt man nun die Ereignisse $A = Z > k$ und $A_i = z_i > k$ ein und berücksichtigt, dass unter der Nullhypothese (keine Ausreißer) $P(A_i) = P(A_j) \; \forall i, j$ gilt, so erhält man aus (2.13) und (2.14) für die Irrtumswahrscheinlichkeit α des Tests auf einen Ausreißer in erster Näherung

$$P(A) \leq nP(A_i) \Rightarrow P(A_i) \geq \frac{\alpha}{n},$$

und unter der Annahme gleicher Wahrscheinlichkeit für die Ereignisse $A_i \cap A_j$ die bessere Näherung

$$P(A) \geq nP(A_i) - \binom{n}{2} P(A_i \cap A_j) \leq nP(A_i).$$

Da A_i und A_j keine unabhängigen Ereignisse sind, lässt sich die Wahrscheinlichkeit $P(A_i \cap A_j)$ in Strenge nur über die gemeinsame Verteilung von z_i und z_j berechnen. Diese zwar mögliche aber aufwändige und umständliche Berechnung wird meist durch die Näherung $P(A_i \cap A_j) < [P(A_i)]^2$ ersetzt. Damit erhält man schließlich

$$P(A) > nP(A_i) - \binom{n}{2}[P(A_i)]^2 = nP(A_i) - \frac{n-1}{2n}[nP(A_i)]^2$$

$$\approx nP(A_i)\left\{1 - \frac{1}{2}nP(A_i)\right\} \tag{2.15}$$

$$\Rightarrow P(A) > nP(A_i)\left\{1 - \frac{1}{2}nP(A_i)\right\}.$$

Wenn k das α/n-Fraktil der τ-Verteilung ist, so liest man aus der letzten Gleichung eine obere und eine untere Grenze für $P(A)$ ab.

$$\alpha\left(1 - \frac{1}{2}\alpha\right) < P(A) \leq \alpha$$

Für die Durchführung des Tests wird in der Regel ein Signifikanzniveau α festgelegt. Das α/n-Fraktil der τ-Verteilung kann man entweder aus Tabellen, die allerdings nicht sehr verbreitet sind, beschaffen, oder man geht mit (2.12) auf die t-Verteilung über und löst die Gleichung $\Psi^{-1}(\alpha/n) = t_\alpha$, die in zahlreichen mathematischen Programmpaketen enthalten ist. Für manche Aufgaben ist es zweckmäßiger, statt mit einer festen Irrtumswahrscheinlichkeit zu arbeiten, die Wahrscheinlichkeit $P(z_i \geq Z)$ zu berechnen, und dann aus dem Sachzusammenhang heraus zu entscheiden, wie Z zu bewerten ist. Es wird dann nach Übergang auf die t-Verteilung $\Psi(Z) = P(A_i)$ und aus (2.15) die gesuchte Überschreitungswahrscheinlichkeit berechnet oder direkt mit (2.11) gearbeitet. Die auf diesem Wege ermittelten Fraktile bzw.

Wahrscheinlichkeiten sind sehr gute, konservative Näherungswerte, die in Anbetracht der Unsicherheit der Grundannahmen des Tests für praktische Anwendungen völlig ausreichen.

Wird nun dieser Ausreißertest auf das 1. Beispiel angewandt, so findet man mit $\max_i (l_i - x) = 2{,}42$ und $s = 0{,}913$ für $s_z = 0{,}902$ das maximale studentisierte Residuum $Z = 2{,}68$. Durch Integration von (2.11) zwischen den Grenzen $-\sqrt{f}$ bis $2{,}68$ und $n = 40$ erhält man $\alpha_Z = 0{,}0029$ und schließlich $\alpha = 0{,}11$. Die Wahrscheinlichkeit, unter den eingeführten Voraussetzungen einen Messwert größer oder gleich $6{,}35$ zu erhalten, beträgt also 11 %. Für einen Test mit der üblichen Irrtumswahrscheinlichkeit $\alpha = 0{,}05$ erhält man als Grenze für das Verwerfen der Nullhypothese $Z^* = 2{,}904$, und $6{,}55$ ist der maximale Messwert, der noch nicht als Ausreißer gilt. Für das 2. Beispiel erhält man entsprechend $\max_i (l_i - x) = 27$ und mit $s = 9{,}71$ bzw. $s_z = 9{,}55$ das maximale z_i zu $Z = 2{,}83$. Die Integration für $n = 30$ liefert nun $\alpha_Z = 0{,}00143$ und $\alpha = 0{,}043$. Der Standardtest mit $\alpha = 0{,}05$ führt auf die Grenze $Z^* = 2{,}79$ für das maximal zulässige z_i bzw $210{,}6$ für die Körpergröße. Während das Ergebnis für das 1. Beispiel die früheren Test klar bestätigt, zeigt das 2. Beispiel erneut die Problematik der an oder auf der Grenze liegenden Werte. In diesem Fall wird die Unsicherheit einer Entscheidung dadurch verstärkt, dass der zweitgrößte Messwert sehr nah bei dem größten liegt und daher sicher den Testausgang stark beeinflusst. Die Behandlung von mehreren auftretenden Ausreißern wird im nächsten Abschnitt behandelt.

Neben den dargestellten statistischen Tests zur Aufdeckung eines Ausreißers in normalverteilten Stichproben gibt es noch eine Reihe weiterer, die in der Literatur diskutiert und wohl auch in der Praxis eingesetzt werden. Obwohl hier keine Vollständigkeit angestrebt wird, sollen zwei davon noch kurz beschrieben werden, da die Konzepte einfach und einleuchtend sind.

Eine häufig als Dixon-Tests bezeichnete Familie von Teststatistiken wird in [Dixon 1950] ausführlich behandelt. In umfangreichen Simulationsrechnungen werden sie im Vergleich mit konkurrierenden Tests als besonders erfolgreich für Stichproben mit unbekannter Varianz und moderatem Umfang bewertet. Die Statistiken werden als Abstandsverhältnisse gebildet. Unter der Alternativhypothese, dass die Beobachtungsreihe l_o genau einen Ausreißer enthält, wird die Statistik r_{10} für den kleinsten Wert $l_{(1)}$ bzw. für den größten Wert $l_{(n)}$ gebildet

$$r_{10} = \frac{l_{(2)} - l_{(1)}}{l_{(n)} - l_{(1)}} \quad \text{bzw.} \quad r_{10} = \frac{l_{(n)} - l_{(n-1)}}{l_{(n)} - l_{(1)}}.$$

Wenn der Verdacht besteht, dass die Teststatitik für einen der Extremwerte durch den Wert am anderen Ende der geordneten Stichprobe negativ beeinflusst wird, so kann die Statistik folgendermaßen modifiziert werden

$$r_{11} = \frac{l_{(2)} - l_{(1)}}{l_{(n-1)} - l_{(1)}} \quad \text{bzw.} \quad r_{11} = \frac{l_{(n)} - l_{(n-1)}}{l_{(n)} - l_{(2)}}.$$

Dixon gibt eine Reihe weiterer Modifikationen an, mit denen der Einfluss von zwei oder mehreren verdächtigen Randwerten vermieden werden kann. Die Verteilung der Statistiken und Tafeln mit kritischen Werten für $\alpha = 0{,}05$ sowie $\alpha = 0{,}01$ und $n = 3$ bis 30 findet man z. B. in [Barnett/Lewis 1984].

Ein Likelihood-Quotiententest der Nullhypothese gegen die Alternative Einzelausreißer für eine normalverteilte Beobachtungsreihe kann aus den Abweichungsquadratesummen mit und ohne der zu testenden Beobachtung gebildet werden. Bezeichnet man mit $S_{(n)}$ die Summe der Abweichungsquadrate ohne Berücksichtigung der Beobachtung $l_{(n)}$ und mit S die entsprechende Summe der gesamten Beobachtungsreihe

$$S_{(n)} = \sum_{i=1}^{n-1} (l_{(i)} - x_{(n)})^2, \quad x_{(n)} = \sum_{i=1}^{n-1} l_{(i)}/(n-1), \quad S = \sum_{i=1}^{n} (l_i - x)^2,$$

so wird als Teststatistik T der Quotient

$$\frac{S_{(n)}}{S} = T = 1 - \frac{Z}{(n-1)^2}$$

gebildet, der in funktionaler Beziehung zum größten studentisierten Residuum $Z = \max_i(z_i)$ steht. Der Test bringt daher nichts Neues. Er hat aber den Vorteil, dass er leicht zum simultanen Testen von mehreren Beobachtungen erweitert werden kann. Tabellen mit kritischen Werten für mehrere Konstellationen von Ausreißern findet man wieder in [Barnett/Lewis 1984].

2.2.3   Messreihen mit mehreren Ausreißern

In der Praxis anwendbare Teststrategien, vor allem für umfangreichere Beobachtungsreihen, sollten in der Lage sein, auch mehrere Ausreißer aufzudecken. Als Generierungsmodelle für Ausreißer eignen sich wieder Mischverteilungen der Form (2.7), wobei die kontaminierende Verteilung einen verschobenen Mittelwert und/oder eine vergrößerte Varianz besitzt. Allerdings ist der Beimischungsanteil ε im Allgemeinen unbekannt. Für direkte Tests ist dies ein großes Problem, denn diese setzen in der Mehrzahl voraus, dass die Anzahl k der Ausreißer bekannt ist (Blocktest). Für $k = 2$ gibt es mehrere optimale Tests, die für spezielle Anordnungen der möglichen Ausreißer konzipiert sind, wie z. B. für $l_{(1)}$ und $l_{(2)}$, $l_{(1)}$ und $l_{(n)}$, oder $l_{(n-1)}$ und $l_{(n)}$. Auf Abstandsverhältnisse der Form $\frac{l_{(i)}-l_{(j)}}{l_{(k)}-l_{(l)}} = T$ basierende Statistiken mit geeignet gewählten i,j,k,l gehen auf Dixon zurück. In [Dixon 1951] sind die Verteilungen der Statistiken für verschiedene Ausreißeranordnungen entwickelt und Tafeln mit Signifikanzschwellen für $n \leq 30$ angegeben. Diese findet man auch in [Barnett/Lewis 1984]. Zur Veranschaulichung sei getestet, ob die beiden Werte am oberen Ende der Daten des 2. Beispiels (Tabelle 2.3) Ausreißer sind. Dazu wird die Teststatistik

$$T = \frac{l_{(n)} - l_{(n-2)}}{l_{(n)} - l_{(1)}} = \frac{211 - 195}{211 - 170} = 0{,}39$$

gebildet. Die kritischen Werte für $n = 30$ und $\alpha = 0{,}05(0{,}01)$ betragen nach [Barnett/Lewis 1984,Tab XIVe] $0{,}322(0{,}402)$. Auf dem 5 %-Niveau werden die beiden verdächtigen Werte klar als Ausreißer markiert.

Likelihood-Quotiententests für $n \geq 2$ Ausreißer sind flexibler als die oben beschriebenen Dixon-Tests. Sie sind vor allem für die Prüfung der Alternativhypothese, dass k Beobachtungen einer Normalverteilung mit verschobenem Mittelwert entstammen, geeignet. Allerdings muss k als bekannt vorausgesetzt werden. Durch Verallgemeinerung der intern studentisierten Residuen z_i, kann mit $x = \sum l_i/n$ und $s^2 = \sum(l_i - x)^2/(n-1)$ für die k größten

Beobachtungen die Teststatistik

$$T_k = \frac{\sum_{i=1}^{k} l_{(n-i+1)} - kx}{s}$$

gebildet werden. Eine weitere leicht zu bildende Teststatistik für dieselbe Alternative verwendet Abweichungsquadratsummen. Mit

$$S_{(k)} = \sum_{i=1}^{n-k} (l_{(i)} - x_{(k)})^2, \quad x_{(k)} = \sum_{i=1}^{n-k} l_{(i)}/(n-k), \quad S = \sum_{i=1}^{n} (l_i - x)^2,$$

bildet man als Prüfgröße den Quotienten

$$T_k^* = \frac{S_{(k)}}{S}.$$

Tafeln der Schwellenwerte für beide Teststatistiken findet man wieder u. a. in [Barnett/Lewis 1984,Tab Xa,b].

Durch leichte Umformungen können beide Statistiken angepasst werden, wenn die verdächtigen Beobachtungen am unteren Ende oder teils am oberen und teils am unteren Ende der geordneten Stichprobe liegen. Für das 2. Beispiel erhält man $T_2 = (208 + 211 - 2 \times 184)/9{,}7 = 5{,}26$. Als Signifikanzschwellen für $\alpha = 0{,}05$ und $\alpha = 0{,}01$ liest man in den o. a. Tafeln die Werte 4,56 bzw. 4,92 ab. Der entsprechende Test mit T_2^* ergibt für $S_{(2)} = 1336$ und $S = 2734$ die Prüfgröße 0,49, der die Schwellenwerte 0,60 für $\alpha = 0.05$ und 0,53 für $\alpha = 0{,}01$ gegenüber stehen. Beide Tests liefern das übereinstimmende Ergebnis, dass die Nullhypothese zu Gunsten der Alternative zu verwerfen ist. Diese lautet hier konkret: die beiden größten Werte entstammen einer Normalverteilung, die einen größerem Erwartungswert besitzt als die Normalverteilung der anderen 28 Beobachtungen.

In [Gather/Kahle 1988] wird eine Maximum-Likelihood Methode dargestellt, mit der die k Ausreißer, die nicht der Stammverteilung F angehören, in einer geordneten Stichprobe l_o lokalisiert werden können. Vorausgesetzt wird dabei, dass $\partial F/\partial G$, wobei G die kontaminierende Verteilung ist, eine monotone Funktion und dass k bekannt ist. Für beide Alternativhypothesen, verschobener Mittelwert und vergrößerte Varianz, wird für die Normal- und die Exponentialverteilung die Wirksamkeit der Methode demonstriert. Diese und alle anderen Methoden, bei denen die Anzahl k der Ausreißer vorgegeben werden muss, leiden unter einem Effekt, der Mitziehen (swamping) genannt werden soll. Wird nämlich k größer als die tatsächliche Anzahl von Ausreißer gewählt, so können Beobachtungen, die zur Stammverteilung gehören, mit in die Gruppe der markierten Ausreißer gezogen werden.

Ein weiteres Konzept zur Identifikation multipler Ausreißer wird in [Davies/Gather 1993] entwickelt. Die Autoren gehen von $N(\xi,\sigma^2)$ als Stammverteilung aus, der die Mehrzahl der Beobachtungen angehört, denen k Werte beigemischt sind, deren Verteilung unspezifiziert ist. Die Parameter ξ,σ^2 sind unbekannt, ebenso wie die Anzahl k der Ausreißer. Für eine gewählte statistische Sicherheit $1 - \alpha$ wird in Abhängigkeit vom Stichprobenumfang n der Wertebereich der Normalverteilung in einen Annahme- und einen Verwerfungsbereich unterteilt. Der Verwerfungsbereich hat die Form $aus(\alpha_n,\xi,\sigma^2)$. Unter der Forderung, dass bei einer Stichprobe ohne Ausreißer mit Wahrscheinlichkeit $1 - \alpha$ alle Werte im Annahmebereich liegen, erhält man $\alpha_n = 1 - (1 - \alpha)^{1/n}$. Mit dem Mittelwert x und der empirischen Standardabweichung s der Stichprobe kann man das Ausreißerkriterium auf die Form $|l_i - x| \geq sg(n, \alpha_n)$ bringen. Alle l_i, die das Kriterium erfüllen, werden als α_n-Ausreißer markiert. Die Funktion $g(n, \alpha_n)$ kann unter verschiedenen Gesichtspunkten gewählt werden. Für den bisher angenommenen Fall der Normalverteilung ist es sinnvoll zu fordern, dass der Verwerfungsbereich mit Wahrscheinlichkeit $1 - \alpha$ innerhalb $aus(\alpha_n, \xi, \sigma^2)$ liegt. Zahlreiche weitere Methoden zur Identifikation multipler Ausreißer werden in diesem Beitrag hinsichtlich ihrer Wirksamkeit kritisch untersucht, und es wird aufgezeigt, in welchen Situationen sie versagen.

Die bisher beschriebenen Methoden werden häufig als Blockverfahren bezeichnet, da mit ihnen in einem Test alle Ausreißer gleichzeitig aufgedeckt werden sollen. Eine andere Strategie ist das schrittweise Vorgehen, bei dem in jedem Schritt eine Beobachtung getestet wird. Jede für Einzelausreißer geeignete Teststatistik kann dabei angewandt werden. Naheliegend ist es, von der kompletten Beobachtungsreihe auszugehen, und im ersten Schritt die Beobachtung zu testen, die den größten Abstand zum Mittelwert hat. Wird der Test auf dem Niveau α durchgeführt, so beträgt die Wahrscheinlichkeit, eine modellkonforme Beobachtung als Ausreißer zu markieren, genau α. Wird in diesem Schritt die Nullhypothese verworfen, so wird die getestete Beobachtung eliminiert, und die verbleibenden $n - 1$ Beobachtungen werden als neue Stichprobe betrachtet, die nach demselben Verfahren, wieder mit Irrtumswahrscheinlichkeit α auf das Vorhandensein eines Ausreißers getestet wird. Die Wahrscheinlichkeit auf diesem Wege zwei scheinbare Ausreißer zu markieren ist näherungsweise α^2. Wesentlich unklarer ist die Situation in Bezug auf den Fehler zweiter Art, d. h. Beobachtungen zu akzeptieren, obwohl sie nicht der Stammverteilung angehören. Dieses schrittweise Testen und Eliminieren wird solange fortgesetzt, bis im m-ten Schritt die Nullhypothese nicht mehr verworfen wird. Die verbleibende Beobachtungsreihe vom Umfang $n - m + 1$ wird nun als von Ausreißern bereinigt betrachtet. Es ist seit langem bekannt, dass diese, auch als Rückwärts-Elimination bezeichnete schrittweise Vorgehensweise, durch den sogenannten Maskierungseffekt bei bestimmten Ausreißeranordnungen versagt. Wenn z. B. zwei Ausreißer von ungefähr gleichem Betrag auftreten, so ist es möglich, dass sie die empirische Varianz so stark aufblähen, dass der Test nicht zum Verwerfen der Nullhypothese führt. Gut sichtbar ist dieses Problem beim, im vorigen Abschnitt erläuterten, τ-Test auf Ausreißer in den Daten des 2. Beispiels. Der kritische Wert für die Körpergröße auf dem Niveau $\alpha = 0{,}05$ beträgt gerundet 211. Die beiden verdächtigen Werte sind 208 und 211. Noch deutlicher wird der Maskierungseffekt, wenn im ersten Schritt der auf Abstandsquotienten beruhende Dixon-Test $r_{10} = (l_n - l_{n-1})/(l_n - l_1)$ durchgeführt wird. Man erhält als Prüfgröße $r_{10} = 0{,}07$. Der Schwellenwert für $\alpha = 0{,}05$ und $n = 30$ beträgt aber $0{,}26$. Die Nullhypothese wird daher nicht verworfen und eine Beobachtungsreihe ohne Ausreißer angenommen, während die oben durchgeführten Blocktests für $k = 2$ beide Werte eindeutig als Ausreißer identifizieren. Die Rückwärts-Elimination ist das älteste und in der Praxis häufig bevorzugte Verfahren zur Detektion multipler Ausreißer. Es ist aber Vorsicht geboten, denn die Wirksamkeit des Verfahrens ist nur gewährleitet, wenn die Anzahl der Ausreißer gering ist und ihre Beträge sich deutlich herausheben.

Das zweite schrittweise Verfahren gilt als sicherer. Wenn die Anzahl der erwarteten Ausreißer maximal k ist, wird eine Unterstichprobe vom Umfang $n - k$ gebildet, die die Werte enthält, die den geringsten Abstand vom Mittelwert haben. Diese Unterstichprobe ist frei von Ausreißern und bildet die Basis für den ersten Test. Getestet wird zunächst der Wert mit dem geringsten Abstand zur Unterstichprobe. Dieser Einzeltest wird analog zur oben beschriebenen Vorgehensweise durchgeführt. Wird die Nullhypothese verworfen, so gelten alle k nicht in der Basis enthaltenen Beobachtungen als Ausreißer, und die Ausreißersuche ist abgeschlossen. Wird dagegen die Nullhypothese nicht verworfen, so wird die Unterstichprobe um den getesteten Wert erweitert. Mit der so erweiterten Basis wird der zweite Test, nun des Wertes, der jetzt den geringsten Abstand zur Basis hat, durchgeführt. Das Ergebnis ist wieder entweder Erweiterung der Basis, wenn die Nullhypothese nicht verworfen wird, oder anderenfalls die Entscheidung, dass mit dem getesteten Wert alle Übrigen als Ausreißer zu markieren sind. Diese Vorwärts-Aufnahme von verdächtigen Werten als akzeptabel für die Stichprobe ist eine pragmatische Methode zur Trennung von schlechten und guten Beobachtungen, für deren Wirksamkeit es entscheidend ist, dass k nicht zu klein angenommen wird. Vom theoretischen Standpunkt ist es unbefriedigend, dass bisher keine Methode bekannt ist, mit der die Fehler 1. und 2. Art der Folge von Tests bestimmt werden kann. Daher ist auch die Festlegung von kritischen Werten mit einiger Unsicherheit behaftet.

Eine weitverbreitete graphische Methode zur Visualisierung der statistischen Eigenschaften einer Stichprobe sind Boxplots. Eine gute Einführung in diese Methode mit zahlreichen Beispielen findet man in [Hoaglin/Mosteller/Tukey 1983]. Weiterentwicklungen und Verfeinerungen werden in [Schwertman/de Silva 2007] dargestellt. Im Boxplot werden auf der Zahlengeraden die Extremwerte der Stichprobe und der Mittelwert oder der Median markiert. Um den Bereich, den die Quartile einschließen, wird ein Kästchen (Box) gezeichnet. An dieser einfachen Graphik kann man wesentliche Kenngrößen der Stichprobenverteilung ablesen, nämlich den Lageparameter, die Wertebereiche der gesamten Stichprobe und der zentralen 50 % der Werte, die Schiefe und die Randbesetzung. Die randnahen Beobachtungen werden als potentielle Ausreißer betrachtet und gesondert analysiert. Diese Methode hat sich besonders für den visuellen Vergleich von Stichprobenverteilungen bewährt.

Eine eigene Gruppe von Methoden zur Identifikation von Ausreißern ist durch Anwendung der Bayes-Schätzung entwickelt worden. Dieser wissenschaftlich interessante Ansatz ist besonders seit den 90er Jahren des vorigen Jahrhunderts verfolgt worden, ohne jedoch breite Anwendung gefunden zu haben. Einen Überblick über diesen Bereich und einige Anwendungsbeispiele sind in [Chaloner/Brant 1988], [Verdinelli/Wassermann 1991], [Pena/Guttman 1993] und [Gui/Gong/Li 2007] veröffentlich.

2.2.4   Ausreißer in strukturierten Stichproben

Die vorstehenden Abschnitte haben die Vielschichtigkeit des Ausreißerproblems bei einfachen Wiederholungsmessungen gezeigt, und eine kleine Auswahl der Lösungsvorschläge aus der kaum noch überschaubaren Menge von wissenschaftlichen Arbeiten auf diesem Gebiet vorgestellt. Die Grundzüge der herausgearbeiteten Strategien sind auf die deutlich komplexeren Verhältnisse bei strukturierten Beobachtungsreihen übertragbar. Allerdings sind zusätzliche Gesichtspunkte zu beachten, und der modellspezifische Einfluss von Ausreißern auf die Schätzergebnisse in die Untersuchungen einzubeziehen. Der besonders wichtige Fall der Regressionsmodelle wird in einem gesonderten Kapitel behandelt, da es zweckmäßig ist, das Identifizieren von Ausreißern und die Analyse der Auswirkungen gemeinsam zu behandeln.

Erheblich schwieriger ist die Behandlung des Problems von Ausreißern in den unabhängigen Variablen, wenn diese stochastische bzw. gemessene Größen sind. Im 3. Beispiel des Abschnitts 1.1.3 wird die Kalibrierung eines Barometers als lineare Regression ausgewertet. Die

Temperatur, die dabei als Regressor auftritt, ist eine gemessene Größe, die anfällig für Ausreißer sein könnte. Dasselbe gilt für die Regressoren des 4. Beispiels, die ebenfalls gemessen oder geschätzt sind. Eine eingehende Behandlung des Schätzproblems bei gemessenen Regressoren findet man z. B. in [Fuller 1987], [Stefanski 2000] und [Watson 2007]. Statistische Verfahren zur Identifikation von Ausreißern sind allerdings nicht ausgearbeitet.

Am Ende des Abschnitts 2.2.1 wurde bereits kurz auf die Bedeutung der Existenz von Ausreißern in Zeitreihen eingegangen. Nach [Fox 1972], [Martin 1979] kann bei Zeitreihen zwischen Innovationsausreißern und additiven Ausreißern unterschieden werden, die einzeln, in Gruppen oder auch gemischt auftreten können. Wann immer möglich, werden graphische Darstellungen des zeitlichen Signalverlaufs zur Identifikation von Ausreißern herangezogen. Da die meisten Auswertemethoden gleichabständige Messwerte verlangen, ist es erforderlich, Ausreißer durch plausible Werte zu ersetzen. Besonders kritisch sind bei Zeitreihenanalysen verdächtige Werte, die im Grenzbereich liegen. Denn die Auswertemodelle sind in der Regel empirischer Natur und machen daher eine Unterscheidung zwischen Änderungen des Systemverhaltens und dem Auftreten additiver Ausreißer fast unmöglich. Der Schwerpunkt der wissenschaftlichen Arbeiten über diesen Bereich liegt auf der Entwicklung robuster Schätzverfahren und weniger auf der Identifikation von Ausreißern. Es gibt aber auch Anwendungsbereiche, in denen das Entfernen von Ausreißern essentiell ist, wie in der bereits erwähnten Arbeit [Kern et al. 2005] gezeigt und auch in [Götzelmann/Keller/Reubelt 2006] anschaulich dargelegt wird. In eine ähnliche Richtung weisen [Passi/Carpenter/Passi 1987]. Sie betonen, dass bei umfangreichen technischen Messungen die Daten vor der eigentlichen Auswertung unbedingt editiert werden müssen. Dazu schlagen sie zwei pragmatische Methoden vor. Bei nachgelagerter Auswertung ist eine Segmentierung der Daten in Abschnitte möglich, die durch Splines oder Polynome geglättet werden, um Ausreißer sichtbar zu machen. Für Auswertungen, die in Echtzeit erfolgen müssen, empfehlen sie eine Methode, die sich dem Konzept eines Kalman-Filters folgend, den Änderungen der Modellparameter anpasst und bei jedem einlaufenden Wert entscheidet, ob er verworfen oder für die Auswertung genutzt wird.

Zur Identifikation von Ausreißern in mehrdimensionalen Daten sind besondere Methoden entwickelt worden, die entweder auf der Hauptachsentransformation der Daten beruhen oder auf geeignete Projektionen, die verdächtige Daten sichtbar machen. Einen guten Überblick über diese Verfahren und schnelle Rechnermethoden für die sehr rechenaufwendigen Lösungen findet man in [Filzmoser/Maronna/Werner 2008].

3 Robuste Auswertung von Wiederholungsmessungen

Die Auswertung von Wiederholungsmessungen stellt im Bereich der Natur- und Ingenieurwissenschaften in aller Regel kein großes Problem dar. Trotzdem soll dieses einfache Anwendungsgebiet der robusten statistischen Methoden zunächst und ausführlich behandelt werden. Dies hat den Vorteil, dass die darzustellenden Methoden leicht nachvollziehbar sind und ihre Wirkungen gut überschaubar bleiben. Die Übertragung auf komplexere Modelle, insbesondere auf das Gauss-Markov Modell, lässt sich leicht vollziehen, und es zeigt sich dabei, dass die meisten Eigenschaften erhalten bleiben.

3.1 Klassische robuste Lageschätzer

Auch vor der Entwicklung formalisierter Kriterien für die Robustheit eines Schätzers, wie sie in Abschnitt 1.2 dargestellt sind, wurden bei der Auswertung von Messreihen Maßnahmen ergriffen, die verhindern sollten, dass fragwürdige Daten einen negativen Einfluss auf die Schätzungen haben. Auch heute werden noch einige dieser bewährten Verfahren eingesetzt. Dazu zählen vor allem die in Kapitel 2 ausführlich dargelegten Methoden zur Identifikation von Beobachtungen, die nicht ins Bild passen und möglicherweise grobe Fehler sind. Nach genauer Analyse dieser verdächtigen Daten werden sie entweder als akzeptabel erachtet oder als Ausreißer markiert. Im letzeren Fall werden sie entweder gestrichen, durch Nachmessungen oder plausible Schätzungen ersetzt, oder es wird ihnen durch Modellanpassungen Rechnung getragen. Die nachfolgende Auswertung der modifizierten Stichprobe kann durchaus als robust bezeichnet werden. Darüber hinaus wurden Schätzverfahren entwickelt, die ohne die Suche nach Ausreißern zu ausreißerresistenten Schätzergebnissen führen.

3.1.1 Winsorisiertes Mittel

Ein geschätzter Lageparameter soll möglichst repräsentativ für die beobachtete Größe sein. Daher sollen im Wesentlichen die, sich in der Mitte der geordneten Stichprobe häufenden Beobachtungen, seinen Wert bestimmen. Um zu verhindern, dass an den Rändern liegende Beobachtungen bei randstarken Verteilungen unerwünscht großen Einfluss auf die Schätzung nehmen, werden sie nach einem Vorschlag von Charles P. Winsor modifiziert. Dieses sogenannte Winsorisieren der Randwerte besteht darin, dass sie durch die an den Rändern gerade noch akzeptierbaren Messwerte ersetzt werden. Sie werden also nicht gestrichen und üben daher durchaus noch einen Einfluss auf die Schätzung aus, der allerdings stark reduziert ist. Durch diese Maßnahme wird die Schätzung robustifiziert und die Varianz verringert. Wenn die Stichprobe einer Grundgesamtheit mit der Verteilung F entnommen wurde, so erhält man die α-winsorisierte Verteilung

$$F^*(l) = \begin{cases} 0 & \text{für } l < l_\alpha \\ F(l) & \text{für } l_\alpha \leq l \leq l_{1-\alpha} \\ 1 & \text{für } l > l_{1-\alpha}. \end{cases} \qquad (3.1)$$

Die Wahrscheinlichkeit für Beobachtungen kleiner l_α und größer $l_{1-\alpha}$ wird unter der winsorisierten Verteilung zu 0. Als Erwartungswert der Verteilung erhält man

$$T(F^*) = \xi^* = \int_{l_\alpha}^{l_{1-\alpha}} l\, dF(l) + \alpha(l_\alpha + l_{1-\alpha}), \qquad (3.2)$$

und die Varianz ist durch

$$Var(F^*) = \int_{l_\alpha}^{l_{1-\alpha}} (l - \xi^*)^2 dF(l) + \alpha((l_\alpha - \xi^*)^2 + (l_{1-\alpha} - \xi^*)^2) \qquad (3.3)$$

gegeben. Nach [Huber 1981, Kap.3.3] gilt für die Einflussfunktion des winsorisierten Mittels mit

$$C = \xi^* - \alpha^2 (f(l_\alpha)^{-1} + f(l_{1-\alpha})^{-1})$$

$$EF(l, F, T^*) = \begin{cases} l_\alpha - \alpha/f(l_\alpha) - C & \text{für } l < l_\alpha \\ l - C & \text{für } l_\alpha \leq l \leq l_{1-\alpha} \\ l_{1-\alpha} + \alpha/f(l_{1-\alpha}) - C & \text{für } l > l_{1-\alpha}. \end{cases} \qquad (3.4)$$

Die Einflussfunktion ist zwischen $-\infty$ und l_α sowie zwischen $l_{1-\alpha}$ und ∞ konstant. Sie hat Sprungstellen in l_α und $l_{1-\alpha}$ und steigt zwischen diesen Stellen linear an.

Soll eine Stichprobe α-winsorisiert werden, wobei α typischer Weise zwischen 5 und 20 % gewählt wird, so bildet man zunächst die nach Größe geordnete Stichprobe $l_o = (l_{(1)}, l_{(2)}, \ldots, l_{(n)})$. Mit $k = [\alpha n]$, der größten ganzen Zahl kleiner oder gleich αn, ermittelt man die Schwellenwerte für die zu ersetzenden Beobachtungen und bildet

$$l_i^* = \begin{cases} l_{(k+1)} & \text{für } l_i \leq l_{(k+1)} \\ l_i & \text{für } l_{(k+1)} < l_i < l_{(n-k)} \\ l_{(n-k)} & \text{für } l_i \geq l_{(n-k)}. \end{cases} \qquad (3.5)$$

Das winsorisierte Stichprobenmittel

$$x^* = \frac{1}{n} \sum_{i=1}^{n} l_i^* \qquad (3.6)$$

ist ein erwartungstreuer Schätzer für ξ^*. Die Varianz der winsorisierten Stichprobe wird auf dem üblichen Weg berechnet, d. h.

$$s^{*2} = \frac{1}{n-1} \sum_{i=1}^{n} (l_i^* - x^*)^2. \qquad (3.7)$$

Exakte Formeln für den allgemeinen Fall des asymmetrischen Winsorisierens und für Stichproben mit multiplen Ausreißern geben [Balakrishnan/Kannan 2003].

3.2   L-Schätzer

Die im Folgenden behandelten Schätzer werden als Linearkombinationen von Ordnungsstatistiken gebildet. Aus der Zufallsstichprobe $l = (l_1, l_2, \ldots, l_n)$ gewinnt man die bereits mehrfach benutzte geordnete Stichprobe (Ordnungsstatistik) $l_o = (l_{(1)}, l_{(2)}, \ldots, l_{(n)})$, indem man die Werte nach aufsteigender Größe anordnet, so dass $l_{(i)} \leq l_{(i+1)}$ für alle i gilt. Mit geeigneten Gewichten g_i werden nun Linearkombinationen der Form

$$x = \sum_{i=1}^{n} g_i l_{(i)}, \quad \sum_{i=1}^{n} g_i = 1 \tag{3.8}$$

gebildet, oder in Matrixnotation

$$x = \mathbf{g}^t \mathbf{l}_o \quad \text{mit } \mathbf{g} = (g_1 \quad g_2 \ldots g_n)^t, \ \mathbf{l}_o = (l_{(1)} \quad l_{(2)} \ldots l_{(n)})^t, \tag{3.9}$$

die in der Literatur häufig als L-Schätzer bezeichnet werden. L-Schätzer besitzen die in Abschnitt 1.1.4 formulierten Eigenschaften der Translations- und Skalenäquivarianz.

3.2.1   Quantile

Das *Quantil* Q_p einer Zufallsvariablen X mit der Verteilungsfunktion F ist durch den Wert x definiert, für den

$$P(X \leq x) \geq p; P(X \geq x) \geq 1 - p, \tag{3.10}$$

bzw.

$$F^{-1}(p) = \inf\{x : F(x) \geq p\}, \quad 0 < p < 1$$

gilt. Wenn X eine stetige Zufallsvariable ist, vereinfacht sich die Definition. Q_p ist dann der Wert x, der $F(x) = p$ erfüllt. Mit Hilfe der Quantile können auf einfache Weise Lage- und Streuungsparameter definiert werden, die die in Abschnitt 1.1.4 definierten Kriterien erfüllen.

Für $p = 0{,}5$ ist Q_p der als *Median* bezeichnete Lageparameter der Verteilung. Das ist der Wert $\tilde{x}$, der mit gleicher Wahrscheinlichkeit über- und unterschritten wird. Für Verteilungen mit symmetrischer Dichte, wie z. B. Normalverteilung und t-Verteilung, fällt der Median mit dem Erwartungswert der Zufallsvariablen zusammen. Als *Quartile* werden die Werte Q_p mit $p = 0{,}25$ und $p = 0{,}75$ bezeichnet. Sie schließen die zentralen 50 % der Verteilung der Zufallsvariablen ein. Der *Quartilenabstand* $Q_{0{,}75} - Q_{0{,}25}$ ist ein anschauliches und häufig benutztes Streuungsmaß. Als weitere Quantile seien die *Quintile,* die *Dezile* und die *Perzentile* genannt, die die Verteilung in fünf, zehn bzw. 100 gleiche Abschnitte unterteilen.

Um die Quantile einer Beobachtungsreihe zu ermitteln, werden die Werte zunächst der Größe nach geordnet. Der *Stichprobenmedian* $\tilde{x}$ der Reihe $l_o = (l_{(1)}, l_{(2)}, \ldots, l_{(n)})$ ist der durch Abzählen gewonnene mittlere Wert von l_o. Wenn n ungerade ist, gibt es eine ganze Zahl m mit $n = 2m - 1$ so dass $\tilde{x} = l_{(m)}$ gilt. Ist n dagegen eine gerade Zahl mit $n = 2m$, so erfüllt jeder Wert zwischen $l_{(m)}$ und $l_{(m+1)}$ die oben angegebene Definition des Medians. Es ist üblich als Median dann das Mittel zu nehmen: $\tilde{x} = (l_{(m)} + l_{(m+1)})/2$. Es gilt also allgemein

$$\tilde{x} = \sum_{i=1}^{n} g_i l_{(i)} \quad g_i = \begin{cases} 0{,}5 & \text{für} \quad i = n/2, n/2+1, & \text{wenn } n \text{ gerade,} \\ 1 & \text{für} \quad i = (n+1)/2, & \text{wenn } n \text{ ungerade,} \\ 0 & \text{sonst.} \end{cases}$$

Die Ermittlung der weiteren Quantile ist nur bei ausreichend großen Stichproben sinnvoll. Sie können meist nicht auf entsprechende Weise durch einfaches Abzählen der geordneten Beobachtungen ermittelt werden, da pn in der Regel eine gebrochene Zahl ist. Die einfachste Regel zur Schätzung empirischer p-Quantile lautet

$$\tilde{Q}_p = l_{(r)} \quad \text{für} \quad r = [pn + 0{,}5], \quad \text{oder} \quad r = [pn] + 1,$$

wobei $[z]$ wieder die größte Integerzahl kleiner oder gleich z ist. Im Allgemeinen ist $\tilde{Q}_p$ kein erwartungstreuer Schätzer für Q_p. In der Literatur gibt es zahlreiche Vorschläge, die Quantile durch gewogene Mittel der Nachbarwerte $l_{(r)}$ und $l_{(r+1)}$ zu schätzen. In [Dielman/Lowry/Pfaffenberger 1994] sind die Ergebnisse umfangreicher Simulationsrechnungen zum Vergleich von 10 Quantilenschätzern bei unterschiedlichen Stichprobenverteilungen veröffentlicht.

3.2.2   Eigenschaften des Medians

Die Beobachtungen am oberen und unteren Ende von l_o haben offensichtlich keinen Einfluss auf den Wert des Medians $\tilde{x}$. Dieser ist daher ein in hohem Maße robuster Lageschätzer. Er hat den größten möglichen Bruchpunkt von 0,5 und eine überall beschränkte Einflussfunktion. Für die Varianz des Medians gibt es nur die in (3.14) angegebene asymptotische Formel, die die Kenntnis der Verteilung voraussetzt. In der Literatur findet man zahlreiche Vorschläge für die näherungsweise Bestimmung der empirischen Varianz für beliebige Verteilungen. In [Price/Bonett 2001] werden durch umfangreiche Simulationsrechnungen sieben verteilungsfreie Varianzschätzer hinsichtlich Streuung und systematischer Abweichung verglichen. Berücksichtigt man neben diesen Vergleichskriterien noch die Einfachheit der Berechnung, so gelangt man auf eine von [McKean/Schrader 1984] vorgeschlagene Lösung:

$$Var(\tilde{x}) \approx \{(l_{(n-c+1)} - l_{(c)})/2(1{,}96)\}^2$$
$$c = (n+1)/2 - 1{,}96\sqrt{n/4}, \tag{3.11}$$

in der c auf die nächste ganze Zahl zu runden ist.

Eine formalere Beschreibung der Robustheit des Medians kann [Huber 1964] entnommen werden. Sei $F(l - x)$ eine stetige, bezüglich 0 symmetrische unimodale Verteilung und T ein Schätzfunktional, das eine Abbildung des Verteilungsraums auf den Parameterraum erzeugt. Sei ferner der maximale systematische Schätzfehler (vgl. 1.21) als Funktion

$$B(\varepsilon; T_x, F) = \sup_{G} |T((1-\varepsilon)F_x + \varepsilon G) - x|, \quad \varepsilon \in [0,1]$$

definiert. Der Medianschätzer $T(F) = F^{-1}(1/2)$ ist der translationsäquivariante Schätzer (1.2), der die Abweichung $B(\varepsilon; T_x, F)$ minimiert.

Als Sensitivitätskurve (SK) des Medians $\tilde{x} = (l_{(m)} + l_{(m+1)})/2$ für n gerade, die das Verhalten bei Hinzunahme einer zusätzlichen Beobachtung l zeigt, erhält man nach (1.14)

$$SK(l) = \begin{cases} n(l_{(m)} - \tilde{x}) = n[l_{(m)} - l_{(m+1)}]/2 \text{ für } l < l_{(m)} \\ n(l - \tilde{x}) \text{ für } l_{(m)} \leq l \leq l_{(m+1)} \\ n(l_{(m+1)} - \tilde{x}) = n[l_{(m+1)} - l_{(m)}]/2 \text{ für } l < l_{(m+1)}. \end{cases} \qquad (3.12)$$

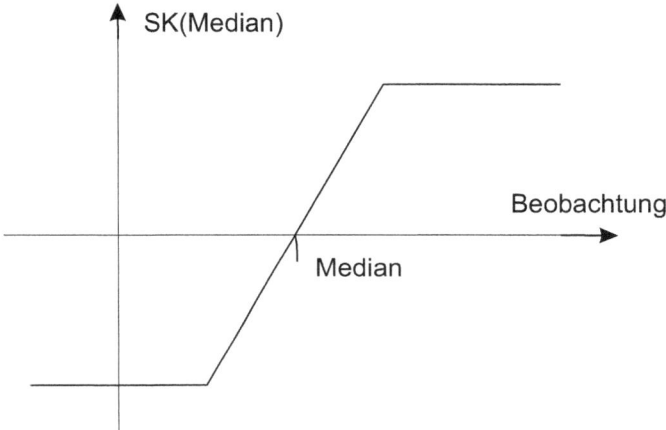

Abbildung 3.1: Sensitivitätskurve des Medians

Für eine zusätzliche Beobachtung kleiner $l_{(m)}$ ist, unabhängig von deren Größe, die SK durch $a = -n[l_{(m+1)} - l_{(m)}]/2$ gegeben. Entsprechend erhält man den konstanten Wert $a = +n[l_{(m+1)} - l_{(m)}]/2$ für eine Zusatzbeobachtung größer $l_{(m+1)}$. Fällt die Beobachtung zwischen $l_{(m)}$ und $l_{(m+1)}$, so verläuft die SK proportional zu l, nämlich linear zwischen der unteren und oberen konstanten Linie.

Durch den Übergang $n \to \infty$ kann aus der SK die Einflussfunktion $EF(l; F, T)$ nach (1.16) gewonnen werden. Wenn die Verteilung F der Beobachtungen stetig und die Dichte im Bereich des Medians $\neq 0$ ist, geht das Intervall $[l_{(m+1)} - l_{(m)}]$ gegen 0, das bedeutet $l_{(m)} \to \tilde{x}$ und zugleich $l_{(m+1)} \to \tilde{x}$. Der mittlere, ansteigende Abschnitt der SK nähert sich dadurch einer Vertikalen, während die beiden Horizontalen weiterhin achsenparallel verlaufen. Sei nun $f(\tilde{x})$ die Dichte an der Stelle des Medians und Δ ein kleines Intervall, das den Median enthält. Die Anzahl der Beobachtungen in diesem Intervall ist näherungsweise $n\Delta f(\tilde{x})$ und ihr linearer Abstand im Mittel $1/nf(\tilde{x})$. Folglich strebt das Intervall $[l_{(m+1)} - l_{(m)}]$ mit wachsendem n gegen $1/nf(\tilde{x})$, und $n[l_{(m+1)} - l_{(m)}]/2$ daher gegen $1/2f(\tilde{x})$. Wir erhalten damit als EF die beiden Äste der Vorzeichenfunktion mit dem Abstand $\pm 1/2f(\tilde{x})$ von der l-Achse

$$EF(l; F, \tilde{x}) = sgn(l - \tilde{x})/2f(\tilde{x}), \quad \tilde{x} \to T = F^{-1}(0,5). \qquad (3.13)$$

Nach (1.27) gilt für die asymptotische Varianz des Medians

$$Var(\tilde{x}) = \int EF(l; F, \tilde{x})^2 dF(l) = \int (sgn(l - \tilde{x})/2f(\tilde{x}))^2 f(l) dl \qquad (3.14)$$

$$= (2f(\tilde{x}))^{-2}, \quad (= \pi/2 \text{ für } l \sim N(0,1)).$$

Für die Standardnormalverteilung $\Phi(x) = \int_{-\infty}^{x} \varphi(l) dl$ mit $\varphi(l) = (\sqrt{2\pi})^{-1} e^{-l^2/2}$ ergibt sich folgender Vergleich der Eigenschaften von Mittelwert und Median:

Der Erwartungswert von l ist durch $\hat{x} = T_1(\Phi) = \int l\varphi(l) dl = 0$ definiert. Die entsprechende Definition des Medians lautet $\tilde{x} = T_2(\Phi) = \Phi^{-1}(0,5) = 0$. Beide Funktionale führen also auf das gleiche Ergebnis. Für die Einflussfunktion des Mittelwertes erhält man

$$\begin{aligned} EF(l, \Phi, T_1) &= \lim_{\varepsilon \to 0} \frac{\int l \, d\{(1-\varepsilon)\Phi + \varepsilon\delta_l\}(l) - \int l \, d\Phi(l)}{\varepsilon} \\ &= \lim_{\varepsilon \to 0} \frac{(1-\varepsilon)\int l \, d\Phi(l) + \varepsilon \int l \, d\delta_l(l) - \int l \, d\Phi(l)}{\varepsilon} \\ &= \lim_{\varepsilon \to 0} \frac{\varepsilon l}{\varepsilon} = l. \end{aligned} \qquad (3.15)$$

Während für den Median

$$EF(l, \Phi, T_2) = \frac{sgn(l)}{2\varphi(0)} \qquad (3.16)$$

oben abgelesen werden kann. Die Einflussfunktion des Medians ist, wie bereits angegeben, beschränkt. Im Gegensatz dazu verläuft die Einflussfunktion des Mittels linear von $-\infty$ bis $+\infty$. Die asymptotische Varianz des Mittels beträgt

$$Var(\hat{x}) = \int EF(l, \Phi, T_1)^2 d\Phi(l) = \int l^2 d\Phi(l) = 1. \qquad (3.17)$$

An der Normalverteilung besitzt der Median somit die Effizienz $Var(\hat{x})/Var(\tilde{x}) = 1/(\pi/2) = 2/\pi \approx 0,6366$. Der weitere Vergleich von Mittel und Median an Hand der Ausreißersensitivität γ^* (1.23), die direkt an der EF abgelesen werden kann, ergibt, dass γ^* beim Mittel unbeschränkt ist und für den Median $\pm 1/2\varphi(0) = \pm\sqrt{2\pi}/2 \approx 1,25$ beträgt. Schließlich gilt für den Bruchpunkt, der bereits in Abschnitt 1.2.5 abgeleitet wurde, $\delta_{\hat{x}}^* = 0$ für das Mittel und $\delta_{\tilde{x}}^* = 0,5$ für den Median.

Der Median ist also nach allen Kriterien ein Lageschätzer mit hervorragender Robustheit und in dieser Beziehung dem Mittelwert klar überlegen. Für diese positive Eigenschaft muss allerdings ein Preis gezahlt werden. Wenn die Beobachtungen normalverteilt sind, ist die asymptotische Varianz um den Faktor $1/0,6366 \approx 1,57$ größer als die des Mittels. Die Anwendung des Medians als Lageschätzer auf das 1. und 2. Beispiel aus Kapitel 1 ergibt nur geringe Differenzen zum Mittel. Das Beispiel 2* wurde aus dem 2. Beispiel durch Streichen der beiden größten, als Ausreißer markierten, Beobachtungen gebildet, um zu zeigen, dass sich dieses, hier sicher fragwürdige, Streichen praktisch nur auf die Standardabweichung des Mittels auswirkt.

Tabelle 3.1: Vergleich Mittel und Median

Bsp.	n	$\hat{x}$	$s_{\hat{x}}$	$\tilde{x}$	$s_{\tilde{x}}$
1	40	3,93	0,144	3,965	0,255
2	30	184	1,77	183	2,04
2*	28	182,2	1,28	180	2,04

3.2.3 Getrimmtes Mittel

Dieselben Überlegungen, die zur Begründung des Winsorisierens angeführt wurden, gelten auch für das Trimmen. Die Beobachtungen an den Rändern der geordneten Stichprobe l_o, die möglicherweise nicht der Stammverteilung angehören, der die Stichprobe entnommen wurde, sollen die Schätzergebnisse nicht negativ beeinflussen. Deshalb wird nur der mittlere Teil von l_o der weiteren Auswertung zu Grunde gelegt. Das Funktional zur Schätzung des α-getrimmten Mittels nimmt daher folgende Form an

$$T(F^\circ) = \xi^\circ = (1 - 2\alpha)^{-1} \int_{l_\alpha}^{l_{1-\alpha}} l\, dF(l). \tag{3.18}$$

Dabei und im Folgenden wird angenommen, dass das Trimmen symmetrisch erfolgt und zwar um $100\alpha\,\%$ am oberen und am unteren Rand von F. Unter diesen Annahmen erhält man nach [Huber 1981, Abschnitt 3.3] als Einflussfunktion

$$EF(l,T^\circ,F) = \begin{cases} (1-2\alpha)^{-1}[l_\alpha - \xi^*] & \text{für} \quad l < l_\alpha \\ (1-2\alpha)^{-1}[l - \xi^*] & \text{für} \quad l_\alpha \le l \le l_{1-\alpha} \\ (1-2\alpha)^{-1}[l_{1-\alpha} - \xi^*] & \text{für} \quad l > l_{1-\alpha}, \end{cases} \tag{3.19}$$

in der ξ^* das durch (3.6) gegebene winsorisierte Mittel ist. Die Einflussfunktion ist überall begrenzt. Sie hat einen ähnlichen Verlauf wie (3.4), ist allerdings zusammenhängend, da statt der Sprungstellen hier nur Unstetigkeitsstellen bei l_α und $l_{1-\alpha}$ auftreten. Der Bruchpunkt des getrimmten Mittels beträgt wie beim winsorisierten Mittel 2α.

Bei der praktischen Anwendung des getrimmten Mittels wird, ebenso wie beim winsorisierten Mittel, häufig an Stelle eines festen Satzes von $100\alpha\,\%$ eine ganze Zahl k festgelegt, die angibt wieviele Werte am oberen und am unteren Rand der geordneten Stichprobe modifiziert bzw. gestrichen werden. Diese pragmatische Vorgehensweise ist durchaus zu empfehlen, wenn es nicht auf theoretische Untersuchungen des asymptotischen Verhaltens der Schätzer ankommt. Allerdings sollte das Trimmen nicht mit dem Streichen von Beobachtungen nach der Identifizierung von Ausreißern gleichgesetzt werden. Es ist vielmehr eine objektive Maßnahme, an der durch die Bildung der Reihenfolge in l_o alle Beobachtungen beteiligt sind. Der Unterschied ist vor allem für die Schätzung der Varianz bedeutsam.

Das Stichprobenmittel wird, wenn k Beobachtungen am oberen und am unteren Rand von l_o gestrichen werden, nach

$$x^\circ = (n - 2k)^{-1} \sum_{i=k+1}^{n-k} l_{(i)} \tag{3.20}$$

gebildet. Nun wird αn nur in den seltensten Fällen gleich der Integerzahl k sein. Meist hat man $\alpha n = k + \varkappa$, dann lautet das korrekte getrimmte Mittel

$$x^\circ = (n - 2k - 2\varkappa)^{-1} \left\{ \varkappa l_{(k)} + \sum_{i=k+1}^{n-k} l_{(i)} + \varkappa l_{(n-k+1)} \right\}. \tag{3.21}$$

Bei der Schätzung der Varianz des getrimmten Mittels ist zu beachten, dass die geordnete Stichprobe aus korrelierten Beobachtungen besteht. Dies ist leicht einzusehen, da die Positionen der einzelnen $l_{(i)}$ innerhalb von l_o von der Größe aller anderen Beobachtungen abhängen. Durch die Anordnung der Werte ergibt sich für l_o die vollbesetzte Varianz-Kovarianz Matrix Σ_{l_o}. Wählt man nun für (3.20) bzw. (3.21) die Form (3.9) mit den Gewichten

$$g_i = \begin{cases} 0 & \text{für} \quad i < k \text{ und } i > n - k + 1 \\ \varkappa (n - 2k - 2\varkappa)^{-1} & \text{für} \quad i = k \text{ und } i = n - k \\ (n - 2k - 2\varkappa)^{-1} & \text{für} \quad k < i < n - k, \end{cases}$$

so erhält man für $x^\circ = g^t l_o$ nach dem Varianzenfortpflanzungsgesetz den Ausdruck

$$Var(x^\circ) = g^t \Sigma_{l_o} g.$$

Die Auswertung dieser strengen Formel setzt die, in der Praxis nicht gegebene, Kenntnis aller Kovarianzen der geordneten Stichprobe voraus. Um eine Näherung zu gewinnen, geht man von der Einflussfunktion (3.19) aus. Diskretisiert man sie für ein festes n, so erhält man bis auf einen vernachlässigbaren Rest

$$\sum_{i=1}^{n} EF(l_i, T^\circ, F) = n(x^\circ - \xi^\circ).$$

Für ausreichend großes n können Summe und Integral vertauscht werden, und Gleichung (1.27) liefert das Ergebnis

$$Var(x^\circ) \approx \frac{1}{n^2} \sum E[EF(l_i, T^\circ, F)]^2. \tag{3.22}$$

Für die Auswertung dieser Formel müssen die in (3.19) auftretenden Größen $l_\alpha, l_{1-\alpha}$ und ξ^* bekannt sein. Für ξ^* kann die Schätzung des winsorisierten Mittels (3.6) eingesetzt werden, und für $l_\alpha, l_{1-\alpha}$ stehen l_{k+1} und l_{n-k} zur Verfügung. Mit $EF(l_i, T^\circ, F) = (1 - 2\alpha)^{-1}(l_i^* - x^*)$ und $E[EF(l_i, T^\circ, F)] = 0$ folgt aus (3.22) und (3.7)

$$Var(x^\circ) \approx \frac{1}{n^2(1 - 2\alpha)^2} \sum_{i=1}^{n}(l_i^* - x^*)^2 = \frac{n - 1}{n^2(1 - 2\alpha)^2} s^{*2}. \tag{3.23}$$

In der Literatur findet man häufig die Vereinfachung $Var(x^\circ) = s_{x^\circ}^2 \approx \{(1 - 2\alpha)\sqrt{n}\}^{-2} s^{*2}$ bzw. $s_{x^\circ} = \{(1 - 2\alpha)\sqrt{n}\}^{-1} s^*$, die für nicht zu kleines n gerechtfertigt ist, da es sich ohnehin um Näherungsformeln handelt.

Für das 1. und das 2. Beispiel aus Kap. 1 sind in Tabelle 3.2 winsorisierte und getrimmte Mittel für $\alpha = 0,1$ und $\alpha = 0,2$ zusammengestellt. Zum Vergleich ist das arithmetische Mittel

Tabelle 3.2: Winsorisierte und getrimmte Mittel

$$
\begin{array}{lll|lll}
\multicolumn{3}{c|}{\text{1. Beispiel} \quad n = 40} & \multicolumn{3}{c}{\text{2. Beispiel} \quad n = 30} \\
k = 0 & \hat{x} = 3{,}93 & s_{\hat{x}} = 0{,}144 & k = 0 & \hat{x} = 184 & s_{\hat{x}} = 1{,}88 \\
k = 4 & x^* = 3{,}904 & s_{x^*} = 0{,}123 & k = 3 & x^* = 183{,}3 & s_{x^*} = 1{,}25 \\
\alpha = 0{,}1 & x^\circ = 3{,}902 & s_{x^\circ} = 0{,}152 & \alpha = 0{,}1 & x^\circ = 182{,}6 & s_{x^\circ} = 1{,}53 \\
k = 8 & x^* = 3{,}891 & s_{x^*} = 0{,}094 & k = 6 & x^* = 182{,}9 & s_{x^*} = 0{,}97 \\
\alpha = 0{,}2 & x^\circ = 3{,}918 & s_{x^\circ} = 0{,}155 & \alpha = 0{,}2 & x^\circ = 181{,}9 & s_{x^\circ} = 1{,}60
\end{array}
$$

mit angegeben. Da die Daten des 1. Beispiels keine Ausreißer enthalten, ist der Effekt des Winsorisierens und Trimmens recht gering. Etwas anders verhält es sich beim 2. Beispiel mit zwei Ausreißern am oberen Ende der geordneten Stichprobe. Hier scheint das Winsorisieren einen Genauigkeitsgewinn zu bewirken. Die Mittelwerte haben sich kaum verändert, obwohl 20 bzw. 40 % der Werte entweder gestrichen oder ersetzt wurden.

Das symmetrische Trimmen oder Winsorisieren ist dann sinnvoll, wenn keine Informationen über die Art oder die Größe einer möglichen Kontamination der Stichprobe vorliegt. Wenn jedoch konkrete Annahmen über möglicherweise nicht zur Stammverteilung gehörende Beobachtungen getroffen werden können, oder wenn die Stichprobenverteilung asymmetrisch ist, kann es günstiger sein, die Modifikation der Beobachtungsreihe unsymmetrisch oder auch einseitig vorzunehmen. Auch für diese Fälle ist die Schätztheorie ausgearbeitet. Man findet sie u. a. in [Staudte/Sheather 1990] und speziell für das winsorisierte Mittel in [Balakrishnan/ Kannan 2003].

3.3 M-Schätzer für Lageparameter

Unter der von Huber eingeführten Bezeichnung M-Schätzer wird eine Klasse von robusten Schätzern verstanden, die als Maximum-Likelihood Schätzer eine Verlustfunktion minimieren, die als negative Loglikelihoodfunktion $-\ln \mathcal{L}$ einer hypothetischen Verteilung definiert ist, oder die formal einer Loglikelihoodfunktion ähnelt, ohne zu einer statistischen Verteilung gehören.

3.3.1 ML-Schätzer

Die Anwendung der Maximum-Likelihood Methode zur Entwicklung von Schätzfunktionen setzt die Kenntnis der Verteilung der Stichprobe $l = (l_1, l_2, \ldots, l_n)$ bzw. der Grundgesamtheit, der sie entstammt, voraus. Die unbekannten Verteilungsparameter $\alpha = (\alpha_1, \alpha_2, \ldots, \alpha_p)$ werden so geschätzt, dass die Wahrscheinlichkeit für das Auftreten der Stichprobe zum Maximum wird. Diese a posteriori Wahrscheinlichkeit wird durch die Likelihoodfunktion $\mathcal{L}(l; \alpha)$ ausgedrückt. Sie ist bei diskreten Verteilungen als Produkt der Einzelwahrscheinlichkeiten der l_i oder bei kontinuierlichen Verteilungen als Produkt der Dichten an den Stellen l_i eine Funktion der Beobachtungen und der gesuchten Parameter. Das Maximum erhält man durch Nullsetzen der Ableitungen der Likelihoodfunktion nach den Parametern. Zur Vereinfachung der Rechnung wird $\mathcal{L}$ zuvor logarithmiert, eine ausführliche Darstellung der Methode mit Beispielen findet man u. a. in [Koch 1997] und [Caspary/Wichmann 2007].

Auf unabhängige Beobachtungen l_i angewandt, deren Dichte durch $f(l_i; \alpha)$ gegeben ist, erhält man als Produkt $\prod_{i=1}^{n} f(l_i; \alpha) = \mathcal{L}(l; \alpha)$ die Dichte der Stichprobe. Zur Berechnung der Parameter, die diese Dichte maximieren, wird der Ausdruck $-\ln \mathcal{L}(l; \alpha) = \sum_{i=1}^{n} -\ln f(l_i; \alpha)$ minimiert. Für $N(\xi, 1)$-verteilte Beobachtungen bildet man beispielsweise aus der Dichte $\varphi(l) = (1/\sqrt{2\pi}) \exp\{-(l - \xi)^2/2\}$ die Likelihoodfunktion $\mathcal{L} = (1/\sqrt{2\pi})^n \exp\{-\Sigma(l_i - \xi)^2/2\}$ und $\ln \mathcal{L} = -\Sigma(l_i - \xi)^2/2 + K$. Die Differentiation nach ξ ergibt die Bestimmungsgleichung $\Sigma(l_i - x) = 0$ für den Schätzer x. Da die Konstante K beim Differenzieren keine Rolle spielt, kann bei der Minimierung die Funktion $-\ln \mathcal{L}$ durch die sogenannte Verlustfunktion $\Sigma(l_i - \xi)^2/2 = \Sigma \rho(l_i, \xi) \to$ min ersetzt werden, deren Ableitung die Schätzgleichung $\Sigma \psi(l_i, x) = \Sigma(l_i - x) = 0$ mit $\psi = \rho'$ ist.

Die Verallgemeinerung dieser Methode zur Entwicklung robuster Schätzer geht auf Huber zurück und wurde erstmals in [Huber 1964] veröffentlicht.

3.3.2   Entwicklung der M-Schätzer

Da die Verteilung der Grundgesamtheit, aus der die Stichprobe stammt, nicht exakt bekannt ist, schlug Huber vor, in der zu minimierenden Funktion $-\ln f(l_i; \alpha)$ durch eine geeignete differenzierbare Funktion $\rho(l_i, \alpha)$ zu ersetzen, die auch bei kontaminierten Stichproben noch gute Schätzergebnisse liefert. Motiviert war dieser Vorschlag durch die Ergebnisse seiner Untersuchungen zu dem Problem, einen Schätzer zu konstruieren, der in der Umgebung U_ε einer Modellverteilung robust ist. Wenn als Kriterien der Robustheit der maximale asymptotische systematische Fehler und die maximale asymptotische Varianz des Schätzers gewählt werden, so erhält man als ungünstigste Verteilung in U_ε um die $N(0,1)$-Verteilung eine zusammengesetzte Verteilung, die in der Mitte standard normal und an den den Rändern eine Exponentialverteilung ist. Die Minimierung der Kriterien mit der Maximum-Likelihood Methode für diese Verteilung führt auf die Verlustfunktion des Huber-Schätzers, die im nächsten Abschnitt ausführlich behandelt wird.

Die Idee wurde von zahlreichen Autoren aufgegriffen und führte zu einer Vielzahl robuster Schätzer, die durch Modifikationen der Verlustfunktion $\rho(l_i, \alpha)$ oder der Schätzgleichung $\partial \rho(l_i, \alpha)/\partial x = \psi(l_i, \alpha) = 0$ definiert sind, vgl. [Henning/Kutlukaya 2007]. Dabei wird das Ziel verfolgt, Schätzfunktionen zu erhalten, die bei Abweichungen von der Modellverteilung bestmögliche Ergebnisse liefern, und nahezu optimal sind, wenn die Modellverteilung nicht kontaminiert ist. Dieser Typ von robusten Schätzern, der als allgemeines Funktional T formuliert, durch

$$\sum \rho(l_i, T) \to \min, \quad \text{bzw.} \quad \sum \psi(l_i, T) = 0 \tag{3.24}$$

dargestellt werden kann, wird heute allgemein als M-Schätzer bezeichnet.

Damit (3.24) eine eindeutige Lösung besitzt, muss $\rho(l, T)$ eine konvexe Funktion sein. Wenn $f(l_i; \alpha)$ eine symmetrische Dichtefunktion ist, ergibt sich die Verlustfunktion $\rho(l_i, \alpha)$ als gerade und die Schätzgleichung $\psi(l_i, \alpha)$ als ungerade Funktion. M-Schätzer sind translationsäquivariant (1.2) aber bis auf Ausnahmen nicht skalenäquivariant (1.3). Ausnahmen sind das arithmetische Mittel und der Median. Um Skalenäquivarianz zu erhalten, müssen die Beobachtungen normiert werden. Dies erfordert in der Praxis, dass ein Skalenparameter ermittelt werden muss, für den ebenfalls Robustheit zu fordern ist.

Die Darstellung des M-Schätzers als Funktional (3.24)

$$\sum \psi(l_i, T) = 0$$

ist die diskretisierte Form der allgemeinen Beziehung

$$\int \psi(l, T(F)) dF(l) = 0.$$

Setzt man nun für F die kontaminierte Verteilung F_ε (1.10) ein, so folgt nach [Huber 1981 Abschnitt 3.2] durch Differentiation unter Beachtung von

$$\partial T / \partial \varepsilon = \lim_{\varepsilon \to 0} \frac{T(F_\varepsilon) - T(F)}{\varepsilon}$$

die Einflussfunktion des M-Schätzers

$$EF(l; F, T) = \frac{\psi(l, T(F))}{-\int \psi'(l, T(F)) dF(l)}. \tag{3.25}$$

Man liest daraus unmittelbar die wichtige Eigenschaft ab, dass $\psi(l, T)$ proportional zur EF ist. Nach Abs .1.2.4 ist ein Schätzer nur dann qualitativ robust, wenn er eine beschränkte EF besitzt. Zur Prüfung dieser Eigenschaft kann also bei M-Schätzern die EF durch die einfachere ψ-Funktion ersetzt werden. Nach Gleichung (1.27) erhält man als asymptotische Varianz von $T(F)$ das Quadrat des Erwartungswertes von EF

$$Var(T) = \frac{E\{\psi^2(T)\}}{\{E(\psi'(T))\}^2}. \tag{3.26}$$

Eine andere Grundlage zur Entwicklung von M-Schätzern ist der infinitesimale Ansatz, der auf Hampel zurück geht und in [Hampel et al. 1986] ausführlich dargestellt ist. Die ψ-Funktion (3.24) wird dabei so gewählt, dass die Einflussfunktion (3.25) überall beschränkt bleibt, die Ausreißersensitivität (1.23) einen Grenzwert nicht übersteigt und der Schätzer minimale Varianz (3.26) annimmt. Wird als Modellverteilung die Normalverteilung angesetzt, so erhält man interessanter Weise dieselbe Lösung wie bei der im folgenden Abschnitt behandelten Minimax-Methode, nämlich den Huber-Schätzer.

3.3.3   Huber-Schätzer

Der von Huber entwickelte M-Schätzer ist in der Umgebung U_ε einer symmetrischen Verteilung F optimal im Sinne einer Minimax-Forderung. Die Verteilungen in dieser Umgebung haben die Form (1.10)

$$F_\varepsilon = (1 - \varepsilon)F + \varepsilon H, \quad 0 < \varepsilon < 1, \quad H \text{ symmetrisch}.$$

Unter der Annahme der $N(0,1)$-Verteilung für F hat der Schätzer die Eigenschaft, dass er die maximale asymptotische Varianz, die bei der ungünstigsten Verteilung F_ε auftreten kann,

minimiert. Für die normierte Beobachtung $u = (l - \xi)/\sigma$ ist er durch folgende einfache
Verlustfunktion definiert

$$\rho(u) = \left\{ \begin{array}{ll} \frac{1}{2}u^2 & \text{für } |u| < k \\ k\,|u| - \frac{1}{2}k^2 & \text{für } |u| \geq k, \end{array} \right. \tag{3.27}$$

aus der nach Differentiation die Schätzgleichung

$$\psi(u) = \left\{ \begin{array}{ll} u & \text{für } |u| < k \\ k\,sign(u) & \text{für } |u| \geq k \end{array} \right. \tag{3.28}$$

folgt. Die optimale Abstimmkonstante k hängt über

$$\frac{1}{1-\varepsilon} = \int_{-k}^{k} \varphi(x)dx + 2\varphi(k)/k \tag{3.29}$$

mit dem Verschmutzungsgrad ε der Normalverteilung zusammen, und die maximale asymptotische Varianz der ungünstigsten Verteilung in U_ε hat nach [Huber 1964] die Form

$$\sup_{U_\varepsilon} Var(\psi, F_\varepsilon) = \frac{(1-\varepsilon)E(\psi^2) + \varepsilon k^2}{[(1-\varepsilon)E(\psi')]^2}.$$

In der Abbildung sind die maximalen Varianzen des Huber-Schätzers für die $N(0,1)$-Verteilung und verschiedene Abstimmkonstanten k in Abhängigkeit des Verschmutzungsgrades ε dargestellt. Die beiden unteren Kurven beziehen sich von oben nach unten auf $\varepsilon = 0,0025$ und 0.0001. Bei technischen Messungen wird die Fehlerquote im Normalfall selten über $\varepsilon = 0,01$ liegen. In diesem Bereich hängt die Genauigkeit der Schätzung nur unwesentlich von k ab. Ein gute Wahl dürfte $1,5 \leq k \leq 2,0$ sein.

Die Hubersche Verlustfunktion (3.27) erhält man nach der Maximum-Likelihood Methode für eine zusammengesetzte Verteilung. Im Intervall $\pm k$ werden normalverteilte Beobachtungen angenommen und außerhalb dieses Intervalls Beobachtungen, die einer Exponentialverteilung (Laplace-Verteilung) angehören.

$$f(u) = \left\{ \begin{array}{ll} c\exp(-u^2/2) & \text{für } |u| \leq k \\ c\exp(-k\,|u| + 1/2k^2) & \text{für } |u| > k. \end{array} \right. \tag{3.30}$$

Diese zusammengesetzte Verteilung $f(u)$ gibt, im Vergleich zur Normalverteilung, größeren Messabweichungen eine höhere Wahrscheinlichkeit. Die ψ-Funktion (3.28) ist kontinuierlich und beschränkt, daher ist der Huber-Schätzer qualitativ robust. Außerdem besitzt er den maximal möglichen asymptotischen Bruchpunkt von $\delta^* = 0,5$ (Huber 1981).

Für die Schätzung des Lageparameters x bei bekannter Standardabweichung σ folgt mit (3.28) die zu lösende Gleichung

$$\sum_{i=1}^{n} \psi(\frac{l_i - x}{\sigma}) = 0, \quad \psi(\frac{l_i - x}{\sigma}) = \left\{ \begin{array}{ll} \frac{l_i - x}{\sigma} & \text{für } \left|\frac{l_i-x}{\sigma}\right| \leq k \\ k\,sign(\frac{l_i-x}{\sigma}) & \text{für } \left|\frac{l_i-x}{\sigma}\right| > k \end{array} \right. . \tag{3.31}$$

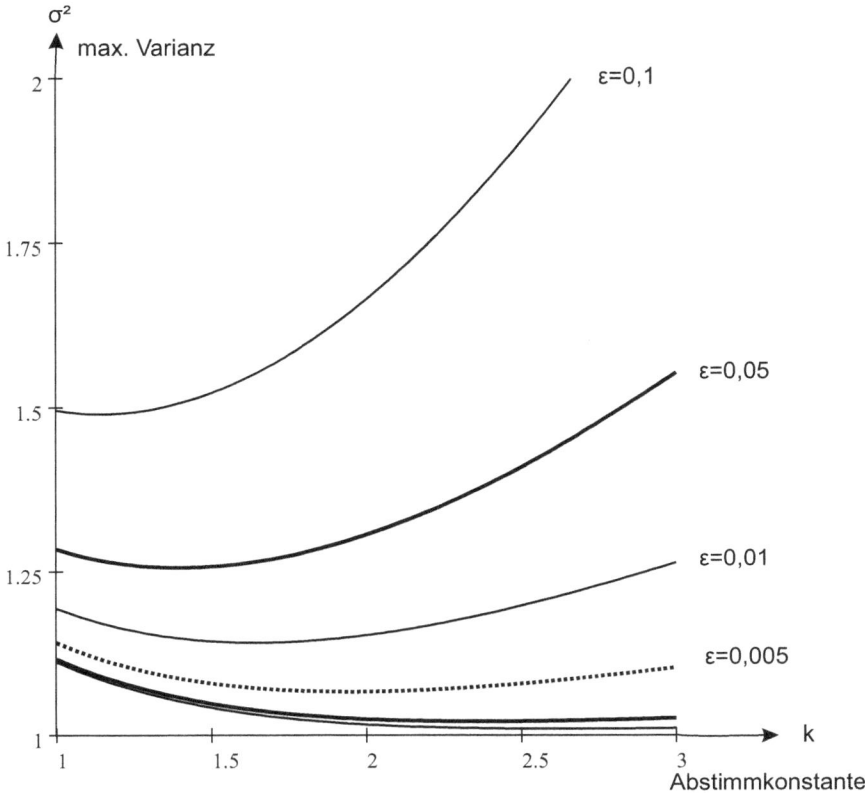

Abbildung 3.2: Maximale Varianz des *Huber*-Schätzers an der $N(0,1)$-Verteilung

Da die Gleichung nicht nach x aufgelöst werden kann, muss die Schätzung iterativ erfolgen. Wir führen dazu Gewichte $w(u)$ ein

$$w(u) = \begin{cases} \psi(u)/u & \text{für } u \neq 0 \\ \psi'(u) & \text{für } u = 0 \end{cases}, \tag{3.32}$$

mit denen die Schätzgleichung umformuliert wird. Aus (3.31) wird damit

$$\sum_{i=1}^{n} w(u_i) u_i = 0 \quad \text{mit } u_i = \frac{l_i - x}{\sigma},$$

oder nach Einsetzen von u_i die Darstellung als gewichtetes Mittel

$$x = \frac{\sum w_i l_i}{\sum w_i}. \tag{3.33}$$

Zur Berechnung wird mit einer Näherung $x^{(0)}$ für den Lageparameter begonnen, die über $u_i^{(0)} = (l_i - x^{(0)})/\sigma$ die ersten Gewichte $w_i^{(0)} = w(u_i^{(0)})$ liefert. Diese in (3.33) eingesetzt, führen auf den verbesserten Schätzwert $x^{(1)}$ mit dem die nächsten Gewichte $w_i^{(1)}$ berechnet werden. Dieser Rechengang der *iterativ nachgewichteten Methode der kleinsten Quadrate* (*inMkQ*) wird solange wiederholt, bis $x^{(m)} - x^{(m-1)}$ eine gewählte Genauigkeitsschranke unterschreitet.

Als Alternative kann das Newton-Raphson Verfahren zur Berechnung von x benutzt werden. Im ersten Schritt wird der Näherungswert $x^{(0)}$ in Gleichung (3.31) eingesetzt: $\Sigma \psi \left(\frac{l_i - x^{(0)}}{\sigma} \right) = R^{(0)}$. Im zweiten Schritt wird $A^{(0)} = \Sigma \psi' \left(\frac{l_i - x^{(0)}}{\sigma} \right)$ berechnet. Wobei ψ' als Ableitung von ψ hier durch

$$\psi' = \begin{cases} 1 & \text{für } -k \leq \frac{l_i - x^{(0)}}{\sigma} \leq k \\ 0 & \text{sonst} \end{cases}$$

gegeben ist. Im dritten Schritt wird

$$x^{(1)} = x^{(0)} + \frac{R^{(0)} \sigma}{A^{(0)}} \tag{3.34}$$

gebildet. Mit dem verbesserten Näherungswert $x^{(1)}$ werden die Schritte eins bis drei wiederholt und die Iteration solange fortgesetzt, bis $x^{(m)} - x^{(m-1)}$ eine gewählte Genauigkeitsschranke unterschreitet.

Wenn $\psi(u)$ eine nicht abnehmende Funktion ist, was hier zutrifft, ist das Ergebnis eindeutig. Die Wahl des Näherungswertes $x^{(0)}$ beeinflusst dann lediglich die nötige Anzahl an Iterationsschritten. Für andere ψ-Funktionen kann ein guter Näherungswert wichtig sein. Es empfiehlt sich dann, den Median der Beobachtungsreihe zu verwenden. Die in den Formeln mitgeführte Standardabweichung σ kann auch dadurch berücksichtigt werden, dass man an Stelle von k den Wert σk als Abstimmkonstante verwendet.

Die Graphik zeigt die ungerade ψ-Funktion und die Gewichtsfunktion des Huber-Schätzers. Sehr anschaulich ist die Gewichtsfunktion, an der man abliest, wie die Gewichte der Beobachtungen außerhalb des Intervalls $\pm k$ abnehmen. Sie kann daher gut zum Vergleich des Verhaltens unterschiedlicher Schätzer herangezogen werden.

Für $k \to \infty$ geht der Huber-Schätzer in die Methode der kleinsten Quadrate über, und für $k = 0$ liefert er den Median der Stichprobe. Der Vergleich mit dem winsorisierten Mittel (3.1.1) zeigt große Ähnlichkeiten der Schätzmethoden, wobei allerdings Schwellenwert und Abstimmkonstante nach unterschiedlichen Gesichtspunkten festgelegt werden.

Eine Verallgemeinerung des Huber-Schätzers für eine erweiterte Nachbarschaft der Normalverteilung, die auch nichtsymmetrische Verteilungen enthält, ist in [Fraiman/Yohai/Zamar 2001] veröffentlicht.

3.3.4   Hampel-Schätzer

Der Huber-Schätzer besitzt keinen endlichen Verwerfungspunkt ρ^*, Gleichung (1.25), wenn er auch extremen Beobachtungen ein geringes Gewicht gibt. Diese Eigenschaft kann vor allem bei großen Datenmengen, die nur automatisiert ausgewertet werden können, ein Nachteil sein. Durch Modifizierung bzw. geeignete Wahl der ψ-Funktion ist es aber leicht möglich, einen

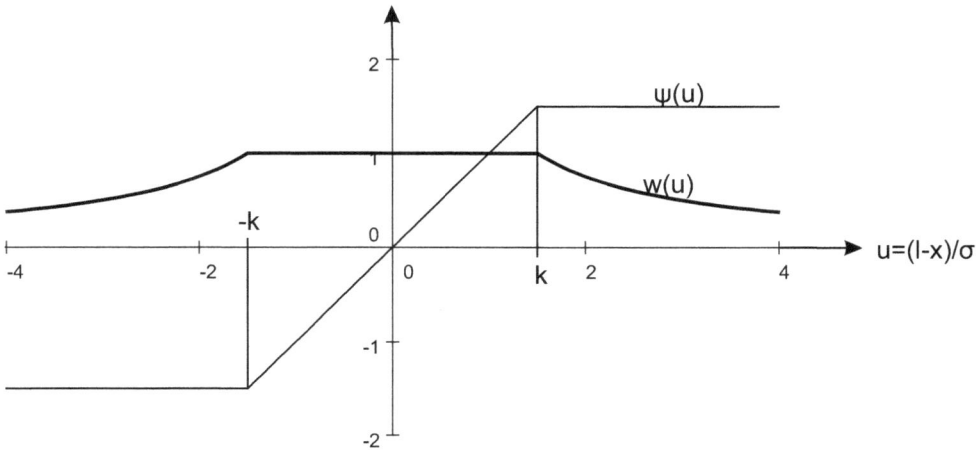

Abbildung 3.3: ψ-Funktion und Gewichtsfunktion des *Huber*-Schätzers für $k = 1,5$

endlichen Verwerfungspunkt einzuführen und damit zu erreichen, dass alle Beobachtungen, die dem Betrage nach größer als ρ^* sind, das Gewicht Null erhalten. Nach einem Vorschlag von Hampel kann dazu eine aus drei Geradenstücken zusammengesetzte ψ-Funktion eingeführt werden, die von drei Abstimmkonstanten a, b und c abhängt.

$$\psi(u) = \begin{cases} u & |u| \leq a \\ a\,sign(u) & a < |u| \leq b \\ a\frac{c-|u|}{c-b}\,sign(u) & b < |u| \leq c \\ 0 & |u| > c \end{cases} \quad . \tag{3.35}$$

Als Gewichte erhält man nach (3.32)

$$w(u) = \begin{cases} 1 & |u| \leq a \\ a\,sign(u)/u & a < |u| \leq b \\ a\frac{c-|u|}{c-b}\,sign(u)/u & b < |u| \leq c \\ 0 & |u| > c \end{cases} \quad . \tag{3.36}$$

Dieser M-Schätzer, wird auch als (a,b,c)-Schätzer und als dreiteiliger zurücklaufender (three-part redescending) Schätzer [Borutta 1988] bezeichnet. Zur Vereinfachung der Terminologie wird im Folgenden die Bezeichnung M-Schätzer mit endlichem **V**erwerfungs**p**unkt oder kurz VP-Schätzer verwandt. Er wurde im Rahmen der Princeton-Studie [Andrews et al. 1972] erstmals vorgestellt. In dieser groß angelegten Simulationsstudie wurde das Verhalten von 68 robusten Lage-Schätzern, die sich teils im Ansatz und teils in den Abstimmkonstanten unterscheiden, bei unterschiedlich kontaminierten Stichproben studiert. Wesentliche Ergebnisse waren der überzeugende Nachweis des Nutzens der robusten Schätzung in der angewandten Statistik und die Erkenntnis, dass es keinen besten Schätzer gibt, dass vielmehr die Wahl des

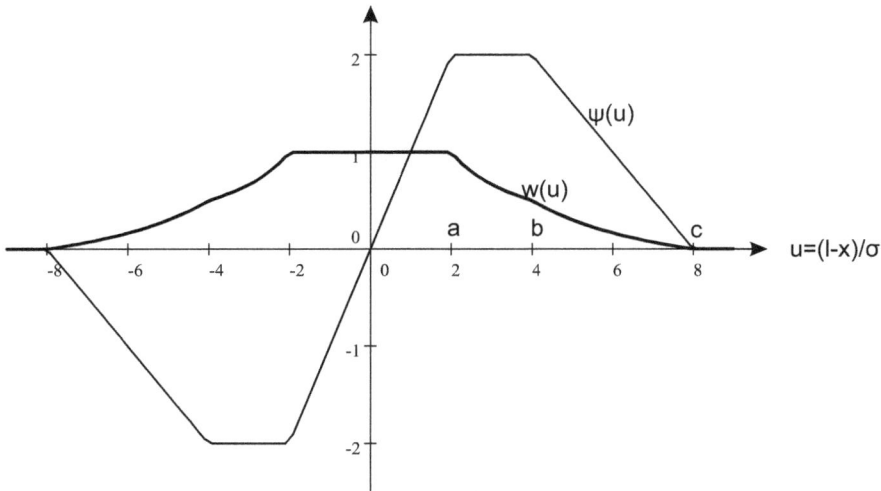

Abbildung 3.4: ψ-Funktion und Gewichtsfunktion des *Hampel*-Schätzers für $a = 2$, $b = 4$, $c = 8$

Schätzers der Qualität der Stichprobe entsprechen muss. Dieses Ergebnis hat das Interesse an der damals noch jungen Schätzmethode stark befördert und den weiteren Ausbau befruchtet.

Die Verlustfunktion des Hampel-Schätzers kann leicht durch Integration von (3.35) gewonnen werden, s. z. B.[Borutta 1988]. Wesentlich für die Eigenschaften des Schätzers ist die Wahl der drei Abstimmkonstanten. Generell sollten für randstarke Verteilungen kleinere Werte gewählt werden als für solche, die der Normalverteilung nahe benachbart sind. Für die erste Konstante a empfiehlt es sich, analog zu den Abschätzungen für die Abstimmkonstante des Huber-Schätzers vorzugehen. Auf der Basis der asymptotischen Varianz für M-Schätzer (3.26) erhält man für gering verschmutzte Beobachtungsreihen ($\varepsilon \leq 1\,\%$) als günstigen Wert $a = 2$. Die beiden anderen Konstanten haben nur einen geringeren Einfluss auf die Schätzung. Sie werden meist so festgelegt, dass man fordert, dass der Anstiegbereich und der konstante Bereich der ψ-Funktion gleich groß sind, und dass der Anstieg der dritten Geraden dem Betrage nach halb so groß sein sollte wie der Anstieg im vorderen Bereich. Daraus ergibt sich $b = 4$ und $c = 8$. Dieses Verhältnis $a : b : c = 1 : 2 : 4$ hat sich in der Anwendung weitgehend durchgesetzt [Hampel 1980].

3.3.5 Tukey-Schätzer

Der Tukey-Schätzer, auch biquadratischer (bisquare, biweight) Schätzer genannt, gehört zu Klasse der VP-Schätzer. Im Unterschied zum Hampel-Schätzer wird eine glatte ψ-Funktion eingeführt, die mit einer Abstimmkonstanten auskommt, die zugleich den Verwerfungspunkt festlegt. Sie lautet

$$\psi(u) = \begin{cases} u[1 - (u/c)^2]^2 & \text{für } |u| \leq c \\ 0 & \text{für } |u| > c \end{cases}. \tag{3.37}$$

Die Gewichtsgleichung $w(u)$ kann unmittelbar abgelesen werden.

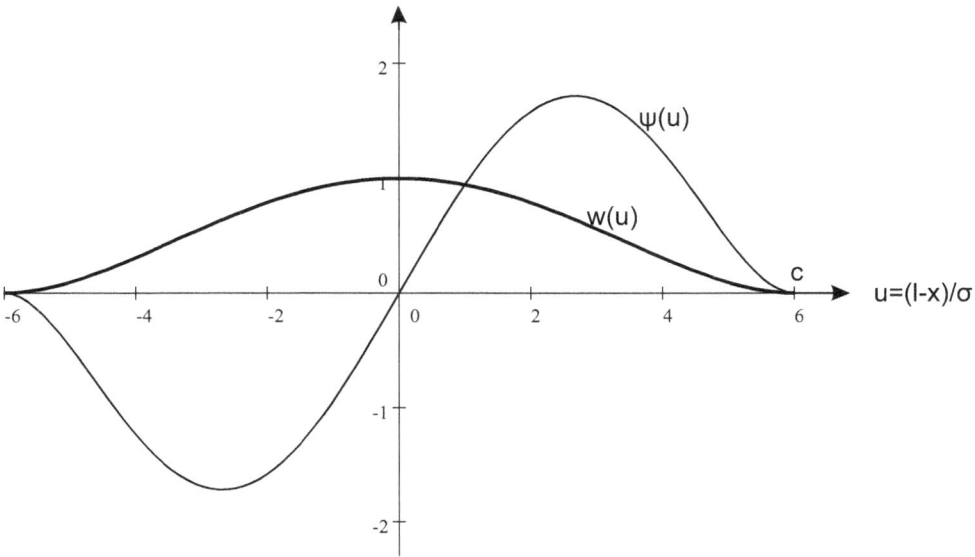

Abbildung 3.5: ψ-Funktion und Gewichtsfunktion des *Tukey*-Schätzers für $c = 6$

Die Graphik zeigt anschaulich, wie die Gewichte der Beobachtungen mit zunehmendem Abstand vom Schätzwert abnehmen. Die Festlegung der Abstimmkonstanten hat nur geringen Einfluss auf das Schätzergebnis, solange $5 \leq c \leq 10$ eingehalten wird, wie es für Beobachtungsreihen mit wenigen Ausreißern zu empfehlen ist.

3.3.6 Andrews-Schätzer

Als weiterer VP-Schätzer sei der Andrews-Schätzer, der auch als Sinus-Schätzer bezeichnet wird, vorgestellt. Dieser Schätzer wurde im Rahmen der bereits genannten Princeton-Studie vorgeschlagen und auch intensiv untersucht. Er ist älter als der Tukey-Schätzer, hat jedoch nicht dessen Popularität bei den angewandten Statistikern erreichen können. Die ψ-Funktion dieses Schätzers lautet

$$\psi(u) = \begin{cases} k\sin(u/k) & \text{für} \quad |u| \leq k\pi \\ 0 & \text{für} \quad |u| > k\pi \end{cases}, \tag{3.38}$$

und als Gewichtsfunktion erhält man

$$w(u) = \begin{cases} k\sin(u/k)/u & \text{für} \quad |u| \leq k\pi \\ 0 & \text{für} \quad |u| > k\pi \end{cases}.$$

Die Graphiken zeigen, dass die Unterschiede zwischen Andrews- und Tukey-Schätzer nur gering sind. Die Abstimmkonstante ist im Bereich $1,5 \leq k \leq 3$ für alle praktischen Fälle sicher gut gewählt, wobei die Wahl in diesem Bereich wenig Einfluss auf das Schätzergebnis hat.

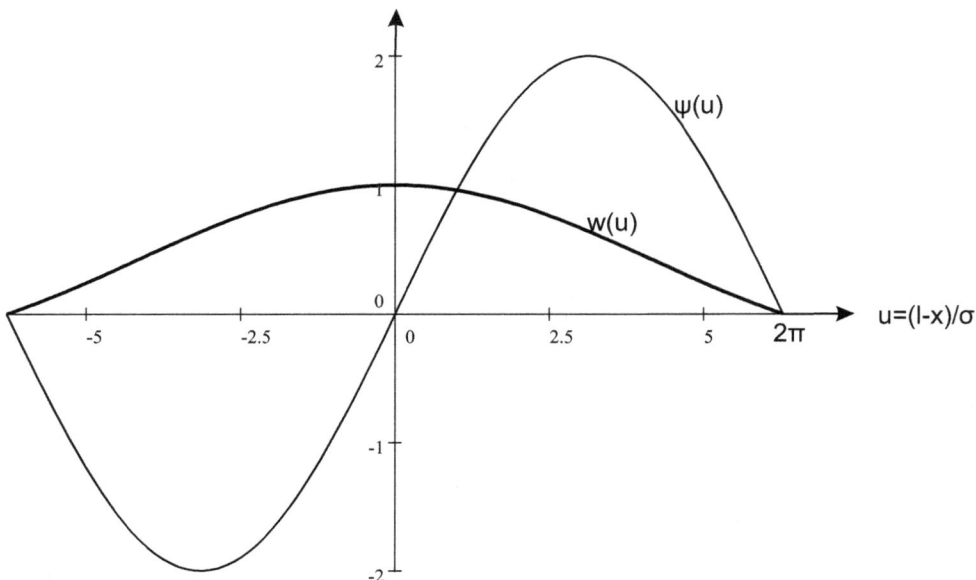

Abbildung 3.6: ψ-Funktion und Gewichtsfunktion des *Andrews*-Schätzers für $k = 2$

3.3.7   Tanh-Schätzer

Der tanh-Schätzer beruht auf einem Vorschlag von Hampel. Seine Herleitung, die in [Hampel/Rousseeuw/Ronchetti 1981] ausführlich dargestellt ist, erfolgte unter der Zielsetzung, einen VP-Schätzer zu so zu konstruieren, dass er in der Umgebung der Normalverteilung eine beschränkte differentielle Varianzzunahme aufweist. Das Verhalten der Varianz, genauer des Logarithmus der Varianz, wird durch die Varianzänderungsfunktion (CVC change of variance curve) ausgedrückt, die auch zur allgemein Beurteilung der Robustheit benutzt werden kann. Der auf dieser theoretischen Grundlage entwickelte Tanh-Schätzer besitzt unter allen VP-Schätzern maximale asymptotische Effizienz unter Einhaltung eines Grenzwertes $k \geq \kappa$, dem Wert der Varianzänderungsfunktion an der gewählten ψ-Funktion.

Die ψ-Funktion hängt von dem Grenzwert k und dem Verwerfungspunkt c ab, die zunächst festgelegt werden müssen. Daraus werden iterativ die Hilfskonstanten A, B und d berechnet:

$$A = \int \psi^2 \varphi(u) du, \quad B = \int \psi' \varphi(u) du,$$
$$d = \sqrt{A(k-1)} \tanh\{1/2(c-d)\sqrt{(k-1)B^2/A}\}.$$

Eine Tabelle sinnvoller Werte findet man in [Hampel/Rousseeuw/Ronchetti 1981] und in [Hampel et al. 1986, S. 163]. Die ψ-Funktion lautet

$$\psi(u) = \begin{cases} u & 0 \leq |u| \leq d \\ \sqrt{A(k-1)} sign(u) \tanh\{1/2(c-|u|)\sqrt{(k-1)B^2/A}\} & d < |u| \leq c \\ 0 & c < u \end{cases}.$$

$$(3.39)$$

Für die Graphik wurden $c = 3$ und $k = 4.5$ gewählt. Daraus folgen $A = 0{,}604$, $B = 0{,}714$ und $d = 1{,}304$.

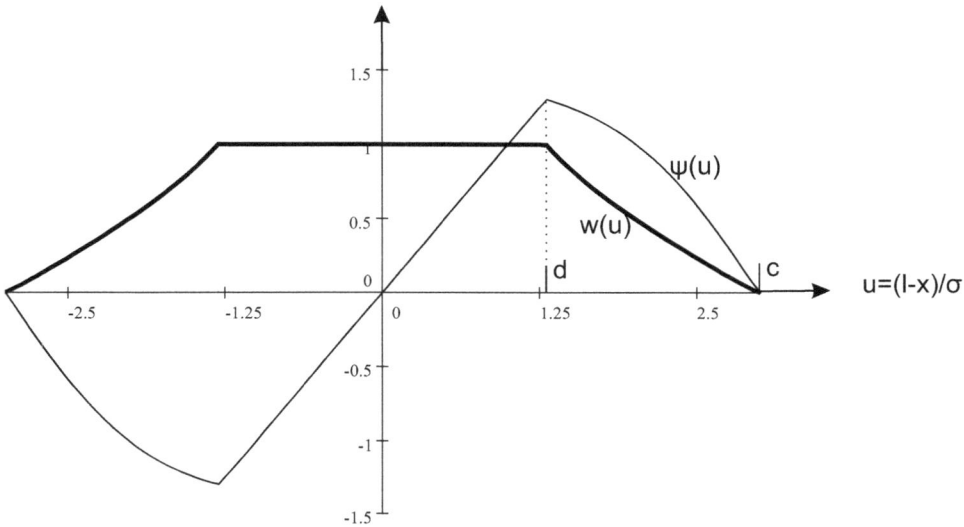

Abbildung 3.7: ψ-Funktion und Gewichtsfunktion des *Tanh*-Schätzers für $c = 3$ und $k = 4{,}5$

3.3.8   Vergleich der VP-Schätzer mit dem Huber-Schätzer

Zur Beurteilung von Schätzern wird häufig ihre Effizienz angegeben. Diese Größe ist mit einiger Vorsicht zu interpretieren, da nicht immer sofort erkennbar ist, worauf sie sich bezieht. Generell ist die Effizienz als Quotient zweier Varianzen definiert, wobei die kleinere im Zähler steht, so dass der Wert immer kleiner eins

$$ eff = \frac{\sigma_1^2}{\sigma_2^2}, \quad \sigma_1^2 \leq \sigma_2^2, \tag{3.40} $$

und dimensionslos ist. Die Varianz σ_x^2 eines erwartungstreuen Schätzers x für den wahren Parameter ξ, der aus einer Stichprobe vom Umfang n einer Grundgesamtheit mit der stetigen Dichte $f(l,\xi)$ ermittelt wird, kann nicht kleiner ausfallen als der Grenzwert, der durch die Ungleichung von Rao-Cramer bestimmt ist [Fisz 1976 Abschnitt 13.5]. Diese lautet

$$ \sigma_x^2 = E(x - \xi)^2 \geq \left\{ n \int_{-\infty}^{\infty} \left[\frac{\partial \log f(l,\xi)}{\partial \xi} \right]^2 f(l,\xi) dl \right\}^{-1}. \tag{3.41} $$

Steht im Zähler von (3.40) der durch (3.41) definierte Grenzwert, so spricht man von absoluter Effizienz. In allen anderen Fällen handelt es sich um relative Effizienz. Ein erwartungstreuer Schätzer, dessen Varianz den Grenzwert (3.41) erreicht, besitzt die absolute Effizienz $eff = 1$. Er wird als wirksamst bezeichnet. In den folgenden Vergleichen wird immer die relative Effizienz benutzt, und zwar meist für die asymptotischen ($n \rightarrow \infty$) Varianzen der Schätzer.

Um die Bedeutung der Effizienz zu veranschaulichen, betrachten wir zwei konkurrierende Lageschätzer bei der Auswertung einer Stichprobe vom Umfang n. Als geschätzte Varianzen seien die Werte $s_x^2 = s_1^2/n$ und $s_y^2 = s_2^2/n$ entstanden mit $s_x^2 = 0.5s_y^2$ also gilt für y die relative Effizienz $eff = 0,5$. Man müsste daher den Stichprobenumfang für den Schätzer y verdoppeln, um dieselbe Varianz zu erzielen wie für den Schätzer x. Im Zusammenhang mit robusten Schätzern wird als Effizienz meist der Quotient aus der Varianz der Normalverteilung und der Varianz des Schätzer bei normalverteilten Stichproben gebildet. Sie gibt dann an, wieviel Genauigkeit beim Einsatz robuster Schätzer bei normalverteilten Beobachtungen verloren geht.

Der Huber-Schätzer hat aus theoretischer Sicht viele Vorzüge und besitzt die höchste Effizienz bei Stichprobenverteilungen, die nicht zu stark von der Normalverteilung abweichen. Er enthält als Sonderfälle das arithmetische Mittel und den Median, die damit auch zu den M-Schätzern gehören. Wenn die Stichprobe allerdings eine größere Zahl von Ausreißern enthält oder deutlich randstark ist, wie z. B. die Cauchy-Verteilung, ist die Effizienz wesentlich geringer, da keine Beobachtungen verworfen werden. In diesen Fällen schneiden die M-Schätzer mit Verwerfungspunkt besser ab. Neben den vier dargestellten VP-Schätzern gibt es noch weitere Vorschläge für ψ-Funktionen mit Verwerfungspunkt. Alle besitzen sehr ähnliche Schätzeigenschaften, so dass auf ihre weitere Behandlung hier verzichtet werden kann.

Die Verlustfunktionen $\rho(u)$ der VP-Schätzer lassen sich durch Integration der ψ-Funktionen leicht gewinnen. Ihre Aussagekraft für die Schätzeigenschaften ist aber gering. Es ist außerdem anzumerken, dass $f(u) \propto e^{-\rho(u)}$ keine Dichtefunktion ist, denn es gilt $\int_{-\infty}^{\infty} f(u)du = \infty$. Diese M-Schätzer gehören daher nicht zu den Maximum-Likelihood Schätzern.

Bei praktischen Anwendungen wird die bisher als bekannt angenommene Varianz aus den Daten geschätzt. Auch für diese Schätzung sollte ein robustes Verfahren benutzt werden, da insbesondere die VP-Schätzer stark auf Änderungen des Skalenfaktors reagieren. Ferner ist es nicht garantiert, dass bei VP-Schätzern die Berechnung des Lageparameters nach (3.33) oder (3.34) auf das globale Minimum der Verlustfunktion führt. Dieses Problem kann vermieden werden, wenn die Iteration mit einem guten Näherungswert begonnen wird. Auf der sicheren Seite befindet man sich, wenn dazu der Median gewählt wird.

3.3.9 L_p-Norm Schätzer

Bei der Methode der kleinsten Quadrate wird zur Schätzung des Lageparameters ξ der Ausdruck $\sum_{i=1}^{n}(l_i - x)^2 = \sum_{i=1}^{n} v_i^2$ minimiert. Dies ist gleichbedeutend mit der Minimierung der euklidischen Norm des Vektors $\boldsymbol{v}$, die durch $\|\boldsymbol{v}\| = \sqrt{\boldsymbol{v}^t \boldsymbol{v}} = \{\sum_{i=1}^{n} v_i^2\}^{1/2}$ definiert ist. In Abschnitt 3.2 wurde gezeigt, dass dies zugleich die Maximum-Likelihood Schätzung des Lageparameters für normalverteilte Beobachtungen ist. Bei der L_p-Norm Schätzung wird mit einer verallgemeinerten Norm operiert, die als $\|\boldsymbol{v}\|_p = \{\sum_{i=1}^{n} |v_i|^p\}^{1/p}$ definiert wird. Die Minimierung dieser Norm ist gleichbedeutend mit der Maximierung der Likelihoodfunktion der verallgemeinerten Exponentialverteilung $f(l_i; \xi) = k \exp -c |v_i|^p$. Für $k = c = \lambda$ und $p = 1$ erhält man die gewöhnliche Exponentialverteilung. (Laplace-Verteilung) mit $E(v) = 1/\lambda$.

Im Sinne der M-Schätzung ist $|v_i|^p$ die zu minimierende Verlustfunktion, die nach (3.24) als

$$\sum \rho(l_i, T) = \sum \rho(v_i) = \sum |v_i|^p \to \min, \quad v_i = l_i - T \tag{3.42}$$

geschrieben werden kann. Die Ableitung führt auf

$$\rho' = p\, |v_i|^{p-1}\, sign(v_i)$$

und wegen $sign(v_i) = v_i / |v_i|$, sowie unter Vernachlässigung der bedeutungslosen Konstanten p auf die Bestimmungsgleichung

$$\sum \psi(v_i) = \sum v_i\, |v_i|^{p-2} = 0. \tag{3.43}$$

An der ψ-Funktion kann abgelesen werden, dass sich für $p = 2$ die Bestimmungsgleichung $\sum v_i = 0$ der Methode der kleinsten Quadrate ergibt, die das arithmetische Mittel liefert. Wird $p = 1$ gesetzt, so folgt mit $\sum v_i / |v_i| = \sum sign(v_i) = 0$ die Bestimmungsgleichung des Medians. Eine weitere Sonderlösung, die L_∞- oder Tschebyscheffnorm-Approximation, minimiert für $p = \infty$ die maximale Verbesserung $|v_i|_{max}$. Einige Gewichtsfunktionen nach (3.32) sind in der Abbildung angegeben. Zu $p = 2$ gehört das konstante Gewicht 1, und $p = 1$ führt auf die stark ausgezogene äußere Kurve der asymptotischen Gewichte des L_1-Schätzers, während die beiden anderen Kurven für $p = 1{,}5$ (gestrichelt) und $p = 1{,}75$ gelten.

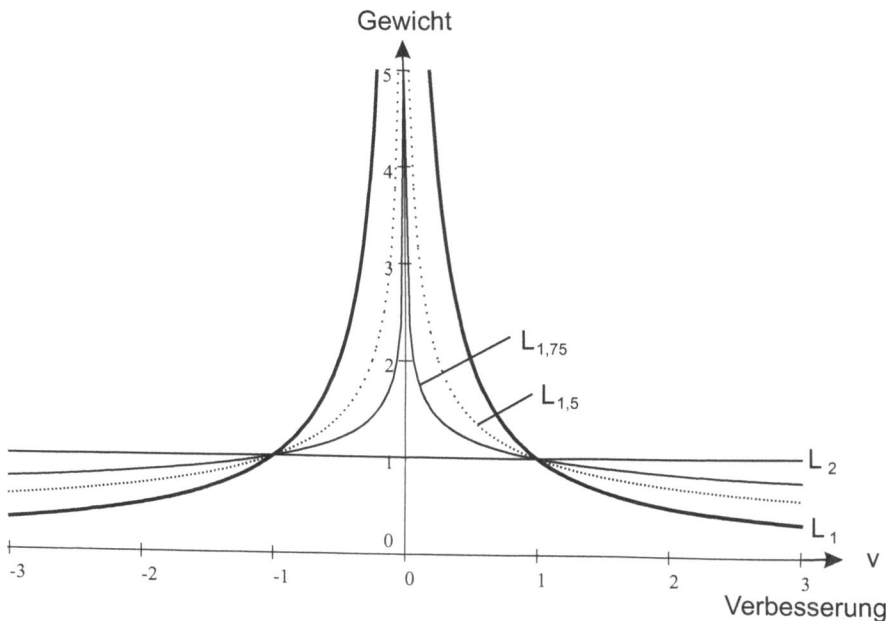

Abbildung 3.8: Gewichtsfunktion des L_p-Schätzers für $p = (2{,}0;\ 1{,}75;\ 1{,}5;\ 1{,}0)$

Sinnvolle Schätzungen erhält man für $1 \le p \le 2$. Allerdings besitzt nur der Median, L_1-Schätzer eine beschränkte Einflussfunktion und ist daher als robust zu bezeichne

Abschnitt 3.1.4. Leider wird diese positive Eigenschaft nur eingeschränkt auf lineare Modelle übertragen. Trotzdem hat die L_1-Schätzung mit gestiegener Rechnerleistung in den letzten Jahrzehnten erneut große Aufmerksam gefunden. In dem Standardwerk [Bloomfield/Steider 1983] findet man eine zusammenfassende Darstellung der historischen Entwicklung sowie der Theorie und effizienter Algorithmen. Die späteren Weiterentwicklungen können den Überblicksarbeiten [Dodge 1987] und [Dielman 2005] entnommen werden, die umfangreiche Literaturquellen enthalten.

3.4   Weitere robuste Lageschätzer

Generationen von Statistikern haben sich intensiv damit beschäftigt, optimale Schätzer für den Lageparameter einer Stichprobe zu entwickeln. So gibt es für alle denkbaren Stichprobenverteilungen Lösungen, die wichtige Schätzkriterien erfüllen und zahlreiche Schätzer, die für nicht spezifizierte Verteilungen brauchbare Ergebnisse liefern. Eine Auswahl dieser Schätzer wurde in vorstehenden Abschnitten dargestellt. Eine erschöpfende Darstellung kann hier nicht das Ziel sein. Aber einige interessante Lösungen, die auch für die Schätzung in linearen Modellen geeignet sind und sich bei dieser Anwendung bewährt haben, sollen zur Abrundung des Bildes noch ergänzt werden. Eine ausführliche Darstellung findet man in [Rousseeuw/Leroy 1987].

3.4.1   Methode des kleinsten Medians der Quadrate (MkMQ)

Bei der Methode der kleinsten Quadrate (MkQ) wird bekanntlich die Summe der Verbesserungsquadrate und bei dem L_1-Norm-Schätzer die Summe der Beträge der Verbesserungen minimiert. Bei der von Hampel und Rousseeuw vorgeschlagenen Schätzmethode wird die Summe durch den Median ersetzt (least median of squares, LMS-estimator) [Hampel 1975], [Rousseeuw 1984]. Da der Median, wie in 3.1.4 ausgeführt, attraktive Robustheitseigenschaf-
_n besitzt, darf erwartet werden, dass diese auf den Schätzer nach der Methode des kleinsten
__dians der Verbesserungsquadrate (MkMQ) übertragen werden. Dies ist in der Tat der Fall,
_ jedoch durch ein recht aufwändiges Berechnungsverfahren bei der Anwendung in linea-
__dellen erkauft werden. Der MkMQ-Schätzer wird durch Minimierung des Medians von
__² $= v_i^2$ bezüglich des Parameters x gefunden:

$$_{med_i}(l_i - x)^2 \to \min_x \Rightarrow \tilde{x}. \tag{3.44}$$

_ruchpunkt $\delta^* = 0{,}5$, jedoch wie der Median nur eine geringe Effizienz. Für
__ion des MkMQ-Schätzers gibt es keinen geschlossenen Ausdruck, ihre Ei-
__ für konkrete Stichproben an der Sensitivitätskurve (1.15) abgeschätzt
__Gründen wird der MkMQ-Schätzer hauptsächlich als Werkzeug für die
__Beschaffung guter Näherungswerte für die wesentlich effizientere M-

__rameters einer Stichprobe nach der MkMQ ist der mittlere Wert
__eordneten Stichprobe, das die Hälfte der Messwerte enthält. Sei
__nze Zahl kleiner als oder gleich $n/2$ bezeichnet und sei $k =$

$[n/2] + 1$. Ausgehend von l_o werden nun die Intervalle Δ : { $l_{(k)} - l_{(1)}, l_{(k+1)} - l_{(2)}, \ldots, l_{(n)} - l_{(n-k+1)}$} gebildet. Die Mitte des kürzesten dieser Intervalle ist der gesuchte Schätzwert. Für das 2. Beispiel, die geordnete Stichprobe ist in Tabelle 2.3 angegeben, ergibt sich folgende Auswertung: $n = 30$, somit $k = 16$. Das kürzeste Intervall ist $\Delta = 9$, das bei $l_{(19)} - l_{(4)}$ und $l_{(20)} - l_{(5)}$ auftritt. Die Mitten dieser beiden Intervalle liegen bei 179,5 und 180,5. Die Mediane der zugehörigen Verbesserungsquadrate betragen jeweils $med_i(l_i - x)^2 = 20,25$. Als Schätzergebnis wird man das Mittel $\tilde{x} = 180$ betrachten. Ein Vergleich des Schätzwertes mit den in Tabelle 3.1 zusammengestellten Werten, zeigt Übereinstimmung mit dem Median nach Streichen der beiden größten Messwerte. Der MkMQ-Schätzer liegt in dem Bereich, in dem die Beobachtungen nahe beieinander liegen.

Tabelle 3.3: MkMQ-Schätzung für das 2. Beispiel

$l_{(i)} - l_{(j)}$	Δ	$l_{(i)} - l_{(j)}$	Δ	$l_{(i)} - l_{(j)}$	Δ
$16 - 1$	13	$21 - 6$	10	$26 - 11$	14
$17 - 2$	13	$22 - 7$	11	$27 - 12$	14
$18 - 3$	11	$23 - 8$	13	$28 - 13$	15
$19 - 4$	**9**	$24 - 9$	13	$29 - 14$	18
$20 - 5$	**9**	$25 - 10$	15	$30 - 15$	18

Für den Skalenparameter (Streuung) der Stichprobe sollte nach [Rousseeuw 1984] ein Wert gewählt werden, der ebenso wie der Lageschätzer nicht von Ausreißern verfälscht wird. Außerdem sollte er für normalverteilte, ausreißerfreie Beobachtungen mit der Standardabweichung kompatibel sein. Er schlägt daher vor als Schätzung

$$\tilde{s} = \frac{C}{\Phi^{-1}(0,75)} \sqrt{med_i(l_i - \tilde{x})^2} \qquad (3.45)$$

zu verwenden. Der Faktor $1/\Phi^{-1}(0,75)$ tritt auf, da für $N(0,\sigma^2)$-verteilte Beobachtungen $med_i |v| / \Phi^{-1}(0,75)$ ein konsistenter Schätzer der Standardabweichung σ ist. Der zweite Faktor C ist notwendig, da bei kleinen Stichproben der Skalenparameter meist unterschätzt wird. Der aus umfangreichen Simulationsrechnungen abgeleitete Wert lautet $C = 1 + 5/(n - u)$. Für das Beispiel erhält man damit $\tilde{s} = [(1 + 5/(30 - 1))/0,6745] \sqrt{20,25} = 7,8$.

3.4.2 Methode der kleinsten getrimmten Quadrate (MktQ)

Die Idee für diesen Schätzers besteht darin, dass man voraussetzen kann, dass mindestens 50 % der Beobachtungen frei von groben Fehlern sind, und man daher den Lageparameter aus der Hälfte der Beobachtungen schätzen sollte, die die geringste Varianz aufweist. Der Vorschlag für diesen Schätzer geht auf Rousseeuw zurück, der ihn als eine robuste Alternative zur MkMQ entwickelte, die ebenfalls den Bruchpunkt $\delta^* = 0,5$ besitzt, aber wesentlich effizienter ist [Rousseeuw 1984]. Der MktQ-Schätzer (least trimmed squares, LTS-estimator) ist definiert durch

$$\inf \left\{ \begin{array}{l} S_j \left| S_j = \sum_{i=j}^{k+j-1} (l_{(i)} - x_j)^2 \text{ für} \right. \\ j = 1,2,\ldots,n - (k-1) \text{ und } x_j = \frac{1}{k} \sum_{i=j}^{k+j-1} l_{(i)} \end{array} \right\} = \overline{S} \Rightarrow \overline{x}, \qquad (3.46)$$

wobei $k = [n/2] + 1$ wie im vorigen Abschnitt gilt. Es sind also insgesamt $n - k + 1$ zusammenhängende Unterstichproben von l_o zu bilden: $l_{o(1)} = (l_{(1)}, l_{(2)}, \ldots, l_{(k)})$, $l_{o(2)} = (l_{(2)}, l_{(3)}, \ldots, l_{(k+1)}), \ldots, l_{o(n-k+1)} = (l_{(n-k+1)}, l_{(n-k+2)}, \ldots, l_{(n)})$, und für jede dieser Unterstichproben wird das arithmetische Mittel x_j sowie die zugehörige Summe der Verbesserungsquadrate S_j für $j = 1, 2, \ldots, n - k + 1$ gebildet. Das Mittel, zu dem die kleinste Summe der Quadrate gehört, ist die gesuchte MktQ-Schätzung.

3.4.3   S-Schätzer

S-Schätzer beruhen auf der Minimierung eines Skalenschätzers. Wenn die Standardabweichung als Skalenparameter gewählt wird, erhält man dabei die Methode der kleinsten Quadrate. In allgemeiner Form wird nach [Rousseeuw/Leroy 1987] als robuster Streuungsschätzer $s = s(v_1, v_2, \ldots, v_n)$ die Lösung der Gleichung

$$\frac{1}{n} \sum_{i=1}^{n} \rho\left(\frac{v_i}{s}\right) = K \tag{3.47}$$

definiert, in der $v_i = l_i - x$ die i-te Verbesserung und $\rho(t)$ eine differenzierbare, überall beschränkte und symmetrische Verlustfunktion ist, die im Intervall $[0, c]$ stetig ansteigt und für $\rho > c$ konstant ist. K ist eine geeignete Konstante, für die meist der Erwartungswert von $\rho(t)$ an der Verteilung der t gewählt wird. Nimmt man diese als $t \sim N(0,1)$ an, so erhält man einen Schätzer der Standardabweichung. Der Lageparameter wird gewonnen, indem $s([l_1 - x], [l_2 - x], \ldots, [l_n - x])$ bezüglich x minimiert wird. Als Ergebnis erhält man den Schätzwert $\overline{x}$ für den Lageparameter und zugleich die Streuungsschätzung $\overline{s} = s([l_1 - \overline{x}], [l_2 - \overline{x}], \ldots, [l_n - \overline{x}])$.

$$\overline{x} = \arg\min_{x} s(v_1(x), v_2(x), \ldots, v_n(x)) \tag{3.48}$$

Als Verlustfunktion wird die des Tukey-Schätzers empfohlen, die durch Integration von (3.37) gewonnen wird.

$$\rho(t) = \begin{cases} \frac{t^2}{2}\left(1 - \left(\frac{t}{c}\right)^2\left(1 - \frac{1}{3}\left(\frac{t}{c}\right)^2\right)\right) & \text{für } |t| \leq c \\ c^2/6 & \text{für } |t| > c \end{cases} \tag{3.49}$$

Die Konstante c in Gleichung (3.49) bestimmt den asymptotischen Bruchpunkt und zugleich die Effizienz des S-Schätzers. Für $c = 1{,}547$ nimmt der Bruchpunkt den maximalem Wert von $\delta^* = 0{,}5$ an, man erhält aber nur eine Effizienz von 27,8 %. Wenn es, wie bei Auswertungen im technischen und naturwissenschaftlichen Bereich üblich, nicht sosehr auf einen hohen Bruchpunkt ankommt, erhält man beispielsweise für $c = 6$ die Konstante $K = \int \rho(t)\varphi(t)dt = 0{,}460$ und einen Bruchpunkt von ca. 0,08 bei einer Effizienz von ungefähr 99 %. Weitere Einzelheiten findet man in [Rousseeuw/Leroy 1987], [Hössjer 1992] und [Maronna/Martin/Yohai 2006].

Für die Auswertung der Schätzformeln ist es am einfachsten, mit Gewichtsiteration zu arbeiten, wie es beim Huber-Schätzer erläutert wurde. Im ersten Schritt müssen Näherungswerte beschafft werden, deren Güte die Konvergenz des Verfahrens stark beeinflusst. Geeignete Näherungswerte sind für den Lageparameter der Median der Beobachtungsreihe und für den

Skalenparameter der Median der absoluten Abweichungen der Beobachtungen vom Median, der durch $\Phi^{-1}(0{,}75) = 0{,}675$ dividiert wird, um bei normalverteilten Beobachtungen als Erwartungswert die Standardabweichung zu erhalten.

$$x_0 = med(l_i) \quad \text{und} \quad s_0 = med(|l_i - x_0|)/0{,}675$$

Die Gewichtsfunktion für die iterative Varianzschätzung mit Gleichung (3.47) folgt aus der gewählten Verlustfunktion ρ:

$$w(u) = \begin{cases} \rho(u)/u^2 & \text{für} \quad u \neq 0 \\ \rho''(0) & \text{für} \quad u = 0 \end{cases}. \tag{3.50}$$

Für (3.49) mit $c = 6$ bedeutet dies

$$w(u) = \begin{cases} 0{,}5 - u^2/72 + u^4/7776 & \text{für} \quad u \neq 0 \\ 0{,}5 & \text{für} \quad u = 0 \end{cases}.$$

Damit berechnet man im ersten Schritt

$$s_1^2 = \frac{1}{nK} \sum w_i v_i^2, \quad v_i = l_i - x_0, \quad u_i = v_i/s_0. \tag{3.51}$$

Im zweiten Schritt wird x_0 verbessert. Da auch hier iteriert wird, empfiehlt sich die Anwendung des gewogenen Mittels nach Gleichung (3.33) mit den Gewichten w^* nach Gleichung (3.32). Für den Tukey-Schätzer mit $c = 6$ folgen daraus

$$w_i^* = \left(1 - \left(\frac{u_i^*}{6}\right)^2\right)^2, \quad u_i^* = v_i/s_1$$

und der verbesserte Lageschätzer

$$x_1 = \frac{\sum w_i^* l_i}{\sum w_i^*}. \tag{3.52}$$

Mit x_1 und s_1 werden neue Verbesserungen v_i und neue studentisierte Verbesserungen $u_i = v_i/s_1$ berechnet, die in (3.50) eingesetzt, aktualisierte Gewichte w_i für die Berechnung von s_2 nach (3.51) liefern. Die Verbesserungen können nun mit dem neuen Skalenschätzer s_2 studentisiert werden $u^* = v_i/s_2$. Mit ihnen werden aktualisierte Gewichte w_i^* und die nächste Schätzung x_2 berechnet. Diese Rechenschritte werden so lange wiederholt, bis die Veränderungen von s und x unterhalb gewählter Grenzen bleiben.

Da $\bar{x}$ nach (3.33) offensichtlich ein M-Schätzer ist, ist seine Einflussfunktion proportional zur ψ-Funktion, die zu der gewählten Verlustfunktion gehört. Damit hat man es in der Hand, die Robustheitseigenschaften dieses Schätzers zu steuern. Der Rechenweg, der als geschachtelte Iteration dargestellt wurde, ist recht aufwändig. Andere numerische Verfahren, die zur Berechnung des Minimums von Funktionen entwickelt wurden, können hier eventuell schneller zum Ziel führen. Allerdings muss die Startlösung schon recht gut sein, um die Konvergenz zu einem Nebenminimum zu vermeiden.

Auf das 2. Beispiel angewandt, gelangt man mit der Verlustfunktion des Tukey-Schätzers nach drei Iterationen zum Ziel. Mit $x_0 = med(l_i) = 183$ und $s_0 = med(|l_i - x_0|)/0{,}675 = 9$ liefert der erste Schritt $s_1 = 9{,}33$ und $x_1 = 183{,}37$. Die nächste Iteration ergibt $s_2 = 9{,}37$ und $x_2 = 183{,}38$ und die dritte schließlich nur noch Änderungen in der dritten Nachkommastelle.

3.5   Schätzer für den Skalenparameter

Der Skalenparameter dient dazu, Messungen, die in unterschiedlichen Einheiten anfallen, vergleichbar zu machen. Außerdem wird er als Hilfsparameter benötigt, um gewisse Schätzverfahren für Lageparameter skalenäquivariant zu machen, vgl. Gl. (1.3). Dies ist insbesondere bei M-Schätzern erforderlich, deren Abstimmkonstanten standardisierte Beobachtungen voraussetzen. Im Gegensatz dazu sind die L_p-Norm Schätzer skalenunabhängig.

Der gebräuchlichste Skalenschätzer ist die *empirische Standardabweichung* (*SA*)

$$s = \sqrt{(n-1)^{-1} \sum (l_i - x)^2}, \tag{3.53}$$

die für normalverteilte Beobachtungen $l \sim N(\xi, \sigma^2)$ den Parameter σ erwartungstreu und mit minimaler Varianz schätzt. Die Dichte der normierten Zufallsvariablen $u = (l - \xi)/\sigma$ steht zur Dichte der ursprünglichen Variablen l in folgender Beziehung

$$\varphi(l) = \frac{1}{\sigma} \varphi_u(u) = \frac{1}{\sigma} \varphi_u((l - \xi)/\sigma). \tag{3.54}$$

u ist dimensionslos, hat den Erwartungswert null und die Standardabweichung eins, $u \sim N(0,1)$. Diese gebräuchliche Anwendung des Skalenparameters bei normalverteilten Beobachtungen hat dazu geführt, dass Standardabweichung und Skalenparameter häufig als Synonyme benutzt werden. Dies ist jedoch nicht korrekt. Die meisten Verteilungen sind nicht symmetrisch und erfordern zur Standardisierung andere, oft nicht eindeutig definierte, Skalenparameter. Als Skalenparameter s kann jede nichtnegative Funktion $s(l_1, l_2, \ldots, l_n)$ der Stichprobe dienen, die translationsinvariant (1.4) und skalenäquivariant (1.5) ist, also folgende Bedingung erfüllt

$$s(a + bl_1, a + bl_2, \ldots, a + bl_n) = |b|\, s(l_1, l_2, \ldots, l_n).$$

Um Vergleichbarkeit zu erreichen und um bei (annähernd) normalverteilten Beobachtungen mit der Standardabweichung σ kompatibel zu sein, wird s in der Regel durch den Erwartungswert von s an der Normalverteilung dividiert.

3.5.1   Einfache Skalenschätzer

Die Standardabweichung *SA* (3.53) ist im höchsten Maße nichtrobust. Da die Residuen mit ihrem Quadrat in die Schätzung eingehen, reicht schon ein einzelner Ausreißer, um den Schätzwert völlig unbrauchbar zu machen. Die Standardabweichung hat daher den Bruchpunkt null und sollte nur bei sorgfältig geprüften Messungen eingesetzt werden.

Die *durchschnittliche Abweichung*

$$DA = n^{-1} \sum |l_i - x|,$$

die früher häufig, heute jedoch seltener, als Alternative zur Standardabweichung empfohlen wird, reagiert auf kleine Ausreißer nicht so stark wie die Standardabweichung, hat aber ebenfalls den Bruchpunkt null. Der Erwartungswert der *DA* an der Normalverteilung beträgt

$\sigma\sqrt{2/\pi}$, so dass man mit $DA_n = \sqrt{\pi/2}DA$ einen erwartungtreuen Schätzer für σ erhält. Für normalverteilte Beobachtungen besitzt die SA eine kleinere Varianz als DA_n und ist daher effizienter. Sowohl bei der Schätzung der SA als auch der DA wurde stillschweigend angenommen, dass x das arithmetische Mittel ist. Die Residuen können aber auch bezüglich eines anderen Lageschätzers gebildet werden. Dies ändert zwar Erwartungswert und Varianz, macht die Schätzer aber nicht robust und bringt daher keine Vorteile.

Ein robuster und in der Statistik sehr häufig gewählter Skalenschätzer ist der *Median der Absolutwerte der Abweichungen vom Median*

$$MAM = med(|l_i - med(l_i)|). \tag{3.55}$$

Dieser Schätzer hat den höchstmöglichen Bruchpunkt von $\delta^* = 0,5$, der allerdings durch eine geringe Effizienz erkauft wird. Der Erwartungswert an der Normalverteilung beträgt $\Phi^{-1}(0,75) = 0,6745$, so dass man mit

$$MAM_n = MAM/0,6745 \tag{3.56}$$

einen erwartungstreuen Schätzer für σ erhält.

In der Statistik wird gelegentlich der *Quartilenabstand* als Streuungsmaß und Skalenparameter verwandt, vgl. (3.10)

$$QA = Q_{75} - Q_{25},$$

dessen Bruchpunkt $\delta^* = 0,25$ ist. Der Erwartungswert an der Normalverteilung beträgt $2\Phi^{-1}(0,75) = 1,349$. Damit erhält man den erwartungstreuen Schätzer für die Standardabweichung zu

$$QA_n = QA/1,349.$$

In [Ortega 2004] wird eine Familie von Skalenschätzern entwickelt und untersucht, die auf Trimmen beruht. Nach dem Vorbild der Standardabweichung wird die Wurzel aus dem Mittel der Quadrate der Abstände zwischen dem Lageschätzer und den Beobachtungen gebildet. Als Lageschätzer dient das α-getrimmte Mittel x° (3.20), und die Abweichungsquadrate $(l_{(i)} - x^\circ)^2$ werden β-getrimmt. Der resultierende Skalenschätzer $s_T(\alpha,\beta) = C(\alpha,\beta)\{\frac{1}{n-2k}\sum_{i=k+1}^{n-k}(l_{(i)}-x^\circ)^2\}^{1/2}$ mit $k = [n\beta]$ und $\alpha,\beta \in [0;0,5]$ wird durch die von der Trimmung abhängige Konstante $C(\alpha,\beta)$ so modifiziert, dass der Erwartungswert für $N(0,1)$-verteilte Beobachtungen mit der Standardabweichung übereinstimmt. Offensichtlich erhält man für $\alpha = \beta = 0$ die konventionelle Standardabweichung und für $\alpha = \beta = 0,5$ einen dem MAM_n ähnlichen Schätzer. Ortega weist nach, dass der Schätzer affin äquivariant ist, für $k \geq 1$ eine beschränkte Sensitivitätskurve (1.14) und den Bruchpunkt (1.21) $\delta^* = \min\{\alpha,\beta\}$ besitzt.

Der MAM_n wird häufig als leicht zu bestimmender Startwert für die iterative Berechnung robuster Lageschätzer benutzt. Darüberhinaus werden die einfachen Schätzer wegen ihrer relativ großen Varianz kaum eingesetzt, da es robuste Skalenschätzer mit erheblich besseren Eigenschaften gibt.

3.5.2   M-Schätzer für den Skalenparameter

Wenn σ der einzige Parameter ist, der geschätzt werden soll, da der wahre Wert ξ des Lageparameters bekannt ist, weil er zum Beispiel den Wert null hat, können die (evtl. zentrierten) Beobachtungen als wahre Abweichungen $\varepsilon_i = l_i - \xi = \sigma u_i$ ausgedrückt werden mit $E(u_i) = E(\varepsilon_i) = 0$. Unter der Annahme, dass die u_i unabhängig von einander sind und alle dieselbe Verteilung f_u besitzen, erhält man in Analogie zu (3.54) für die Verteilung der ε_i

$$f_\varepsilon = \frac{1}{\sigma} f_u\left(\frac{\varepsilon}{\sigma}\right), \quad \sigma > 0. \tag{3.57}$$

Die Likelihoodfunktion der Beobachtungsreihe vom Umfang n ist demnach

$$\mathcal{L} = \frac{1}{\sigma^n} \prod_{i=1}^{n} f_u\left(\frac{\varepsilon_i}{\sigma}\right). \tag{3.58}$$

Diese Funktion ist bezüglich σ zu maximieren. Zur Vereinfachung wird $\mathcal{L}$ zunächst logarithmiert, dann nach σ differenziert, und das Ergebnis zu null gesetzt.

$$\ln\mathcal{L} = -n\ln\sigma + \sum \ln f_u\left(\frac{\varepsilon_i}{\sigma}\right) \tag{3.59}$$

$$\frac{\partial}{\partial\sigma}\ln\mathcal{L} = -\frac{n}{\sigma} + \sum \frac{\frac{\partial}{\partial\sigma} f_u(\frac{\varepsilon_i}{\sigma})}{f_u(\frac{\varepsilon_i}{\sigma})} \to 0. \tag{3.60}$$

Setzt man $\varepsilon_i/\sigma = u_i$ ein, so kann (3.60) umgeformt werden

$$-1 + \frac{1}{n}\sum \rho(u_i) = 0, \quad \rho(u) = u\psi(u), \quad \psi(u) = -\frac{\frac{\partial}{\partial u} f_u(u)}{f_u(u)}. \tag{3.61}$$

Daraus folgt, übereinstimmend mit (3.47), die endgültige Form des M-Schätzers s für den Skalenfaktor σ, der durch Lösung der Gleichung

$$\frac{1}{n}\sum_{i=1}^{n} \rho\left(\frac{\varepsilon_i}{s}\right) = K \tag{3.62}$$

ermittelt wird. Die Konstante K auf der rechten Seite führt zu einer Lösung, wenn sie im Intervall $0 < K < \rho(\infty)$ liegt. Sie bringt die Tatsache zum Ausdruck, dass der Skalenfaktor von der Verteilung der Zufallsgröße und von der für die Beobachtungen gewählten Einheit abhängt und nur bis auf eine Konstante definiert ist. Jeder Schätzer, der sich in der Form (3.62) darstellen lässt, wobei $\rho(u)$ eine Verlustfunktion im Sinne von (3.24) und K eine positive Konstante ist, wird als M-Schätzer des Skalenparameters bezeichnet. Für großes n strebt (3.62) gegen den Erwartungswert von $\rho(u)$ an der Verteilung der u_i

$$\int \rho(u) f_u(u) du = K. \tag{3.63}$$

Setzt man in (3.61) für f_u die Normalverteilung ein, d. h. $u \sim N(0,1)$, so erhält man $\rho(u) = u^2$, und $K = 1$ und damit die bekannte Lösung

$$1 - \frac{1}{n}\sum \frac{\varepsilon^2}{s^2} = 0 \quad \text{bzw.} \quad s^2 = \frac{1}{n}\sum_{i=1}^{n} \varepsilon_i^2,$$

die also ebenfalls ein M-Schätzer ist, der allerdings den Bruchpunkt $\delta^* = 0$ besitzt und somit keinesfalls robust ist.

In den meisten Fällen wird eine Verlustfunktion zur Skalenschätzung gewählt, die beschränkt ist, z. B. die Verlustfunktion von Hampel (3.2.2), Tukey (3.2.3), Andrews (3.2.4) oder eine der zahlreichen Varianten, die in der Literatur untersucht sind. Dann kann ohne Beschränkung der Allgemeinheit durch Skalierung erreicht werden, dass $\rho(\infty) = 1$ ist. In diesem Fall gilt für die Konstante $0 \leq K \leq 1$.

Eine ausführliche Behandlung der theoretischen Grundlagen für die Ableitung von Skalenschätzern und eine gründliche Darstellung ihrer asymptotischen Eigenschaften, die den hier gewählten Rahmen sprengen würden, findet man in [Huber 1981, Kap.5]. Die dort gewählte Notation unterscheidet sich geringfügig von der hier benutzten. Huber definiert den M-Schätzer durch

$$\int \chi\left(\frac{x}{\sigma}\right) F(dx) = 0$$

und setzt

$$\chi(u) = -u\frac{f'(u)}{f(u)} - 1, \quad u = x/\sigma. \tag{3.64}$$

Die Übereinstimmung mit (3.61) ist offensichtlich, wenn die Summe für $n \to \infty$ durch das Integral ersetzt wird. Weiterentwicklungen dieses Ansatzes und die Ableitung von Schätzern, die die maximale systematische Abweichung minimieren, findet man, untermauert mit einer Monte-Carlo Studie, in [Martin/Zamar 1993], während in der Simulationsstudie [Randal 2008] die Effizienzsteigerung im Vordergrund steht.

Die numerische Berechnung des Skalenschätzers erfolgt zweckmäßiger Weise iterativ. Als Anfangsnäherung empfiehlt sich $s^{(0)} = MAM_n$ nach GL. (3.56). Mit Gewichten nach Gl. (3.32)

$$w^{(k)} = \begin{cases} \psi(u^{(k)})/u^{(k)} & \text{für } u^{(k)} \neq 0 \\ \psi'(u^{(k)}) & \text{für } u^{(k)} = 0 \end{cases} \tag{3.65}$$

für $u_i^{(k)} = \varepsilon_i/s^{(k)}$ und $\varepsilon_i = l_i - \xi$ wird die Gleichung

$$s^{(k+1)} = \sqrt{\frac{1}{nK}\sum_{i=1}^{n} w_i^{(k)}\varepsilon_i^2}, \quad k = 0,1,2,\ldots \tag{3.66}$$

solange iteriert, bis $s^{(k+1)} - s^{(k)}$ eine vorgegebene Grenze unterschreitet. Die Konstante K wird in der Regel als Erwartungswert von $\rho(u)$ an der $N(0,1)$-Verteilung festgelegt, vgl. (3.63), um bei Beobachtungen, die näherungsweise normalverteilt sind, einen Schätzer für die Standardabweichung zu erhalten.

3.6   Gemeinsame Schätzung von Lage- und Skalenparameter

Bisher wurde bei der Schätzung des Lageparameters x angenommen, dass die Varianz σ^2 der Beobachtungen bekannt ist, und daher die M-Schätzung mit skalierten Beobachtungen $u_i = (l_i - x)/\sigma$ durchgeführt werden kann. In ähnlicher Weise wurde bei der Skalenschätzung unterstellt, dass der wahre Wert des Lageparameters zur Verfügung steht. Beide Annahmen dürften in der Praxis sehr selten zutreffen. Vielmehr wird es in der Regel Aufgabe sein, aus einer vorliegenden Beobachtungsreihe sowohl den Lage- als auch den Streuungsparameter zu schätzen. Wobei es eher auf den Lageparameter ankommt, und der Skalenparameter als Hilfsgröße angesehen wird. Ein Beispiel für diese Betrachtungsweise ist der in 3.3.3 beschriebene S-Schätzer für den Lageparameter, der als Nebenprodukt einen Skalenschätzwert liefert und daher auch in Abschnitt 3.6 eingeordnet werden könnte.

Natürlich muss angestrebt werden, dass sowohl ξ als auch σ robust geschätzt werden. Generell ist darauf zu achten, dass der Skalenschätzer einen hohen Bruchpunkt hat. Denn auch wenn er selbst nur als Hilfsparameter betrachtet wird, kann ein übermäßiges Wachsen oder die Annäherung an den Wert null, den Lageschätzer versagen lassen.

3.6.1   Schätzung mit einfachem Skalenschätzer

Als einfacher Skalenschätzer wird in den meisten Fällen $s = MAM_n$ nach Gl. (3.56) gewählt. Dieser Schätzer hat den Bruchpunkt $\delta^* = 0,5$, und ist daher auch als robuster Startwert für iterative Berechnungen geeignet. Allerdings besitzt er an der Normalverteilung nur geringe Effizienz, nämlich $eff \approx 0,35$. Trotzdem reicht es in den meisten Fällen aus, und wird auch in der Regel so gehandhabt, nur den Lageparameter z. B. nach Abschnitt 3.3.3–3.3.7 iterativ zu schätzen und dabei den Skalenschätzer konstant zu halten. Diese Vorgehensweise wird dadurch gerechtfertigt, dass für symmetrische Verteilungen die beiden Parameter asymptotisch unabhängig sind.

Als Startwert für die Schätzung des Lageparameters wird der Median der Beobachtungsreihe gewählt $x^{(0)} = med(l_i)$, und der Skalenschätzer

$$s = med\big(\big|l_i - x^{(0)}\big|\big)/0{,}6745$$

wird im Verlaufe der Iteration beibehalten. Wird diese z. B. nach dem Newton-Raphson Verfahren durchgeführt, so ergeben sich die Schritte

$$x^{(k+1)} = x^{(k)} + \frac{s \sum \psi\big(\frac{l_i - x^{(k)}}{s}\big)}{\sum \psi'\big(\frac{l_i - x^{(k)}}{s}\big)},$$

die bis zur Unterschreitung einer gewählten Genauigkeitsschranke wiederholt werden. Eine Alternative ist die $inMkQ$-Schätzung, vgl. (3.33), die mit denselben Startwerten beginnen kann und aus den iterativ nachgewichteten Schritten

$$x^{(k+1)} = \frac{\sum w_i^{(k)} l_i}{\sum w_i^{(k)}} \tag{3.67}$$

mit den folgenden Gewichten besteht

$$w_i^{(k)} = \frac{\psi\left(\frac{l_i - x^{(k)}}{s}\right)}{\left(\frac{l_i - x^{(k)}}{s}\right)}.$$

Da es nicht sicher ist, dass die beiden Iterationsverfahren bei allen ψ-Funktionen und Abstimmkonstanten konvergieren, wird oft empfohlen, nur den ersten Iterationsschritt durchzuführen. Mit diesen sogenannten *Einschritt-Schätzungen* entfernt man sich nicht zu weit von den robusten Startwerten und schützt sich damit gegen Konvergenzschwierigkeiten, ohne den hohen Bruchpunkt zu verlieren.

3.6.2 M-Schätzung

Wenn mit der Maximum-Likelihood Methode der Lageparameter ξ und der Skalenparameter σ simultan geschätzt werden sollen, muss Gl. (3.58) bezüglich ξ und σ maximiert werden. Zur Vereinfachung wird wieder zunächst logarithmiert

$$\ln \mathcal{L} = -n \ln \frac{1}{\sigma} + \sum \ln f\left(\frac{l_i - \xi}{\sigma}\right).$$

Die Ableitungen nach ξ und σ liefern zwei Gleichungen, die gleichzeitig den Wert null annehmen müssen.

$$\frac{\partial \ln \mathcal{L}}{\partial \xi} = -\sum \frac{\partial}{\partial \xi} \ln f\left(\frac{l_i - \xi}{\sigma}\right) = \sum \psi\left(\frac{l_i - \xi}{\sigma}\right)$$

$$\frac{\partial \ln \mathcal{L}}{\partial \sigma} = -\frac{n}{\sigma} + \sum \frac{\partial}{\partial \sigma} \ln f\left(\frac{l_i - \xi}{\sigma}\right)\left(\frac{l_i - \xi}{\sigma^2}\right)$$

$$= \sum \left\{ -1 + \left(\frac{l_i - \xi}{\sigma}\right)\psi\left(\frac{l_i - \xi}{\sigma}\right)\right\}.$$

Die Schätzgleichungen haben damit die Form

$$\sum \psi\left(\frac{l_i - \xi}{\sigma}\right) = 0, \quad \psi(u) = \frac{\partial}{\partial u} \ln f(u) \tag{3.68}$$

$$\sum \chi\left(\frac{l_i - \xi}{\sigma}\right) = 0, \quad \chi(u) = u\psi(u) - 1. \tag{3.69}$$

Obwohl die Funktionen $\psi(u)$ und $\chi(u)$ für eine Dichte f abgeleitet wurden, werden sie ähnlich wie bei den VP-Schätzern (vgl. Abschnitt 3.2.5) nach pragmatischen Gesichtspunkten festgelegt, wobei ψ in der Regel eine ungerade und χ eine gerade Funktion ist. Der Zusammenhang mit einer realen Verteilungsfunktion wird dabei meist zugunsten guter Robustheitseigenschaften aufgegeben. Die Maximum-Likelihood Schätzung wird also durch eine M-Schätzung ersetzt, die auch bei Abweichungen von einer angenommenen Modellverteilung noch zuverlässige Schätzungen liefern soll.

Wenn F eine symmetrische Verteilung ist, und, wie üblich, ψ als gerade und χ als ungerade Funktion gewählt wird, erhält man als Einflussfunktionen der simultan zu schätzenden

Parameter

$$EF(l,F,T) = \psi(v)s / \int \psi'(v)F(dx)$$

$$EF(l.F,S) = \chi(v)s / \int \chi'(v)vF(dx).$$

mit $x = T(F)$ und $s = S(F)$ als Schätzer (Funktionale) an der Verteilung F und mit $v = (l - x)/s$.

Die Berechnung mit iterierten Gewichten wird aus den Gleichungen (3.66) und (3.67) abgeleitet. Sei

$$v_i^{(k)} = \frac{l_i - x^{(k)}}{s^{(k)}},$$

und seien die Gewichte analog zu (3.65) definiert, so lauten die abwechselnd zu iterierenden Gleichungen

$$x^{(k+1)} = \frac{\sum_{i=1}^n w_i^{(k)} l_i}{\sum_{i=1}^n w_i^{(k)}} \quad \text{und} \quad s^{(k+1)} = s^{(k)} \sqrt{\frac{1}{nK} \sum_{i=1}^n w_i^{(k)} (v_i^{(k)})^2}.$$

3.6.3 Hubers Vorschlag

Hubers Vorschlag zur simultanen Schätzung von x und s geht von der in Abschnitt 3.3.3 definierten Verlustfunktion (3.27) aus, und legt

$$\psi(u) = \max\{-k, \min\{u,k\}\}, \quad u = \frac{l_i - \xi}{\sigma}$$

fest, sowie

$$\chi(u) = \psi(u)^2 - (n-1)K.$$

Die Konstante K wird entsprechend (3.63) so gewählt, dass der Erwartungswert von $\psi(u)^2$ für $u \sim N(0,1)$ gleich K ist. Da ξ geschätzt werden muss, hat die Skalenschätzung, wie üblich, den Freiheitsgrad $n - 1$. Unter diesen Annahmen erhält man die simultanen Schätzfunktionen

$$\sum_{i=1}^n \psi\left(\frac{l_i - \xi}{\sigma}\right) = 0 \quad \text{und} \quad \sum_{i=1}^n \psi^2\left(\frac{l_i - \xi}{\sigma}\right) - (n-1)K = 0.$$

Die iterative Berechnung startet wieder mit den Anfangswerten $x^{(0)} = med(l_i)$ und $s^{(0)} = med(|l_i - x^{(0)}|)/0{,}6745$. Die nächsten Berechnungsschritte werden bis zur Konvergenz durchgeführt, mit

$$s^{(k+1)} = \frac{s^{(k)}}{\sqrt{(n-1)K}} \sqrt{\sum_{i=1}^n \psi^2\left(\frac{l_i - x^{(k)}}{s^{(k)}}\right)},$$

$$x^{(k+1)} = x^{(k)} + \frac{s^{(k)} \sum_{i=1}^n \psi\left(\frac{l_i - x^{(k)}}{s^{(k)}}\right)}{\sum_{i=1}^n \psi'\left(\frac{l_i - x^{(k)}}{s^{(k)}}\right)}. \tag{3.70}$$

Eine ausführliche Behandlung der Existenz und Eindeutigkeit der Schätzer findet man in [Huber 1981 Kap.6], während [Collins 1999] die Beziehungen des Skalenschätzers zum *MAM* (3.55) untersucht. [Lischer 1996] beschreibt eine interessante Anwendung zur Auswertung von Ringversuchen in der chemischen Industrie, die der Bewertung von Analyseverfahren durch verschiedene Labors dienen. Da die Daten bis zu 30 % grobe Fehler enthalten, versagen die Methoden der Ausreißersuche. Auf der Grundlage von Hubers Vorschlag wird ein Auswerteverfahren entwickelt, das die Besonderheiten der Versuchspläne berücksichtigt und zu robusten Schätzungen der laborspezifischen Wiederholbarkeit und der Verfahrensspezifischen Reproduzierbarkeit führt.

3.7 Ergänzungen

3.7.1 Eigenschaften der Schätzer

Da die robusten Schätzer durch implizite Gleichungen definiert sind, ist die strenge Ableitung ihrer statistischen Eigenschaften für endliche Stichproben nur in Ausnahmefällen möglich. Man begnügt sich daher oft mit Näherungen, die durch heuristisches Schließen und Analogiebetrachtungen gewonnen werden. In den meisten Fällen müssen umfangreiche Simulationsrechnungen. durchgeführt werden, um Aussagen über Verteilung, Konsistenz und Effizienz der Schätzergebnisse zu erhalten. Diese Aussagen gelten dann aber nur für die bei den Berechnungen gewählten Stichprobenverteilungen und Schätzerdefinitionen. Der Nachweis der Wirksamkeit robuster Verfahren in Konkurrenz zu klassischen Schätzern beruht in der Regel ebenfalls auf Simulationsrechnungen. Beginnend mit der bahnbrechenden Studie [Andrews et al. 1972] gibt es eine Flut von Veröffentlichungen, die sich mit dem Vergleich bekannter, modifizierter oder neuer Schätzer auf der Basis von numerischen Analysen beschäftigen.

Die Schätzgleichung $\psi(l,\xi)$ des Lageschätzers sei eine nicht abnehmende Funktion und $\xi = \xi(F)$ für eine gegebene Verteilung F als Lösung der Gleichung $E\{\psi(l-\xi)\} = 0$ definiert. Dann strebt für $n \to \infty$ der Lageschätzer x nach Wahrscheinlichkeit gegen den Parameter ξ. Daraus folgt, dass x eindeutig und ein konsistenter Schätzer für ξ ist [Maronna/Martin/Yohai 2006 Abschnitt 10.3]. Für die asymptotische Verteilung von x erhält man unter denselben Annahmen $x \sim N(\xi,\sigma_x^2)$, wobei $\sigma_x^2 = E\{\psi^2(l-\xi)\}/n(E\{\psi'(l-\xi)\})^2$ gilt, vgl. (3.26). Die Eindeutigkeit von VP-Schätzern ist an weitere Bedingungen geknüpft, auf die hier nicht eingegangen werden soll. Von praktischem Interesse ist eher das Verhalten von x bei realen Stichproben, für das die Konsistenz und die asymptotische Normalverteilung wenig aussagekräftig sind.

Wenn einschränkend angenommen wird, dass F eine symmetrische Verteilung um den Erwartungswert ξ und ψ eine ungerade, nicht abnehmende Funktion ist, und dass ferner $h(x) = E\{\psi(l-x)\}$ für F existiert und in der Nachbarschaft von ξ streng monoton fallend ist, dann strebt $x_n = x(F_n)$, die Lösung der Bestimmungsgleichung $\frac{1}{n}\sum_{i=1}^{n}\psi(l_i - x) = 0$, nach Wahrscheinlichkeit gegen ξ. Wird außerdem angenommen, dass $h'(x) = -E\{\psi'(l-x)\} < 0$ existiert, sowie dass ebenfalls $h''(x)$ existiert und für alle x in der Nachbarschaft von ξ beschränkt ist, dann strebt $\sqrt{n}(x - \xi)$ gegen die Normalverteilung $N(0,\sigma^2)$ mit $\sigma^2 = E\{[EF(l,F,T)]^2\}$, vgl. (3.25) und [Staudte/Sheather 1990, Kap. 3]. Weitere umfangreiche

Untersuchungen zu den statistischen (asymptotischen) Eigenschaften robuster Schätzer findet man in [Huber 1982, Kap. 6].

Alle dargestellten Schätzfunktionen für Lage- und Skalenparameter sind für Beobachtungen gleicher Genauigkeit abgeleitet worden. In der Praxis kommt es jedoch durchaus vor, dass die Beobachtungen unterschiedliche Varianzen besitzen, deren relative Größe als bekannt vorausgesetzt werden kann. Dann müssen, wie bei der Methode der kleinsten Quadrate in solchen Fällen üblich, Beobachtungsgewichte p_i eingeführt werden. Aus der Definition $p_i = \sigma_0^2/\sigma_i^2$, mit dem Varianzfaktor σ_0^2, das ist die Varianz einer Beobachtung mit $p = 1$, erhält man die normierten Beobachtungen $u_i = (l_i - x)\sqrt{p_i}/\sigma_0$, die in alle Verlustfunktionen einzusetzen sind. Wenn man weiterhin $d\rho/du = \psi(u)$ setzt, so ergibt sich mit $d\rho/dx = \sqrt{p_i}\psi(u_i)$ der Gradient der Verlustfunktion. Bei den M-Schätzgleichungen hat dies zur Folge, dass nun $\sum \sqrt{p_i}\psi((l_i - x)\sqrt{p_i}/\sigma_0) = \sum p_i\psi((l_i - x)/\sigma_0) = 0$ zu lösen ist.

3.7.2   Vergleich der Schätzer

Wie bereits ausgeführt, sind die asymptotischen Eigenschaften der Schätzer vor allem aus Sicht der Schätztheorie interessant, s. z. B. [Salibian-Barrera/Zamar 2004], aber sie geben auch durchaus brauchbare Hinweise für die Auswahl eines Schätzers. Daher sei zunächst ein Auszug aus einer Tabelle mitgeteilt, die [Hampel et al. 1986] entnommen ist. Zusammengestellt sind die asymptotischen Varianzen einiger Schätzer bei unterschiedlichen Verteilungsannahmen. Um Vergleichbarkeit zu erzielen, wurden die Abstimmkonstanten so festgelegt, dass alle Schätzer an der Normalverteilung dieselbe Ausreißersensitivität (1.23) wie der Tukey-Schätzer (3.37) mit der Abstimmkonstanten $c = 4$ erhalten, nämlich $\gamma^* = 1{,}6749$. Daraus ergibt sich für den Huber-Schätzer (3.27) $k = 1{,}4088$, für den Hampel-Schätzer (3.35) $a = 1{,}310$, $b = 2{,}039$, $c = 4$, und für den Andrews-Schätzer (3.38) $k = 1{,}142$. Der Kehrwert der in der Spalte $N(0,1)$ angegebenen Varianzen ist die Effizienz der Schätzer an der Normalverteilung, d. h. für den Fall, dass keine Abweichungen von der Modellverteilung existieren. Die Kurzschreibweise $a\,\%\sigma = b$ steht für die Mischverteilung $F(x) = (100 - a)\%N(0,1) + a\%N(0,b^2)$. t_3 bezeichnet die t-Verteilung mit drei Freiheitsgraden und Cauchy die Cauchy-Verteilung $f(x) = [\pi(1 + x^2)]^{-1}$. Man erkennt die Überlegenheit des Huber-Schätzers an der Normalverteilung und bei geringen Abweichungen davon. Ist jedoch mit zahlreichen Ausreißern zu rechnen, oder nähert sich die Stichprobenverteilung der Cauchy-Verteilung, so liefern die VP-Schätzer bessere Ergebnisse, die sich nur unwesentlich untereinander unterscheiden.

Tabelle 3.4: Asymptotische Varianzen

Schätzer	$N(0,1)$	$5\,\%\sigma = 3$	$25\,\%\sigma = 3$	$10\,\%\sigma = 10$	t_3	Cauchy
Huber	1,0457	1,1649	1,7877	1,4385	1,5663	2,7890
Hampel	1,0966	1,1954	1,7603	1,2662	1,5783	2,3306
Tukey	1,0989	1,1978	1,7645	1,2683	1,5708	2,2593
Andrews	1,0997	1,1991	1,7687	1,2691	1,5769	2,2688

Das Verhalten der robusten Schätzer an realen Stichproben hängt ganz wesentlich davon ab,

- wie groß der Stichprobenumfang ist,
- wie stark die Stichprobenverteilung von der Modellverteilung abweicht, insbesondere durch Anzahl und Größe von Ausreißern,
- wie Bruchpunkt und Effizienz bewertet werden und daraus folgernd
- wie die Abstimmkonstanten festgelegt werden.

In einer sehr interessanten Studie [Rousseeuw/Verboven 2002] untersuchen die Autoren das Verhalten der Schätzer bei sehr kleinen Stichproben mit $3 \leq n \leq 8$. Da die Wiederholungszahlen bei technischen Messungen häufig in diesem Bereich liegen, sind die Ergebnisse besonders beachtenswert. Geschätzt werden soll der wahre Wert der Messgröße und die erzielte Genauigkeit und zwar mit einer Methode, die robust gegen Ausreißer ist. Alle gängigen robusten Schätzer werden hinsichtlich Bruchpunkt und empirischer Einflusskurve analysiert und bewertet. Es stellt sich heraus, dass nur Lageschätzer mit einer monotonen ψ-Funktion für solch kleine Stichproben geeignet sind, da der Skalenschätzer zu Unstetigkeiten aller anderen Schätzfunktionen und damit zu Konvergenzproblemen führen kann. Die Autoren empfehlen den MAN_n(3.56) als Skalenschätzer und für die Lage eine ψ-Funktion, die von der logistischen Verteilung abgeleitet ist: $\psi(x) = (e^x - 1)/(e^x + 1)$. Diese Funktion ist monoton und beschränkt. Die Lösung existiert stets und ist eindeutig.

Einen weiteren Überblick über das Verhalten der Schätzer in unterschiedlichen Situationen kann der bereits genannten Simulationsstudie [Andrews et al. 1972], häufig als Princeton-Studie zitiert, entnommen werden, in der die Eigenschaften von über 65 verschiedenen Schätzern bei unterschiedlichen Stichprobenumfängen und Stichprobenverteilungen analysiert wurden. Dieser Studie ist folgender Auszug entnommen worden, der in vier Tabellen wesentliche Resultate zusammenfasst. Die angegebenen Varianzen sind das Ergebnis von 640 bis 1000 Replikationen der Schätzung mit simulierten Stichproben. Um die Werte über die unterschiedlichen Stichprobenumfänge hinweg leichter vergleichen zu können, ist das n-fache der ermittelten Varianz des Lageschätzers angegeben. Die Werte sind auf etwa zwei Stellen genau. Da für alle Schätzer dieselben Stichproben benutzt wurden, erscheint es

Tabelle 3.5: Durch Simulation gewonnene Varianzen verschiedener Lageschätzer für drei Verteilungen multipliziert mit $n = 5$ und die asymptotischen Varianzen für n = unendlich

$n = 5$	NV	25%N/R	Cauchy	n = ∞
Mittelwert	1,000	77,75	4147,3	1,000
5% getrimmtes Mittel	1,004	55,35	2886,4	1,023
10% getrimmtes Mittel	1,020	32,91	1631,4	1,055
Median	1,465	2,43	6,3	1,571
Huber, $k = 2$	1,000	77,75	4147,3	1,011
Huber, $k = 1,5$	1,043	3,88	10,9	1,037
Huber, $k = 1$	1.112	3,05	8,3	1,107
Hampel (2,1; 4,0; 8,2)	1,231	2,35	7,1	1,008
Hampel (1,2; 3,5; 8,0)	1,333	2,15	6,1	1,037
Andrews, $k = 2,1$	1,232	2,49	7,8	1,008

Tabelle 3.6: Durch Simulation gewonnene Varianzen verschiedener Lageschätzer multipliziert mit n = 10

$n = 10$	N V	25 % N/R	10 % 3σ	Cauchy
Mittelwert	1,000	2038,7	1,803	27314
5 % getrimmtes Mittel	1,009	637,41	1,493	8473,2
10 % getrimmtes Mittel	1,048	3,84	1,295	27,22
Median	1,366	1,87	1,598	3,66
Huber, $k = 2$	1,007	6,28	1,410	49,79
Huber, $k = 1,5$	1,031	3,57	1,320	23,70
Huber, $k = 1$	1,093	1,68	1,319	5,31
Hampel (2,1; 4,0; 8,2)	1,089	1,57	1,337	4,42
Hampel (1,2; 3,5; 8,0)	1,187	1,59	1,384	3,63
Andrews, $k = 2,1$	1,083	1,58	1,349	4,66

sinnvoll, für Vergleichzwecke mehr als zwei Stellen zu dokumentieren. Die Abkürzungen in der oberen Zeile geben die Art der Verteilung an, aus der die Stichprobe stammt: NV bedeutet $N(0,1)$-Verteilung, $a\%N/R$ steht für $F = (1-a)\%NV + a\%NV/R$, wobei R die Rechteckverteilung in $[0,1]$ ist. Weitere Mischverteilungen lauten $a\%\sigma = b$, wenn $F = (1-a\%)NV + a\%N(0,b^2)$ gewählt wurde. Die zuletzt angegebene Mischverteilung ist an den Rändern deutlich stärker als die Normalverteilung, enthält aber in der Regel keine extremen Ausreißer. Diese treten dagegen in der $a\%NV/R$-Mischung regelmäßig auf und führen zu einer erheblichen Aufblähung der Varianz bei einigen nichtrobusten Schätzern, aber auch bei robusten Schätzern werden bei dieser Verteilung die Grenzen der Leistungsfähigkeit sichtbar. Die Zusammenstellung macht deutlich, dass bei Messreihen, die nicht der Normalverteilung folgen und insbesondere bei dem Auftreten grober Abweichungen, der Einsatz robuster Schätzer große Vorteile bringt. Sollte aber einmal die Stichprobenverteilung wider Erwarten exakt mit der Normalverteilung übereinstimmen, so ist der Effizienzverlust der robusten Schätzer so gering, dass dieser wohl in der Regel hinzunehmen ist. Es wird an den Varianzen auch klar, dass, wie bereits mehrfach betont, kein für alle Situationen bester Schätzer existiert. Beschränkt man die Betrachtung auf den Bereich mittlerer Stichprobenumfänge und eher geringer Abweichungen von der Normalverteilung, so sieht man, dass die Ergebnisse aller robusten Schätzer vergleichbare Qualität besitzen und die Wahl der Abstimmkonstanten nicht besonders kritisch ist.

Als Fortführung bzw. Erweiterung dieser Studie hat Hampel in [Hampel 1985] die Ergebnisse einer Monte-Carlo Studie für Stichproben vom Umfang $n = 20$ veröffentlicht. Darin wird das Verhalten von sechs Ausreißerkriterien in 32 Varianten sehr detailliert untersucht. Die Stichprobenverteilungen und die Anzahl der Replikationen wurden so gewählt, dass die Ergebnisse mit denen der Princeton-Studie verglichen werden können. Die mit Hilfe der Kriterien identifizierten Ausreißer wurden gestrichen, und die verbleibenden „guten" Beobachtungen klassisch, ausgewertet, d. h. es wurden das arithmetische Mittel und die Varianz berechnet. Die Beurteilung der Wirksamkeit der Ausreißerkriterien im Vergleich untereinander und mit robusten Schätzverfahren erfolgte auf der Basis der Varianzen und der Bruchpunkte. Die Varianz an der Normalverteilung gibt den Effizienzverlust bei fehlerfreien Beobachtungen an. Diese Größe wird gern als Prämie bezeichnet, die für die Versicherung gegen den

Tabelle 3.7: Durch Simulation gewonnene Varianzen verschiedener Lageschätzer multipliziert mit n = 20

$n = 20$	N V	1 %3σ	5 %3σ	10 %3σ	10 %N/R	Cauchy
Mittelwert	1,000	1,085	1,427	1,838	2980,8	12548
5 % getrimmtes Mittel	1,022	1,050	1,193	1,411	1,466	24,0
10 % getrimmtes Mittel	1,056	1,078	1,179	1,326	1,264	7,3
Median	1,498	1,505	1,564	1,664	1,640	2,9
Huber, $k = 2$	1,009	1,042	1,200	1,429	1,305	9,3
Huber, $k = 1,5$	1.036	1,061	1,173	1,332	1,238	5,7
Huber, $k = 1$	1,114	1,133	1,219	1,334	1,264	3,7
Hampel (2,1; 4,0; 8,2)	1,081	1,100	1,189	1,319	1,202	3,3
Hampel (1,2; 3,5; 8,0)	1,205	1,217	1,283	1,381	1,297	2,7
Andrews, $k = 2,1$	1.070	1,090	1,184	1,325	1,196	3,5

Tabelle 3.8: Durch Simulation gewonnene Varianzen verschiedener Lageschätzer multipliziert mit n = 40

$n = 40$	N V	25 %N/R	Cauchy
Mittelwert	1,000	2119	$* * *$
5 % getrimmtes Mittel	1,025	2,10	15,8
10 % getrimmtes Mittel	1,058	1,61	5,40
Median	1,527	1,62	2,43
Huber, $k = 2$	1,010	1,88	7,39
Huber, $k = 1,5$	1,038	1,62	4,55
Huber, $k = 1$	1,106	1,55	3,06
Hampel (2,1; 4,0; 8,2)	1,061	1,46	3,16
Hampel (1,2; 3,5; 8,0)	1,169	1,52	2,62
Andrews, $k = 2,1$	1,056	1,47	3,21

negativen Einfluss möglicherweise vorhandener Ausreißer zu zahlen ist. Die Bruchpunkte geben an, wie groß der Anteil an Ausreißern werden darf, ehe der Schätzer versagt. Sie wurden in dieser Studie erstmals für die analysierten Ausreißerkriterien abgeleitet. Als Fazit ist festzuhalten, dass bei der Auswertung einfacher Stichproben, einige robuste Verfahren den Ausreißerkriterien überlegen sind. Dies gilt vor allem, wenn die Stichprobenverteilung nur mäßig von der Normalverteilung abweicht und keine extremen Ausreißer enthält, und wenn die verdächtigen Beobachtungen nahe bei den Verwerfungspunkten liegen. In allen anderen Fällen sind die Ausreißerkriterien mit Streichen und klassisch Auswerten durchaus konkurrenzfähig. Man sollte daher beide Methoden bereit halten und sich nach der Bewertung der vorliegenden Stichprobe für die geeignetere entscheiden.

3.7.3 Bivariate Beobachtungen

Die Erfahrung lehrt, dass nacheinander oder parallel durchgeführte Messungen, z. B. wegen der Einflüsse des Messumfeldes, häufig vergleichbare Niveauänderungen aufweisen. Ähnliches gilt bei der Beobachtung von Zufallsvariablen, die einen stochastischen Prozess bilden. Da die meisten statistischen Schätz- und Testverfahren aber unabhängige Beobachtungen oder die a priori Kenntnis der Kovarianzen voraussetzen, ist es erforderlich, diese Größen zu schätzen. Für den einfachen Fall paarweise auftretender Zufallsvariabler X_1 und X_2 erhält man bekanntlich aus der verbundenen Stichprobe (l_{1i}, l_{2i}) vom Umfang n die Mittelwerte $\hat{x}_1 = n^{-1}\Sigma l_{1i}$ und $\hat{x}_2 = n^{-1}\Sigma l_{2i}$, die empirischen Varianzen $s_1^2 = (n-1)^{-1}\Sigma(l_{1i} - \hat{x}_1)^2$ und $s_2^2 = (n-1)^{-1}\Sigma(l_{2i} - \hat{x}_2)^2$ sowie die Kovarianz $s_{12} = (n-1)^{-1}\Sigma(l_{1i} - \hat{x}_1)(l_{2i} - \hat{x}_2)$. Der empirische Korrelationskoeffizient ist als normierte (dimensionslose) Größe $r = s_{12}/s_1 s_2$ definiert. Er ist der klassische Schätzer für die Korrelation ρ der Zufallsvariablen X_1 und X_2. Wenn diese eine bivariate Normalverteilung $(X_1, X_2) \sim N_2(\xi_1, \xi_2, \sigma_1^2, \sigma_2^2, \rho)$ besitzen, ist er der Maximum-Likelihood Schätzer für den Parameter ρ.

Da Ausreißer in den Beobachtungen die Schätzwerte $\hat{x}_1$, $\hat{x}_2$, s_{12} und r sehr stark verfälschen können, ist es sinnvoll, robuste Alternativen zu verwenden.

Für die Lageschätzung gibt es zahlreiche Vorschläge, die als Verallgemeinerung des Medians konzipiert sind oder Kriterien minimieren, die von der Mahalanobis Distanz oder verschiedenen Tiefemaßen (eine Definition erfolgt in Abschnitt 3.8.1) abgeleitet sind. In umfangreichen Simulationsstudien sind diese Schätzer verglichen worden. Nach [Masse/Plante 2003] erweist sich der räumliche Median

$$\hat{x} = \arg\min_x \frac{\sum_{i=1}^n \|x - l_i\|}{n}, \quad x = (x_1\ x_2)^t, \quad l_i = (l_{i1}\ l_{i2})^t,$$

der auf der euklidischen Norm $\|\cdot\|$ der Punktabstände beruht, als der nach verschiedenen Kriterien beste Schätzer. [Hwang/Jorn/Kim 2004] bestätigen dieses Ergebnis nicht. Bei ihrer Studie schneiden Schätzer, die auf einem speziellen Tiefemaß beruhen, am besten ab, wobei die Unterschiede allerdings gering sind.

Einen Überblick der damals bekannten robusten Verfahren zur Schätzung des Korrelationskoeffizienten und der Methoden der Ausreißersuche findet man in [Gnanadesikan/Kettenring 1972]. Die Autoren schlagen einen neuen Schätzer vor und führen einen auf Simulationsrechnungen gestützten Vergleich durch. Über eine Weiterführung dieser Arbeiten unter Verwendung des Konzepts der Einflussfunktion wird in [Devlin/Gnanadesikan/Kettenring 1975] berichtet. In einer umfangreichen Monte Carlo Studie wird dort das Verhalten von sechs Korrelationsschätzern bei 13 unterschiedlichen Stichprobenverteilungen analysiert. Weitere Beiträge sind [Shevlyakov/Khvatova 1998], [Wang/Carey 2004], [Qin/Zhu/Fung 2007] und [Fang/Jeong 2008].

Eine naheliegende Robustifizierung der Schätzung besteht darin, die empirischen Varianzen s_1^2 und s_2^2 sowie die Kovarianz durch robust geschätzte Alternativen zu ersetzen. Dazu gibt es nun eine Vielzahl von Möglichkeiten. Einem Vorschlag in [Huber 1981, Kap.8] folgend, können die Beobachtungen (l_1, l_2) zunächst durch eine Transformation $l_j \rightarrow z_j$ bereinigt werden, indem $z_{ji} = \psi(l_{ji} - T_j)$ gebildet wird. Hierin bezeichnet T_j einen robusten Lageschätzer für ξ_j, der z. B. nach der in Abschnitt 3.6.1 angegebenen Methode mit einem robusten Skalenschätzer, für den der *MAM* (3.55) eingesetzt werden kann, berechnet wird. Als $\psi(t)$ wird eine ungerade Funktion gewählt, etwa nach den in Abschnitt 3.3 angegebenen Beispielen für M-Schätzer. Als robuste Version des Korrelationsschätzers erhält man so

$$r^* = \frac{\Sigma z_{1i} z_{2i}}{\sqrt{\Sigma z_{1i}^2 \, \Sigma z_{2i}^2}}. \tag{3.71}$$

Statt der auf der M-Schätzung beruhenden Bereinigung der Daten kann dies auch durch Winsorisieren (3.1.1) oder Trimmen (3.2.3) erreicht werden. Dabei muss iterativ vorgegangen werden. Zunächst werden ein robuster Lageparameter x^* (z. B. der Median) und die zugehörige Varianz-Kovarianz Matrix V^* berechnet. Da sich die optimale Anzahl $[\alpha n]$ der zu modifizierenden Beobachtungen erst im Laufe der Bearbeitung herausschält, wird konservativ begonnen und schrittweise modifiziert, bis sich die Schätzung der Parameter stabilisiert. Abschließend wird r^* aus den Elementen der letzten Schätzung V^* berechnet.

Ein robuster Schätzer, der in der Studie [Devlin/Gnanadesikan/Kettenring 1975] besonders gut abgeschnitten hat, beruht auf der Identität

$$C(X_1, X_2) = \frac{1}{4ab}\{V(aX_1 + bX_2) - V(aX_1 - bX_2)\} \qquad (3.72)$$

für bivariate Verteilungen, in der a und b beliebige Konstante sind. Wird nun $Y_j = (X_j - \xi_j)/\sigma_j$ gesetzt und die Beziehung $V(cX + k) = c^2 V(X)$ berücksichtigt, so folgt für $a = 1/\sigma_1$ und $b = 1/\sigma_2$ die wohlbekannte Beziehung

$$C(Y_1, Y_2) = C(X_1, X_2)/\sigma_1 \sigma_2 = \rho.$$

Für die Anwendung auf eine Stichprobe (l_1, l_2) werden die Beobachtungen mit den robusten Schätzern x_j^* und s_j^* normiert: $y_j = (l_j - x_j^*)/s_j^*$. Die Gleichung (3.72) geht dann über in

$$\frac{c(y_1, y_2)}{s_1^* s_2^*} = \frac{1}{4}\{s^*(ay_1 + by_2)^2 - s^*(ay_1 - by_2)^2\}.$$

Diese Gleichung stellt nicht sicher, dass das Ergebnis im Intervall $[-1, +1]$ liegt. Um dies zu erreichen, wird die 4 im Nenner durch den Ausdruck $s^*(ay_1 + by_2)^2 + s^*(ay_1 - by_2)^2$ ersetzt, der ausmultipliziert das Ergebnis $2a^2(s_+^*)^2 + 2b^2(s_-^*)^2$ liefert, das nahe bei 4 liegt und dafür sorgt, dass die Schätzung die Intervallgrenzen nicht überschreitet. Die Anwendung dieses heuristisch gewonnenen Schätzers erfordert also folgende Schritte:

- bilde $y_{ji} = (l_{ji} - x_j^*)/s_j^*$ für $j = 1,2$ und $i = 1,2,\ldots,n$ mit robusten Schätzungen x_j^* und s_j^* für die Lage- und Skalenparameter,
- berechne die Summen $w_{1i} = y_{1i} + y_{2i}$ und die Differenzen $w_{2i} = y_{1i} - y_{2i}$,
- schätze robuste Varianzen v_1^* für die Reihe w_{1i} und v_2^* für die Reihe w_{2i}

und bilde abschließend mit

$$r^* = \frac{v_1^* - v_2^*}{v_1^* + v_2^*} \qquad (3.73)$$

den gesuchten robusten Korrelationskoeffizienten.

Schätzer für bivariate Beobachtungen lassen sich noch relativ leicht entwickeln, und die Simulationsstudien zeigen, dass auch Schätzer, die nicht affin äquivariant sind, wie z. B. der räumliche Median, sehr gute Robustheitseigenschaften aufweisen können. Der Übergang auf multivariate Beobachtungen führt zu vielfältigen und oft äußerst rechenintensiven Methoden, die ein eigenes Spezialbebiet der Statistik bilden.

3.8   Multivariate Beobachtungen

Bei der Analyse multivariater Probleme geht es darum, die Eigenschaften von Objekten, die durch mehrere Zufallsvariable beschrieben werden, zu modellieren. Der Begriff Objekt ist als sehr weitgefasst zu betrachten. Es kann sich beispielsweise dabei um ein technisches Produkt handeln, dessen Eigenschaften erfasst werden, um einen Punkt im Raum, dessen Position durch Koordinaten zu beschreiben ist, um einen Patienten, dessen Laborwerte in einer Längsschnittstudie verglichen werden oder um ein verschiedenen Einflüssen unterliegender Prozess. Kennzeichnend ist, dass das Modell keine abhängige Variable enthält, dass vielmehr alle auftretenden Variablen gleich zu behandeln sind.

Das Hauptanwendungsgebiet der multivariaten Analyse liegt im Bereich der Gesellschafts- und der Lebenswissenschaften. Die Skalen auf denen die Beobachtungen erhoben werden und die Verteilungen der auftretenden Variablen sind in der Regel nicht einheitlich. So können neben metrischen Größen (Intervall-, Verhältniswerte) auch Beobachtungen auf Nominal- und Ordinalskalen auftreten. Entsprechend vielfältig sind die Analysemethoden, deren Ziel es ist, in den Daten Strukturen und Muster zu erkennen, die das untersuchte Objekt charakterisieren. Dazu sind die Herausarbeitung der wesentlichen Variablen und die Anwendung graphischer Methoden wichtig. Wie üblich, können die Realisierungen der Variablen das Ergebnis von Messwiederholungen am selben Objekt oder von Messungen an verschiedenen, gleichartigen Objekten sein.

Eine anwendungsbezogene Einführung in das umfangreiche Gebiet mit zahlreichen ausgearbeiteten Beispielen findet man in [Everitt/Dunn 1991]. [Härdle/Simar 2007] ist eine umfassende Darstellung mit klarer Herausarbeitung der mathematischen und statistischen Grundlagen und mit Anwendungsbeispielen vor allem aus den Bereichen Wirtschaft und Finanzen. Als ebenfalls aktuelle, anschauliche Gesamtdarstellung des Gebiets kann auch [Schlittgen 2009] empfohlen werden.

In letzter Zeit wird auch vermehrt über Anwendungen der multivariaten Analyse in der Physik und in der industriellen Fertigungskontrolle berichtet. Typisch für diesen Bereich sind umfangreiche Datensätze mit vielen Variablen und großen Wiederholungszahlen. Die Standardverfahren sind für diese Anwendungen weniger geeignet, da der erforderliche Rechenaufwand nicht mehr zu bewältigen ist, und graphische Methoden kaum eingesetzt werden können. Das eher anwendungsorientierte Lehrbuch [Izeman 2008] stellt neben neuen Anwendungsgebieten, Methoden für die Auswertung großer Datenmengen in den Vordergrund. Einige spezielle Algorithmen sind zur robusten Analyse entwickelt worden, über die u. a. in [Rousseeuw/Van Driessen 1999], [Pena/Prieto 2001], [Maronna/Zamar 2003], [Hubert/Rousseeuw/Vanden Branden 2005] und [Fütterer 2005] berichtet wird. Mit [Wisnowski/Simpson/Montgomery 2002] liegt eine umfangreiche Monte Carlo Studie vor, in der verschiedene robuste Schätzer hinsichtlich ihrer Eignung verglichen werden. Die Aussagekraft ist jedoch, wie bei allen numerischen Vergleichen, eingeschränkt, da die Auswahl der Modelle nicht ohne Willkür möglich ist.

Im Hinblick auf die Ziele diese Buches erfolgt hier eine Beschränkung auf metrische (kontinuierliche) Variable und auf nur eine kurze Darstellung robuster Methoden zur Schätzung des Mittelwertes und der Varianz-Kovarianz Matrix. Für die Fülle der weiteren multivariaten Analysetechniken sei auf die Literaturangaben verwiesen, die eine tiefere Einarbeitung in dieses Spezialgebiet der angewandten Statistik ermöglichen.

3.8.1 Das klassische Modell

Das Ergebnis von n Messwiederholungen eines Beobachtungsvektors ist eine Beobachtungsmatrix

$$L_{nxp} = (l_1 \, l_2 \, \dots \, l_p), \quad l_j^t = (l_{1j} \, l_{2j} \, \dots \, l_{nj}), \quad l_i^t = (l_{i1} \, l_{i2} \dots l_{ip}), \quad (3.74)$$
$$i = 1, 2, \dots, n \quad j = 1, 2, \dots, p,$$

die je nach Betrachtungsweise aus p Beobachtungsvektoren mit n Elementen (Spalten) bzw. n Beobachtungsvektoren mit p Elementen (Zeilen) besteht. Jede Zeile l_i^t von L ist eine Realisation des Zufallsvektors $x = (x_1 \, x_2 \, \dots \, x_p)^t$, für den gelten möge

$$E(x) = \xi = (\xi_1 \, \xi_2 \, \dots \, \xi_p)^t \quad \text{und} \quad Var(x) = E\{(x - \xi)(x - \xi)^t\}.$$

Die Auswertung der Beobachtungen hat das Ziel, gute Schätzwerte $\hat{x}$ für ξ und S für $\Sigma = Var(x)$ zu erlangen. Die Matrix S enthält neben den Varianzen der einzelnen Zufallsvariablen die oft interessierende Information über die stochastischen Beziehungen zwischen den Komponente von x. Zu deren weiteren Analyse werden meist die Korrelationen berechnet und eine Eigenwertzerlegung durchgeführt, um die Variablen oder Variablenkombinationen zu identifizieren, die den größten Beitrag zur Gesamtvarianz des Systems liefern.

Die klassische Analyse erfolgt unter der Annahme, dass der Vektor x einer p-dimensionalen Normalverteilung folgt:

$$\varphi(x) = \frac{\sqrt{\det \Sigma^{-1}}}{(2\pi)^{p/2}} \exp\left\{-\frac{1}{2}(x - \xi)^t \Sigma^{-1} (x - \xi)\right\}. \quad (3.75)$$

Dies vereinfacht alle theoretischen Untersuchungen und auch die Interpretation der Ergebnisse. Insbesondere beschreiben unter diesem Verteilungsmodell die Korrelationen die linearen stochastischen Beziehungen zwischen den Zufallsvariablen. Als Maximum-Likelihood Schätzer für die Parameter erhält man unter der Normalverteilungsannahme

$$\hat{x} = \frac{1}{n}\sum_{i=1}^{n} l_i \quad \text{und} \quad S' = \frac{1}{n}\sum_{i=1}^{n}(l_i - \hat{x})(l_i - \hat{x})^t = V'(l_i). \quad (3.76)$$

Der Maximum-Likelihood Schätzer S' für die Varianz-Kovarianz Matrix wird in der Regel durch den erwartungstreuen Schätzer $S = nS'/(n-1) = V(l_i)$ ersetzt. Unter affinen

Transformationen verhalten sich die Schätzer genauso wie die Verteilungsparameter. Für jeden Vektor a und jede Matrix A passender Ordnung gilt nämlich

$$\frac{1}{n} \sum_{i=1}^{n} (A l_i + a) = A \hat{x} + a \quad \text{und} \quad V(A l_i + a) = A V(l_i) A^t. \tag{3.77}$$

Schätzer mit dieser Eigenschaft werden als *affin äquivariant* bezeichnet. Diese Eigenschaft ist eine Verallgemeinerung der in (1.2)–(1.5) angegebenen Kriterien für eindimensionale Schätzer.

Eine wichtige Größe, mit der im p-dimensionalen Raum der Abstand zwischen zwei Punkten gemessen wird, ist die *Mahalanobis Distanz*, deren Quadrat durch

$$D^2(x_i, x_j; \Sigma) = (x_i - x_j)^t \Sigma^{-1} (x_i - x_j) \tag{3.78}$$

definiert ist. Von besonderer Bedeutung ist der Abstand $D(x, \xi; \Sigma)$, eines Punktes x vom Zentrum ξ der Verteilung, der in der multivariaten Analyse eine ähnliche Rolle spielt wie die normierte Abweichung $u = (x - \xi)/\sigma$ im eindimensionalen Fall. Wenn x der p-dimensionalen Normalverteilung (3.75) folgt, kurz $x \sim N_p(\xi, \Sigma)$, dann besitzt $D^2(x, \xi; \Sigma)$ eine Chiquadrat-Verteilung mit p Freiheitsgraden: $D^2 \sim \chi_p^2$. Alle Punkte x mit derselben Mahalanobis Distanz D_k liegen auf einem Hyperellipsoid

$$E_{p, D_k} = \{x \in \mathcal{R}^p | (x - \xi)^t \Sigma^{-1} (x - \xi) = D_k^2\} \tag{3.79}$$

mit konstanter Wahrscheinlichkeitsdichte $\varphi(x)$. Diese von der Wahl von D_k abhängenden Hyperellipsoide sind konzentrisch und haben dieselbe Orientierung im Raum, die durch die Eigenrichtungen der Matrix Σ gegeben ist. Die Halbachsen des Ellipsoids sind eine Funktion der Eigenwerte λ_i von Σ. Sie haben die Länge $D_k \sqrt{\lambda_i}$.

Die Interpretation der Varianz-Kovarianz Matrix Σ ist meist nicht einfach, und auch die Eigenwertzerlegung hilft da nicht immer weiter. Der Wunsch, Σ durch eine einzige Zahl zu charakterisieren, ist nur unvollkommen zu realisieren. Er hat zu zwei Definitionen geführt, die bei der Analyse eine gewisse Rolle spielen und für die Konstruktion robuster Schätzer eingesetzt werden. Als Verallgemeinerung der Varianz eindimensionaler Beobachtungen kann die Spur der Matrix S betrachtet werden

$$\bar{s}^2 = Sp(S) = \sum_{j=1}^{p} s_{jj}, \quad s_{jj} = s_j^2.$$

Diese leicht zu berechnende Maßzahl hat den Nachteil, dass die Kovarianzen zwischen den Variablen unberücksichtigt bleiben. Wie in [Schlittgen 2009] gezeigt wird, ist das Quadrat des Volumens K des Körpers, der von den n Vektoren l_i im p-dimensionalen Raum aufgespannt wird, proportional zur Determinante von S:

$$K^2 = (n-1)^p \det(S).$$

Daraus leitet sich die zweite Definition einer verallgemeinerten Varianz ab

$$\tilde{s}^2 = \det(S) = \Pi_{i=1}^{p} \lambda_i. \tag{3.80}$$

Zwischen der Stichprobenversion von (3.79) und der verallgemeinerten Varianz (3.80) gibt es folgenden interessanten Zusammenhang:

$$K(E_{p,c}) = K\{l : (l - \hat{x})S^{-1}(l - \hat{x})^t \leq c^2)\} = k_p \sqrt{\det(S)}$$
$$k_p = c^p 2\pi^{p/2}/p\Gamma(p/2).$$

In der Praxis muss damit gerechnet werden, dass unter den Beobachtungsvektoren und/oder ihren Komponenten Ausreißer auftreten, die die Ergebnisse der klassischen Auswertung unbrauchbar machen. Es ist also auch hier angezeigt, robuste Verfahren in Betracht zu ziehen, die sich, wie bei den einfachen Stichproben, in zwei Gruppen einteilen lassen. Die erste Gruppe besteht darin, die Ausreißer zu identifizieren, zu streichen und dann eine klassische Auswertung durchzuführen. Während in der zweiten Gruppe Verlustfunktionen eingeführt werden, die eine Herabgewichtung verdächtiger Beobachtungen bewirken.

3.8.2 Elementweise Robustifizierung

Genau wie im eindimensionalen Fall gilt hier, wie man an den Gleichungen (3.76) unmittelbar ablesen kann, dass ein einziger stark abweichender Beobachtungsvektor l_i ausreicht, um die Schätzer $\hat{x}$ und S unbrauchbar zu machen. Die Schätzer (3.76) haben daher bei einer Stichprobe vom Umfang n den Bruchpunkt $1/n$, und für $n \to \infty$ geht er gegen 0. Ebenso klar ist es, dass der Bruchpunkt robuster Schätzer maximal gegen 50 % tendieren kann, da sich bei einer höheren Fehlerquote kein Schätzer nur auf die „guten" Beobachtungen stützen kann.

Eine naheliegende, einfache Strategie ist es, die Beobachtungen für jede Variable x_j separat zu betrachten und mit einer der in 3.1 bis 3.5 angegebenen Methoden die robuste Lageschätzung durchzuführen. Als Ergebnis erhält man den robusten Schätzvektor $\overline{x} = (\overline{x}_1 \ \overline{x}_2 \ \ldots \ \overline{x}_p)^t$. Wenn es auf einen hohen Bruchpunkt ankommt, empfiehlt sich der Median $\overline{x}_j = med_i(l_{ij})$. Sind dagegen Ausreißer eher selten zu erwarten, ist einer der effizienteren Schätzer, z. B. der Huber-Schätzer oder einer der VP-Schätzer vorzuziehen.

Für die im nächsten Schritt aufzubauende Dispersionsmatrix S werden die Variablen $\{x_j, x_{j+k}, j = 1,2,\ldots,p - 1, k = 1,2,\ldots,p - j\}$ paarweise betrachtet. Nach einer der in 3.7.3 beschriebenen Methoden erfolgt dann die robuste Schätzung der Elemente s_{ij}^* der Dispersionsmatrix. Allerdings ist bei dieser Vorgensweise nicht gewährleitet, dass die so geschätzte Matrix S positiv definit ist. Dieser Mangel kann jedoch nach [Maronna/Zamar 2002] behoben werden, indem zunächst eine Normalisierung der Beobachtungen durchgeführt wird: $v_{ij} = l_{ij}/s_j^*$, und dann mithilfe von (3.73) die Korrelationsmatrx R^* berechnet wird. Nachfolgend liefert die Eigenwertzerlegung von R^* die Eigenwerte λ_j und die zugehörenden Eigenvektoren e_j. Mit den Eigenvektoren wird die Matrix $E = (e_1 \ e_2 \ \ldots \ e_p)$ und mit den Eigenwerten die Matrix $\Lambda = diag(\lambda_1,\lambda_2,\ldots,\lambda_p)$ gebildet, draus folgt $R^* = E\Lambda E^t$. Aus den Zeilenvektoren v_i^t der normalisierten Beobachtungen werden im nächten Schritt die Hauptkomponenten der Matrix R^* abgeleitet

$$w_i^t = v_i^t E, \quad W = (w_1^t \ w_2^t \ \ldots \ w_n^t)^t \ i = 1,2,\ldots,n,$$

die den Spalten w_j der Matrix W entsprechen. W wird nun wie eine Beobachtungsmatrix ausgewertet, d. h. es werden die Lage- und Streuungsparameter $\overline{x}(w_j) = \tilde{x}_j$ und $s^*(w_j)^2 = \tilde{s}_j^2$

geschätzt. Mit diesen Werten werden $\boldsymbol{\Gamma} = diag(\widetilde{s}_1^2, \widetilde{s}_2^2, \ldots, \widetilde{s}_p^2)$ und $\boldsymbol{\gamma} = (\widetilde{x}_1 \; \widetilde{x}_2 \; \ldots \; \widetilde{x}_p)^t$ zu-sammengesetzt. Die Elemente von $\boldsymbol{\Gamma}$ sind nach Konstruktion nichtnegativ, und diese Matrix sollte in guter Näherung die Dispersionsmatrix von $\boldsymbol{\gamma}$ sein. Der letzte Schritt ist eine Rück-transformation nach $\boldsymbol{L}$ mit $\boldsymbol{l}_i = \boldsymbol{A}\boldsymbol{w}_i$ und $\widehat{\boldsymbol{S}} = \boldsymbol{A}\boldsymbol{\Gamma}\boldsymbol{A}^t$ sowie $\widehat{\boldsymbol{x}} = \boldsymbol{A}\boldsymbol{\gamma}$, wobei $\boldsymbol{A} = \boldsymbol{B}\boldsymbol{E}$ und $\boldsymbol{B} = diag(s_1^*, s_2^*, \ldots, s_p^*)$ die Diagonalmatrix der ursprünglichen Skalenschätzer ist. Diese etwas umständliche Operation führt zu der positiv definiten Schätzung $\widehat{\boldsymbol{S}}$ für die Dispersi-onsmatrix und macht das Ergebnis affin äquivariant. Durch eine Nachiteration und eine M-Schätzung mit Gewichten in Abhängigkeit der Mahalanobis Distanzen der Datenpunkte kann nach [Maronna/Zamar 2002] das Ergebnis noch verbessert werden.

3.8.3   Elimination von Ausreißern

Eine weitere Strategie zur Robustifizierung der multivariaten Analyse besteht darin, Ausrei-ßer aufzuspüren und vor der Schätzung zu eliminieren, vgl. z. B. [Barnett/Lewis 1994], [Pe-na/Prieto 2001] und [Willems/Joe/Zamar 2009]. Bei fehlerfreien Daten und Eingipfeligkeit der Randverteilungen, sollten die n Datenpunkte im p-dimensionalen Raum eine Punktwolke bilden, deren Konzentration im Zentrum am stärksten ist und zu den Rändern hin, entspre-chend der Modellverteilung, abnimmt. Da für $p > 3$ einfache Visualisierungen nicht mehr möglich sind, müssen Kennzahlen festgelegt werden, mit denen die Entfernungen der Punkte vom Zentrum der Wolke gemessen bzw. verglichen und durch Tests auf Verträglichkeit mit den Modellannahmen überprüft werden können. Die in Abschnitt 2.2 für eindimensionale Daten ausführlich beschriebenen Definitions-, Interpretations- und Lokalisierungsprobleme für Ausreißer sind bei multivariaten Daten eher noch größer und spiegeln sich in der Fülle der publizierten Vorschläge zur Lösung der Aufgabe. Die Vielzahl der vorgeschlagenen Kenn-zahlen, mit denen der Abstand eines Punktes vom Datenzentrum angegeben werden kann, kann in drei Gruppen eingeteilt werden.

Die erste Gruppe wird durch die Mahalanobis Distanz (3.78) und verwandte Abstandsmaße gebildet. Wenn die Variablen normalverteilt sind, besitzt $D^2(\boldsymbol{x}, \boldsymbol{\xi}, \boldsymbol{\Sigma})$ eine χ^2-Verteilung mit p Freiheitsgraden. Als Schwellenwert des Ausreißertests für D hat sich der Wert $\sqrt{\chi^2_{p;0,975}}$ eingebürgert. Diese recht anschauliche und plausible Vorgehensweise führt nur unter der un-realistischen Annahme, dass $\boldsymbol{\xi}$ und $\boldsymbol{\Sigma}$ bekannt sind, zu zuverlässigen Ergebnissen. Des Wei-teren kann beobachtet werden, dass der Maskierungseffekt (vgl. Abschnitt 2.2.3) auch bei multivariaten Daten auftritt und gelegentlich zum Versagen des Tests führt.

Die zweite Gruppe von Kenngrößen für die Lage eines Punktes relativ zum Verteilungszen-trum wird in der englischen Literatur mit depth (*Tiefe*) bezeichnet. Eine Übersicht über Tie-femaße mit Untersuchung ihrer Eigenschaften findet man in [Zuo/Serfling 2000]. Die Tiefe gibt an, wie weit ein Punkt in die Wolke eingetaucht ist. Sie wird in der einfachsten Form als Kehrwert einer Distanz gebildet, wobei zur Vermeidung des Wertes ∞ eine Eins addiert wird. Nach [Liu/Singh 1993, 1997] gilt als *Mahalanobis Tiefe* T_M der Wert

$$T_M(\boldsymbol{x}, \widehat{\boldsymbol{x}}, \boldsymbol{S}) = [1 + (\boldsymbol{x} - \widehat{\boldsymbol{x}})^t \boldsymbol{S}^{-1}(\boldsymbol{x} - \widehat{\boldsymbol{x}})]^{-1}.$$

Ein weiteres Tiefemaß ist die *Halbraum- oder Tukeytiefe*, die auf [Tukey 1975] zurückgeht. Sie kann als Verallgemeinerung des Rangbegriffs für multivariate Stichproben betrachtet wer-den, und wird, wie der Rang, unabhängig von der Dispersionsmatrix gebildet. Die Definition der Halbraumtiefe lautet

$$T_H(F_n, x) = \inf_{\mathcal{H}} \left\{ F_n(\mathcal{H}) : \mathcal{H} \text{ ist ein geschlossener Halbraum, der } x \text{ enthält} \right\}.$$

(3.81)

Der Punkt mit der größten Halbraumtiefe ist eine multivariate Verallgemeinerung des Medians.

Zur Veranschaulichung dieses Tiefemaßes, sei zunächst die Zahlengerade ($p = 1$) betrachtet. Ein Punkt x aus einer Messreihe vom Umfang n definiert zwei Halbgeraden, mit denen folgende Wahrscheinlichkeiten verknüpft sind. Alle Werte kleiner oder gleich x bilden eine geschlossene Halbgerade mit $P(l \leq x) = F_n(x^-)$. Entsprechend ist die geschlossene Halbgerade definiert, die alle Werte größer gleich x enthält, zu der die Wahrscheinlichkeit $P(l \geq x) = F_n(x^+)$ gehört. Für $n \to \infty$ gilt $F(x^-) + F(x^+) \to 1$. Da nach (3.81) als Halbraumtiefe die kleinere der beiden Wahrscheinlichkeiten, bzw. relativen Häufigkeiten, definiert ist, gilt $0 \leq T_H \leq 0{,}5$. Für $p = 2$ tritt an die Stelle des Punktes x auf der Zahlengeraden eine beliebige Gerade durch den Punkt x in der Ebene, die die Ebene in zwei Halbebenen teilt. Die Halbraumtiefe des Punktes x ist die kleinste mögliche Wahrscheinlichkeit für das Auftreten eines Punktes in einer der Halbebenen. Ist $p = 3$, so ist die Gerade durch eine beliebige Ebene durch den Punkt x zu ersetzen, die den Raum in zwei Halbräume aufteilt, wobei zu jedem Halbraum eine Wahrscheinlichkeit für das Auftreten von Punkten bei bekannter Verteilung angegeben werden kann. Die Verallgemeinerung für $p > 3$ ist offensichtlich aber nicht mehr anschaulich. Ein verwandtes, verteilungsunabhängiges Maß schlagen [Liu/Singh 1993] vor. Sie ersetzen den Halbraum durch einen Simplex, dessen Ecken $p + 1$ Datenpunkte sind. Die Tiefe des Punktes x ist die relative Häufigkeit mit der x innerhalb eines der $\binom{n}{p+1}$ möglichen Simplexe liegt.

Die dritte Gruppe von Kennzahlen basiert auf Projektionen der Datenpunkte auf Richtungen, die nach unterschiedlichen Gesichtspunkten aus der unendlichen Anzahl der Möglichkeiten ausgewählt werden. Beispiele sind die Eigenrichtungen von S, und Raumrichtungen, die durch $\hat{x}$ und l_i oder durch beliebige Vektoren a mit $\|a\| = 1$ definiert werden. Jeder Punkt hat in jeder Projektionsrichtung einen anderen Abstand zum Zentrum der Punktwolke. Die Auswertung dieser Abstände führt zu einem Tiefemaß für jeden Punkt, s. [Wilcox 2005], [Zuo 2003] und [Zuo/He 2006].

Die Distanzmaße lassen sich im Prinzip leicht berechnen, setzen aber die Kenntnis des Verteilungszentrums und der Dispersionsmatrix voraus. Für statistische Tests wird außerdem die Verteilung der Distanzmaße benötigt. Ihre Verwendung wird daher in der Regel nach pragmatischen Gesichtspunkten erfolgen. Die Tiefemaße können zur Bildung einer Rangfolge der Datenpunkte dienen und so verdächtige Datenpunkte identifizieren. Statistische Tests auf Ausreißer sind auch hier nicht möglich. Außerdem ist die Berechnung der Tiefemaße mit hohem rechnerischen Aufwand verbunden [Liu/Singh 1993] oder für $p > 2$ nur approximativ möglich [Struyf/Rousseeuw 2000]. [Wang/Raftery 2002] benutzen die Nachbarschaftsbeziehungen der Datenpunkte zur Identifizierung von Ausreißern, d. h. sie berechnen die paarweisen Abstände aller Punkte und entwickeln daraus ein Kriterium für die Unterscheidung zwischen konformen Datenpunkten und Ausreißern. Dieses Verfahren ist auch in der Lage, Punkthäufungen zu erkennen, die zu einer Zerlegung der Punktwolke in Unterstrukturen mit getrennten Zentren und Dispersionsmatrizen führt.

Eine weitere Strategie, gute von verdächtigen Datenpunkten zu trennen, besteht darin, einen Bereich im p-dimensionalen Raum zu schätzen, der alle guten Daten enthält, während die schlechten außerhalb liegen. Das in [Rousseeuw 1983] vorgeschlagenes Verfahren MVE_m besteht darin, das Ellipsoid mit minimalem Volumen zu bestimmen, das m Punkte enthält. Da $n > m > n/2$ gelten muss, kann man einen sehr hohen Bruchpunkt erreichen, der für minimales m und $n \to \infty$ gegen 0,5 konvergiert. Allerdings muss die Anzahl m der guten Beobachtungen vorgegeben werden, oder es muss ein iteratives Vorgehen gewählt werden, bei dem, wie in Abschnitt 2.3.3, m entweder schrittweise vergrößert oder verkleinert wird, bis sich ein festgelegtes Kriterium, z. B. die verallgemeinerte Varianz (3.80), stabilisiert. Mit den Datenpunkten, die im resultierenden Hyperellipsoid liegen, werden dann nach der klassischen Methode Zentrum und Dispersionsmatrix der Punktwolke geschätzt. Leider gibt es kein direktes Verfahren zur Bestimmung des MVE_m. Die exakte Lösung erfordert für jedes m die Berechnung aller $\binom{n}{m}$ Ellipsoide und ist daher für größere Datenmengen weniger geeignet. Es gibt aber gute Näherungsverfahren, die auf der Methode der statistischen Versuche beruhen [Rousseeuw/Leroy 1987, 2003]. Eine ebenfalls auf [Rousseeuw 1983] zurückgehende Alternative ist der MCD_m-Schätzer (min. covariance determinant). Er besteht darin, die Determinante der auf das Mittel von m Punkten bezogenen Dispersionsmatrix (3.76) zu minimieren. Es ist also auch hier ein m zu ermitteln, das die Anzahl der modellkonformen Punkte angibt, aus denen Zentrum und Dispersionsmatrix der Punktwolke geschätzt werden. Ein schneller Algorithmus zur Lösung dieser Aufgabe ist in [Rousseeuw/Van Driesen 1999] angegeben. Beide Methoden sind affin äquivariant, haben denselben Bruchpunkt und erfordern den Einsatz der Methode der statistischen Versuche.

3.8.4   M-Schätzer

Die beiden zuletzt erläuterten Verfahren sind zur Auswertung multivariater Daten mit hoher Fehlerquote, die bis zu 50 % betragen kann, entwickelt worden. Wenn Ausreißer eher ausnahmsweise auftreten, wie es im technischen und naturwissentlichen Bereich oft unterstellt werden kann, empfiehlt sich die Anwendung von M-Schätzern, die an der Normalverteilung eine höhere Effizienz besitzen und nur einen Bruchteil des Rechenaufwandes erfordern. Um die Ableitung der M-Schätzer und die Rechenverfahren übersichtlich zu halten, ist es zweckmäßig, Lage- und Streuungsparameter simultan zu schätzen.

Es sei angenommen, dass die Beobachtungen einer elliptischen Verteilung folgen, die dadurch charakterisiert werden kann, dass sie ein Zentrum besitzt, und dass die Flächen gleicher Wahrscheinlichkeitsdichte Hyperellipsoide sind. Die Dichte einer elliptischen Verteilung kann als

$$f(\boldsymbol{x},\boldsymbol{\xi},\boldsymbol{\Sigma}) = (\det \boldsymbol{\Sigma})^{-1/2} g(D^2) \tag{3.82}$$

angegeben werden. Für die p-dimensionale Normalverteilung gilt dann

$$g(D^2) = k \exp\left(-\frac{D^2}{2}\right) \quad \text{mit } k = (2\pi)^{-p/2} \text{ und } D^2 = (\boldsymbol{x}-\boldsymbol{\xi})^t \boldsymbol{\Sigma}^{-1}(\boldsymbol{x}-\boldsymbol{\xi}).$$

Für $\boldsymbol{\xi} = \boldsymbol{0}$ und $\boldsymbol{\Sigma} = c\boldsymbol{I}$ erhält man den Sonderfall einer sphärischen Verteilung. Wird

$$g(D^2) = c(D^2 + f)^{-(p+f)/2}$$

gesetzt, wobei c eine Konstante ist, so erhält man die p-dimensionale t-Verteilung mit f Freiheitsgraden, die für $f = 1$ in die Cauchy-Verteilung übergeht.

Ein Zufallsvektor x besitzt genau dann eine elliptische Verteilung, wenn er als $x = \xi + \Phi y$ darstellbar ist, mit $x, \xi \in \mathcal{R}^p$, $\Phi \in \mathcal{R}^{p \times p}$ und dem sphärisch verteilten Vektor y, für den $E(y) = 0$ und $V(y) = c I$ gilt. Daraus folgt

$$E(x) = \xi \quad \text{und} \quad V(x) = \Phi V(y) \Phi^t = c \Sigma. \tag{3.83}$$

Für eine Beobachtungsmatrix $L_{n \times p} = (l_1^t \; l_2^t \; \ldots \; l_n^t)^t$, s. (3.74), die nach (3.82) verteilt ist, lautet die Likelihoodfunktion

$$\mathcal{L} = (\det \Sigma)^{-n/2} \Pi_{i=1}^n g(D_i^2).$$

Das Maximieren dieser Funktion ist äquivalent zum Minimieren ihres negativ genommenen Logarithmus:

$$-2 \ln \mathcal{L} = n \ln(\det \Sigma) + \sum_{i=1}^n \rho(D_i^2) \Rightarrow \min$$

$$\rho(D_i^2) = -2 \ln g(D_i^2), \quad D_i^2 = (l_i - \hat{x})^t S^{-1} (l_i - \hat{x})$$

und liefert das System von Schätzgleichungen

$$\sum_{i=1}^n p_1(D_i^2)(l_i - \hat{x}) = 0 \tag{3.84}$$

$$n^{-1} \sum_{i=1}^n p_2(D_i^2)(l_i - \hat{x})(l_i - \hat{x})^t = S', \tag{3.85}$$

für Einzelheiten der mathematischen Ableitung sei auf [Maronna/Martin/Yohai 2006, Abschnitt 6.12.3] verwiesen. Als Gewichtsfunktion $p(D_i^2)$ kann die Ableitung der Verlustfunktion ρ oder eine der ψ-Funktionen eines VP-Schätzers nach Abschnitt 3.3 gewählt werden. Wie den Schätzgleichungen zu entnehmen ist, kann für die Lageschätzung eine andere Gewichtsfunktion als für die Streuungsschätzung eingesetzt werden. Für die Normalverteilung gilt $p = 1$ und somit erhält man die Schätzgleichungen (3.76). Die Schätzgleichung (3.84) kann als gewogenes Mittel mit Gewichten, die von D_i^2 abhängen, dargestellt werden:

$$\hat{x} = \frac{\sum_{i=1}^n p(D_i^2) l_i}{\sum_{i=1}^n p(D_i^2)}. \tag{3.86}$$

Die Lösungen der Schätzgleichungen sind eindeutig, wenn $D_i^2 p_2(D_i^2)$ eine stetige nichtabnehmende Funktion ist. Dies ist für Verlustfunktion nach Abschnitt 3.3.1 gewährleistet, nicht aber für Verlustfunktionen von VP-Schätzern. Für diese sind gute Startwerte erforderlich, um zu vermeiden, dass die Iteration mit einem Nebenminimum endet. [Tatsuoka/Tyler 2000].

Da die Gewichte datenabhängig sind, muss die Lösung von (3.84) und (3.85) iterativ gewonnen werden. Die Startwerte werden zweckmäßig nach den in Abschnitt 3.8.2 erläuterten elementweisen Schätzverfahren beschafft. Für das Zentrum der Punktwolke kann z. B der Vektor der Mediane gewählt werden

$$\hat{x}_0 = [med(l_1) \; med(l_2) \; \ldots \; med(l_p)]^t$$

und für die Dispersionsmatrix

$$S_0 = diag[MAM_n(l_1), MAM_n(l_2), \ldots, MAM_n(l_p)]$$

eine Diagonalmatrix mit den robusten Skalenschätzern (3.56). Beide Startwerte haben einen hohen Bruchpunkt. Im k-ten Iterationsschritt werden die Gleichungen

$$(D_i^2)_k = (l_i - \hat{x}_k)^t S_k^{-1} (l_i - \hat{x}_k)$$

$$\hat{x}_{k+1} = \sum_{i=1}^{n} p_1\{(D_i^2)_k\} l_i / \sum p_1\{(D_i^2)_k\} \tag{3.87}$$

$$S_{k+1} = n^{-1} \sum_{i=1}^{n} p_2\{(D_i^2)_k\}(l_i - \hat{x}_{k+1})(l_i - \hat{x}_{k+1})^t$$

gelöst.

3.8.5   S-Schätzer

S-Schätzer beruhen auf der Minimierung eines Skalenschätzers, vgl. Abschnitt 3.4.3 und Gl. (3.47). Die Übertragung dieses Prinzips auf multivariate Daten führt auf die Minimums-forderung

$$s\{D^2(L,\hat{x},S)\} \Rightarrow \min \mid \det S = 1 . \tag{3.88}$$

Hierbei gilt: s ist ein robuster Skalenschätzer, D^2 ist der Vektor mit den Elementen $D_i^2(l_i, \hat{x}, S)$, $\hat{x} \in \mathcal{R}^p$ und $S \in \mathcal{R}^{p \times p}$. Die Bedingung $\det S = 1$ ist erforderlich, um die triviale Lösung $s = 0$ zu verhindern, die man sonst durch $\lambda_p = 0$ erhalten würde. Als robus-ter Skalenschätzer wird der M-Schätzer (3.47) nachgebildet

$$n^{-1} \sum_{i=1}^{n} \rho\left(\frac{D_i^2}{s}\right) = K$$

mit einer beschränkten differenzierbaren Verlustfunktion ρ. Die Entwicklung der Schätzglei-chungen führt nach [Maronna/Martin/Yohai 2006] auf das Gleichungssystem

$$\sum_{i=1}^{n} p\left(\frac{D_i^2}{s}\right)(l_i - \hat{x}) = 0$$

$$n^{-1} \sum_{i=1}^{n} \rho\left(\frac{D_i^2}{s}\right)(l_i - \hat{x})(l_i - \hat{x})^t = c S . \tag{3.89}$$

Für die Gewichtsfunktion gilt $p = \rho', s = s(D_1^2, D_2^2, \ldots, D_n^2)$. Die Konstante c entsteht durch die Bedingung $\det S = 1$. In der Regel wird eine der Verlustfunktionen der VP-Schätzer gewählt. Dies hat zur Folge, dass gute Startwerte für die Iteration von (3.89) benötigt werden, um zu verhindern, dass ein lokales Minimum gefunden wird.

3.8.6   Weitere Gesichtspunkte

Die Definition des Bruchpunkts von Schätzern ergibt sich bei multivariaten Problemen durch Verallgemeinerung der univariaten Definition. Er ist demnach der maximale Anteil beliebig abweichender Beobachtungsvektoren $l_i = (l_{i1} \; l_{i2} \; \ldots \; l_{ip})^t$, die im Datensatz enthalten sein dürfen, ohne dass der Schätzer versagt. Diese anschauliche Definition lässt nicht erkennen, wie schwierig es in der Regel ist, den Bruchpunkt für einen konkreten Schätzer zu ermitteln. An Einzelheiten interessierte Leser seien auf [Maronna/Martin/Yohai 2006], [Davies 1987] und [Rousseeuw/Leroy 1987] verwiesen. Affin äquivariante M-Schätzer können höchstens einen Bruchpunkt von $\delta^* = 1/(p + 1)$ erreichen, und generell gilt für affin äquivariante Schätzer $\delta^* \leq [(n-p)/2]/n$ mit $[z]$ größte ganze Zahl kleiner z. Der Maximalwert $\delta^* \to 0{,}5$ wird u. a. von den Schätzern MVE_m und MCD_m erreicht, wenn $m = [(n + 1)/2]$ gewählt wird. Der Rechenaufwand für diese Schätzer ist erheblich, und es hat nicht an Anstrengungen gefehlt, durch intelligente Strategien den Aufwand zu reduzieren und die Aufspürung von Ausreißern sicherer zu machen, s. z. B. [Olive 2004].

Eine Verallgemeinerung der einfachen multivariaten Analyse ist die multivariate Regression, deren Robustifizierung ebenfalls Gegenstand wissenschaftlicher Veröffentlichungen ist. Da wir dieses Thema nicht vertiefen wollen, sei auf die Veröffentlichung [Rousseeuw et al. 2004] hingewiesen, die einen guten Überblick über dieses Gebiet gibt. Die Autoren schlagen zur Robustifizierung den MCD-Schätzer vor, dessen statistische Eigenschaften analysiert werden, und dessen Praktikabilität an simulierten und realen Datensätzen gezeigt wird.

Bei der Auswahl der dargestellten Schätzer wurde unterstellt, dass es bei multivariaten Datenauswertungen im natur- und ingenieurwissenschaftlichen Bereich, die in diesem Buch im Vordergrund stehen, nicht primär auf einen hohen Bruchpunkt der Verfahren ankommt, da extrem abweichende Beobachtungen nur mit geringer Häufigkeit zu erwarten sind. Es ist aber sehr wohl mit Abweichungen von der Modellverteilung zu rechnen, daher kommt es eher darauf an, dass die Schätzer in der Umgebung der Modellverteilung gute Eigenschaften besitzen, und bei „fehlerfreien" Beobachtungsreihen eine geringe systematische Abweichung und hohe Effizienz aufweisen. Der in der Literatur oft als Ziel angestrebte hohe Bruchpunkt von möglichst 50 % ist nur bei Verzicht auf Effizienz und zum Teil mit extrem hohem Rechenaufwand zu erreichen.

Es ist nicht ganz einfach, einen Vergleich der großen Anzahl vorgeschlagener robuster Schätzverfahren für multivariate Beobachtungen vorzunehmen. Bei genauer Betrachtung zeigt sich, dass viele der Schätzer wegen des großen Rechenaufwandes nur für mittelgroße Wiederholungszahlen und wenige Parameter geeignet sind. Generell wird gefordert, dass $n \geq 5p$ sein sollte, um brauchbare Schätzungen zu erhalten. Das reale Verhalten der Schätzer hängt wesentlich auch vom Stichprobenumfang ab und kann nur durch Simulationsrechnungen untersucht werden. Für Anwendungen auf Daten aus dem Bereich der Natur- und Ingeneurwissenschaften können M- und S-Schätzer empfohlen werden.

Dass die Begründung und Beurteilung robuster Schätzer auch aus einem ganz anderen Blickwinkel als dem der Mathematischen Statistik möglich ist, zeigt [Saleh 2000] in einem sehr lesenswerten Beitrag. Ausgehend von dem Naturgesetz, dass jedes physikalische System das Bestreben hat, einen Gleichgewichtszustand anzunehmen, weist er auf die bekannte Analogie zwischen dem Prinzip der Minimierung der Kräfte in einem mechanischen System mit der Minimierung einer Verlustfunktion bei der Parameterschätzung hin. Die Beobachtungsfehler entsprechen Federn verschiedener Steifheit, deren Widerstandskraft bei einer Auslenkung in erster Näherung dem Hookschen Gesetz folgt. Die zu minimierende Energie ist die Summe aller im System wirkenden Kräfte, die sich bei Gültigkeit des Hookschen Gesetzes zu

$$T = \sum_{i=1}^{n} T_i, \quad \text{mit} \quad T_i = \int_0^{x_i} k_i x \, dx = \frac{k_i}{2} x_i^2$$

ergibt und vollkommen der *MkQ* mit $\boldsymbol{v^t P v} \Rightarrow$ min entspricht. Allerdings gilt das Hooksche Gesetz nur, wenn die Auslenkungen x_i sehr klein sind. Da aber auch größere Abweichungen und Ausreißer zugelassen werden sollen, wird die Beziehung zwischen Kraft und Auslenkung nichtlinear und in der Regel durch eine Taylorreihe approximiert. Saleh zeigt nun in seinem Beitrag, dass alle gängigen Verlustfunktionen der robusten M-Schätzer durch geeignete Festlegung der Glieder zweiter und höherer Ordnung der Reihenentwicklung gewonnen werden können. Dabei diskutiert er interessante Parallelen zwischen den Federeigenschaften und den auftretenden Messabweichungen.

4 Multiparameter Modelle

4.1 Lineare Modelle

Viele Dinge, die wir in unserer Umwelt beobachten können, hängen offensichtlich von verschiedenen Faktoren ab. In der Regel sind jedoch die genauen Zusammenhänge entweder unbekannt, oder, sofern sie auf bekannten physikalischen Gesetzmäßigkeiten beruhen, von Unschärfen der Beobachtungen überlagert. Betrachten wir zum Beispiel die Ermittlung des Verkehrswertes einer Eigentumswohnung. Als Faktoren, die den Wert beeinflussen, kommen die Größe, die Ausstattung, das Baujahr, die Lage des Gebäudes, die Lage der Wohnung innerhalb des Gebäudes, der Zustand, die Verfügbarkeit einer Garage und weitere in Frage. Andere Beispiele finden sich in Abschnitt 1.1.3. Es liegt nun nahe, als erste Annäherung an die Realität, eine lineare Beziehung zwischen der interessierenden Größe und allen identifizierbaren Faktoren anzunehmen, oder bei bekannten nichtlinearen Beziehungen eine Linearisierung vorzunehmen. Dieses vereinfacht sowohl die folgenden Schätzungen zur Quantifizierung der Einflüsse der Faktoren als auch die Interpretation der Ergebnisse. Solche linearen Modelle spielen eine bedeutende Rolle in allen Bereichen der Wissenschaft, wo quantitative Methoden eingesetzt werden. Dies hat zu einer Flut von Aufsätzen, Monographien und Lehrbüchern geführt, die dem Entwurf, der Auswertung, der Überprüfung und der Interpretation linearer Modelle gewidmet sind. Beispielhaft seien [Fuller 1987], [Pokropp 1994], [Moosbrugger 2002], [Toutenburg 2003] und [Chatterjee/Hadi 2006], genannt.

4.1.1 Modellannahmen

Mit Gleichung (1.1) wurde die Formulierung des linearen Modells eingeführt

$$l = Ax + \varepsilon, \quad \text{bzw.} \quad l + v = A\hat{x}, \quad P, \tag{4.1}$$
$$E(\varepsilon) = 0, \ Var(\varepsilon) = \Sigma_\varepsilon = \Sigma_l = \sigma_0^2 Q, \quad Q^{-1} = P,$$

die den folgenden Ausführungen zugrunde gelegt wird. l ist der $(n \times 1)$-Vektor von unabhängigen Beobachtungen der zu erklärenden Größe (abhängige Variable, Regressand, Antwortvariable, response), A ist die $(n \times u)$-Matrix (Designmatrix) der erklärenden Variablen a_j, $j = (1,2,\ldots,u)$, die auch als Regressoren (unabhängige Variable, Prädiktoren, carriers) bezeichnet werden, x ist der $(u \times 1)$-Vektor der Regressionsparameter bzw. Regressionskoeffizienten und ε ist der $(n \times 1)$-Vektor der zufälligen Fehler (Störungen, Abweichungen). Dies ist die für die lineare Regression übliche Terminologie. Weitere Standardannahmen sind, dass die Regressoren deterministische Größen und die Fehler unabhängig identisch verteilte Zufallsgrößen mit dem Erwartungswert null und der Varianz σ^2 sind.

Das oben angeführte Beispiel der Verkehrswertschätzung einer Wohnung ist insofern typisch für die lineare Regression, als die Antwortvariablen nicht gemessene sondern fehlerfrei erfasste Größen sind. Die erklärenden Variablen sind zum Teil quantitative (Größe, Baujahr) und zum Teil qualitative (Ausstattung, Lage, Garage) Größen, wobei letztere noch als Indikatorvariablen (vorhanden = 1, fehlend = 0) und kategorische Variable (Lage, Ausstattung) auftreten. Der Fehlervektor ε enthält die Differenzen zwischen Modell und Wirklichkeit. Es wird nun angenommen, dass das Modell so gut ist, dass diese Differenzen unabhängig von einander und zufälliger Natur sind, sowie eine gemeinsame Varianz und den Erwartungswert null besitzen.

In den Natur- und Ingenieurwissenschaften, teilweise auch in den Lebenswissenschaften, ist l ein Vektor von Messwerten, die mit unvermeidlichen Messabweichungen behaftet sind. Die Koeffizienten der Designmatrix A sind oft vom Experimentator eingestellte oder gewählte Größen, die einen vernünftigen Wertebereich abdecken, der eine zuverlässige Schätzung des Parametervektors x erlaubt. Das oft linearisierte Modell $l = A x$ hat in der Regel eine geometrische oder physikalische Grundlage, die als theoretisch gesichert gelten kann. Trotzdem ist auch dieses Modell nur eine Annäherung an die Wirklichkeit, da die Messbedingungen nicht frei von Störeinflüssen gehalten werden können und meist nicht alle Einflussgrößen genau genug bekannt sind oder erfasst werden können. In manchen Fällen repräsentiert das Modell eine Hypothese, die durch die Messungen überprüft werden soll. Es ist daher stets anzunehmen, dass neben den Messabweichungen auch Modellabweichungen vorhanden sind. Der Vektor ε enthält daher sowohl die Mess- als auch die Modellabweichungen. Man bemüht sich natürlich, beide Abweichungen klein und frei von Systematiken zu halten. Ihre Trennung ist nur in Ausnahmefällen möglich. Sie erfordert koordinierte Experimente, die unterschiedliche Messverfahren und Messbedingungen abdecken (Ringversuche). Die Annahmen über die Eigenschaften des Vektors der Abweichungen können aus diesen Gründen unterschiedlich sein. Im einfachsten Fall stimmen sie mit den oben angegebenen überein, d. h. $E(\varepsilon_i) = 0, Var(\varepsilon_i) = \sigma^2 =$ konst. $\forall i, E(\varepsilon_i \varepsilon_j) = 0 \; \forall i \neq j$. Gar nicht selten sind die Messungen aber von unterschiedlicher Genauigkeit: $Var(\varepsilon_i) = \sigma_i^2$. Dann wird die Gewichtsmatrix $P = diag(1/\sigma_1^2, 1/\sigma_2^2, \ldots, 1/\sigma_n^2)$ eingeführt, die bei der Parameterschätzung zu berücksichtigen ist. Der Allgemeinfall mit $Var(\varepsilon_i) = \sigma_i^2$ und $E(\varepsilon_i \varepsilon_j) = \sigma ij$ führt zu der Varianz-Kovarianz Matrix $Var(\varepsilon) = \Sigma_\varepsilon$ und der vollbesetzten Gewichtsmatrix P. Da eine realistische Ermittlung der Kovarianzen nur in Ausnahmefällen möglich ist, wird meist angenommen, dass ihre Vernachlässigung erlaubt ist. Das zuletzt beschriebene lineare Modell wird häufig als Gauss-Markov Modell bezeichnet. Der Unterschied zum Regressionsmodell liegt nur in der unterschiedlichen Bedeutung der Modellkomponenten, auf die Schätzverfahren hat dies keinen Einfluss.

4.1.2   Einfache Regression, ausgleichende Gerade

Als einfache Regression wird der Fall bezeichnet, bei dem die Antwortvariable durch nur einen Regressor bestimmt wird. Die lineare Beziehung zwischen diesen beiden Größen hat die Form

$$l_i = x_1 + a_i x_2 + \varepsilon_i, \quad i = 1, 2, \ldots, n,$$

oder in Matrixnotation

$$l = A x + \varepsilon \quad \text{mit} \left\{ \begin{array}{l} l = (l_1 \; l_2 \; \ldots \; l_n)^t, \; \varepsilon = (\varepsilon_1 \; \varepsilon_2 \; \ldots \; \varepsilon_n)^t \\ A = \begin{pmatrix} 1 & 1 & \ldots & 1 \\ a_1 & a_2 & \ldots & a_n \end{pmatrix}^t, \; x = \begin{pmatrix} x_1 \\ x_2 \end{pmatrix} \end{array} \right\}. \quad (4.2)$$

Der Parameter x_1 ist der Achsabschnitt, und x_2 ist der Anstieg der ausgleichenden Geraden. Wie im vorigen Abschnitt bereits ausgeführt, besitzen die einzelnen Modellkomponenten, je nach konkretem Anwendungsfall, unterschiedliche Eigenschaften. Die Größenpaare (l_i, a_i) können als Koordinaten aufgefasst werden, die zur Veranschaulichung der Situation in einem rechtwinkeligen Koordinatensystem als Punkte dargestellt werden können. Diese sogenannte Punktwolke gibt einen ersten Eindruck von der Beziehung zwischen den Variablen. Für das 3. Beispiel aus Abschnitt 1.1.3 erhält man eher eine Punktkette, die einen starken linearen Zusammenhang zwischen der Temperatur und der Abweichung der Druckanzeige vom Sollwert erkennen lässt. Die lineare Beziehung ist hier in einem physikalischen Gesetz begründet und lässt sich daher am besten durch die Parameter der ausgleichenden Geraden ausdrücken. In anderen Anwendungsfällen der einfachen Regression, wenn die Beziehungen eher stochastischer Natur sind, so dass tatsächlich eine Punktwolke entsteht, beschreibt der Korrelationskoeffizient den Zusammenhang besser. Man denke z. B. an den Zusammenhang zwischen Körpergröße und Gewicht oder zwischen Ernteertrag und eingesetzter Menge an Düngemitteln. Wie noch gezeigt werden wird, besteht zwischen Geradenanstieg und Korrelationskoeffizient eine feste Beziehung.

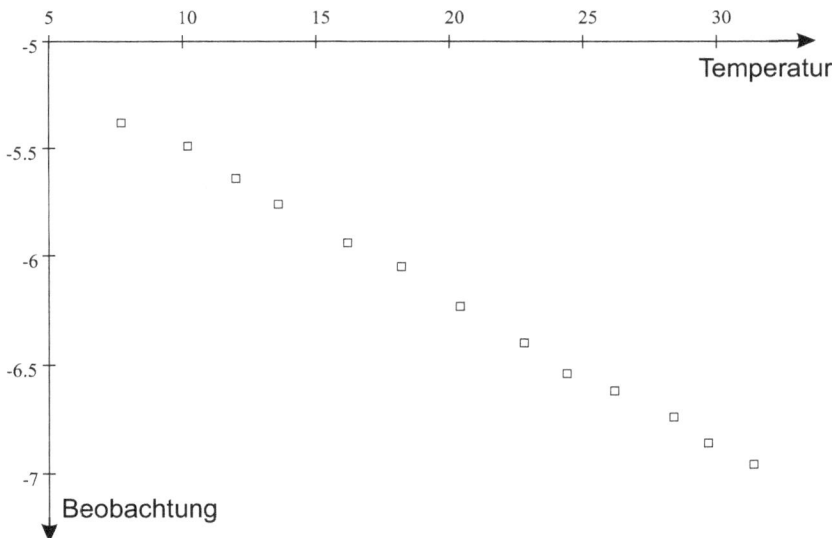

Abbildung 4.1: Barometerkalibrierung

4.1.3   Multiple Regression

Die multiple Regression ist das wohl am häufigsten angewandte Verfahren der Statistik, entsprechend umfangreich ist das Angebot an Lehr- und Handbüchern. In der Standardform treten n abhängige Variable l_i und u erklärende Variable a_j auf, deren Einfluss durch u Parameter x zu schätzen ist. Die Unvollkommenheiten des mathematischen Modells und nicht erfassbare stochastische Fluktuationen werden durch die Abweichungen ε_i aufgefangen.

$$l_i = a_{i1}x_1 + a_{i2}x_2 + a_{i3}x_3 + \cdots + a_{iu}x_u + \varepsilon_i \quad \begin{matrix} i = 1,2,\ldots,n \\ j = 1,2,\ldots,u \end{matrix} \; .$$

Das erste Glied auf der rechten Seite wird meist als Konstante angesetzt, dann gilt $a_{i1} = 1$ $\forall i$. Häufig findet man für die Konstante, die nicht zu den erklärenden Variablen zählt, die Bezeichnung x_0, was dann allerdings zu umständlichen Angaben für die Dimensionen der Matrizen führt, wenn das Modell in Matrixnotation formuliert wird.

$$l = Ax + \varepsilon \quad \text{mit} \quad \left\{ \begin{matrix} l = (l_1 \; l_2 \; \ldots \; l_n)^t, \quad \varepsilon = (\varepsilon_1 \; \varepsilon_2 \; \ldots \; \varepsilon_n)^t \\ \underset{n \times u}{A} = (a_{ij}), \quad x = (x_1 \; x_2 \; \ldots \; x_u)^t \end{matrix} \right\} \quad (4.3)$$

Die Parameter des Modells bestimmen eine Ebene bzw. Hyperebene im $\mathcal{R}^u$, die die Antwortvariablen repräsentiert.

Das 4. Beispiel in Abschnitt 1.1.3 zeigt eine typische Anwendung, in der der erste Parameter als Konstante angesetzt wurde. Bei der multiplen Regression geht die unmittelbare Anschaulichkeit der Einflüsse der einzelnen Regressoren auf die Antwortvariable verloren. Eine Vielzahl von Techniken sind entwickelt worden, um zumindest teilweise durch graphische Darstellungen Einsicht in die Beziehungen zu gewinnen. dies soll hier jedoch nicht behandelt werden.

Auch das 5. Beispiel des Abschnitt 1.1.3 hat die Struktur einer multiplen Regression, allerdings wird man hier den allgemeineren Begriff des linearen Modells vorziehen, da zwischen den Beobachtungen und den unbekannten Parametern bekannte geometrischer Beziehungen existieren. Zwei ebene rechtwinkelige Koordinatensysteme können durch zwei Verschiebungen, eine Drehung und eine Maßstabanpassung zur Deckung gebracht werden. Es gilt also nicht, Beziehungen aufzudecken und zu quantifizieren, sondern vier konkrete Parameter zu bestimmen. Die Anwendung der statistischen Schätzverfahren ist nur deshalb erforderlich, weil die Koordinatenmessung mit zufälligen Abweichungen behaftet ist, und in diesem speziellen Beispiel zwei Punkte ihre Position verändert haben. Unter der Annahme, dass die gemessenen Koordinaten des (X,Y)-Systems in das nur geringfügig anders liegende Sollkoordinatensystem (x,y) zu transformiert sind, gilt für die Komponenten von (4.3) folgende Konkretisierung

$$\begin{matrix} l = (Y_1 \; X_1 \; Y_2 \; \ldots \; X_5)^t \\ \varepsilon = (\varepsilon_{Y_1} \; \varepsilon_{X_1} \; \varepsilon_{Y_2} \; \ldots \; \varepsilon_{X_5})^t \\ x = (a \; b \; c \; d)^t \\ n = 10, \quad u = 4 \end{matrix} \quad A^t = \begin{pmatrix} 1 & 0 & 1 & \ldots & 0 \\ 0 & 1 & 0 & \ldots & 1 \\ y_1 & x_1 & y_2 & \ldots & x_5 \\ -x_1 & y_1 & -x_2 & \ldots & y_5 \end{pmatrix} .$$

Die Bedeutung der Parameter ist in Abschnitt 1.1.3 erläutert.

4.1.4   Erweiterungen und Besonderheiten

Die oben beschriebenen Modelle werden als univariat bezeichnet, da nur ein Vektor l von Antwortvariablen auftritt. Es gibt aber auch multivariate Probleme mit m Vektoren auf der linken Seite, die in der Matrix $L = (l_1 \; l_2 \; \ldots \; l_m)$ zusammengefasst werden. Für jeden dieser Vektoren ist ein eigener Satz von Parametern zu schätzen, womit die Matrix $X = (x_1 \; x_2 \; \dots \; x_m)$ gebildet wird. Entsprechend erhält man eine Matrix $E = (\varepsilon_1 \; \varepsilon_2 \; \dots \; \varepsilon_m)$ von Fehlern. Damit lautet das Modell der multivariaten multiplen Regression

$$L = AX + E, \quad E(L) = AX, \quad Var(l) = \underset{m \times m}{\Sigma}.$$

Die Varianzen und Kovarianzen beziehen sich auf die Vektoren l_i, l_j, während innerhalb der Vektoren d. h. zwischen l_{ik} und l_{il} Unabhängigkeit angenommen wird. Nur wegen dieser stochastischen Beziehungen ist es von Vorteil, die Antwortvariablen l gemeinsam auszuwerten. Eine ausführliche Behandlung der multivariaten Regression bzw. des multivariaten Gauss-Markov Modells findet man u. a. in [Schlittgen 2009] und [Koch 1997].

Im allgemeinen Fall, wie z. B. in (4.1) angenommen, besitzt l bzw. ε die vollbesetzte Varianz-Kovarianz Matrix Σ.

$$l = (l_1 \; l_2 \; \dots \; l_n)^t \quad \text{mit } \Sigma_l = \sigma^2 Q \text{ und } P = Q^{-1}.$$

Die Schätzgleichungen für das lineare Modell lassen sich aber einfacher ableiten und darstellen, wenn die Beobachtungen unabhängig und gleichgenau sind. Diese Eigenschaft kann durch eine lineare Transformation erreicht werden, durch die neue Antwortvariable l_i^* mit der Varianz-Kovarianz Matrix $\sigma^2 I$ erzeugt werden, s. z. B. [Caspary/Wichmann 2007]. Die Transformationsmatrix H, die dazu benötigt wird, muss der Bedingung $HQH^t = I$ genügen, damit $Hl = l^*$ die Varianz-Kovarianz Matrix $\Sigma_{l*} = \sigma^2 I$ erhält. Aus dem Modell (4.3) wird so nach der Transformation

$$Hl = HAx + H\varepsilon \Rightarrow l^* = A^*x + \varepsilon^* \quad \text{mit } \Sigma_{l*} = \sigma^2 I. \tag{4.4}$$

Da Q vollen Rang besitzt, muss dies auch für H gelten, und man erhält $QH^t = H^{-1}$ sowie $QH^tH = I$. Daraus folgt die Beziehung $H^tH = Q^{-1} = P$. Da P und Q symmetrisch sind, ist die Transformationsmatrix nicht eindeutig bestimmt. Für die n^2 zu bestimmenden Elemente von H stehen nur $n(n + 1)/2$ unabhängige Gleichungen zur Verfügung, d. h. über die verbleibenden $n(n - 1)/2$ Elemente kann frei verfügt werden. Dies kann z. B. geschehen, indem allen Elementen unterhalb der Hauptdiagonalen der Wert null gegeben wird. Dies entspricht der als Cholesky Zerlegung bekannte Dreieckszerlegung einer symmetrischen Matrix. Eine weitere Möglichkeit zur Bestimmung von H bietet die Eigenwertzerlegung von Q, die bei symmetrischen Matrizen auf ein System orthogonaler Eigenvektoren $E = (e_1 \; e_2 \; \dots \; e_n)$ führt mit den Eigenschaften $E^tQE = \Lambda \Rightarrow E\Lambda E^t = Q \Rightarrow Q^{-1} = E\Lambda^{-1/2}\Lambda^{-1/2}E^t$. Hieraus liest man unmittelbar die Darstellung $H = \Lambda^{-1/2}E^t$ ab. Diese auch als Homogenisierung der Beobachtungen bezeichnete Transformation sollte nicht durchgeführt werden, wenn Ausreißer im Datenmaterial aufgedeckt und robuste Schätzer eingesetzt werden sollen. Die transformierten Beobachtungen sind Linearkombinationen der ursprünglichen Beobachtungen, deren individuelle Eigenschaften durch die Homogenisierung verloren gehen.

Im Regelfall wird angenommen, dass die Beobachtungen l_i unabhängig von einander sind, so dass die Varianz-Kovarianz Matrix eine Diagonalmatrix ist: $\Sigma_l = diag(\sigma_1^2, \sigma_2^2, \dots, \sigma_n^2)$. Auch die Transformationsmatrix nimmt in diesem Fall Diagonalform an: $H = diag(\sigma_1^{-1}, \sigma_2^{-1}, \dots, \sigma_n^{-1})$. Die Homogenisierung besteht nun darin, dass die Zeilen der Gleichung (4.3) $l_i = a_i^t x + \varepsilon_i$ durch die zugehörigen Standardabweichungen σ_i dividiert werden.

Diese Skalierung bewahrt die individuellen Eigenschaften der Beobachtungen und kann daher stets ohne Nachteile für die folgenden Schätzungen und Modellanalysen durchgeführt werden.

Viele Modelle, vor allem im Bereich der Ingenieur- und Naturwissenschaften, beruhen auf bekannten Gesetzmäßigkeiten, die in ihrer ursprünglichen Form $l_i = f_i(x) + \varepsilon_i$ nicht linear sind. Ein Beispiel für diese Situation gibt das 6. Beispiel aus Kap.1. Um die für lineare Modelle ausgearbeiteten und in bewährten Programmen realisierten Schätzverfahren einsetzen zu können, wird, wann immer möglich, eine Linearisierung durchgeführt. Von Näherunswerten x_j^0 ausgehend, wird dazu $f_i(x)$ in eine Taylor-Reihe entwickelt, die nach dem linearen Glied abgebrochen wird.

$$f_i(x) = f_i(x^0) + \Sigma_{j=1}^u (\partial f_i(x)/\partial x_j) dx_j + Gl.h.O. \tag{4.5}$$

$$\text{mit} \quad a_{ij}^0 = \partial f_i(x)/\partial x_j \big|_{x^0} \text{ folgt } l_i - f_i(x^0) \approx (a_i^0)^t \, dx_j + \varepsilon_i.$$

Mit den Zuweisungen $l_i := l_i - f_i(x^0)$, $A := (a_{ij}^0)$ und $x := dx$ erhält man wieder die Standardform des linearen Modells. Die Parameterschätzung wird iterativ durchgeführt, wenn die Näherungswerte der Parameter signifikant von den Schätzergebnissen abweichen. Nach jedem Schritt werden dann die Näherungswerte mit den aktuellen Parameterschätzwerten verbessert und eine neue Berechnung der l_i und der a_{ij} durchgeführt. Nach meist wenigen Iterationsschritten nehmen die Parameter feste Werte an. Eine Alternative zu diesem Standardvorgehen besteht darin, die Verlustfunktion, die als Grundlage des Schätzverfahrens formuliert wird, direkt mithilfe von mathematischen Optimierungsverfahren zu minimieren.

Ein weiteres wichtiges Unterscheidungsmerkmal verschiedener Formen des linearen Regressionsmodell ist die Eigenschaft der erklärenden Variablen. Meist wird angenommen, dass die Elemente der Matrix A feste, fehlerfrei bekannte Größen sind. Sie wurden entweder in einer Erhebung ermittelt oder für einen Versuch gewählt. Man hat es dann mit einem gewöhnlichen Regressionsmodell bzw. Gauss-Markov Modell zu tun.

Andere Anwendungsfälle erfordern ein sogenanntes Strukturmodell. Darin sind die Elemente a_{ij} der Designmatrix unabhängige Realisierungen von Zufallsvariablen A_j, von denen angenommen wird, dass sie eine $N(\alpha, \sigma_a^2)$-Verteilung besitzen. Ferner wird vorausgesetzt, dass die Vektoren ε und a_j unabhängig voneinander sind. Die Parameterschätzung nach der Maximum-Likelihood Methode führt für beide Modelle zu erwartungstreuen Schätzern.

Eine dritte Art von Modellen entsteht, wenn die Designvariablen a_j feste Größen sind, die jedoch nicht fehlerfrei ermittelt werden können. Man muss dann das Modell mit Größen $A_j = a_j + v_j$ bilden, wobei $v_j \sim (0, \sigma_v^2)$ angenommen wird. Dieses Modell wird in der Literatur als Fehler-in-den-Variablen Modell (EIV-model: error in the variables) oder als Funktionalmodell bezeichnet. Um die Parameter eines solchen Modells schätzen zu können, sind zusätzliche Annahmen erforderlich. Diese werden häufig so getroffen, dass entweder σ_v^2 oder das Varianzverhältnis $\sigma_\varepsilon^2/\sigma_v^2$ als bekannt eingeführt wird. [Fuller 1987], [Van Huffel/Vandewalle 1991], [Cheng/Van Ness 1999], [Stefanski 2000].

4.1.5   Logistische Regression

Besondere Schätzaufgaben, die vor allem in den Sozial- und Lebenswissenschaften auftreten, bei denen die Antwortvariablen binäre oder multinominale Größen sind, werden mit dem Modell der logistischen Regression (Logit-Modell) formuliert. Im Fall binärer Antwortvariablen gilt bei (0;1)-Kodierung beispielsweise $l = 1$, wenn ein Ereignis eingetroffen oder ein Zustand vorhanden ist. Im negativen Fall wird $l = 0$ gesetzt. Als unabhängige Variable können verschiedene gemessene oder beobachtete Einflüsse auftreten. Nun kann man als lineares Modell der Beziehungen, wieder einen linearen Regressionsansatz wählen

$$l_i = a_{i1}x_1 + a_{i2}x_2 + a_{i3}x_3 + \cdots + a_{iu}x_u + \varepsilon_i \quad \begin{matrix} i = 1,2,\ldots,n \\ j = 1,2,\ldots,u \end{matrix} . \qquad (4.6)$$

Die klassische Auswertung diese Modells würde aber zu folgenden Problemen führen:

- Da l nur die Werte 0 oder 1 annehmen kann, ist ε keinesfalls normalverteilt, daraus folgt, dass die üblichen Kriterien zur Bewertung der Schätzung und die Grundlagen der Hypothesentests verletzt sind.

- Die Vorhersage abhängiger Variabler führt nicht zu binären Werten. Ihre Interpretation als Wahrscheinlichkeit für das Auftreten des untersuchten Ereignisses ist nicht sinnvoll, da auch Werte außerhalb des Bereichs (0; 1) auftreten können.

- Der lineare Ansatz für die Beziehungen zwischen abhängigen und unabhängigen Variablen ist fragwürdig.

Das Problem wird nun so gelöst, dass zunächst eine Transformation der abhängigen Variablen durchgeführt wird, mit der erreicht wird, dass auf der linken Seite von (4.6) der mögliche Wertebereich auf $(-\infty,\infty)$ erweitert wird. Dazu wird das Wahrscheinlichkeitsverhältnis (Chance, Quote, Odds) der beiden möglichen Ereignisse gebildet

$$Quote(l_i) = P(l_i = 1)/P(l_i = 0)$$

und anschließend logarithmiert

$$Logit(l_i) = \ln Quote(l_i) = \ln P(l_i = 1) - \ln P(l_i = 0).$$

Die so transformierten Größen liegen im Bereich $(-\infty,\infty)$ und treten an die Stelle der ursprünglichen Werte. Aus (4.6) wird so

$$Logit(l_i \mid a_i) = a_{i1}x_1 + a_{i2}x_2 + a_{i3}x_3 + \cdots + a_{iu}x_u, \quad \begin{matrix} i = 1,2,\ldots,n \\ j = 1,2,\ldots,u \end{matrix} . \quad (4.7)$$

Die Schätzung der Regressionskoeffizienten erfolgt in diesem linearen Modell nach der Maximum-Likelihood Methode. Da durch die Transformation die Anschaulichkeit weitgehend verlorengeht, wird meist eine Rücktransformation durchgeführt, die

$$Quote(l_i \mid a_i) = \exp(a_{i1}\widehat{x}_1 + a_{i2}\widehat{x}_2 + a_{i3}\widehat{x}_3 + \cdots + a_{iu}\widehat{x}_u)$$

liefert. Die Vorhersage der Wahrscheinlichkeit dafür, dass für den Vektor a_k von erklärenden Variablen $l_k = 1$ gilt, erfolgt mit der Gleichung

$$P(l_k = 1 \mid a_k) = \frac{\exp(a_{k1}\widehat{x}_1 + a_{k2}\widehat{x}_2 + a_{k3}\widehat{x}_3 + \cdots + a_{ku}\widehat{x}_u)}{1 + \exp(a_{k1}\widehat{x}_1 + a_{k2}\widehat{x}_2 + a_{k3}\widehat{x}_3 + \cdots + a_{ku}\widehat{x}_u)}.$$

Erweiterungen diese Modells für multinominale abhängige Variable werden in der Literatur beschrieben. Für diese und ebenso für Einzelheiten der Schätzung, der Ergebnisinterpretation und der Modellüberprüfung sowie für Anwendungsbeispiele sei auf [Backhaus/Erichson/Plinke/Weiber 2000] und [Schlittgen 2009] verwiesen.

4.2   Klassische Parameterschätzung

In dem linearen Modell

$$l = Ax + \varepsilon, \quad \text{bzw.} \quad l + v = A\hat{x}, \quad P, \tag{4.8}$$
$$E(\varepsilon) = 0, \; Var(\varepsilon) = \Sigma_\varepsilon = \Sigma_l = \sigma_0^2 Q, \quad Q^{-1} = P,$$

sind die unbekannten Parameter x_j zu schätzen, wobei vorausgesetzt wird, dass das Gleichungssystem überbestimmt ist, d. h. es gilt $n > u$. Die klassischen Schätzmethoden sind die Maximum-Likelihood (ML) Schätzung, die Methode der kleinsten Quadrate (MkQ) und die beste lineare unverzerrte (BLU) Schätzung, die für normalverteilte Beobachtungen l bzw. Abweichungen ε zu identischen Ergebnissen führen vgl. z. B. [Koch 1997] und [Caspary/Wichmann 2007]. Der Einfachheit halber wird im Folgenden vorwiegend das Schätzkriterium der Methode der kleinsten Quadrate (MkQ)

$$v^t P v = \min, \quad v = A\hat{x} - l, \quad \Sigma_l = \sigma_0^2 Q, \quad P = Q^{-1}, \tag{4.9}$$

$$\hat{x} = (A^t P A)^{-1} A^t P l, \tag{4.10}$$

$$s_0^2 = v^t P v / (n - u), \quad S_{\hat{x}} = s_0^2 (A^t P A)^{-1} \tag{4.11}$$

benutzt.

Mit Blick auf die in Kap. 7 dargestellten robusten Schätzer sind weitere Schätzkriterien bedeutsam, die von den klassischen Methoden stets erfüllt werden.

Ein Schätzer $T(A,l)$ für den Parametervektor x wird als *affin äquivariant* bezeichnet, wenn, analog zu Gleichung (3.76), für jede reguläre Transformation der Designmatrix mit einer $u \times u$ Matrix B die Beziehung

$$T(AB,l) = B^{-1} T(A,l)$$

erfüllt ist. Schätzer mit dieser Eigenschaft erlauben also die freie Wahl des Koordinatensystems für die Designmatrix, da sich jeder Koordinatenübergang entsprechend auf den Schätzer überträgt.

Ein Schätzer ist ferner *skalenäquivariant,* wenn jede Skalenänderung der abhängigen Variablen mit einer Konstanten c zu einer identischen Änderung des Schätzergebnisses führt

$$T(A,cl) = cT(A,l).$$

Dieses Kriterium stellt damit sicher, dass die Einheiten, in denen die Beobachtungen eingeführt werden, ohne Einfluss bleiben.

Als *regressionsäquivariant* werden Schätzer bezeichnet, wenn sie für einen beliebigen Vektor b die Beziehung

$$T(A,l + Ab) = T(A,l) + b$$

erfüllen.

4.2.1   Einfache Regression, ausgleichende Gerade

Bei der einfachen Regression geht es um die Beziehung zwischen einer Antwortvariablen und einer unabhängigen Variablen. Das lineare Modell (4.2)

$$l = Ax + \varepsilon \quad \text{mit} \quad \left\{ \begin{array}{l} l = (l_1 \ l_2 \ \dots \ l_n)^t, \ \varepsilon = (\varepsilon_1 \ \varepsilon_2 \ \dots \ \varepsilon_n)^t \\ A = \begin{pmatrix} 1 & 1 & \dots & 1 \\ a_1 & a_2 & \dots & a_n \end{pmatrix}^t, \ x = \begin{pmatrix} x_1 \\ x_2 \end{pmatrix} \end{array} \right\} \quad (4.12)$$

wird in Anlehnung an das 3. Beispiel aus Abschnitt 1.1 der Einfachheit halber umformuliert in

$$l_i = a + b t_i + \varepsilon_i, \quad i = 1,2,\dots,n$$
$$E(\varepsilon_i) = 0, \quad \sigma_{\varepsilon_i}^2 = \sigma^2 = \text{const} \ \forall i. \quad (4.13)$$

Es ist in dieser Form die Gleichung einer Geraden mit den Parametern Achsabschnitt (a) und Anstieg (b). Die Variablen t_i werden als feste, fehlerfrei bekannte oder gewählte Größen aufgefasst. Zur Schätzung nach der MkQ ist bekanntlich die Verlustfunktion $\Sigma v^2 = v^t v$ zu minimieren, wobei die v_i als Verbesserungen der Messwerte definiert sind, die die Gleichungen $l_i + v_i = \hat{a} + \hat{b} t_i$ befriedigen. In der Statistikliteratur findet man häufig die Darstellung $l_i = \hat{a} + \hat{b} t_i + e_i$ mit den als Residuen bezeichneten Größen e_i, für die offensichtlich $v_i = -e_i$ gilt. Werden die Verbesserungen in die Verlustfunktion eingesetzt, so erhält man mit

$$\Sigma(a + b t_i - l_i)^2 = \Sigma(a^2 + b^2 t_i^2 + l_i^2 + 2abt_i - 2al_i - 2bt_i l_i) \Rightarrow \min(a,b,)$$

die zu minimierende Funktion. Die Ableitungen nach den Parametern a und b liefern die beiden Gleichungen

$$\frac{\partial}{\partial a} = 2(na + b\Sigma t_i - \Sigma l_i)$$
$$\frac{\partial}{\partial b} = 2(b\Sigma t_i^2 + a\Sigma t_i - \Sigma t_i l_i),$$

die im Minimum verschwinden. Die Auflösung nach den Parametern liefert für a

$$\hat{a} = \frac{1}{n}\Sigma l_i - \frac{1}{n} b\Sigma t_i = \bar{l} - b\bar{t} \quad (4.14)$$

mit den Mittelwerten $\bar{l} = \Sigma l_i / n$ und $\bar{t} = \Sigma t_i / n$ und nach Einsetzen in die zweite Gleichung für b

$$\hat{b} = \frac{\Sigma l_i t_i - n\bar{l}\bar{t}}{\Sigma t_i^2 - n\bar{t}^2} = \frac{\Sigma(l_i - \bar{l})(t_i - \bar{t})}{\Sigma(t_i - \bar{t})^2}. \quad (4.15)$$

Dazu gehören die Varianzen

$$s_{\hat{a}}^2 = s^2\left(\frac{1}{n} + \frac{\bar{t}^2}{\Sigma(t_i - \bar{t})^2}\right) \quad \text{und} \quad s_{\hat{b}}^2 = \frac{s^2}{\Sigma(t_i - \bar{t})^2}.$$

Für das 3. Beispiel aus Abschnitt 1.1.3 erhält man für die gerundeten Werte der Tabelle 1.5 aus (4.15) mit $\bar{l} = -6,201$ und $\bar{t} = 20,092$ für den Anstieg der Geraden $\hat{b} =$

$-0{,}06829\,\text{mmHg}/{}^\circ\text{C}$ und nach Einsetzen dieses Ergebnisses in (4.14) den Achsabschnitt $\hat{a} = -4{,}829\,\text{mmHg}$. Die Verbesserungen $v_i = \hat{a} + \hat{b}t_i - l_i$ liefern $\boldsymbol{v}^t\boldsymbol{v} = 57{,}285 \times 10^{-4}$ und mit $f = n - u = 11$ die Varianz $s^2 = 5{,}2077 \times 10^{-4}$, und die Standardabweichung $s_l = 0{,}023\,\text{mmHg}$. Daraus folgt für die Standardabweichungen $s_{\hat{a}} = 0{,}0181$ und $s_{\hat{b}} = 0{,}000844$.

Mit dieser Geraden $\hat{l} = \hat{a} + \hat{b}t$ kann nun die Abbildung 4.1 vervollständigt werden.

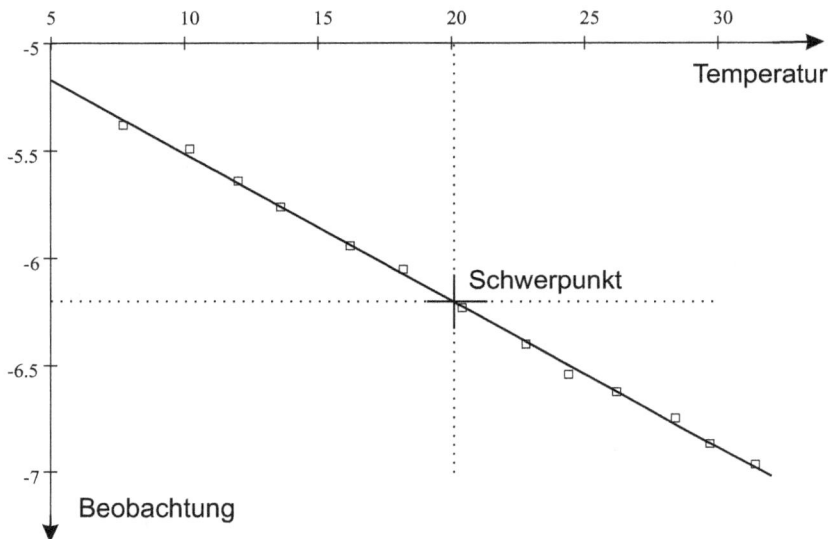

Abbildung 4.2: Barometerkalibrierung

Häufig ist es zweckmäßig, vor der Berechnung und Darstellung der ausgleichenden Geraden den Nullpunkt des Koordinatensystems in den Schwerpunkt der Daten zu legen. Die Schwerpunktskoordinaten sind die ohnehin zu berechnenden Mittelwerte $\bar{l}$ und $\bar{t}$. Auf diesen Koordinatenursprung bezogen erhält man $l^* = l - \bar{l}$ und $t^* = t - \bar{t}$, die Werte sind für das Barometerbeispiel in Tabelle 1.5 aufgeführt. Da offensichtlich $\Sigma l^* = \Sigma t^* = 0$ gilt, vereinfachen sich die Rechenformeln. Eine Verschiebung des Koordinatensystems hat keinen Einfluss auf den Geradenanstieg, der nun nach der einfachen Formel $\hat{b}^* = \Sigma l_i^* t_i^* / \Sigma t_i^{*2}$ berechnet wird. In dem Beispiel lautet das Ergebnis wie oben $\hat{b}^* = \hat{b} = -49{,}871/730{,}269 = -0{,}06829$ mit $s_{\hat{b}*} = s_{\hat{b}} = 8{,}44 \times 10^{-4}$. Der Achabschnitt erhält in diesem Koordinatensystem den Wert null, wie man an (4.14) leicht abliest: $\hat{a}^* = 0$ mit der Standardabweichung $s_{\hat{a}*} = 0{,}0181$, die mit der Standardabweichung von $\bar{l}$ übereinstimmt. Das verschobene Koordinatensystem ist in Abbildung 5.2 mit gestrichelten Linien dargestellt.

Die Wertepaare (l_i, t_i) können in manchen Anwendungsfällen, wie das in Abschnitt 4.1.3 erwähnte Beispiel von Körpergröße und Gewicht, als Realisationen von zwei Zufallsvariablen (L, T) aufgefasst werden. Das Ziel der Analyse ist es dann, den statistischen Zusammenhang zwischen den Größen L und T zu schätzen. Als Maß der linearen stochastischen Beziehung zwischen zwei Zufallsvariablen werden die Kovarianz und die Korrelation verwandt. Die

Kovarianz zwischen L und T ist als

$$Kov(L,T) = E\{(L - E(L))(T - E(T))\}$$

definiert. Der Schätzer für eine Stichprobe vom Umfang n lautet

$$Kov(l,t) = \frac{\sum_{i=1}^{n}(l_i - \bar{l})(t_i - \bar{t})}{n - 1} \quad \text{mit} \quad \bar{l} = \frac{\sum l_i}{n} \text{ und } \bar{t} = \frac{\sum t_i}{n}. \tag{4.16}$$

Da der Wert der Kovarianz von den verwendeten Maßeinheiten abhängt, ist er zur Beurteilung der stochastischen Beziehung nicht besonders geeignet. Dieser Nachteil kann durch vorherige Standardisierung der Beobachtungen beseitigt werden. Dazu müssen zunächst die Standardabweichungen

$$s_l = \sqrt{\frac{\sum(l_i - \bar{l})^2}{n - 1}}, \quad s_t = \sqrt{\frac{\sum(t_i - \bar{t})^2}{n - 1}}$$

berechnet werden, mit denen die Größen $l_i^{\circ} = (l_i - \bar{l})/s_l$ und $t_i^{\circ} = (t - \bar{t})/s_t$ gebildet werden. Die Standardabweichungen (Skalenfaktoren) haben hier eine andere Bedeutung als bei der ausgleichenden Geraden. Sie haben nichts mit Messgenauigkeit zu tun, sondern sie sind ein Maß für die Streuung der Einzelwerte um das Mittel und in sofern eine Eigenschaft der Zufallsvariablen. Die Kovarianz der skalierten Größen

$$Kov(l^{\circ},t^{\circ}) = \frac{\sum l_i^{\circ} t_i^{\circ}}{n - 1} = Kor(l,t) = \frac{Kov(l,t)}{s_l s_t} \tag{4.17}$$

ist der nun dimensionenfreie Korrelationsschätzer, der nur Werte im Intervall $-1 \leq r \leq +1$ annimmt. Als abgekürzte Schreibweise findet man häufig $Kov(l,t) = s_{lt}$ und $Kor(l,t) = r_{lt}$. Betrachtet man nun die Wertepaare (l_i, t_i) als Realisationen einer zweidimensionalen Zufallsvariablen (L,T), so ist die Matrix $S = \begin{pmatrix} s_l^2 & s_{lt} \\ s_{tl} & s_t^2 \end{pmatrix}$ der Schätzer der Varianz-Kovarianz

Matrix dieser Zufallsvariablen, aus der mit

$$R = \begin{pmatrix} 1/s_l & 0 \\ 0 & 1/s_t \end{pmatrix} \begin{pmatrix} s_l^2 & s_{lt} \\ s_{tl} & s_t^2 \end{pmatrix} \begin{pmatrix} 1/s_l & 0 \\ 0 & 1/s_t \end{pmatrix} = \begin{pmatrix} 1 & r_{lt} \\ r_{tl} & 1 \end{pmatrix}$$

die Korrelationsmatrix gebildet wird, die im Gegensatz zu S skaleninvariant ist.

Der Vergleich der Formeln (4.15) und (4.16) zeigt den engen Zusammenhang zwischen dem Anstieg der ausgleichenden Geraden und der Kovarianz bzw. der Korrelation,

$$\hat{b} = \frac{\sum(l_i - \bar{l})(t_i - \bar{t})}{\sum(t_i - \bar{t})^2} = \frac{Kov(l,t)}{s_t^2} = Kor(l,t)\frac{s_l}{s_t}.$$

Auf das oben eingeführte Beispiel angewandt, erhält man

$$Kov(l,t) = \frac{\sum l_i^* t_i^*}{n - 1} = \frac{-49,871}{12} = -4,1559$$

$$Kor(l,t) = \frac{-4,1559}{7,801 \times 0,5332} = -0,9991.$$

Diese sehr starke Korrelation zwischen l und t ist, insbesonder bei Betrachtung der Abbildung 4.2, nicht überraschend. Sie zeigt, dass die Beziehung zwischen den Variablen eher deterministischer als stochastischer Natur ist. Daher ist die Auswertung der Beobachtungen des Beispiels mit dem einfachen linearen Modell sicher der Korrelationsschätzung vorzuziehen.

Das lineare Modell (4.12) oder spezieller (4.13) ist als empirisches Modell zu betrachten, dessen Güte nach der Schätzung zu überprüfen ist. Erste Hilfen zur Beurteilung der Qualität des Modells sind die Standardabweichungen der geschätzten Parameter und der Korrelationskoeffizient. Ferner bietet sich ein t-Test für die Signifikanz der geschätzten Parameter an, d. h. sie werden gegen den Erwartungswert null oder gegen einen anderen durch die Aufgabenstellung vorgegebenen Wert getestet.

Ein weiteres Standardverfahren zur Ermittlung der Qualität der Schätzung ist die Streuungszerlegung. Sei mit $SQG = \Sigma(\bar{l} - l_i)^2$ die Gesamtsumme der Quadrate (SST) bezeichnet, mit $SQV = \Sigma(\hat{l} - l_i)^2$ die Summe der Quadrate der Verbesserungen (SSE) und mit $SQR = \Sigma(\bar{l} - \hat{l})^2$ die Summe der Quadrate bezüglich der Regression (SSR), dann gilt die Beziehung

$$SQG = SQV + SQR.$$

SQR ist ein Maß für die Qualität des Modells bezüglich der Vorhersage von Antwortvariablen l_k auf der Basis von unabhängigen Variablen t_k, und SQV kann als Maß der Vorhersagegenauigkeit interpretiert werden. Als Bestimmtheitsmaß wird die Größe

$$R^2 = \frac{SQR}{SQG} = 1 - \frac{SQV}{SQG} \tag{4.18}$$

bezeichnet. Sie gibt den Anteil der Gesamtvariabilität an, der auf die unabhängige Variable zurückgeführt werden kann. R^2 wird auch Index der Anpassungsgüte des Modells bezeichnet und steht mit dem Korrelationskoeffizienten in folgender Beziehung

$$R^2 = \{Kor(l,t)\}^2 = \{Kor(l,\hat{l})\}^2. \tag{4.19}$$

Mit den Daten des Beispiels Barometerkalibrierung ergeben sich folgende Summen

$$SQG = \Sigma(\bar{l} - l_i)^2 = 3{,}41149$$
$$SQV = \Sigma(\hat{l} - l_i)^2 = 0{,}00573$$
$$SQR = \Sigma(\bar{l} - \hat{l})^2 = 3{,}40577.$$

Damit erhält man das Bestimmtheitsmaß

$$R^2 = 1 - \frac{0{,}00573}{3{,}41149} = 0{,}99832$$

in Übereinstimmung mit dem Quadrat des oben berechneten Korrelationskoeffizienten.

Das Modell (4.13) setzt fehlerfreie erklärende Variable voraus. Daraus folgt, dass die Verbesserungen an den Antwortvariablen anzubringen sind. Geometrisch betrachtet, bedeutet dies, dass sie in Abbildung 4.2 parallel zu l-Achse abgetragen werden. Wenn die Antwortvariablen fehlerfrei erfasst werden können, während die Regressoren mit zufälligen Abweichungen gehaftet sind, muss das Modell (4.13) umformuliert werden:

$$l_i = a + b(t_i - \eta_i) \quad i = 1,2,\ldots,n$$
$$E(\eta_i) = 0, \; \sigma^2_{\eta_i} = \sigma^2 = \text{const } \forall i. \tag{4.20}$$

Die MkQ-Schätzung erfordert nun die Minimierung von $\boldsymbol{\eta}^t \boldsymbol{\eta}$. Die Auflösung der Geradengleichung nach t_i und die Einführung neuer Regressionsparameter führt auf

$$t_i = -\frac{a}{b} + \frac{1}{b}l_i + \eta_i = c + d\,l_i + \eta_i.$$

Der Vergleich mit der Geradengleichung (4.13) zeigt, dass die Struktur unverändert ist, und lediglich die Variablen l_i und t_i ihre Plätze vertauscht haben. Bei entsprechender Anpassung können daher die Schätzgleichungen (4.14) und (4.15) unmittelbar übernommen werden.

$$\widehat{c} = -\widehat{\left(\frac{a}{b}\right)} = \bar{t} - d\bar{l}, \quad \widehat{d} = \widehat{\left(\frac{1}{b}\right)} = \frac{\Sigma(l_i - \bar{l})(t_i - \bar{t})}{\Sigma(l_i - \bar{l})^2}.$$

Mit den Zahlen des Beispiels erhält man

$$\widehat{d} = -49{,}8711/3{,}41149 = -14{,}61855°C/\text{mmHg}$$
$$\widehat{c} = 20{,}09231 - 90{,}64626 = -70{,}5534°C.$$

Die Varianzschätzung liefert mit $w_i = \widehat{c} + \widehat{d}l_i - t_i$ die Summe der Verbesserungsquadrate $\boldsymbol{w}^t \boldsymbol{w} = 1{,}2263$ und $f = 13 - 2$ die Schätzung der Standardabweichung $s_t = 0{,}33°C$. Transformiert man zurück in das ursprüngliche Koordinatensystem, so ergeben sich $\tilde{b} = -0{,}06841$, und $\tilde{a} = 4{,}826$, und man sieht, dass die transformierten Parameter nur näherungsweise mit den Schätzungen im ursprünglichen Modell übereinstimmen. Der Grund für diese Differenz ist die Nichtlinearität der Beziehungen zwischen (a,b) und (c,d). Die Verbesserungen dieses Modells sind an den Temperaturwerten anzubringen, d. h. sie liegen parallel zur t-Achse. Da die Differenz zwischen den beiden Geraden in diesem Beispiel gering ausfällt, ist sie in Abbildung 4.2 nicht darstellbar, in [Wolf 1968] wird sie als Schere bezeichnet.

4.2.2   Orthogonale Regression

Wesentlich komplexer wird die Situation, wenn sowohl l_i als auch t_i mit zufälligen Abweichungen beobachtet werden. Das Modell nimmt dann die Form

$$l_i - \varepsilon_i = a + b(t_i - \eta_i), \quad E(\varepsilon_i) = E(\eta_i) = 0,$$
$$\sigma^2_{\eta_i} = \sigma^2_\eta, \quad \sigma^2_{\varepsilon_i} = \sigma^2_\varepsilon, \quad \sigma_{\eta\varepsilon} = 0 \; \forall i \tag{4.21}$$

an. Die Schätzung der Parameter dieses Modells hat eine sehr lange Geschichte. Die ersten Ableitungen gehen von $\sigma^2_\varepsilon = \sigma^2_\eta$ aus und bestimmen die Parameter so, dass sie nach Einsetzen in die Gleichungen

$$l_i + v_i = \widehat{a} + \widehat{b}(t_i + w_i),$$

die Summe der Quadrate $v^t v + w^t w$ minimieren. Geometrisch betrachtet, werden bei dieser Lösung orthogonale Abstände zwischen den beobachteten Punkten und der ausgleichenden Geraden gebildet und die Summe ihrer Quadrate minimiert. Dies erklärt die gelegentlich zu findende Bezeichnung orthogonale Regression. In [Wolf 1968] wird der Begriff mittlere ausgleichende Gerade vorgeschlagen. Aus Sicht der mathematischen Statistik ist das Modell (4.21) ein Spezialfall des EIV-Modells (vgl. Abschnitt 4.1.4), das einen festen Regressor, den Koeffizienten der Konstanten a, und einen mit Fehler behafteten Koeffizienten t_i aufweist. Neben der geometrischen und der statistischen Betrachtungsweise dieses Problems gibt es auch eine Sicht der numerischen Mathematik. Aus diesem Bereich kommt die Bezeichnung TLS (total least squares) für die Lösung des auf mehrere Regressoren erweiterten Modells [Golub/Van Loan 1980]. Eine fundierte Darstellung der Lösungsmöglichkeiten und Modellvarianten sowie eine umfangreiche Würdigung der einschlägigen Veröffentlichungen geben [Van Huffel/Vandewalle 1991] und [Markovsky/Van Huffel 2007]. Als neuere Arbeit sei auch [Schaffrin 2007] angeführt, in der alle Aspekte des Modells (4.12) ausführlich behandelt werden und auf seine historische Entwicklung in der Geodäsie eingegangen wird.

In der Praxis wird es sehr häufig vorkommen, dass die l_i und die t_i in unterschiedlichen Einheiten und mit verschiedenen Varianzen vorliegen. In dem Barometerbeispiel treten z. B. die Einheiten °C und mmHg auf. In solchen Fällen ist es nicht sinnvoll, die einfache Summe der Quadrate zu minimieren. Als erster Schritt der Schätzung sind dann die Beobachtungen dimensionslos zu machen und die Varianzunterschiede zu beseitigen. Dies geschieht durch Anwendung der in Abschnitt 4.1.4 beschriebenen Homogenisierung, wobei weiterhin angenommen werden soll, dass die Beobachtungen unabhängig sind. Die ursprünglichen Messwerte werden durch ihre Standardabweichungen dividiert, und liefern mit $l_i^{\#} = l_i / s_l$ und $t_i^{\#} = t_i / s_t$ neue Variable, die als Vielfaches ihrer Standardabweichungen dimensionslos sind („natürlicher Maßstab"). Derselbe Effekt kann erzielt werden, wenn als Verlustfunktion die Summe der gewichteten Verbesserungen $v^t P_l v + w^t P_t w$ mit $P_l = \sigma_l^{-2} I$ und $P_t = \sigma_t^{-2} I$ gewählt wird. Die Verallgemeinerung dieses Ansatzes für unterschiedlich genaue l_i und/oder t_i ist bei bekannten Genauigkeitsrelationen durch entsprechende Anpassung der Gewichtsmatrizen ohne Weiteres möglich, s. z. B. [Wolf 1968] und [Schaffrin 2007]. Seien zur Vereinfachung der Schreibweise $x := t^{\#}$ und $y := l^{\#}$ gesetzt, so erhält man durch einfache geometrische Beziehungen, siehe Abbildung 4.3, für die orthogonale Verbesserung

$$u_i = \sqrt{v_i^{\#2} + w_i^{\#2}} = x_i \sin \alpha - y_i \cos \alpha - a^{\#}$$

mit α dem Steigungswinkel der Geraden, und $a^{\#} = -a \cos \alpha$. a ist der Achsabschnitt der ausgleichenden Geraden und $a^{\#}$ das Lot des Koordinatennullpunktes auf diese Gerade.

Für die zu minimierende Verlustfunktion erhält man

$$\begin{aligned} u^t u = x^t x \sin^2 \alpha + y^t y \cos^2 \alpha + n a^{\#2} - 2x^t y \sin \alpha \cos \alpha \\ -2x^t e a^{\#} \sin \alpha + 2y^t e a^{\#} \cos \alpha \end{aligned} \tag{4.22}$$

mit $e = (1 \; 1 \; \ldots \; 1)^t$. Für das gesuchte Minimum werden, wie üblich, die Ableitungen von $u^t u$ nach α und $a^{\#}$ null gesetzt.

$$\frac{\partial u^t u}{\partial \alpha} = 2x^t x \sin \alpha \cos \alpha - 2y^t y \sin \alpha \cos \alpha - 2x^t y (\cos^2 \alpha - \sin^2 \alpha) \tag{4.23}$$

$$-2x^t e a^{\#} \cos \alpha - 2y^t e a^{\#} \sin \alpha \tag{4.24}$$

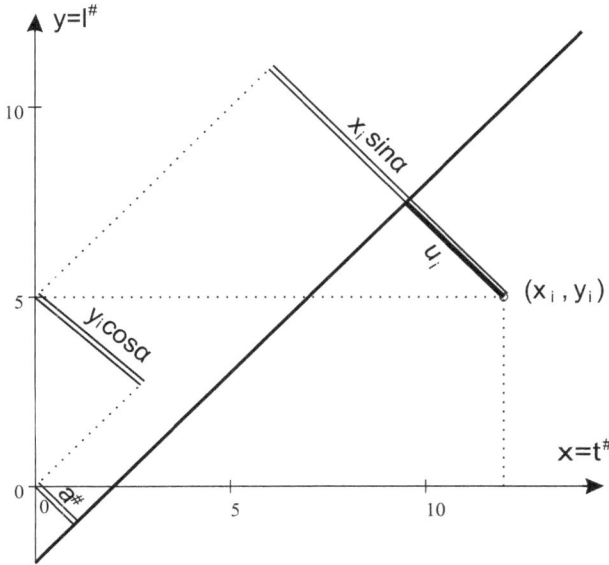

Abbildung 4.3: Verbesserungen orthogonal zur ausgleichenden Geraden

$$\frac{\partial \boldsymbol{u}^t \boldsymbol{u}}{\partial a^{\#}} = 2n a^{\#} - 2\boldsymbol{x}^t \boldsymbol{e} \sin \alpha + 2\boldsymbol{x}^t \boldsymbol{e} \cos \alpha. \tag{4.25}$$

Die Gleichung (4.25) wird nach $a^{\#}$ aufgelöst und das Ergebnis in (4.23) eingesetzt. Nach elementaren Umformungen und Vereinfachungen lautet das Ergebnis

$$\widehat{\tan 2\alpha} = 2(n\boldsymbol{x}^t \boldsymbol{y} - \boldsymbol{x}^t \boldsymbol{e} \boldsymbol{y}^t \boldsymbol{e}) / n(\boldsymbol{x}^t \boldsymbol{x} - \boldsymbol{y}^t \boldsymbol{y} - [\boldsymbol{x}^t \boldsymbol{e}]^2 + [\boldsymbol{y}^t \boldsymbol{e}]^2) \tag{4.26}$$

$$\widehat{a^{\#}} = (\boldsymbol{x}^t \boldsymbol{e} \sin \tilde{\alpha} - \boldsymbol{y}^t \boldsymbol{e} \cos \tilde{\alpha}) / n, \tag{4.27}$$

das für praktische Anwendungen völlig ausreicht, obwohl nicht α sondern $\tan 2\alpha$ geschätzt wurde, und daher weder der Steigungswinkel α noch der daraus berechnete Achsabschnitt in Strenge optimale Schätzer sind. Man liest an den Gleichungen ab, dass eine Vereinfachung eintritt, wenn die Größen x_i und y_i auf den Schwerpunkt bezogen werden. Die Summen $\boldsymbol{x}^t \boldsymbol{e}$ und $\boldsymbol{y}^t \boldsymbol{e}$ verschwinden dann, und der Achabschnitt nimmt den Wert null an.

Die optimale Schätzung der Parameter a und b der Geradengleichung, bzw. allgemein des Parametervektors $\boldsymbol{x}$ in (4.12) ist möglich aber aufwendig. Sie erfolgt mit der z. B. in [Van Huffel/Vandewalle 1991] ausführlich behandelten TLS-Methode, bei der mit Hilfe der Singulärwertzerlegung neben den Regressionsparametern gleichzeitig die optimalen Schätzwerte für die Regressoren bestimmt werden, vgl. auch [Castro/Galea-Rojas/Bolfarine 2007]. Dies soll hier aber nicht weiter ausgeführt werden.

Abschließend sei für das 3. Beispiel der Geradengleichung die Lösung angegeben. Bei den beiden oben durchgerechneten Schätzungen ergaben sich die Standardabweichungen $s_t = 0{,}334°C$ und $s_l = 0{,}0228\,mmHg$. Mit $\boldsymbol{x} = \boldsymbol{t}/s_t$ und $\boldsymbol{y} = \boldsymbol{l}/s_l$ liefert die Auswertung von (4.26)

$$\widehat{\tan 2\alpha} = \frac{-170271{,}04}{-212{,}75675} = 800{,}3085 \Rightarrow 2\tilde{\alpha} = 299{,}9245 gon,$$
$$\tilde{\alpha} = 149{,}96023 gon$$

Damit ist $\tilde{b} = \tan\tilde{\alpha} = -1{,}00125$ der Anstieg der ausgleichenden Geraden im natürlichen Koordinatensystem. Mit $\tilde{b}s_l/s_t = -0{,}06835$ mmHg/°C erfolgt die Rücktransformation zu den gemessenen Einheiten. Wird schließlich $\tilde{\alpha}$ in Gleichung (4.27) eingesetzt, so erhält man $\tilde{a}^{\#} = -149{,}6234$ und $\tilde{a} = -\tilde{a}^{\#}s_l/\cos\tilde{\alpha} = -4{,}83$ mmHg. Der Vergleich der drei Schätzungen für die Geradenparameter zeigt in diesem Beispiel kaum Unterschiede. Dies liegt an den sehr geringen Streuungen der Messwerte, die inbesondere auch den hohen Wert des Bestimmtheitsmaßes (4.19) verursachen.

4.2.3   Multiple Regression

Die zahlreichen Varianten der möglichen Modellannahmen für die einfache Regression sind in den vorstehenden Abschnitten ausführlich behandelt worden. Sie lassen sich ohne Schwierigkeiten auf die multiple Regression übertragen und sollen daher nicht erneut behandelt werden. Vielmehr soll hier eine Beschränkung auf die Standardannahmen erfolgen, die kurz wiederholt

$$l = A x + \varepsilon, \quad \text{bzw.} \quad l + v = A\hat{x}, \quad P, \tag{4.28}$$
$$E(\varepsilon) = 0, \; Var(\varepsilon) = \Sigma_\varepsilon = \Sigma_l = \sigma_0^2 Q, \quad Q^{-1} = P$$

und ergänzt werden. Das Modell enthält n Beobachtungen l_i ($i = 1,2,\ldots,n$) und u Parameter x_j ($j = 1,2,\ldots,u$). Die Dimensionen der anderen Modellelemente sind damit ebenfalls festgelegt. Die Beobachtungsgleichungen haben die Form

$$l_i = a_{i1}x_1 + a_{i2}x_2 + \cdots + a_{iu}x_u + \varepsilon_i, \; p_i.$$

Wenn nach der Schätzung die Parameter eingesetzt werden, gehen die Gleichungen über in

$$\hat{l}_i = l_i + v_i = a_{i1}\hat{x}_1 + a_{i2}\hat{x}_2 + \cdots + a_{iu}\hat{x}_u.$$

Die Linearität der Beziehungen zwischen l und x ist Grundvoraussetzung des Modells. Sie kann durch diverse graphische und numerische Methoden geprüft und oft durch eine Transformation herbeigeführt werden. Wenn die Beziehungen auf physikalischen oder geometrischen Gesetzen beruhen, ist in der Regel eine Linearisierung durch eine Taylor-Entwicklung nach (4.5) erforderlich. Dazu werden gute Näherungswerte für die Parameter benötigt. Wenn diese anfangs nicht vorliegen, wird die Schätzung iterativ durchgeführt.

In gewöhnlichen Regressionsmodellen werden die Modellabweichungen ε_i damit begründet, dass das Modell die Wirklichkeit nicht perfekt abbildet. Sie fangen alle Unvollkommenheiten des Modells auf, wie Abweichungen von der Linearität, ungünstige Wahl der Parameter und ungenaue Annahmen über die stochastischen Eigenschaften der Antwortvariablen. Bei physikalischen und technischen Modellen sind die l_i Messergebnisse, die mit unvermeidbaren Messabweichungen behaftet sind, die zusammen mit den Modellfehlern den Vektor ε

bilden. Stets wird angenommen, dass die ε_i Zufallsgrößen sind, für die $E(\varepsilon_i) = 0 \,\forall i$ gilt, und dass sie alle demselben Verteilungstyp, aber mit möglicherweise unterschiedlichen Varianzen, angehören. Für die Parameterschätzung nach der Methode der kleinsten Quadrate (MkQ) muss keine bestimmte Verteilung vorausgesetzt werden, wohl aber für die in der Regel nach der Schätzung durchzuführenden Hypothesentests zur Überprüfung der Güte des Modells und der Signifikanz der Parameter. Diese basieren auf der Normalverteilungsannahme: $\varepsilon_i \sim N(0, \sigma_i^2)$. Wenn Kovarianzen zwischen den Abweichungen a priori bekannt sind, führen sie zu einer auch außerhalb der Diagonalen besetzten Varianz-Kovarianz Matrix Σ_ε. Dieses bereitet bei der Parameterschätzung keine Probleme, die folgenden Gleichungen schließen diesen allgemeinen Fall ein. In der Praxis wird es allerdings kaum vorkommen, dass a priori realistische Kovarianzen angegeben werden können. Die im nächsten Kapitel dargestellten Methoden zur Analyse linearer Modelle setzen daher die Unabhängigkeit der Beobachtungen $E(\varepsilon_i \varepsilon_j) = \sigma_{ij} = 0 \,\forall i \neq j$ voraus. Bei klassischen Regressionsmodellen wird darüber hinaus $\sigma_i^2 = \sigma_j^2 = \sigma^2 \,\forall i, j$ also die gleiche Varianz für alle Modellabweichungen angenommen.

Die Koeffizienten a_{ij} der Designmatrix werden als feste Größen angenommen. Wenn sie das Ergebnis einer Linearisierung sind, werden sie iterativ verbessert. Stochastische Regressoren ändern zwar nicht die Schätzgleichungen wohl aber die Interpretation der Ergebnisse, die in diesem Fall als bedingte Schätzungen bezüglich der realisierten Daten zu betrachten sind. Der Fall der mit Messfehlern behafteten Regressoren führt zu dem Fehler-in den-Variablen Modell (orthogonale Regression), das im Folgenden nicht weiter betrachtet wird. Interessierte Leser seien auf [Fuller 1987], [Chatterjee/Hadi 1988], [Van Huffel/Vanderwalle 1991] und das Sonderheft 52(2007) von *Computational Statistics & Data Analysis* verwiesen.

Die MkQ, angewandt auf das Gauss-Markov Modell (4.8), führt auf folgende Ergebnisse

$$l = Ax + \varepsilon \text{ bzw. } l + v = A\hat{x}, \quad P,$$

$$v^t P v = (A\hat{x} - l)^t P(A\hat{x} - l) \Rightarrow \min(\hat{x}) \tag{4.29}$$

$$= l^t P l - 2l^t P A\hat{x} + \hat{x}^t A^t P A\hat{x}$$

$$\rightarrow A^t P A\hat{x} - A^t P l = 0, \tag{4.30}$$

$$\hat{x} = (A^t P A)^{-1} A^t P l = N^{-1} A^t P l. \tag{4.31}$$

Die Lösung setzt voraus, dass die Normalgleichungsmatrix $N = (A^t P A)$ invertierbar ist. Dies ist immer dann der Fall, wenn die Spalten der Designmatrix A linear unabhängig sind, d. h. wenn A vollen Spaltenrang ($r(A) = u$) besitzt.

Für den Verbesserungsvektor v und die ausgeglichenen Beobachtungen $\hat{l} = l + v$ erhält man mit der Lösung (4.31)

$$v = A\hat{x} - l = A N^{-1} A^t P l - l \tag{4.32}$$

$$= (A N^{-1} A^t P - I)l = (H - I)l, \tag{4.33}$$

$$-v = (I - H)l = (I - H)\varepsilon,$$

$$\hat{l} = A\hat{x} = A N^{-1} A^t P l = H l. \tag{4.34}$$

4.2.4   Eigenschaften der Schätzungen

Wegen $E(\varepsilon) = 0$ gilt $E(l) = Ax$ und folglich

$$E(\hat{x}) = N^{-1}A^t P E(l) = N^{-1} N x = x. \tag{4.35}$$

Der MkQ-Schätzer ist also erwartungstreu. Ferner lässt sich zeigen, dass er der beste lineare erwartungstreue Schätzer und für normalverteilte Beobachtungen der Maximum-Likelihood Schätzer für x ist, s. z. B. [Caspary/Wichmann 2007, Abschnitt 4.2].

Die Matrizen $(I - H)$ und H in (4.33) sind idempotent und damit Projektoren. H ist ein Projektor auf den Spaltenraum $\mathcal{S}(H)$ von $H = AN^{-1}A^t P$ längs des Nullraumes $\mathcal{N}(H)$, und $(I - H)$ ist ein Projektor auf $\mathcal{N}(H)$ längs $\mathcal{S}(H)$. Daraus folgt

$$\text{für } H = AN^{-1}A^t P \quad \text{gilt} \quad \mathcal{S}(H) \oplus \mathcal{N}(H) = \mathcal{R}^n, \tag{4.36}$$
$$\mathcal{S}(H) = \mathcal{N}(I - H) \quad \text{und} \quad \mathcal{N}(H) = \mathcal{S}(I - H),$$

vgl. [Caspary/Wichmann 1994, Satz 1.6-1]. Wenn die Beobachtungen gleichgenau sind, gilt $P = I$ H ist dann symmetrisch und daher, wie auch $(I - H)$, ein othogonaler Projektor.

Als Varianzschätzungen ergeben sich folgende Varianz-Kovarianz Matrizen:

$$\boldsymbol{\Sigma}_{\hat{x}} = N^{-1}A^t P \boldsymbol{\Sigma}_l PAN^{-1} = \sigma_0^2 N^{-1}A^t PQPAN^{-1}$$
$$= \sigma_0^2 N^{-1}, \tag{4.37}$$
$$\boldsymbol{\Sigma}_v = \sigma_0^2 (H - I)Q(H - I)^t = \sigma_0^2 (Q - AN^{-1}A^t) \tag{4.38}$$
$$= \sigma_0^2 (I - H)Q, \tag{4.39}$$
$$\boldsymbol{\Sigma}_{\hat{l}} = \sigma_0^2 HQH^t = \sigma_0^2 AN^{-1}A.$$

Aus den Verbesserungen wird die gewichtete Quadratsumme gebildet

$$v^t P v = l^t (H - I)^t P(H - I)l = l^t P(Q - AN^{-1}A^t)Pl \tag{4.40}$$
$$= l^t P(I - H)l = l^t Pl - l^t PHl = l^t Pl - \hat{x}^t N\hat{x}, \tag{4.41}$$

die durch den Freiheitsgrad $f = n - u$ dividiert, den erwartungtreuen Schätzer

$$s_0^2 = v^t P v / f$$

für den Varianzfaktor ergibt.

Wenn die Beobachtungen nach $l \sim N(Ax, \boldsymbol{\Sigma}_l)$ normalverteilt sind, so gilt offensichtlich für $\hat{x}$ die Normalverteilung $\hat{x} \sim N(x, \boldsymbol{\Sigma}_{\hat{x}})$. In der Realität muss σ_0^2 durch die Schätzung s_0^2 ersetzt werden. Wenn der Freiheitsgrad des Modells nicht zu klein ist, kann in den statistischen Tests ohne Weiteres mit der Näherung $\hat{x} \sim N(x, S_{\hat{x}})$ mit $S_{\hat{x}} = s_0^2 N^{-1}$ gearbeitet werden. Dasselbe gilt, wenn die Beobachtungen nur näherungsweise normalverteilt sind, vgl. Abschnitt 2.1, da der zentrale Grenzwertsatz für genügend großes f die Annahme der Normalverteilung rechtfertigt. Da die Verbesserungen ebenfalls Linearkombinationen der Beobachtungen sind, sind sie unter denselben Annahmen ebenfalls normalverteilt mit $E(v) = (H - I)E(l) = (H - I)E(\varepsilon) = 0$, und zwar $v \sim N(0, \boldsymbol{\Sigma}_v)$ mit $\boldsymbol{\Sigma}_v = \sigma_0^2 (I - H)Q$. Schließlich finden wir für die quadratische Form $v^t P v$ die statistischen Eigenschaften (für eine Ableitung siehe z. B. [Caspary/Wichmann 2007, Abschnitt 7.2.2])

$$v^t P v / \sigma_0^2 \sim \chi^2(f) \quad \text{mit} \quad f = n - r(A) \tag{4.42}$$
$$E(v^t P v) = \sigma_0^2 f \quad \text{und} \quad Var(v^t P v) = 2\sigma_0^4 f.$$

und damit auch die Verteilung des Varianzschätzers

$$s_0^2 = \boldsymbol{v}^t \boldsymbol{P} \boldsymbol{v} / f \sim \frac{\sigma_0^2}{f} \chi^2(f).$$

Die Güte des Modells zur Beschreibung der durch die Daten gegebenen Realität wird ebenso wie bei der einfachen Regression überprüft. Um die Notation einfach zu halten, sei angenommen, dass die Beobachtungen gleiche Varianzen besitzen bzw. nach (4.4) homogenisiert worden sind. Zunächst werden die drei Summen der Quadrate gebildet

$$SQG = \Sigma(\bar{l} - l_i)^2, \quad \bar{l} = \Sigma l_i / n$$
$$SQV = \Sigma(\hat{l} - l_i)^2 = \Sigma v_i^2$$
$$SQR = \Sigma(\bar{l} - \hat{l}_i)^2,$$

aus denen das Bestimmtheitsmaß (4.18) berechnet wird

$$R^2 = \frac{SQR}{SQG} = 1 - \frac{SQV}{SQG}, \tag{4.43}$$

dessen Wurzel R als multipler Korrelationskoeffizient bezeichnet wird, der als weiteres Maß zu Beurteilung der Qualität des Modells auch direkt als Korrelationskoeffizient zwischen l und $\hat{l}$ berechnet werden kann

$$Kor(\boldsymbol{l},\hat{\boldsymbol{l}}) = \frac{\Sigma(\bar{l} - l_i)(\bar{\hat{l}} - \hat{l}_i)}{\sqrt{\Sigma(\bar{l} - l_i)^2 \Sigma(\bar{\hat{l}} - \hat{l}_i)^2}}, \quad [Kor(\boldsymbol{l},\hat{\boldsymbol{l}})]^2 = R^2. \tag{4.44}$$

5 Analyse linearer Modelle

Da mathematische Modelle die Wirklichkeit nur näherungsweise beschreiben können, ist es wichtig, zu untersuchen, wie groß der Einfluss einzelner Modellkomponenten auf das Schätzergebnis ist. Sowohl der Beobachtungsvektor als auch die Designmatrix können Elemente enthalten, die das Ergebnis unerwünscht stark beeinflussen. Diese gilt es aufzudecken und auf ihre Modellkonformität zu überprüfen. Außerdem ist nach dem bewährten Grundsatz der Sparsamkeit anzustreben, dass das Modell nur signifikante Parameter enthält und weder über- noch unterdimensioniert ist.

Von der großen Fülle an Methoden, die zur Behandlung dieser und weiterer Fragen an das Modell entwickelt und publiziert worden sind, werden im Folgenden die als besonders wirkungsvoll erachteten dargestellt. Zum Teil sind sie inzwischen zu einer Art Standard in der angewandten Statistik geworden und zum Teil sind sie speziell für den Bereich der geodätischen Messdatenverarbeitung konzipiert worden. Als wichtige Gesamtdarstellungen der Thematik seien [Baarda 1968], [Besley/Kuh/Welsch 1980], [Heck 1981], [Cook/Weisberg 1982], [Kok 1984], [Caspary 1987], [Chatterjee/Hadi 1988] und [Rao/Toutenberg 1995] angeführt. Die Analysetechniken wurden für lineare Modelle entwickelt und basieren meist auf Schätzungen nach der Methode der kleinsten Quadrate. Ein wesentlich anderer Ansatz wird von [Castillo/Hadi/Conejo/Fernandez-Canteli 2004] verfolgt. Mit der Methode der mathematischen Programmierung wird in dieser Arbeit die Sensitivität auch nichtlinearer und nichtnormaler Modelle bei der Minimierung allgemeiner Zielfunktionen analysiert.

5.1 Die Projektoren H und $(I - H)$

Um die Darstellungen übersichtlich zu halten, soll für die folgenden Ableitungen zunächst angenommen werden, dass die Antwortvariablen des linearen Modells gleichgenau und unabhängig sind. Sollten die Beobachtungen unterschiedliche a priori Varianzen besitzen, kann eine Homogenisierung des Modells nach Abschnitt 4.1.4 durchgeführt werden. Die Rückübertragung der Ergebnisse auf den allgemeineren Fall ist leicht möglich und wird weiter unten demonstriert. Komplexer wird die Situation, wenn die Beobachtungen korreliert sind. Dann kann zwar ebenfalls homogenisiert werden, aber die Interpretation der Kennwerte für die Analyse bezüglich des ursprünglichen Modells ist in der Regel nicht mehr möglich.

Das zu analysierende Modell hat somit die Form

$$l = Ax + \varepsilon, \quad \text{bzw.} \quad l + v = A\hat{x}, \qquad (5.1)$$
$$E(\varepsilon) = 0, \ Var(\varepsilon) = \Sigma_\varepsilon = \Sigma_l = \sigma^2 I.$$

Die Designmatrix A hat n Zeilen und u Spalten. Ihre Elemente a_{ij} ($i = 1,2,\ldots,n;\ j = 1,2,\ldots,u$) sind nichtstochastisch und fehlerfrei. Sie besitzt vollen Rang $r(A) = u$. Für die

Beobachtungen (Antwortvariablen) gilt $E(l) = Ax$, $\Sigma_l = \sigma^2 I$ oder kurz $l \sim (Ax, \sigma^2 I)$, wobei über die Art der Verteilung keine Voraussetzungen gemacht werden. Die Unbekannten (Regressionsparameter) x_j sind feste Größen, deren Werte mit der Methode der kleinsten Quadrate (MkQ) geschätzt werden. Die Abweichungen (Fehler) ε_i sind stochastisch mit den Eigenschaften $E(\varepsilon_i) = 0$, $Var(\varepsilon_i) = \sigma^2 \; \forall i$, $Kov(\varepsilon_i, \varepsilon_j) = 0 \; \forall i \neq j$. Sie sind nicht beobachtbar und repräsentieren die Messunsicherheit der Beobachtungen l_i und die Unvollkommenheit des linearen Modells. Geschätzte Größen werden gewöhnlich durch ein Dach kenntlich gemacht $(\hat{l}, \hat{x}, \hat{\varepsilon})$. Allerdings wird im Folgenden für $\hat{\varepsilon}$ meist die im natur- und ingenieurwissenschaftlichen Bereich bevorzugte Verbesserung v verwandt mit $v = -\hat{\varepsilon}$. Dies hat traditionelle Gründe und kommt von der Anschauung, dass die Messunsicherheit die wesentliche Ursache der Abweichungen ist, und dass die Messwerte mit den Verbesserungen korrigiert werden müssen, um das konsistente Gleichungssystem $l + v = A\hat{x}$ zu gewinnen.

Die Schätzergebnisse werden von Abschnitt 4.2 mit der Annahme $P = I$ übernommen:

$$v^t v = \min, \quad v = A\hat{x} - l, \quad P = I \quad \Sigma_l = \sigma^2 I, \tag{5.2}$$

$$\hat{x} = (A^t A)^{-1} A^t l, \quad s^2 = v^t v/(n-u), \quad S_{\hat{x}} = s^2 (A^t A)^{-1}, \tag{5.3}$$

$$\hat{l} = l + v = A\hat{x} = A(A^t A)^{-1} A^t l = Hl, \tag{5.4}$$

$$S_{\hat{l}} = s^2 A(A^t A)^{-1} A^t = s^2 H, \tag{5.5}$$

$$\hat{\varepsilon} = -v = l - \hat{l} = (I - H)l, \quad S_{\hat{\varepsilon}} = S_v = s^2 (I - H). \tag{5.6}$$

5.1.1 Eigenschaften der Projektionsmatrix H

Die $(n \times n)$-Matrix $H = A(A^t A)^{-1} A^t$ ist symmetrisch und idempotent, das bedeutet

$$H^t = H, \quad \text{und} \quad HH = H,$$

und somit, dass sie ein orthogonaler Projektor auf den Spaltenraum $\mathcal{S}(A) = \mathcal{S}(H)$ ist. Die Projektionsrichtung ist durch die Matrix $(I - H)$ gegeben, deren Spalten senkrecht auf $\mathcal{S}(A)$ stehen. Diese Eigenschaften führen zu folgenden Beziehungen

$$HA = A, \; A^t H = A^t \quad \text{und} \quad (I - H)A = 0, \; A^t(I - H) = 0. \tag{5.7}$$

Sei mit $r(H)$ der Rang der Matrix H bezeichnet, der gleich der maximalen Anzahl linear unabhängiger Spalten- oder Zeilenvektoren ist, aus denen die Matrix besteht, und bezeichne $sp(H) = \Sigma h_{ii}$ die Spur der quadratischen Matrix, die als Summe ihrer Diagonalelemente definiert ist. Da für alle idempotenten Matrizen Spur und Rang gleich sind, gilt für die Projektionsmatrix H

$$r(H) = sp(H) = u. \tag{5.8}$$

Ferner nehmen die Eigenwerte λ_i idempotenter Matrizen nur die Werte 0 und 1 an. Und zwar gilt für $(n - r(H))$ Eigenwerte $\lambda_i = 0$ und für $r(H)$ Eigenwerte $\lambda_i = 1$. Daraus folgt wegen $\Sigma \lambda_i = sp(H)$ auch $\Sigma \lambda_i = r(H) = u$.

Für manche Untersuchungen ist es zweckmäßig, die Modellmatrix zu partitionieren in $A = (A_1 \vdots A_2)$ mit $o(A_1) = n \times u_1$, $r(A_1) = u_1$ und $o(A_2) = n \times u_2$, $r(A_2) = u_2$ sowie $u_1 + u_2 = u$. Als Projektor auf den $\mathcal{S}(A_1)$ erhält man die Matrix

$$H_1 = A_1(A_1^t A_1)^{-1} A_1^t. \tag{5.9}$$

Die Projektion von A_2 auf das orthogonale Komplement von A_1 ist, wie man leicht zeigt, die Matrix $(I - H_1)A_2$, denn $(I - H_1)A_1 = 0$. Der Projektor auf dieses orthogonale Komplement ist die Matrix

$$H_2 = (I - H_1)A_2\{((I - H_1)A_2)^t(I - H_1)A_2\}^{-1}((I - H_1)A_2)^t$$
$$= (I - H_1)A_2\{A_2^t(I - H_1)A_2\}^{-1}A_2^t(I - H_1). \qquad (5.10)$$

Wegen

$$H_1A = A_1(A_1^tA_1)^{-1}A_1^t(A_1 \vdots A_2) = (A_1 \vdots H_1A_2),$$

$$H_2A = (I - H_1)A_2\{A_2^t(I - H_1)A_2\}^{-1}A_2^t(I - H_1)(A_1 \vdots A_2)$$

$$= (0 \vdots (I - H_1)A_2),$$

liest man die Zerlegung des Projektors

$$H = H_1 + H_2, \quad H_1H_2 = 0 \qquad (5.11)$$

in die Summe zweier senkrech aufeinander stehender Projektoren ab, die auf den $\mathcal{S}(A_1)$ und auf den dazu orthogonalen Spaltenraum $\mathcal{S}((I - H_1)A_2)$ projizieren. Eine Zerlegung des Projektors in drei oder mehr Summanden ist ohne Weiteres möglich.

Wenn das Modell (5.1) eine Konstante enthält, so besteht die zugehörige Spalte von A aus Einsen. Diese seien als erste Spalte durch den Einsvektor e gegeben. A kann dann als partitionierte Matrix $A = (e \vdots A_2)$ dargestellt werden. Mit $A_1 = e$ erhält man $H_1 = e(e^te)^{-1}e^t = ee^t/n$. Das orthogonale Komplement zu e ist die Matrix $(I - H_1)A_2 = \tilde{A}_2 = A_2 - ee^tA_2/n$. Nun ist e^tA_2/n ein Zeilenvektor mit den Mittelwerten $\bar{a}_i$ der Spalten von A_2, also $e^tA_2/n = (\bar{a}_2 \ \bar{a}_3 \ \dots \ \bar{a}_u)^t$ und die Linksmultiplikation mit dem Einsvektor ergibt eine $n \times (u - 1)$-Matrix deren Zeilen alle gleich sind, nämlich gleich $(\bar{a}_2 \ \bar{a}_3 \ \dots \ \bar{a}_u)$. Die Matrix $\tilde{A}_2$ enthält daher die Koeffizienten $\tilde{a}_{ij} = a_{ij} - \bar{a}_j$, das sind die um den Mittelwert reduzierten Regressoren. Für den Projektor folgt für diesen Fall die Zerlegung

$$H = H_1 + H_2 = ee^t/n + \tilde{A}_2(\tilde{A}_2^t\tilde{A}_2)^{-1}\tilde{A}_2^t. \qquad (5.12)$$

Die Matrix $(I - H_1) = (I - ee^t/n)$ ist eine lineare Transformation, die die Spalten der Matrix, auf die sie angewandt wird, um den Mittelwert reduziert, daher trägt sie auch den Namen Zentrierungsmatrix. Wird das lineare Modell (5.1) mit dieser Matrix transformiert, so entspricht dies dem Übergang auf ein Schwerpunkt bezogenes Bezugssystem. In dem transformierten Modell nimmt eine Konstante den Wert null an, während die anderen Parameter unverändert geschätzt werden. Ein Beispiel ist die in Abschnitt 4.2.1 dargestellte ausgleichende Gerade durch den Schwerpunkt.

Wegen der Eigenschaft (5.4) $Hl = \hat{l}$ wird die Projektionsmatrix in der englischsprachigen Literatur meist als *hat matrix* bezeichnet, denn sie setzt dem Vektor l den Hut (*hat*) auf. Analog könnte man im Deutschen den Begriff *Dachmatrix* verwenden. Die Bezeichnung Projektionsmatrix oder Projektor ist allerdings vorzuziehen, da damit die Eigenschaften der Matrix präziser benannt sind.

5.1.2   Die Elemente der Projektionsmatrix H

Die Beziehungen zwischen den gemessenen (l_i) und den ausgeglichenen $(\widehat{l_i})$ Werten werden durch die Elemente der Projektionsmatrix bestimmt.

$$\widehat{l_i} = h_{i1}l_1 + h_{i2}l_2 + \cdots + h_{in}l_n = \sum_{j=1}^{n} h_{ij}l_j.$$

Diese sind aufgrund der Definitionsgleichung $H = A(A^t A)^{-1} A^t$ durch

$$h_{ij} = a_i^t (A^t A)^{-1} a_j$$

bestimmt, wobei a_i^t die i-te Zeile von A ist. Aus der Symmetrie und Idempotenz der Projektionsmatrix folgt unmittelbar $h_{ij} = h_{ji}$ sowie

$$h_{ii} = \sum_{j=1}^{n} h_{ij}^2 = h_{ii}^2 + \sum_{j \neq i} h_{ij}^2 = h_{ii}^2 + h_{ik}^2 + \sum_{j \neq i,k} h_{ij}^2. \tag{5.13}$$

Die Gleichung (5.13) zeigt, dass die Diagonalelemente der Projektionsmatrix positiv sind und höchstens den Wert Eins annehmen können. Für die außerhalb der Diagonalen stehenden Elemente liest man die Ungleichung $h_{ik}^2 \leq h_{ii}(1-h_{ii})$ ab. Dies führt auf folgende Wertebereiche für die Elemente der Projektionsmatrix

$$0 \leq h_{ii} \leq 1 \quad \text{und} \quad -0{,}5 \leq h_{ij} \leq 0{,}5 \quad \text{für } i \neq j. \tag{5.14}$$

Wenn das Diagonalelement $h_{ii} = 1$ ist, nehmen alle anderen Elemente der i-ten Zeile den Wert $h_{ij} = 0$ an, und es gilt $\widehat{l_i} = l_i$. Die Messwerte l_j, $j \neq i$, haben in diesem Extremfall keinen Einfluss auf den ausgeglichenen Wert $\widehat{l_i}$. Gilt andererseits $h_{ii} = 0$, so folgt ebenfalls $\widehat{l_i} = 0$, denn wegen (5.13) sind dann alle Elemente der i-ten Zeile gleich null. Beide Fälle werden in einem fachkundig aufgestellten Modell und einem umsichtig geplanten Experiment nicht auftreten. Es liegt nun nahe anzustreben, dass alle Diagonalelemente möglichst dieselbe Größe haben, damit alle Messungen gleichermaßen an der Schätzung teilnehmen, und ein ausgewogenes Design entsteht. Da nach (5.8) die Summe der Diagonalelemente gleich dem Rang u der Modellmatrix ist, gilt für das Mittel $\bar{h}_{ii} = u/n$, in dessen Nähe alle Diagonalwerte liegen sollten.

In der Literatur werden die h_{ii} oft als Hebelwerte (leverage), Potentiale oder $1/h_{ii}$ auch als äquivalente Belegungszahlen bezeichnet. Beobachtungen mit einem großen Hebelwert bzw. einem großen Potential sind besonders kritisch zu betrachten, da sich Ausreißer in solchen Beobachtungen stark auf die Schätzung auswirken. Für die Grenze, ab wann ein Hebelwert als groß zu bewerten ist, wird meist als Faustregel der Wert $2u/n$ empfohlen. Unter der Annahme normalverteilter Regressoren zeigen [Chave/Thomson 2003], dass für h_{ii} eine Betaverteilung angenommen werden kann, mit deren Hilfe z. B. für $\alpha = 5\,\%$ in Abhängigkeit von n und u Schwellenwerte berechnet werden können, die vor allem für großes u stark von $2u/n$ abweichen. Der Begriff äquivalente Belegungszahl ist so zu verstehen, dass eine Beobachtung mit $1/h_{ii} = k$ zu einem $\widehat{l_i}$ führt, das etwa dem Mittel aus k Werten entspricht.

Enthält die Matrix A eine Spalte mit Einsen, so folgt aus der Darstellung (5.12) des Projektors

$$h_{ii} = 1/n + \widetilde{a}_i^t (\widetilde{A}_2^t \widetilde{A}_2)^{-1} \widetilde{a}_i, \tag{5.15}$$

dass in diesem Modell $1/n$ die untere Grenze für h_{ii} ist, $1/n \leq h_{ii} \leq 1$.

Die Projektionsmatrix H ist nichtnegativ definit. Dies bedeutet, dass für quadratische Formen mit beliebigen Vektoren y stets $y^t H y \geq 0$ gilt (den Beweis findet man u. a. in Satz 1.3-5 und 1.4-6 [Caspary/Wichmann 1994]). Wird zum Beispiel $y = (0 \ldots y_i \ 0 \ldots y_j \ 0 \ldots 0)^t$ gewählt, so erhält man

$$y^t H y = (y_i \ y_j)^t \begin{pmatrix} h_{ii} & h_{ij} \\ h_{ji} & h_{jj} \end{pmatrix} \begin{pmatrix} y_i \\ y_j \end{pmatrix} \geq 0,$$

und dies bedingt

$$\det \begin{pmatrix} h_{ii} & h_{ij} \\ h_{ji} & h_{jj} \end{pmatrix} \geq 0 \quad \text{bzw.} \quad h_{ii} h_{jj} - h_{ij}^2 \geq 0. \tag{5.16}$$

Eine weitere interessante Beziehung folgt aus der Bildung des Projektors der zusammengesetzten Matrix $B = (A \vdots l)$. Der Projektor $H^* = B(B^t B)^{-1} B^t$ besitzt die Zerlegung $H^* = H + H_l$ mit $H = A(A^t A)^{-1} A^t$ und $H_l = (I - H)l(l^t(I - H)l)^{-1} l^t(I - H)$, vgl. (5.10). Nun ist $(I - H)l = l - \hat{l} = -v$, und somit

$$H^* = H + \frac{v v^t}{v^t v} \quad \text{bzw.} \quad h_{ii}^* = h_{ii} + \frac{v_i^2}{v^t v}.$$

Wegen (5.14) folgt draus

$$0 \leq h_{ii} + \frac{v_i^2}{v^t v} \leq 1.$$

5.1.3 Eigenschaften der Matrix $(I - H)$

Die $(n \times n)$−Matrix $(I - H) = (I - A(A^t A)^{-1} A^t)$ ist symmetrisch und idempotent. Es gilt daher

$$(I - H)^t = (I - H), \quad \text{und} \quad (I - H)(I - H) = (I - H).$$

Diese Eigenschaften bedeuten, dass $(I - H)$ ein orthogonaler Projektor ist und zwar auf den Spaltenraum $\mathcal{S}(I - H)$, der wegen $(I - H)A = 0$ das orthogonale Komplement zum $\mathcal{S}(A)$ ist. Für Rang, Spur und Eigenwerte der Matrix gilt daher folgende Beziehung

$$r(I - H) = sp(I - H) = \Sigma \lambda_i = n - u;$$

diese Größen sind also gleich dem Freiheitsgrad $f = n - u$ des linearen Modells.

Die Bedeutung der Matrix $(I - H)$ im Rahmen der linearen Regression ergibt sich aus der Beziehung (5.6)

$$(I - H)l = l - \hat{l} = \hat{\varepsilon} = -v = (I - H)(Ax + \varepsilon) = (I - H)\varepsilon. \tag{5.17}$$

Sie zeigt, dass der (negative) Verbesserungsvektor durch orthogonale Projektion des Beobachtungsvektors l auf den zu $\mathcal{S}(A)$ senkrechten Vektorraum entsteht, und dass man dasselbe

Ergebnis erhält, wenn l durch den Vektor ε der, allerdings unbekannten, Modellabweichungen ersetzt wird. Wie man aus (5.17) ferner abliest, wird die Beziehung zwischen $-v$ und ε allein durch die Projektionsmatrix $(I - H)$ bestimmt, die zugleich gemäß (5.6) die Kofaktorenmatrix der Verbesserungen ist: $S_v = s^2 Q_v = s^2(I - H)$ und als Formmatrix des Varianzschätzers

$$s^2 = \frac{v^t v}{n - u} = \frac{l^t(I - H)l}{n - u} = \frac{l^t Q_v l}{n - u}$$

auftritt.

Für die einzelnen Elemente dieser Matrix Q_v gilt offensichtlich

$$q_{ij} = -h_{ij} \quad \text{für} \quad i \neq j,$$
$$q_{ii} = 1 - h_{ii} = f_i.$$

Alle Eigenschaften der h_{ij}, die aus der Struktur der Projektionsmatrix abgeleitet wurden, insbesondere (5.13), (5.14) und (5.16) gelten auch für die q_{ij}

$$q_{ik}^2 \leq q_{ii}(1 - q_{ii}) = q_{ii} h_{ii}$$
$$0 \leq q_{ii} \leq 1 \quad \text{und} \quad -0{,}5 \leq q_{ij} \leq 0{,}5 \text{ für } i \neq j$$
$$q_{ii} q_{jj} - q_{ij}^2 = (1 - h_{ii})(1 - h_{jj}) - h_{ij}^2 \geq 0.$$

Die Diagonalelemente $q_{ii} = f_i$, deren Summe gleich der Redundanz (Freiheitsgrad) $f = n - u$ des Regressionsmodells ist, werden häufig als Redundanzanteile oder Redundanzbeiträge der Beobachtungen l_i bezeichnet. Damit wird veranschaulicht, dass eine Beobachtung mit $q_{ii} = 1$ redundant ist, und daher keinen Beitrag zur Schätzung leistet, während eine Beobachtung mit $q_{ii} = 0$ unverzichtbar ist, wenn die Größe $l_i = \hat{l}_i$ benötigt wird.

5.1.4   Der Einfluss von Gewichten

Wenn die Beobachten gleichgenau und unabhängig sind, gilt $\Sigma_l = \Sigma_\varepsilon = \sigma^2 I$. Die Projektionsmatrix hängt dann allein von der Modellmatrix A ab. Betrachtet man die Zeilen von A als Koordinatenvektoren im $\mathcal{R}^u$, so definiert jede Zeile einen Punkt in diesem u-dimensionalen Raum. Die relative Lage dieser Punkte bestimmt die Elemente der Projektionsmatrix. Punkte in der Nähe des Schwerpunktes der so definierten Punktwolke erhalten kleine Hebelwerte, während weit vom Schwerpunkt entfernt liegende Punkte große Hebelwerte erhalten. Jede quadratische Form

$$a^t(A^t A)^{-1} a = c$$

definiert ein Hyperellipsoid im $\mathcal{R}^u$, dessen Achsen von den Eigenwerten und Eigenrichtungen der Matrix $A^t A$ abhängen. Alle Ellipsoide $a_i^t(A^t A)^{-1} a_i \leq \max_i(h_{ii})$ liegen innerhalb des Ellipsoids, das zu dem Designpunkt mit maximalem Hebelwert gehört.

Diese anschauliche Interpretationsmöglichkeit für die Diagonalelemente der Projektionsmatrix geht verloren, wenn die Beobachtungen unterschiedlich genau sind. Dann vermischen sich die Effekte der Geometrie mit denen der Genauigkeit, da die Gewichtmatrix als Metrik des $\mathcal{R}^u$ zu betrachten ist. Statt eine Homogenisierung des Modells nach Abschnitt 4.1.4 durchzuführen, ist es oft zweckmäßiger, die Gewichtsmatrix P bei der Darstellung der Projektoren mitzuführen, um Ihren Einfluss auf die Schätzung sichtbar zu machen. Die Gewichtsmatrix ist durch

$$P = Q^{-1} \quad \text{und} \quad \Sigma = \sigma_0^2 Q, \ Q = diag\left(\frac{\sigma_1^2}{\sigma_0^2}, \frac{\sigma_2^2}{\sigma_0^2}, \ldots, \frac{\sigma_n^2}{\sigma_0^2}\right) \tag{5.18}$$

definiert, wobei häufig die Wahl $\sigma_0^2 = 1$ getroffen wird. Anstelle der Schätzgleichungen (5.2)-(5.6) erhält man nun mit $N = A^t P A$

$$\begin{aligned}
&v^t P v = \min, \quad v = A\hat{x} - l, \quad \hat{x} = N^{-1} A^t P l, \\
&s_0^2 = v^t P v/(n - u), \quad S_{\hat{x}} = s_0^2 N^{-1}, \\
&\hat{l} = l + v = A\hat{x} = A N^{-1} A^t P l, \quad \hat{l} = H_p l, \\
&S_{\hat{l}} = s_0^2 A N^{-1} A^t = s_0^2 H_p Q, \\
&\hat{\varepsilon} = -v = l - A\hat{x}, \quad S_{\hat{\varepsilon}} = S_v = s_0^2 (I - H_p) Q.
\end{aligned} \tag{5.19}$$

Die Matrix $H_p = A N^{-1} A^t P$ ist idempotent und damit eine Projektionsmatrix und zwar wegen $H_p A = A$ auf den Spaltenraum der Matrix A. Allerdings ist H_p nicht symmetrisch und daher kein orthogonaler Projektor. Die Projektionsrichtung kann an der Beziehung $(I - H_p)A = 0$ abgelesen werden. Die Eigenschaften dieser speziellen Projektion, die als P-orthogonal bezeichnet wird, werden z. B. in [Caspary/Wichmann 1994 Abschnitt 1.6.3] ausführlich behandelt. Entsprechende Eigenschaften besitzt die Projektionsmatrix $(I - H_p)$.

Die Zerlegung der Projektion in unabhängige Projektionen für partitionierte Modelle, entsprechend Gleichung (5.11), ist auch für P-orthogonale Projektoren möglich. Sei die Designmatrix $A = (A_1 \vdots A_2)$ in zwei Untermatrizen aufgespalten. Die Projektionsmatrix lautet dann

$$H_p = (A_1 \vdots A_2) N^{-1} (A_1 \vdots A_2)^t P. \tag{5.20}$$

Im ersten Schritt kann der Projektor auf den Spaltenraum der Matrix A_1 gebildet werden,

$$H_{p1} = A_1 N_{11}^{-1} A_1^t P, \tag{5.21}$$

wobei folgende Zerlegung der Normalgleichungsmatrix N eingeführt wurde

$$N = \begin{pmatrix} A_1^t P A_1 & A_1^t P A_2 \\ A_2^t P A_1 & A_2^t P A_2 \end{pmatrix} = \begin{pmatrix} N_{11} & N_{12} \\ N_{21} & N_{22} \end{pmatrix}. \tag{5.22}$$

Wegen $(I - H_{p1})A_1 = 0$ ist $(I - H_{p1})A_2 = R$ die Projektion von A_2 auf einen zu A_1 orthogonalen Vektorraum. Die P-orthogonale Projektionsmatrix auf diesen Vektorraum ist durch

$$\begin{aligned}
H_{p2} &= R(R^t P R)^{-1} R^t P \\
&= (I - H_{p1})A_2 \{A_2^t P (I - H_{p1})A_2\}^{-1} A_2^t (I - H_{p1}^t) P
\end{aligned} \tag{5.23}$$

gegeben. Durch einfaches Ausmultiplizieren findet man

$$H_{p1}A = (A_1 \vdots H_{p1}A_2),$$

$$H_{p2}A = (0 \vdots (I - H_{p1})A_2),$$

$$(H_{p1} + H_{p2})A = (A_1 \vdots A_2) = H_p A. \tag{5.24}$$

Damit gilt also auch für P-orthogonalen Projektoren die Zerlegung

$$H_p = H_{p1} + H_{p2}, \quad H_{p1}^t P H_{p2} = 0. \tag{5.25}$$

Für die Elemente der Projektionsmatrix erhält man

$$h_{ijp} = a_i^t N^{-1} a_j p_j \tag{5.26}$$

und wegen der Idempotenz für die Hebelwerte

$$h_{iip} = \Sigma_{j=1}^n h_{ijp} h_{jip} = h_{iip}^2 + \Sigma_{j \neq i} h_{ijp} h_{jip},$$
$$\Sigma h_{iip} = u, \quad 0 \leq h_{iip} \leq 1.$$

Die Beziehung $0 \leq h_{iip} \leq 1$ folgt aus der Symmetrie der Matrix $A(A^t PA)^{-1}A^t$, die zeigt, dass die Produkte $h_{ijp}h_{jip}$ alle positiv sind. Denn es gilt

$$a_i^t N^{-1} a_j a_j^t N^{-1} a_i = (a_i^t N^{-1} a_j)^2$$

und somit $h_{ijp}h_{jip} = (a_i^t (APA)^{-1}a_j)^2 p_i p_j$. Daraus folgt, dass die Vorzeichen symmetrisch verteilt sind. In der Literatur findet man noch weitere Darstellungen der Hebelwerte, die an den oben angegebenen Gleichungen leicht abzulesen sind:

$$Q_{\hat{l}} = A N^{-1} A^t = H_p Q, \quad H_p = Q_{\hat{l}} P,$$
$$h_{iip} = q_{ii\hat{l}} p_i = 1 - q_{iiv} p_i,$$

ferner behält die Gleichung (5.16) ihre Gültigkeit, d. h.

$$h_{iip}h_{jjp} - h_{ijp}h_{jip} = (q_{ii\hat{l}} q_{jj\hat{l}} - q_{ij\hat{l}}^2) p_i p_j \geq 0,$$

und auch für die Redundanzbeiträge $1 - h_{iip}$ können weitere Formulierungen gefunden werden:

$$Q_v = Q - H_p Q = Q - Q_{\hat{l}}, \quad Q_v P = I - H_p,$$
$$q_{iiv} = q_{ii}(1 - h_{iip}), \quad q_{iiv} p_i = 1 - h_{iip} = 1 - q_{ii\hat{l}} p_i.$$

Im Modell (5.1) wird angenommen, dass die Beobachtungen unabhängig sind und dieselbe aber unbekannte Varianz besitzen. Diese wird aus (5.2) zu $s^2 = v^t v/(n-u)$ geschätzt. Im Modell mit unabhängigen aber unterschiedlich genauen Beobachtungen werden a priori Annahmen über die Varianzen der Beobachtungen getroffen. Die dazu erforderlichen Informationen werden aus bekannten Gesetzmäßigkeiten der Fehlerfortpflanzung, aus Wiederholungsmessungen, aus Erfahrungen von früheren Experimenten, aus den bekannten Eigenschaften der Messeinrichtung oder ähnlichen Quellen gewonnen. Aus den a priori Varianzen werden nach (5.18) Gewichte berechnet, die umgekehrt proportional zu den Varianzen sind. Als Proportionalitätsfaktor wird eine geeignete Konstante σ_0^2 gewählt, die als Varianzfaktor oder Gewichtseinheitsvarianz bezeichnet wird. Nach der Parameterschätzung wird aus den Residuen gemäß (5.19) ein Schätzwert $s_0^2 = v^t P v / (n - u)$ für den Varianzfaktor berechnet. Wenn die Modellannahmen korrekt sind (Nullhypothese), ist s_0^2 ein erwartungstreuer Schätzer für σ_0^2 und es gilt folgende Verteilung

$$\frac{v^t P v}{\sigma_0^2} \sim \chi^2_{(n-u)},$$

vgl. (5.46). Auf der Basis dieser Annahmen kann der sogenannte globale Modelltest durchgeführt werden. Nach Festlegung eines Signifikanzniveaus α wird der kritische Wert der χ^2-Verteilung für $f = n - u$ Freiheitsgrade ermittelt und mit $v^t P v / \sigma_0^2$ verglichen. Führt dieser Test zum Verwerfen der Nullhypothese, so bedeutet dies, dass die Daten nicht modellkonform sind. Dies kann viele Ursachen haben, über die der Test nichts aussagt. Er wird daher als global bezeichnet. Meist werden in der Folge weitere Analysetechniken zur Aufdeckung von Modell- und Datenfehlern eingesetzt.

Eine ähnliche Testmöglichkeit besteht im Modell (5.1) nur, wenn die Varianz der Beobachtungen bekannt ist oder zumindest eine von den Daten unabhängige sichere Schätzung vorliegt.

Da die Gewichte mit den als bekannt vorausgesetzten Varianzen der Beobachtungen gebildet werden, ist die Frage von Bedeutung, wie sich die Modellkennzahlen h_{iip} und die Schätzergebnisse ändern, wenn ein Gewicht fehlerhaft ist. Dieses Problem wird in [Ding/Coleman 1996] behandelt, wobei der Schwerpunkt auf Änderungen der Redundanzbeiträge und der Varianz-Kovarianz Matrix der geschätzten Parameter gelegt wird. An Beispielen werden die Auswirkungen von Gewichtsänderungen demonstriert.

5.1.5 Beispiele

Zur Veranschaulichung der bisher abgeleiteten Analysewerkzeuge sollen sie unter der Annahme, dass die Modellvoraussetzungen erfüllt sind, auf die in Abschnitt 1.1.3 eingeführten Beispiele angewandt werden.

Für die **Barometerkalibrierung** (3. Beispiel) wurde ein linearer Zusammenhang zwischen Temperatur t und reduzierter Barometerablesung l angenommen. Das Modell

$$l_i = a + b t_i + \varepsilon_i = a_{i1} x_1 + a_{i2} x_2 + \varepsilon_i$$

enthält als Unbekannte den Achsabschnitt $a = x_1$ und den Geradenanstieg $b = x_2$. Die reduzierten Barometerablesungen und die Koeffizienten der Modellmatrix sind in Tabelle 5.1 zusammengestellt. Als Normalmalgleichungsmatrix berechnet man

$$A^t A = \begin{pmatrix} 13 & 261.2 \\ 261.2 & 5978.38 \end{pmatrix}$$

mit der Inversen

$$(A^t A)^{-1} = \begin{pmatrix} 0.629\,734 & -2.751 \times 10^{-2} \\ -2.751 \times 10^{-2} & 1.369 \times 10^{-3} \end{pmatrix}.$$

Tabelle 5.1: Barometerkalibrierung

l	a_1	a_2
−6,96	1	31,4
−6,86	1	29,7
−6,74	1	28,4
−6,62	1	26,2
−6,54	1	24,4
−6,40	1	22,8
−6,23	1	20,4
−6,05	1	18,2
−5,94	1	16,2
−5,76	1	13,6
−5,64	1	12,0
−5,49	1	10,2
−5,38	1	7,7

Tabelle 5.2: Projektiosnmatrix 100H

$$
\begin{bmatrix}
\mathbf{25} & 23 & 21 & 17 & 14 & 12 & 8 & 5 & 2 & -2 & -5 & -8 & -12 \\
23 & \mathbf{20} & 19 & 16 & 13 & 11 & 8 & 5 & 3 & -1 & -3 & -5 & -9 \\
21 & 19 & \mathbf{17} & 15 & 13 & 11 & 8 & 6 & 3 & 0 & -2 & -4 & -6 \\
17 & 16 & 15 & \mathbf{13} & 11 & 10 & 8 & 6 & 4 & 2 & 1 & -1 & -3 \\
14 & 13 & 13 & 11 & \mathbf{10} & 9 & 8 & 7 & 5 & 4 & 3 & 2 & 0 \\
12 & 11 & 11 & 10 & 9 & \mathbf{9} & 8 & 7 & 6 & 5 & 5 & 4 & 3 \\
8 & 8 & 8 & 8 & 8 & 8 & \mathbf{8} & 8 & 8 & 7 & 7 & 7 & 7 \\
5 & 5 & 6 & 6 & 7 & 7 & 8 & \mathbf{8} & 9 & 9 & 10 & 10 & 11 \\
2 & 3 & 3 & 4 & 5 & 6 & 8 & 9 & \mathbf{10} & 11 & 12 & 13 & 14 \\
-2 & -1 & 0 & 2 & 4 & 5 & 7 & 9 & 11 & \mathbf{14} & 15 & 17 & 19 \\
-5 & -3 & -2 & 1 & 3 & 5 & 7 & 10 & 12 & 15 & \mathbf{17} & 19 & 21 \\
-8 & -5 & -4 & -1 & 2 & 4 & 7 & 10 & 13 & 17 & 19 & \mathbf{21} & 25 \\
-12 & -9 & -6 & -3 & 0 & 3 & 7 & 11 & 14 & 19 & 21 & 25 & \mathbf{29}
\end{bmatrix}
$$

Die Projektionsmatrix H hat in diesem Beispiel die Größe 13×13. Um sie abbilden zu können, wurden alle Werte mit 10^2 multipliziert und auf ganze Zahlen gerundet.

Für die in erster Linie Interessierenden Diagonalelemente erhält man mit (5.12) und (5.15) die Darstellung

$$
h_{ii} = 1/n + \tilde{a}_i^t (\tilde{A}_2^t \tilde{A}_2)^{-1} \tilde{a}_i \quad \text{mit} \quad (I - \frac{e\,e^t}{n})a_2 = \tilde{A}_2
$$

$$
= \frac{1}{n} + \frac{(a_{i2} - \bar{a}_2)^2}{\Sigma_{i=1}^n (a_{i2} - \bar{a}_2)^2} \quad \text{mit} \quad \bar{a}_2 = \frac{\Sigma_{i=1}^n a_{i2}}{n}.
$$

Bei der ausgleichenden Geraden variieren die Hebelwerte h_{ii} proportional zum Quadrat des Abstandes der einzelnen a_{i2} vom Mittelwert $\bar{a}_2$. Für den Mittelwert selbst nimmt h_{ii} das

Minimum $1/n$ an. Bei den im Beispiel durchgeführten 13 Beobachtungen ist der minimale Hebelwert $1/13 = 7{,}7 \times 10^{-2}$, und die Summe der Hebelwerte ist gleich $r(H) = 2$. Als mittlerer Wert ergibt sich daraus $\overline{h}_{ii} = 2/13 = 15{,}4 \times 10^{-2}$. In Abbildung 5.1 sind die Hebelwerte mit den Verbesserungen (Abb. 1.1) dargestellt. Die einflussreichen Beobachtungen bei den niedrigen Temperaturen haben zwar große Verbesserungen, diese neutralisieren sich aber wegen der entgegengesetzten Vorzeichen.

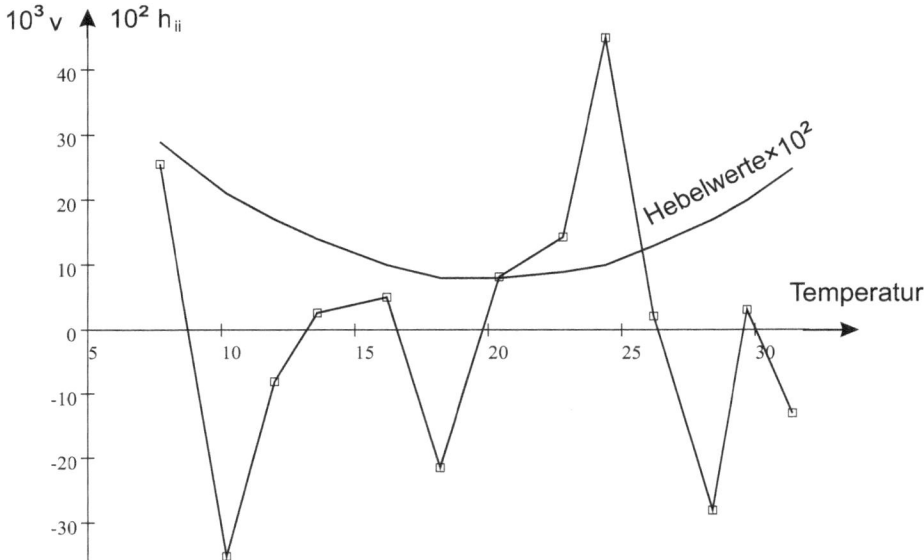

Abbildung 5.1: Verbesserungen der Ablesungen des Federbarometers und Hebelwerte der Beobachtungen

Das 4. Beispiel (**Stack Loss Data**) führt zu einer Projektionsmatrix H der Ordnung 21×21, die für eine vollständige Darstellung zu groß und auch nur noch schwer zu interpretieren ist. Es erfolgt daher hier eine Beschränkung auf die graphische Darstellung der Hebelwerte h_{ii} gemeinsam mit den Verbesserungen (Abb. 5.2). Der mittlere Hebelwert beträgt $\overline{h}_{ii} = 4/21 = 0{,}19$, und die Einzelwerte liegen im Intervall $0{,}5 < 10 h_{ii} < 4{,}1$.

Die Modellmatrix A für das 5. Beispiel (**Punktverschiebungen**) hat eine spezielle Struktur, da jeweils zwei benachbarte Beobachtungen einen Punkt in der Ebene definieren und daher gemeinsam zu betrachten sind. Sie ist durch

$$A^t = \begin{pmatrix} 1 & 0 & 1 & 0 & 1 & 0 & 1 & 0 & 1 & 0 \\ 0 & 1 & 0 & 1 & 0 & 1 & 0 & 1 & 0 & 1 \\ 1 & 0 & 0 & 0 & 0 & 1 & 1 & 1 & 0{,}5 & 0{,}5 \\ 0 & 1 & 0 & 0 & -1 & 0 & -1 & 1 & -0{,}5 & 0{,}5 \end{pmatrix}$$

gegeben. Die damit gebildete Projektionsmatrix H spiegelt die Symmetrie der in Abbildung 1.3 dargestellten Lage der 5 Punkte wider. Sie hängt nur von der geometrischen Figur

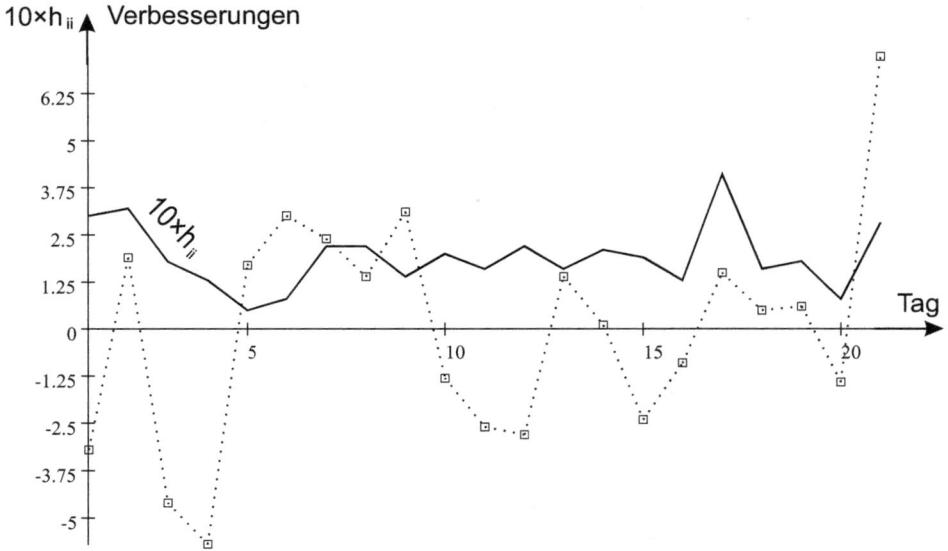

Abbildung 5.2: Stack Loss Data: Residuen und Hebelwerte $h_{ii} \times 10$

ab. Lineare Transformationen des Koordinatensystems (Translationen und Rotationen) haben keinen Einfluss auf die Matrix.

Die ersten beiden Spalten von A beziehen sich auf die Translation der Figur, und enthalten für jede Koordinate genau eine Eins, während die beiden übrigen Spalten die Rotation und die Maßstabsanpassung modellieren. Es liegt daher nahe entsprechend (5.12) eine Zerlegung der Projektionsmatrix durchzuführen. Die beiden ersten Spalten liefern die Matrix

$$
H_1 = (a_1 \; a_2) \begin{pmatrix} a_1^t a_1 & a_1^t a_2 \\ a_2^t a_1 & a_2^t a_2 \end{pmatrix}^{-1} \begin{pmatrix} a_1^t \\ a_2^t \end{pmatrix},
$$

die für $p = n/2$ Punkte die einfache Form

$$
H_1 = (a_1 \; a_2) \begin{pmatrix} 1/p & 0 \\ 0 & 1/p \end{pmatrix} \begin{pmatrix} a_1^t \\ a_2^t \end{pmatrix}
$$

annimmt. Sie besteht also im Wechsel aus den Elementen $1/p$ und 0. Das orthogonale Komplement ist die Matrix $(I - H_1)(a_3 \; a_4) = \widetilde{(a_3 \; a_4)} = \widetilde{A}_2$, die die um den jeweiligen Mittelwert reduzierten Koordinaten enthält. Ähnlich wie bei der ausgleichenden Geraden werden die Regressoren $(a_3 \; a_4)$ durch Multiplikation mit $(I - H_1)$ also zentriert und beziehen sich dann auf den Schwerpunkt der Figur. Sie bilden den Projektor $H_2 = \widetilde{A}_2(\widetilde{A}_2^t \widetilde{A}_2)^{-1}\widetilde{A}_2^t$ mit $H_1 + H_2 = H$. Für die Hebelwerte bedeutet dies $1/p \leq h_{ii} \leq 1$. Da der $\mathcal{S}(\widetilde{A}_2)$ orthogonal auf $\mathcal{S}(a_1 \; a_2)$ steht, können die Parameter x_3, x_4 (Drehung,Maßstab) durch $\begin{pmatrix} \widehat{x}_3 \\ \widehat{x}_4 \end{pmatrix} =$

Tabelle 5.3: Projektionsmatrix des Beispiels Punktverschiebungen

$$
\begin{bmatrix}
\mathbf{0{,}45} & 0 & 0{,}2 & -0{,}25 & -0{,}05 & 0 & 0{,}2 & 0{,}25 & 0{,}2 & 0 \\
0 & \mathbf{0{,}45} & 0{,}25 & 0{,}2 & 0 & -0{,}05 & -0{,}25 & 0{,}2 & 0 & 0{,}2 \\
0{,}2 & 0{,}25 & \mathbf{0{,}45} & 0 & 0{,}2 & -0{,}25 & -0{,}05 & 0 & 0{,}2 & 0{,}0 \\
-0{,}25 & 0{,}2 & 0 & \mathbf{0{,}45} & 0{,}25 & 0{,}2 & 0 & -0{,}05 & 0 & 0{,}2 \\
-0{,}05 & 0 & 0{,}2 & 0{,}25 & \mathbf{0{,}45} & 0 & 0{,}2 & -0{,}25 & 0{,}2 & 0 \\
0 & -0{,}05 & -0{,}25 & 0{,}2 & 0 & \mathbf{0{,}45} & 0{,}25 & 0{,}2 & 0 & 0{,}2 \\
0{,}2 & -0{,}25 & -0{,}05 & 0 & 0{,}2 & 0{,}25 & \mathbf{0{,}45} & 0 & 0{,}2 & 0 \\
0{,}25 & 0{.,}2 & 0 & -0{,}05 & -0{,}25 & 0{,}2 & 0 & \mathbf{0{,}45} & 0 & 0{,}2 \\
0{,}2 & 0 & 0{,}2 & 0 & 0{,}2 & 0 & 0{,}2 & 0 & \mathbf{0{,}2} & 0 \\
0 & 0{,}2 & 0 & 0{,}2 & 0 & 0{,}2 & 0 & 0{,}2 & 0 & \mathbf{0{,}2}
\end{bmatrix}
$$

$(\tilde{A}_2^t \tilde{A}_2)^{-1} \tilde{A}_2 l$ geschätzt werden. Die Translationen $(\hat{x}_1, \hat{x}_2)$ erhält man anschließend durch Einsetzen dieser Schätzwerte in die Modellgleichung.

Das 6. Beispiel **Punktbestimmung** zeigt den Einfluss von Gewichten auf die jetzt nicht mehr symmetrische Projektionsmatrrix $H_p = A(A^t P A)^{-1} A^t P$. Mit den in Tabelle 1.9 angegebenen Daten erhält man für die acht Messwerte folgende Projektionsmatrix. Die Hebelwerte weisen in diesem Beispiel recht große Unterschiede auf. Den größten Einfluss auf die Schätzung hat demnach die 5. Beobachtung (Zenitdistanz). Zur genaueren Interpretation muss aber die Koeffizientenmatrix mitbetrachtet werden, die die Geometrie der Messanordnung widerspiegelt. Man liest dort ab, dass die Zenitdistanz nur für die Bestimmung der Höhe wichtig ist. Ganz deutlich wird dies, wenn die Schätzung ohne Berücksichtigung der GPS-Messungen durchgeführt wird, was weiter unten gezeigt wird.

Tabelle 5.4: Projektionsmatrix des Beispiels Punktbestimmung

$$
\begin{bmatrix}
\mathbf{0{,}106} & -0{,}180 & 0{,}165 & 0{,}080 & 0{,}022 & -0{,}101 & 0{,}598 & -0{,}003 \\
-0{,}110 & \mathbf{0{,}200} & -0{,}079 & 0{,}009 & -0{,}031 & 0{,}247 & -0{,}631 & 0{,}006 \\
0{,}040 & -0{,}031 & \mathbf{0{,}313} & 0{,}283 & -0{,}053 & 0{,}328 & 0{,}190 & 0{,}016 \\
0{,}021 & 0{,}004 & 0{,}311 & \mathbf{0{,}297} & -0{,}056 & 0{,}391 & 0{,}081 & 0{,}017 \\
0{,}014 & -0{,}033 & -0{,}140 & -0{,}134 & \mathbf{0{,}809} & 0{,}285 & 0{,}093 & -0{,}163 \\
-0{,}018 & 0{,}073 & 0{,}246 & 0{,}266 & 0{,}081 & \mathbf{0{,}522} & -0{,}142 & -0{,}011 \\
0{,}109 & -0{,}187 & 0{,}142 & 0{,}055 & 0{,}026 & -0{,}142 & \mathbf{0{,}613} & -0{,}004 \\
-0{,}007 & 0{,}028 & 0{,}180 & 0{,}172 & -0{,}695 & -0{,}163 & -0{,}062 & \mathbf{0{,}141}
\end{bmatrix}
$$

Für die Gewichtsfestsetzung wurde in diesem Beispiel die Konstante $\sigma_0^2 = 10$ gewählt. Aus den Verbesserungen $v = A\hat{x} - l$ folgt die quadratische Form $v^t P v = 129{,}4$ mit dem Freiheitsgrad $f = 5$. Dies führt auf den empirischen Wert für den Varianzfaktor von $s_0^2 = 25{,}9$. Unter Annahme der Normalverteilung der Beobachtungen und der Richtigkeit der Modellannahmen, ist die Größe $v^t P v / \sigma_0^2$ nach (4.34) χ^2-verteilt mit 5 Freiheitsgraden. Mit dem globalen Modelltest (s. Abschnitt 5.1.4) kann daher die Tragfähigkeit der Modellannahmen überprüft werden. Die Tafeln der χ_5^2-Verteilung weisen folgende Schwellenwerte aus: $\chi_{5;5\%}^2 = 11{,}07$ bzw. $\chi_{5;1\%}^2 = 15{,}09$, denen der Testwert von 12,94 gegenübersteht. Wenn Modellannahmen und Daten im Einklang sind, wird es nur in etwa 2 % der Fälle vorkommen, dass die Testgröße größer oder gleich dem ermittelten Wert ausfällt. Es sind daher Zweifel angebracht, ob die Schätzergebnisse verwertbar sind. Auf jeden Fall sollte untersucht werden, wo die Ursachen für den negativen Testausgang liegen. Diese Frage wird weiter unten behandelt.

5.2   Wahl der Regressoren

Die Analyse des Modells kann zu dem Ergebnis führen, dass bessere Schätzungen zu erwarten sind, wenn weitere Regressoren eingeführt oder vorhandene gestrichen werden. Oder es kann der Fall auftreten, dass Beobachtungen als vermutliche Ausreißer gestrichen oder ergänzende Beobachtungen durchgeführt werden sollen. Bei umfangreichen Modellen kann es in diesen Situationen effektiver sein, die bereits vorliegende Schätzung entsprechend zu modifizieren, als eine komplette Neuschätzung durchzuführen.

5.2.1   Vertikale Partitionierung

Als Vorbereitung für die Untersuchung des Einflusses von Veränderungen des Parametervektors auf die Schätzungen im Regressionsmodell seien einige algebraische Formeln zusammengestellt, die im Wesentlichen [Caspary/Wichmann 2007, Abschnitt 6.3.1] entnommen sind. Ausgegangen wird von dem linearen Modell mit vollem Rang

$$l = Ax + \varepsilon, \quad \text{bzw.} \quad l + v = A\hat{x}, \ o(A) = n \times u,$$
$$E(\varepsilon) = 0, \ Var(\varepsilon) = \Sigma_\varepsilon = \Sigma_l = \sigma_0^2 Q, \tag{5.27}$$
$$Q = diag\left(\frac{\sigma_1^2}{\sigma_0^2}, \frac{\sigma_2^2}{\sigma_0^2}, \ldots, \frac{\sigma_n^2}{\sigma_0^2}\right), \quad P = Q^{-1}.$$

Die Methode der kleinsten Quadrate minimiert bekanntlich die quadratische Form $v^t P v$ und hat die Lösungsgleichung $\hat{x} = (A^t P A)^{-1} A^t P l$. Zerlegt man nun den Parametervektor in die zwei Komponenten (x_1, x_2), so geht das Modell (5.27) über in das partitionierte Modell

$$l = (A_1 \vdots A_2)\begin{pmatrix} x_1 \\ x_2 \end{pmatrix} + \varepsilon, \quad \begin{matrix} o(A_1) = n \times u_1 \\ o(A_2) = n \times u_2 \end{matrix}, \ u_1 + u_2 = u, \tag{5.28}$$

wobei vorausgesetzt wird, dass weder $A_1^t A_1$ noch $A_2^t A_2$ rangdefekt ist. Um die Formeln kompakter darstellen zu können, werden folgende Abkürzungen eingeführt

$$A^t P A = N, \ A_i^t P A_j = N_{ij},$$

mit denen die partitionierte Normalgleichungsmatrix und ihre Inverse folgende Form annehmen

$$N = \begin{pmatrix} N_{11} & N_{12} \\ N_{21} & N_{22} \end{pmatrix}, \ N^{-1} = \begin{pmatrix} N_{11}^{-1} + LML^t & -L \\ -L^t & M^{-1} \end{pmatrix}, \text{ mit} \tag{5.29}$$
$$L = N_{11}^{-1} N_{12} M^{-1}, \ M = N_{22} - N_{21} N_{11}^{-1} N_{12} = A_2^t P (I - H_{p1}) A_2.$$

Schließlich seien die Matrizen

$$S_1 = \begin{pmatrix} N_{11}^{-1} & 0 \\ 0 & 0 \end{pmatrix}, \ S_2 = \begin{pmatrix} LML^t & -L \\ -L^t & M^{-1} \end{pmatrix}, \ N^{-1} = S_1 + S_2$$

eingeführt, die auf folgende Schätzgleichung für das partitionierte Modell führen

$$\hat{x} = S_1 A^t Pl + S_2 A^t Pl = \begin{pmatrix} \tilde{x}_1 \\ \mathbf{0} \end{pmatrix} + \begin{pmatrix} \Delta \tilde{x}_1 \\ \hat{x}_2 \end{pmatrix} = \begin{pmatrix} \hat{x}_1 \\ \hat{x}_2 \end{pmatrix}. \tag{5.30}$$

Durch Rückwärtseinsetzen und Ausmultiplizieren folgt

$$\begin{aligned} \hat{x}_1 &= N_{11}^{-1} A_1^t Pl + L(N_{12} N_{11}^{-1} A_1^t - A_2^t) Pl \\ &= \tilde{x}_1 + L(N_{21} \tilde{x}_1 - A_2^t Pl) = \tilde{x}_1 + \Delta \tilde{x}_1, \end{aligned} \tag{5.31}$$

$$\hat{x}_2 = M^{-1} A_2^t Pl - L^t A_1^t Pl = M^{-1}(A_2^t Pl - N_{21} \tilde{x}_1). \tag{5.32}$$

Diese Darstellungen können vereinfacht werden, wenn die Verbesserungen

$$v_1 = A_1 \tilde{x}_1 - l = (H_{p1} - I)l, \quad H_{p1} = A_1 N_{11}^{-1} A_1^t P, \tag{5.33}$$

$$\Sigma_{v_1} = \sigma_0^2 (I - H_{p1}) Q \tag{5.34}$$

des ersten Teilmodells eingesetzt werden. Unter Berücksichtigung von $A_1^t Pv_1 = \mathbf{0}$ findet man

$$\hat{x}_2 = -M^{-1} A_2^t Pv_1, \quad \Delta \tilde{x}_1 = -LM \hat{x}_2 = L A_2^t Pv_1. \tag{5.35}$$

Für die Verbesserungen des vollen Modells erhält man

$$v = A\hat{x} - l = (H_p - I)l, \quad H_p = A N^{-1} A^t P, \tag{5.36}$$

$$\Sigma_v = \sigma_0^2 (I - H_p) Q, \tag{5.37}$$

und für die Differenz

$$\begin{aligned} \Delta v &= v - v_1 = (H_p - H_{p1})l \\ &= A S_2 A^t Pl = (I - H_{p1}) A_2 \hat{x}_2. \end{aligned} \tag{5.38}$$

Schließlich erhält man nach einigen mühsamen aber elementaren Matrixoperationen für die zur Genauigkeitsschätzung benötigten quadratischen Formen

$$q = v^t Pv = l^t P(I - H_p)l, \tag{5.39}$$

$$q_1 = v_1^t Pv_1 = l^t P(I - H_{p1})l, \tag{5.40}$$

$$\begin{aligned} \Delta q &= \Delta v^t P \Delta v = l^t P A S_2 A^t Pl \\ &= \hat{x}_2^t M \hat{x}_2 = v_1^t P A_2^t M^{-1} A_2 Pv_1, \end{aligned} \tag{5.41}$$

$$q_1 = q + \Delta q, \tag{5.42}$$

sowie die Kovarianz zwischen v und Δv

$$Kov(\Delta v, v) = A S_2 A^t PQ(H_p^t - I) = \mathbf{0}. \tag{5.43}$$

5.2.2 Überparametrisiertes Modell

Zunächst sei angenommen, dass das Modell $l = A_1 x_1 + \varepsilon$ mit dem Vektor x_1 die Wirklichkeit richtig beschreibt und daher $E(l) = A_1 x_1$ gilt. Für den Schätzer des überparametrisierten Modells (5.28) erhält man den Erwartungswert

$$E(\hat{x}) = S_1 A^t P E(l) + S_2 A^t P E(l) \tag{5.44}$$
$$= S_1 A^t P A_1 x_1 + S_2 A^t P A_1 x_1$$

$$= \begin{pmatrix} x_1 \\ 0 \end{pmatrix} + \begin{pmatrix} 0 \\ 0 \end{pmatrix}. \tag{5.45}$$

Das Ergebnis lässt sich leicht durch Ausmultiplizieren von (5.44) verifizieren und zeigt, dass auch in diesem erweiterten Modell der Parametervektor x erwartungstreu geschätzt wird, da die Erwartungswerte $E(\Delta\tilde{x}_1)$ und $E(\hat{x}_2)$, vgl. (5.30), den Wert null annehmen. Dasselbe gilt für den Verbesserungsvektor, dessen Erwartungswert aus

$$E(v) = (A N^{-1} A^t P - I) A \begin{pmatrix} x_1 \\ 0 \end{pmatrix} = 0$$

folgt. Für die Varianz-Kovarianz Matrix des geschätzten Parametervektors erhält man auch in diesem Modell den üblichen Ausdruck

$$\Sigma_{\hat{x}} = \sigma_0^2 N^{-1} = \sigma_0^2 (S_1 + S_2).$$

Als Schätzer des Varianzfaktors σ_0^2 im überparametrisierten Modell liefert (5.40) den Wert

$$s_0^2 = v^t P v / (n - u) = l^t P (I - H_p) l / (n - u).$$

Unter der Annahme, dass die Abweichungen ε_i (näherungsweise) normalverteilt sind, besitzt der Ausdruck

$$(n - u) \frac{s_0^2}{\sigma_0^2} = \frac{v^t P v}{\sigma_0^2} \sim \chi^2_{(n-u)} \tag{5.46}$$

eine χ^2-Verteilung mit $f = n-u$ Freiheitsgraden. Der Schätzer im als richtig angenommenen Modell lautet entsprechend

$$(s_0^2)_1 = v_1^t P v_1 / (n - u_1) = l^t P (I - H_{p1}) l / (n - u_1)$$

und führt auf den χ^2-verteilten Ausdruck

$$(n - u_1) \frac{(s_0^2)_1}{\sigma_0^2} = \frac{v_1^t P v_1}{\sigma_0^2} \sim \chi^2_{(n-u_1)}. \tag{5.47}$$

Da der Erwartunswert einer χ^2-verteilten Zufallsvariablen gleich dem Freiheitsgrad ist, lesen wir an (5.46) und (5.47) ab, dass im überparametrisierten Modell die Erwartung der quadratischen Form der Verbesserungen kleiner ausfällt als im korrekten Modell. Schließlich besitzt auch $\Delta v = v - v_1$ den Erwartungswert null und kann zur Bildung der quadratischen Form

$$\Delta q = \Delta v^t P \Delta v = l^t P A S_2 A^t P l$$

verwandt werden, die auf die χ^2-verteilte Größe

$$\frac{\Delta v^t P \Delta v}{\sigma_0^2} \sim \chi^2_{(u_2)}$$

führt. Da nach (5.43) die Zufallsvektoren v und Δv stochastisch unabhängig sind, gilt dies auch für die quadratischen Formen $q = v^t P v$ und $\Delta q = \Delta v^t P \Delta v$.

Ferner lässt sich durch einfaches Ausmultiplizieren zeigen, dass $q + \Delta q = q_1$ gilt. Dazu ist die Darstellung $l^t P (I - H_p) l + l^t P A S_2 A^t P l = l^t P (I - H_{p1}) l$ besonders geeignet, an der man unter Beachtung von $A N^{-1} A^t = A (S_1 + S_2) A^t$ leicht $(I - H_p) + A S_2 A^t P = (I - H_{p1})$ verifiziert. Da außerdem die Freiheitsgrade der quadratischen Formen $f = n - u$, $f_1 = n - u_1$ und $f_\Delta = u_2$ durch Beziehung $f + f_\Delta = f_1$ verknüpft sind, kann unter der Hypothese $H_0 : x_2 = 0$ mit dem F-Test geprüft werden, ob sich die Parameter x_2 signifikant von Null unterscheiden.

Dazu wird in Analogie zur Streuungszerlegung, die in Abschnitt 4.2.1 eingeführt wurde, um die Qualität der Schätzung in der einfachen Regression zu überprüfen, eine Varianzanalyse durchgeführt. Wird mit $q_1 = SQG$ die Summe der Quadrate im Modell $l = A_1 x_1 + \varepsilon$ bezeichnet, mit $q = SQV$ die Summe der Quadrate im vergrößerten Modell und mit $\Delta q = SQR$ die Quadratsumme, um die sich q vergrößert, wenn der Subvektor x_2 unberücksichtigt bleibt, so kann der Signifikanztest für x_2 in folgender Tabelle zusammengefasst werden. Wenn SQR bzw. $(s_0^2)_\Delta$ klein ausfällt, so besagt dies, dass der Subvektor x_2 keinen signifikanten Beitrag zur Modellierung der Beobachtungen leistet. Um eine quantitative Aussage zu ermöglichen, wird die F-verteilte Testgröße $T = (s_0^2)_\Delta / s_0^2$ gebildet und mit den Quantilen der $F_{u_2,(n-u)}$-Verteilung verglichen. Wenn $T < F_\alpha$, dem Schwellenwert der $F_{u_2,(n-u)}$-Verteilung für die Irrtumswahrscheinlichkeit α ausfällt, gilt die Nullhypothese ($H_0 : x_2 = 0$) auf dem Niveau α als nicht widerlegt. Für die Modellierung der Beobachtungen ist in diesem Fall der Subvektor x_1 ausreichend.

Tabelle 5.5: Signifikanztest für den Subvektor x2

S.Quadrate	Freiheitsgr.	Varianz	Testgr.
SQV	$n - u$	$s_0^2 = q/(n - u)$	
SQR	u_2	$(s_0^2)_\Delta = \Delta q/u_2$	$(s_0^2)_\Delta / s_0^2$
SQG	$n - u_1$	$(s_0^2)_1 = q_1/(n - u_1)$	$F_{u_2;(n-u)}$

5.2.3 Unterparametrisiertes Modell

Im vorigen Abschnitt konnte gezeigt werden, dass im überparametrisierten Modell alle interessierenden Größen erwartungstreu geschätzt werden, so dass keine gravierenden Fehlschlüsse zu erwarten sind. Außerdem steht mit dem F-Test ein Werkzeug zur Verfügung, mit dem überzählige Parameter identifiziert und dann entfernt werden können. Nun sei angenommen, dass das richtige Modell durch (5.28) gegeben ist, die Auswertung der Daten jedoch mit dem unvollständigen Modell $l = A_1 x_1 + \varepsilon$ durchgeführt wurde.

Als Schätzergebnisse erhält man den Parametervektor nach (5.30) und die zugehörige Varianz-Kovarianz Matrix zu

$$\tilde{x}_1 = N_{11}^{-1}A_1^t Pl, \quad \Sigma_{\tilde{x}_1} = \sigma_0^2 N_{11}^{-1},$$

sowie die Schätzung der Verbesserungen und des Varianzfaktors

$$v_1 = A_1\tilde{x}_1 - l = (A_1 N_{11}^{-1}A_1^t P - I)l = (H_{p1} - I)l \tag{5.48}$$
$$(s_0^2)_1 = v_1^t Pv_1/(n - u_1) = l^t P(I - H_{p1})l/(n - u_1).$$

Bildet man nun die Erwartungswerte, so findet man

$$E(\tilde{x}_1) = N_{11}^{-1}A_1^t P E(l) = N_{11}^{-1}A_1^t P(A_1 x_1 + A_2 x_2)$$
$$= x_1 + N_{11}^{-1}A_1^t P A_2 x_2 = x_1 + N_{11}^{-1}N_{12}x_2,$$

und es zeigt sich, dass die Regressionsparameter nicht erwartungstreu geschätzt werden, es sei denn $x_2 = 0$ oder $N_{12} = 0$. Ähnlich lautet das Ergebnis für die Verbesserungen

$$E(v_1) = (H_{p1} - I)E(l) = (H_{p1} - I)(A_1 x_1 + A_2 x_2)$$
$$= 0 + (H_{p1} - I)A_2 x_2 = (A_1 N_{11}^{-1}N_{12} - A_2)x_2. \tag{5.49}$$

Erwartungstreue wird nur in dem Sonderfall $x_2 = 0$ erreicht.

Für die Ermittlung des Erwartungswertes der quadratischen Form $v_1^t Pv_1/\sigma_0^2$ wird von den Theoremen 1 und 2 [Searle 1971, Kap.2.5] ausgegangen: Sei $y \sim (\eta, \Sigma)$, dann gilt für den Erwartungswert der quadratischen Form $y^t A y$

$$E(y^t A y) = sp(A\Sigma) + \eta^t A \eta.$$

Für normalverteilte Zufallsvariable $y \sim N(\eta, \Sigma)$ besitzt die quadratische Form $y^t A y$ genau dann eine nichtzentrale χ^2-Verteilung mit Freiheitsgrad $r(A\Sigma)$ und Nichtzentralitätsparameter $\eta^t A \eta/2$, wenn $A\Sigma$ idempotent ist.

v_1 ist nach (5.48) eine lineare Funktion der als normalverteilt angenommenen Beobachtungen und daher ebenfalls normalverteilt. Der Erwartungswert von v_1 ist nach (5.49) bekannt. Für die Varianz-Kovarianzmatrix ergibt (5.34)

$$\Sigma_{v_1} = \sigma_0^2(H_{p1} - I)Q(H_{p1}^t - I) = \sigma_0^2(I - H_{p1})Q.$$

Das Produkt

$$\frac{P}{\sigma_0^2}\Sigma_{v_1} = P(H_{p1} - I)Q(H_{p1}^t - I) = (I - H_{p1}^t)$$

ist, wie einfaches Ausmultiplizieren zeigt, idempotent. Daraus folgt nach [Searle 1971] für die quadratische Form

$$E(v_1^t Pv_1/\sigma_0^2) = sp(I - H_{p1}^t) + E(v_1)^t P E(v_1)/\sigma_0^2. \tag{5.50}$$

Für den ersten Ausdruck auf der rechten Seite liest man $sp(I - H_{p1}^t) = n - u_1$ ab. Der Nichtzentralitätsparameter wird mit (5.49) ermittelt und ergibt

$$E(v_1)^t P E(v_1)/\sigma_0^2 = x_2^t(A_2^t(H_{p1} - I)^t P(H_{p1} - I)A_2)x_2/\sigma_0^2$$
$$= x_2^t(A_2^t P(I - H_{p1})A_2)x_2/\sigma_0^2 \tag{5.51}$$
$$= x_2^t M x_2/\sigma_0^2 \tag{5.52}$$

mit $M = N_{22} - N_{21} N_{11}^{-1} N_{12}$ nach (5.29). Zusammengefasst gilt somit: $v_1^t P v_1 / \sigma_0^2$ besitzt eine nichtzentrale χ^2-Verteilung mit dem Freiheitsgrad $n - u_1$ und dem Nichtzentralitätsparameter $x_2^t M x_2 / 2\sigma_0^2$. Die Schätzung des Varianzfaktors nach (5.48) $(s_0^2)_1 = v_1^t P v_1 / (n - u_1)$ ist daher systematisch verfälscht und fällt stets zu groß aus, denn nach (5.50) und (5.51) gilt

$$E[(s_0^2)_1] = \sigma_0^2 + x_2^t M x_2 / (n - u_1).$$

5.2.4 Beispiel Stack Loss Data

Zur Demonstration der Modellzerlegung wird das 4. Beispiel aus Kapitel 1 gewählt, bei dem der Verdacht besteht, dass der 4. Regressionsparameter, der den Leistungsverlust in Beziehung zur Konzentration der Salpetersäure setzt, keinen Beitrag zur Modellierung der Effizienz des Prozesse leistet. Die Ausgangsdaten sind in Tabelle 1.6 zusammengestellt. Die Modellmatrix A wird unterteilt in $A_1 = (a_0 \; a_1 \; a_2)$ und $A_2 = a_3$. Der Parametervektor x wird entsprechend partitioniert $x_1^t = (x_1 \; x_2 \; x_3)$, $x_2 = (x_4)$. Die Antwortvariablen besitzen unter der Hypothese $H_0 : E(x_4) = 0$ die Verteilung $l \sim N(A_1 x_1, \sigma^2 I)$.

Die Normalgleichungsmatrix und ihre Inverse nach (5.29) lauten

$$N = \begin{pmatrix} 21 & 1269 & 443 & 1812 \\ 1269 & 78\,365 & 27\,223 & 109\,988 \\ 443 & 27\,223 & 9545 & 38\,357 \\ 1812 & 109\,988 & 38\,357 & 156\,924 \end{pmatrix},$$

$$N^{-1} = \begin{pmatrix} 1345,2 & 2,734 & -6,196 & -15,936 \\ 2,734 & 0,172\,9 & -0,347\,1 & -0,067\,9 \\ -6,196 & -0,347\,1 & 1,287\,5 & 9,96 \times 10^{-5} \\ -15,936 & -0,067\,9 & 9,96 \times 10^{-5} & 0,232\,2 \end{pmatrix} \times 10^{-2}.$$

Ferner ergeben sich folgende Blockmatrizen

$$N_{11}^{-1} = 10^{-2} \begin{pmatrix} 251,72 & -1,926 & -6,189 \\ -1,926 & 0,153\,0 & -0,347\,1 \\ -6,189 & -0,347\,1 & 1,288 \end{pmatrix}, \quad L = \begin{pmatrix} 0,159\,4 \\ 6,79 \times 10^{-4} \\ -9,96 \times 10^{-7} \end{pmatrix},$$

$$M = 430,63$$

mit denen die Hilfsmatrizen

$$S_1 = \begin{pmatrix} 251,7\,2 & -1,926 & -6,189 & 0 \\ -1,926 & 0,1530 & -0,3471 & 0 \\ -6,189 & -0,3471 & 1,288 & 0 \\ 0 & 0 & 0 & 0 \end{pmatrix} \times 10^{-2},$$

$$S_2 = \begin{pmatrix} 10935 & 46,601 & -6,8 \times 10^{-2} & -159,36 \\ 46,601 & 0,198\,59 & -2,9 \times 10^{-4} & -0,679\,08 \\ -6,8 \times 10^{-2} & -2,9 \times 10^{-4} & 4,3 \times 10^{-7} & 1 \times 10^{-3} \\ -159,36 & -0,679\,08 & 1 \times 10^{-3} & 2,322\,2 \end{pmatrix} \times 10^{-3}$$

gebildet werden, die mit (5.30) folgenden Lösungsvektor liefern

$$\hat{x} = S_1 A^t l + S_2 A^t l = \begin{pmatrix} \tilde{x}_1 \\ 0 \end{pmatrix} + \begin{pmatrix} \Delta\tilde{x}_1 \\ \hat{x}_2 \end{pmatrix} = \begin{pmatrix} -50,36 \\ 0,671 \\ 1,295 \\ 0 \end{pmatrix} + \begin{pmatrix} 10,44 \\ 0,044 \\ -0,0001 \\ -0,152 \end{pmatrix}.$$

Aus den Verbesserungen $v = Ax - l$, $v_1 = A_1\tilde{x}_1 - l$ und $\Delta v = v - v_1$ werden nach (5.39), (5.40) und (5.41) die Quadratischen Formen

$$q = 178,830$$
$$q_1 = 188,795$$
$$\Delta q = 9,965$$

gebildet. Zur Überprüfung der Nullhypothese ergibt der Signifikanztest nach Tabelle 5.4 folgende Zusammenstellung der Daten aus der entnommen wird, dass die Varianz durch Vernachlässigung von x_4 nicht vergrößert wird. Die Testgröße liegt noch deutlich in dem Bereich, in dem die Nullhypothese mit einer vernünftigen Wahrscheinlichkeit nicht abgelehnt werden kann, konkret ergibt sich $P(F_{1;17} \leq 0,95) = 0,66$. Das ursprüngliche Modell ist daher mit hoher Wahrscheinlichkeit überparametrisiert. Die ersten drei Regressoren reichen zur Modellierung des Prozesses aus. Dieses Ergebnis wird noch unterstützt, wenn die Testgröße $t = \hat{x}_4/s_4$ gebildet wird, die $t-$ verteilt ist. Die Standardabweichung wird zweckmäßigerweise aus s_0^2 und M^{-1} berechnet, und ergibt $s_4 = \sqrt{10,52 \times 0,00232} = 0,156$, daraus folgt $t = 0,152/0,156 = 0,97$ mit $f = 17$. Dieser Wert wird mit $P = 0,37$ überschritten, wenn $H_0 : E(x_4) = 0$ zutrifft, und gibt daher keinen Anlass an H_0 zu zweifeln.

Tabelle 5.6: Signifikanztest für den Subvektor x_2

S.Quadrate	Freiheitsgr.	Varianz	Testgr.
178,830	17	$s_0^2 = 10,52$	$(s_0^2)_\Delta/s_0^2 = 0,95$
9,965	1	$(s_0^2)_\Delta = 9,97$	$F_{1;17(0,1)} = 3,03$
188,795	18	$(s_0^2)_1 = 10,49$	$F_{1;17(0,2)} = 1,78$

5.3   Veränderungen des Beobachtungsvektors

Es kann viele Gründe geben, den Beobachtungsvektor des linearen Modells zu verändern. Wenn z. B. einzelne Beobachtungen zweifelhafter Qualität oder als Ausreißer identifizierte Beobachtungen vorhanden sind, kann ihre Streichung sinnvoll sein oder auch die Ermittlung ihres Einflusses auf das Schätzergebnis, indem die Resultate mit und ohne diese Beobachtungen verglichen werden. Wenn die geschätzten Parameter nicht ausreichend genau sind, können sie durch nachträglich durchgeführte Beobachtungen verbessert werden, die zusätzlich zu berücksichtigen sind. Bei der Planung und Optimierung von Mess- und Versuchsanordnungen werden häufig Diagnoseauswertungen mit unterschiedlichen Beobachtungselementen durchgeführt.

5.3.1 Horizontale Partitionierung

Grundlage der folgenden Ableitungen ist wieder das lineare Modell, wie es in (5.27) eingeführt wurde

$$l = Ax + \varepsilon, \quad \text{bzw.} \quad l + v = A\hat{x}, \quad o(A) = n \times u,$$
$$E(\varepsilon) = 0, \quad Var(\varepsilon) = \Sigma_\varepsilon = \Sigma_l = \sigma_0^2 Q, \quad (5.53)$$
$$Q = diag\left(\frac{\sigma_1^2}{\sigma_0^2}, \frac{\sigma_2^2}{\sigma_0^2}, \dots, \frac{\sigma_n^2}{\sigma_0^2}\right), \quad P = Q^{-1}.$$

Die Partitionierung in die beiden Teilmodelle

$$A_1 x = l_1 + \varepsilon_1, \quad E(l_1) = A_1 x, \quad \Sigma_1 = \sigma_0^2 Q_1, \quad (5.54)$$
$$A_2 x = l_2 + \varepsilon_2, \quad E(l_2) = A_2 x, \quad \Sigma_2 = \sigma_0^2 Q_2, \quad (5.55)$$
$$o(A_1) = n_1 \times u, \quad o(A_2) = n_2 \times u, \quad (5.56)$$

sei so erfolgt, dass $r(A_1) = u$ gilt. Die Matrix A_2 wird in der Regel nur wenige Beobachtungen enthalten, die entweder zusätzlich berücksichtigt oder gestrichen werden sollen. Die Schätzung nach der Methode der kleinsten Quadrate liefert im ersten Teilmodell die Ergebnisse

$$\hat{x}_1 = N_1^{-1} A_1^t P_1 l_1, \quad N_1 = A_1^t P_1 A_1, \quad P_1 = Q_1^{-1}, \quad (5.57)$$
$$Q_{\hat{x}_1} = N_1^{-1}, \quad P_{\hat{x}_1} = N_1, \quad v_1 = A_1 \hat{x}_1 - l_1$$
$$= (H_{1p} - I)l_1, \quad H_{1p} = A_1 N_1^{-1} A_1^t P_1, \quad (5.58)$$
$$q_1 = v_1^t P_1 v_1 = l_1 P_1 (I - H_{1p})l_1,$$
$$E(q_1) = \sigma_0^2 (n - u_1).$$

Unter der Annahme $n_2 < u$ ist das zweite Teilmodell unterbestimmt und besitzt daher keine eindeutige Lösung. Zunächst soll der Fall betrachtet werden, dass die beiden Teilmodelle zum Gesamtmodell (5.27) zusammengefasst werden sollen.

5.3.2 Erweiterung des Beobachtungsvektors

Für die gemeinsame Auswertung der beiden Teilmodelle (5.54) und (5.55) erhält man mit $n = n_1 + n_2$

$$N = A_1^t P_1 A_1 + A_2^t P_2 A_2 = N_1 + N_2 = (A_1^t \vdots A_2^t)\begin{pmatrix} P_1 & 0 \\ 0 & P_2 \end{pmatrix}\begin{pmatrix} A_1 \\ A_2 \end{pmatrix}$$
$$(5.59)$$

die MkQ-Lösung

$$\hat{x} = N^{-1}(A_1^t P_1 l_1 + A_2^t P_2 l_2), \quad Q_{\hat{x}} = N^{-1},$$
$$v = A\hat{x} - l = (H_p - I)l, \quad H_p = A N^{-1} A^t P, \quad (5.60)$$
$$q = v^t P v = l^t P (I - H_p)l, \quad E(q) = \sigma_0^2 (n - u).$$

Dasselbe Ergebnis kann auch gewonnen werden, wenn die Lösung (5.57) um den Einfluss der Beobachtungen des zweiten Teilmodells korrigiert wird. Diese Vorgehensweise ist dann besonders sinnvoll, wenn das zweite Modell nur eine Beobachtung enthält. Die Ableitungen gehen von der bekannten Woodbury Matrix Identität aus

$$(A^{-1} + BD^{-1}C)^{-1} = A - AB(D + CAB)^{-1}CA, \tag{5.61}$$

die nur voraussetzt, dass die angeschriebenen Inversen existieren. Die Gleichung (5.59) kann umformuliert werden zu $N = P_{\hat{x}_1} + A_2^t P_2 A_2 = Q_{\hat{x}_1}^{-1} + A_2^t Q_2^{-1} A_2$. Der Vergleich mit der Matrix Identität zeigt, dass die Inverse dieses Ausdrucks sofort angegeben werden kann

$$N^{-1} = N_1^{-1} - N_1^{-1} A_2^t (Q_2 + A_2 N_1^{-1} A_2^t)^{-1} A_2 N_1^{-1} = Q_{\hat{x}}. \tag{5.62}$$

Um diesen Ausdruck in eine übersichtlichere Form zu bringen, wird die Matrix

$$K_+ = N_1^{-1} A_2^t (Q_2 + A_2 N_1^{-1} A_2^t)^{-1} \tag{5.63}$$

eingeführt, mit der man

$$N^{-1} = N_1^{-1} - K_+ A_2 N_1^{-1} = (I - K_+ A_2) N_1^{-1} \tag{5.64}$$

erhält. Dies in die Schätzgleichung für $\hat{x}$ eingesetzt, führt nach einfachen Umformungen auf

$$\hat{x} = \hat{x}_1 + K_+(l_2 - A_2 \hat{x}_1) = \hat{x}_1 + \Delta \hat{x}_1. \tag{5.65}$$

Für den Vektor der Verbesserungen erhält man schließlich

$$v = \begin{pmatrix} v_1 \\ 0 \end{pmatrix} + \begin{pmatrix} \Delta v_1 \\ v_2 \end{pmatrix}, \quad \begin{matrix} \Delta v_1 = A_1 \Delta \hat{x}_1, \\ v_2 = A_2 \hat{x} - l_2, \end{matrix} \tag{5.66}$$

$$q = v^t P v = v_1^t P_1 v_1 + (\Delta v_1^t \vdots v_2^t) P \begin{pmatrix} \Delta v_1 \\ v_2 \end{pmatrix}, \tag{5.67}$$

$$f = n - u = (n_1 - u) + n_2. \tag{5.68}$$

Für den Sonderfall, dass nur eine Beobachtung l_2 zusätzlich zu berücksichtigen ist, vereinfachen sich die Formeln. An die Stelle von A_2 und K_+ treten nun die Vektoren a_2^t und k_+ auf, und aus P_2 wird das Gewicht p_2. Dies führt zu

$$k_+ = N_1^{-1} a_2 (\frac{1}{p_2} + a_2^t N_1^{-1} a_2)^{-1} = \frac{p_2}{1 + a_2^t N_1^{-1} a_2 p_2} N_1^{-1} a_2, \tag{5.69}$$

$$\hat{x} = \hat{x}_1 + k_+(l_2 - a_2^t \hat{x}_1) = \hat{x}_1 + \Delta \hat{x}_1, \tag{5.70}$$

$$N^{-1} = N_1^{-1} - (1 + p_2 a_2^t N_1^{-1} a_2)^{-1} p_2 N_1^{-1} a_2 a_2^t N_1^{-1}, \tag{5.71}$$

$$v = \begin{pmatrix} v_1 \\ 0 \end{pmatrix} + \begin{pmatrix} \Delta v_1 \\ v_2 \end{pmatrix}, \quad \begin{matrix} \Delta v_1 = A_1 \Delta \hat{x}_1, \\ v_2 = a_2^t \hat{x} - l_2. \end{matrix} \tag{5.72}$$

5.3.3   Streichen von Beobachtungen

Es sei nun angenommen, dass die *MkQ*-Schätzung im Modell (5.27) mit den Ergebnissen (5.60) bereits vorliege, und die Aufgabe nun darin besteht, den Einfluss des Teilmodells (5.55) zu eliminieren. Gesucht ist also die Lösung für das Teilmodell (5.54). Anstelle von (5.59) tritt daher die Gleichung

$$N_1 = A^t P A - A_2^t P_2 A_2 = N - N_2 = (A^t \vdots A_2^t) \begin{pmatrix} P & 0 \\ 0 & -P_2 \end{pmatrix} \begin{pmatrix} A \\ A_2 \end{pmatrix}, \quad (5.73)$$

für die eine Inverse zu bilden ist. Wieder von der Woodbury Matrix Identität ausgehend erhält man nun mit

$$N_1 = N - A_2^t Q_2^{-1} A_2$$

die Inverse

$$N_1^{-1} = N^{-1} + N^{-1} A_2^t (Q_2 - A_2 N^{-1} A_2^t)^{-1} A_2 N^{-1} = Q_{\hat{x}_1}. \quad (5.74)$$

Zur Vereinfachung dieses Ausdrucks wird die Hilfsmatrix

$$K_- = N^{-1} A_2^t (Q_2 - A_2 N^{-1} A_2^t)^{-1} \quad (5.75)$$

eingeführt, mit der sich

$$N_1^{-1} = N^{-1} + K_- A_2 N^{-1} = (I + K_- A_2) N^{-1} \quad (5.76)$$

ergibt. Wird dies nun in die Schätzgleichung

$$\hat{x}_1 = N_1^{-1} (A^t P l - A_2^t P_2 l_2)$$

eingesetzt, so erhält man nach elementaren Umformungen die Endgleichung

$$\hat{x}_1 = \hat{x} - K_- (l_2 - A_2 \hat{x}) = \hat{x} - \Delta \hat{x}_2. \quad (5.77)$$

Der Vektor der Verbesserungen des reduzierten Modells beträgt

$$\begin{pmatrix} v_1 \\ 0 \end{pmatrix} = v - \begin{pmatrix} \Delta v_1 \\ v_2 \end{pmatrix}, \quad \begin{array}{l} \Delta v_1 = A_1 (\hat{x} - \hat{x}_1) = A_1 K_- (l_2 - A_2 \hat{x}), \\ v_2 = A_2 \hat{x} - l_2, \end{array} \quad (5.78)$$

und für die quadratischen Formen schließlich erhält man folgende Beziehungen

$$q_1 = v_1^t P_1 v_1 = v^t P v - (\Delta v_1^t \vdots v_2^t) P \begin{pmatrix} \Delta v_1 \\ v_2 \end{pmatrix},$$

$$f_1 = n_1 - u = (n - u) - n_2.$$

Für den Sonderfall, dass nur eine Beobachtung l_2 gestrichen wird, vereinfachen sich die Formeln. An die Stelle von A_2 und K_- treten nun die Vektoren a_2^t und k_-, und aus P_2 wird das Gewicht p_2. Dies führt zu

$$k_- = N^{-1} a_2 \left(\frac{1}{p_2} - a_2^t N^{-1} a_2 \right)^{-1}$$

$$= \frac{p_2}{1 - h_{22p}} N^{-1} a_2, \quad (5.79)$$

$$\hat{x}_1 = \hat{x} - k_- (l_2 - a_2^t \hat{x}) = \hat{x} - \Delta \hat{x}_2, \quad (5.80)$$

$$N_1^{-1} = N^{-1} + \frac{p_2}{1 - h_{22p}} N^{-1} a_2 a_2^t N^{-1}, \quad (5.81)$$

$$\begin{pmatrix} v_1 \\ 0 \end{pmatrix} = v - \begin{pmatrix} \Delta v_1 \\ v_2 \end{pmatrix}, \quad \begin{array}{l} \Delta v_1 = A_1 \Delta \hat{x}_2, \\ v_2 = a_2^t \hat{x} - l_2. \end{array} \quad (5.82)$$

5.3.4   Beispiele

Am Beispiel **Stack Loss Data** (4. Beispiel in Kap.1, Tabelle 1.6) soll die Vorgehensweise bei der Verkleinerung des Beobachtungsvektors demonstriert werden. In Abbildung 1.2 sind die Residuen der MkQ-Schätzung der Regressoren für dieses Beispiel dargestellt. Diese fallen bei den Beobachtungen l_1, l_3, l_4 und l_{21} besonders groß aus. Daher soll der Einfluss dieser Beobachtungen auf das Schätzergebnis analysiert werden. Als Ergebnis der MkQ-Schätzung mit allen Beobachtungen erhält man zunächst

$$
\begin{bmatrix}
\hat{x}_1 = -39,92 & q = 178,83 & s_{\hat{x}_1} = 11,89 \\
\hat{x}_2 = 0,716 & f = 17 & s_{\hat{x}_2} = 0,135 \\
\hat{x}_3 = 1,295 & s^2 = 10,52 & s_{\hat{x}_3} = 0,368 \\
\hat{x}_4 = -0,152 & s = 3,24 & s_{\hat{x}_4} = 0,166.
\end{bmatrix}.
$$

Um die weiteren Berechnungen übersichtlich zu gestalten, werden die Beobachtungen umgeordnet und zwar so, dass l_1, l_3, l_4 und l_{21} nun die Zeilen 18, 19, 20 und 21 des Modells bilden.

Entsprechend erhält man die partitionierte Designmatrix $A = (A_1^t \vdots A_2^t)^t$ und den Beobachtungsvektor $l = (l_1^t \vdots l_2^t)^t$. Die MkQ-Schätzung im reduzierten Modell $l_1 = A_1 x + \varepsilon_1$ führt am schnellsten zum Ergebnis, wenn die Hilfsmatrix K_- (5.75) gebildet wird, mit der die vorliegenden Ergebnisse modifiziert werden können.

$$
K_- = 10^{-2}
\begin{pmatrix}
-72,696 & -80,592 & -30,701 & -76,058 \\
2,8579 & 2,342 & -0,69164 & 3,3404 \\
0,2397 & -0,77653 & 4,1188 & -7,0587 \\
-1,0679 & -0,38511 & -0,088064 & 0,38628
\end{pmatrix}
$$

Diese Matrix erfordert lediglich die Inversion einer $n_2 \times n_2$-Matrix, was bei großen Systemen mit nur wenigen zu streichenden Beobachtungen vorteilhaft ist. Mit (5.77) berechnet man die geschätzten Parameter des bereinigten Modells und mit (5.78) die zugehörigen Verbesserungen. Die Normalgleichungsinverse N_1^{-1}, die zur Ermittlung der empirischen Standardabweichungen der Regressoren benötigt wird, folgt aus (5.76). Damit erhält man als Ergebnis im reduzierten Modell die Schätzungen

$$
\begin{bmatrix}
\hat{x}_{1r} = -37,65 & q_r = 20,40 & s_{\hat{x}_{1r}} = 4,73 \\
\hat{x}_{2r} = 0,798 & f_r = 13 & s_{\hat{x}_{2r}} = 0,067 \\
\hat{x}_{3r} = 0,577 & s_r^2 = 1,57 & s_{\hat{x}_{3r}} = 0,166 \\
\hat{x}_{4r} = -0,067 & s_r = 1,25 & s_{\hat{x}_{4r}} = 0,062
\end{bmatrix}.
$$

Der Vergleich der Schätzergebnisse bestärkt die Annahme, dass die gestrichenen Beobachtungen l_1, l_3, l_4 und l_{21} nicht modellkonform sind. Ihr Einfluss auf die geschätzten Regressoren ist in Anbetracht der empirischen Standardabweichungen zwar nicht dramatisch, aber die Reduktion der Summe der Verbesserungsquadrate von $q = 178,83$ auf $q_r = 20,40$ sollte Anlass zu statistischen Tests sein, auf die an dieser Stelle jedoch nicht eingegangen werden soll.

Der umgekehrte Weg soll am Beispiel **Punktbestimmung** (6. Beispiel in Kap. 1, Tabelle 1.9) erläutert werden. Dazu sei angenommen, dass die Koordinaten des Grenzpunktes zunächst durch geodätische Strecken- und Zenitdistanzmessungen bestimmt worden sind. Als zu einem späteren Zeitpunkt GPS-Messungen möglich wurden, hat man zur Kontrolle und zu Steigerung der Genauigkeit der vorliegenden Koordinaten zusätzlich GPS-Messungen durchgeführt. Das Anfangsmodell

$$A_1 x = l_1 + \varepsilon_1, \quad E(l_1) = A_1 x, \quad \Sigma_1 = \sigma_0^2 Q_1,$$
$$o(A_1) = n_1 \times u$$

besteht daher aus den ersten fünf Zeilen der Tabelle 1.9 mit den zugehörigen a priori Varianzschätzungen. Die *MkQ* liefert folgende Ergebnisse

$$\begin{bmatrix} \widehat{x}_1 = -1,15\,\text{cm} & q_1 = 82,75 & s_{\widehat{x}_1} = 3,79\,\text{cm} \\ \widehat{y}_1 = 1,95\,\text{cm} & f_1 = 2 & s_{\widehat{y}_1} = 4,48\,\text{cm} \\ \widehat{h}_1 = 3,38\,\text{cm} & s_{01} = 6,43\,\text{cm} & s_{\widehat{h}_1} = 5,19\,\text{cm} \end{bmatrix}.$$

Zur nachträglichen Berücksichtigung der GPS-Messungen wird zunächst die Hilfsmatrix K_+ (5.63) berechnet, die der Verstärkungsmatrix eines diskreten Kalman-Filters

$$K_+ = \begin{pmatrix} 0,522\,13 & -0,142\,14 & -0,010\,83\,6 \\ -0,142\,15 & 0,612\,62 & -0,004\,145\,7 \\ -0,162\,80 & -0,062\,28\,2 & 0,141\,07 \end{pmatrix}$$

entspricht. Mit ihrer Hilfe liefern die Formeln (5.65), (5.66) und (5.67) die am vorläufigen Ergebnis anzubringenden Korrekturen wegen der zusätzlichen Beobachtungen. Das Endergebnis lautet

$$\begin{bmatrix} \widehat{x} = 1,16\,\text{cm} & q = 129,4 & s_{\widehat{x}} = 1,86\,\text{cm} \\ \widehat{y} = -0,88\,\text{cm} & f = 5 & s_{\widehat{y}} = 2,15\,\text{cm} \\ \widehat{h} = 1,79\,\text{cm} & s_0 = 5,09 & s_{\widehat{h}} = 3,75\,\text{cm} \end{bmatrix}.$$

Man liest ab, dass sich die endgültige Schätzung der Position des Grenzpunktes in der Lage um etwa 3,5 cm und in der Höhe um 1,5 cm von der vorläufigen Schätzung unterscheidet, und die

Tabelle 5.7: Einfluss der GPS-Beobachtungen auf die Verbesserungen und die quadratischen Formen

v_1[cm]	Δv[cm]	v[cm]
−3,09	−2,65	−5,75
−0,04	3,21	3,17
3,72	0,13	3,85
−3,66	0,75	−2,91
0,09	2,06	2,14
0	−0,84	−0,84
0	1,12	1,12
0	7,79	7,79
$q_1 = 82,75$	$\Delta q = 46,66$	$q = 129,40$

Standardabweichungen der Koordinaten haben sich ungefähr halbiert. Fragen der Signifikanz dieser Änderungen werden im nächsten Kapitel angesprochen.

5.3.5   Gewichtsänderungen

Die in Abschnitt 5.3.2 bereitgestellten Formeln zur Erweiterung des Beobachtungsvektors können auch eingesetzt werden, um die Veränderung des geschätzten Parametervektors zu ermitteln, die sich durch eine Änderung der Beobachtungsgewichte ergibt. Wenn beispielsweise das Gewicht p_i der Beobachtung l_i geändert werden soll in $p_i^* = k p_i$, $0 \le k \le \infty$, so entspricht dies der Gewichtsänderung $\Delta p_i = (k - 1) p_i$. Die Auswirkung dieser Änderung erhält man, wenn das Modell um eine Zeile erweitert wird, die identisch mit der Zeile a_i^t, l_i ist und das Gewicht Δp_i erhält. Das neue Schätzergebnis lautet dann nach (5.70)

$$\hat{x}^* = \hat{x} + k_+ (l_i - a_i^t \hat{x}), \tag{5.83}$$

$$k_+ = N^{-1} a_i \left(\frac{1}{\Delta p_i} + a_i^t N^{-1} a_i \right)^{-1} \tag{5.84}$$

$$= N^{-1} a_i \frac{(k-1) p_i}{(1 + (k-1) h_{iip})}, \tag{5.85}$$

mit h_{iip} dem Hebelwert der Beobachtung l_i nach (5.26).

Am Beispiel **Punktbestimmung** kann die Vorgehensweise leicht gezeigt werden. Es sei angenommen, dass nach Abschluss der Auswertung das Gewicht der 5. Beobachtung geändert werden soll. Und zwar soll diese Beobachtung mit $p_5^* = 4{,}44 = 4 \times p_5$ in die Auswertung eingehen. Dies führt auf

$$k_+ = \begin{pmatrix} 0.133\,59 & -3.635\,1 \times 10^{-2} & -4.165\,7 \times 10^{-2} \\ -3.635\,1 \times 10^{-2} & 0.156\,74 & -1.594\,1 \times 10^{-2} \\ -4.165\,7 \times 10^{-2} & -1.594\,1 \times 10^{-2} & 0.542\,55 \end{pmatrix} \times$$

$$\times \begin{pmatrix} 0.215 \\ 0.086 \\ -1.135 \end{pmatrix} \left(\frac{3.33}{1+3\times 0.808\,48} \right) = \begin{pmatrix} 7.084\,6 \times 10^{-2} \\ 2.309\,5 \times 10^{-2} \\ -0.608\,68 \end{pmatrix},$$

$$\hat{x}^* = \begin{pmatrix} 1.160\,5 \\ -0.877\,6 \\ 1.788\,4 \end{pmatrix} - \begin{pmatrix} 7.084\,6 \times 10^{-2} \\ 2.309\,5 \times 10^{-2} \\ -0.608\,68 \end{pmatrix} 2.144\,2 = \begin{pmatrix} 1.008\,6 \\ -0.927\,12 \\ 3.093\,5 \end{pmatrix}.$$

Soll die Beobachtung l_i eliminiert werden, so setzt man $k = 0$ damit wird $\Delta p_i = -1 p_i$. Wenn andererseits die Beobachtung l_i als fehlerfreier Sollwert betrachtet wird, so ist für k eine sehr große Zahl, etwa 10^4, einzusetzten.

Außerdem findet man leicht die differentielle Änderung der Schätzung $\hat{x}$, bezüglich des Gewichts p_i. Sei $v_i = a_i^t \hat{x} - l_i$ die prädizierte Verbesserung, die in diesem Sonderfall mit der ursprünglichen Verbesserung von l_i übereinstimmt, so erhält man

$$\hat{x}^* - \hat{x} = \Delta \hat{x} = -\left(\frac{1}{\Delta p_i} + a_i^t N^{-1} a_i\right)^{-1} N^{-1} a_i v_i. \tag{5.86}$$

Wird nun $\Delta p_i = (k_i - 1) p_i$ eingesetzt und die Ableitung nach k_i gebildet, so folgt

$$\frac{d\hat{x}}{dk_i} = -(1 + (k_i - 1)h_{iip})^{-2} N^{-1} a_i p_i v_i.$$

Die Ableitung an der Stelle $k_i = 1$ ergibt für $p_i = p_i^*$

$$\frac{d\hat{x}}{dk_i}\Big|_{k_i=1} = -N^{-1} a_i p_i v_i$$

bzw. wegen $k = p^{-1} p^*$ und $dk = p^{-1} dp^*$

$$\frac{d\hat{x}}{dp_i^*}\Big|_{k_i=1} = \frac{d\hat{x}}{dp_i} = -N^{-1} a_i p_i^2 v_i. \tag{5.87}$$

6 Analyse der Beobachtungen

Da jedes mathematische Modell auf Hypothesen über die Eigenschaften und das Verhalten des beobachteten Phänomens sowie über die stochastischen Eigenschaften der Beobachtungen beruht, ist nach der Schätzung der Modellparameter im Rahmen einer Qualitätskontrolle zu untersuchungen, ob die Hypothesen tragfähig sind. Von der Vielzahl an Techniken, die zu diesem Zweck entwickelt worden sind, wird man zunächst die einsetzen, die besonders einfach sind und schnell einen ersten Anhalt geben. Bei Modellen überschaubarer Größe steht an erster Stelle eine Inspektion der Residuen, die erkennen lässt, ob Modell und Daten im Einklang stehen. Hilfreich sind dabei graphische Darstellungen, auf die jedoch hier nicht weiter eingegangen wird.

Für eine sachgerechte Bewertung der Residuen ist stets zu beachten, dass sie eine gemeinsame Verteilung besitzen, die vom stochastischen Modell der Beobachtungen und von den Eigenschaften der Designmatrix abhängt. Es ist daher zweckmäßig, sie zunächst so zu transformieren, dass sie leichter vergleichbar und durch statistische Test überprüfbar sind. Ferner ist zu untersuchen, welche Folgen es für die Schätzergebnisse hat, wenn eine Beobachtung wegen der Größe ihrer Verbesserung gestrichen wird. Mit dieser letzten Frage beginnen die weiteren Ausführungen. Dabei wird von dem in Abschnitt 5.1.4 beschriebenen Modell

$$l = Ax + \varepsilon, \ \varepsilon \sim N(\mathbf{0}, \Sigma), \quad \Sigma = diag(\sigma_1^2, \sigma_2^2, \ldots, \sigma_n^2) \tag{6.1}$$

mit unabhängigen verschieden genauen Beobachtungen ausgegangen. Die Schätzungen erfolgen unter der Forderung $v^t P v = \min$ mit der Gewichtsmatrix

$$P = Q^{-1} \quad \text{und} \quad \Sigma = \sigma_0^2 Q, \ Q = diag\left(\frac{\sigma_1^2}{\sigma_0^2}, \frac{\sigma_2^2}{\sigma_0^2}, \ldots, \frac{\sigma_n^2}{\sigma_0^2}\right). \tag{6.2}$$

Die wesentlichen Schätzergebnisse seien zur leichteren Referenz noch einmal zusammengestellt, wobei zur Vereinfachung der Ausdrücke für die Normalgleichungsmatrix $A^t P A = N$ gesetzt wird:

$$\hat{x} = N^{-1} A^t P l, \quad v = -\hat{\varepsilon} = A\hat{x} - l, \tag{6.3}$$

$$\hat{l} = l + v = A\hat{x} = A N^{-1} A^t P l = H_p l, \tag{6.4}$$

$$H_p = A N^{-1} A^t P, \quad h_{ijp} = a_i^t N^{-1} a_j p_j, \tag{6.5}$$

$$s_0^2 = v^t P v / (n - u), \quad S_{\hat{x}} = s_0^2 N^{-1}, \tag{6.6}$$

$$S_{\hat{l}} = s_0^2 A N^{-1} A^t = s_0^2 H_p Q, \tag{6.7}$$

$$S_v = S_{\hat{\varepsilon}} = s_0^2 (I - H_p) Q = s_0^2 Q_v. \tag{6.8}$$

6.1   Streichen einer Beobachtung

In Abschnitt 5.3.3 wurden die Formeln abgeleitet, auf deren Basis hier eine ausführliche Darstellung des Einflusses einer einzelnen Beobachtung auf das Ergebnis der MkQ-Schätzung entwickelt wird. Im Einklang mit der einschlägigen Literatur wird folgende Notation für das Modell nach dem Streichen der Beobachtung l_i gewählt:

$$l_{(i)} = A_{(i)} x_{(i)} + \varepsilon_{(i)}, \quad \varepsilon_{(i)} \sim N(0, \Sigma_{(i)}),$$

ganz entsprechend werden alle in diesem Modell geschätzten Größen durch den in Klammern gesetzten Index der gestrichenen Beobachtung gekennzeichnet.

6.1.1   Lageparameter

Da das primäre Ziel der Auswertung von Beobachtungsreihen in der Schätzung der Modellparameter zu sehen ist, wird zunächst dargestellt, wie sich die Schätzwerte durch das Streichen einer Beobachtung ändern. In Abschnitt 5.3.3 wurden die hier relevanten Beziehungen in allgemeiner Form abgeleitet. Der in Gl. (5.69) dargestellte Sonderfall nur einer Beobachtung

$$\hat{x}_1 = \hat{x} - k_-(l_2 - a_2^t \hat{x}) = \hat{x} - \Delta \hat{x}_2,$$
$$k_- = (1 - p_2 a_2^t N^{-1} a_2)^{-1} p_2 N^{-1} a_2 \qquad (6.9)$$

ist lediglich an die spezielle Notation dieses Kapitels anzupassen. Der Gleichung (5.20) ist zu entnehmen, dass für $a_2^t = a_i^t$ (i-te Zeile der Designmatrix A) der Ausdruck in der Klammer von Gl. (6.9) als $1 - h_{iip}$ geschrieben werden kann. Daraus folgt als Darstellung der durch das Streichen von l_i verursachten Änderung der geschätzten Parameter

$$\hat{x} - \hat{x}_{(i)} = k_-(l_i - a_i^t \hat{x}) = -k_- v_i = -\frac{p_i v_i}{1 - h_{iip}} N^{-1} a_i. \qquad (6.10)$$

In Gleichung (6.10) ist h_{iip} das in Abschnitt 5.1.4 hergeleitete i-te Diagonalelement der Projektionsmatrix, der Hebelwert der Beobachtung l_i. Und man liest ab, dass für den Einfluss der gestrichenen Beobachtung auf die Schätzung des Parametervektors der Hebelwert, die Verbesserung und das Gewicht der gestrichenen Beobachtung maßgebend sind. Diese Größen treten allerdings in einer solchen Form auf, dass sie nicht separiert werden können. Da (6.10) ein Vektor ist, ist diese Darstellung wenig geeignet, den Einfluss verschiedener Beobachtungen zu vergleichen. Dies wird durch skalare Einflussmaße möglich, die weiter unten abgeleitet werden.

Um vergleichen zu können, wie die gestrichene Beobachtung die einzelnen Regressoren verändert, ist es zweckmäßig, die Änderungen (6.10) durch ihre Standardabweichung zu dividieren. Die Varianz-Kovarianz Matrix der geschätzten Parameter ist in Gleichung (6.6) angegeben

$$S_{\hat{x}} = s_0^2 N^{-1}, \quad s_0^2 = v^t P v / (n - u).$$

Für $\hat{x}_k$ folgt daraus $s_{\hat{x}_k}^2 = s_0^2 N_{kk}^{-1}$. Somit können für Vergleichszwecke die standardisierten Größen $(\hat{x}_k - \hat{x}_{k(i)}) / s_{\hat{x}_k}$ gebildet werden. Für die Standardisierung ist allerdings eine Schätzung der Varianz vorzuziehen, bei der die gestrichene Beobachtung nicht mitwirkt. Diese soll als Nächstes betrachtet werden, da der Einfluss der einzelnen Beobachtungen auf den Streuungsparameter ohnehin für die Modellanalyse von Interesse ist.

6.1.2 Streuungsparameter

Gleichung (5.72) in Verbindung mit (5.68) zeigt den Einfluss des Streichens einer Beobachtung auf den Residuenvektor. In der hier gewählten Notation gilt demnach

$$\begin{pmatrix} \boldsymbol{v}_{(i)} \\ 0 \end{pmatrix} = \boldsymbol{v} - \begin{pmatrix} \Delta\boldsymbol{v}_{(i)} \\ v_i \end{pmatrix}, \qquad \begin{matrix} \Delta\boldsymbol{v}_{(i)} = -\boldsymbol{A}_{(i)}\boldsymbol{k} - v_i \\ v_i = \boldsymbol{a}_i^t\hat{\boldsymbol{x}} - l_i \end{matrix}, \tag{6.11}$$

$$q = \boldsymbol{v}^t\boldsymbol{P}\boldsymbol{v}, \quad q_{(i)} = \boldsymbol{v}_{(i)}^t\boldsymbol{P}_{(i)}\boldsymbol{v}_{(i)}, \quad q_{(i)} = q - (\Delta\boldsymbol{v}_{(i)}^t \vdots v_i)\boldsymbol{P}\begin{pmatrix} \Delta\boldsymbol{v}_{(i)} \\ v_i \end{pmatrix}. \tag{6.12}$$

Der letzte Ausdruck in Gleichung (6.12) führt auf

$$(\Delta\boldsymbol{v}_{(i)}^t \vdots v_i)\boldsymbol{P}\begin{pmatrix} \Delta\boldsymbol{v}_{(i)} \\ v_i \end{pmatrix} = \Delta\boldsymbol{v}_{(i)}^t\boldsymbol{P}_{(i)}\Delta\boldsymbol{v}_{(i)} + p_i v_i^2. \tag{6.13}$$

Die weitere Entwicklung ergibt

$$\Delta\boldsymbol{v}_{(i)}^t\boldsymbol{P}_{(i)}\Delta\boldsymbol{v}_{(i)} = \boldsymbol{k}^t\boldsymbol{A}_{(i)}^t\boldsymbol{P}_{(i)}\boldsymbol{A}_{(i)}\boldsymbol{k} - v_i^2,$$

und mit (6.10)

$$\Delta\boldsymbol{v}_{(i)}^t\boldsymbol{P}_{(i)}\Delta\boldsymbol{v}_{(i)} = \left(\frac{p_i v_i}{1 - h_{iip}}\right)^2 \boldsymbol{a}_i^t\boldsymbol{N}^{-1}\boldsymbol{N}_{(i)}\boldsymbol{N}^{-1}\boldsymbol{a}_i.$$

Wegen

$$\boldsymbol{N}_{(i)} = \boldsymbol{N} - \boldsymbol{a}_i p_i \boldsymbol{a}_i^t$$

erhält man für das Matrizenprodukt den einfachen Ausdruck

$$\boldsymbol{N}^{-1}\boldsymbol{N}_{(i)}\boldsymbol{N}^{-1} = \boldsymbol{N}^{-1} - \boldsymbol{N}^{-1}\boldsymbol{a}_i p_i \boldsymbol{a}_i^t\boldsymbol{N}^{-1}$$

und schließlich

$$\boldsymbol{a}_i^t\boldsymbol{N}^{-1}\boldsymbol{N}_{(i)}\boldsymbol{N}^{-1}\boldsymbol{a}_i = \boldsymbol{a}_i^t\boldsymbol{N}^{-1}\boldsymbol{a}_i(1 - p_i\boldsymbol{a}_i^t\boldsymbol{N}^{-1}\boldsymbol{a}_i) = \boldsymbol{a}_i^t\boldsymbol{N}^{-1}\boldsymbol{a}_i(1 - h_{iip}).$$

Die Zusammenfassung der Einzelergebnisse führt auf

$$\Delta\boldsymbol{v}_{(i)}^t\boldsymbol{P}_{(i)}\Delta\boldsymbol{v}_{(i)} = \left(\frac{p_i v_i}{1 - h_{iip}}\right)^2 \boldsymbol{a}_i^t\boldsymbol{N}^{-1}\boldsymbol{a}_i(1 - h_{iip}) = \frac{p_i v_i^2}{1 - h_{iip}} p_i\boldsymbol{a}_i^t\boldsymbol{N}^{-1}\boldsymbol{a}_i$$

$$= \frac{p_i v_i^2}{1 - h_{iip}}h_{iip} = \frac{p_i v_i^2}{1 - h_{iip}} - p_i v_i^2, \tag{6.14}$$

und mit (6.13) auf das Endresultat

$$q_{(i)} = q - \frac{p_i v_i^2}{1 - h_{iip}}, \quad (s_0^2)_{(i)} = q_{(i)}/(n - u - 1). \tag{6.15}$$

6.1.3   Verbesserungen

Die Gleichung (6.12) des vorigen Abschnitts

$$\begin{pmatrix} \boldsymbol{v}_{(i)} \\ 0 \end{pmatrix} = \boldsymbol{v} - \begin{pmatrix} \Delta\boldsymbol{v}_{(i)} \\ v_i \end{pmatrix}, \quad \begin{matrix} \Delta\boldsymbol{v}_{(i)} = -\boldsymbol{A}_{(i)}\boldsymbol{k}_- v_i \\ v_i = \boldsymbol{a}_i^t\hat{\boldsymbol{x}} - l_i \end{matrix}, \tag{6.16}$$

zeigt, wie sich das Streichen der Beobachtung l_i auf die Verbesserungen der verbleibenden Beobachtungen auswirkt. Mit $\boldsymbol{k}_- = (1 - \boldsymbol{a}_i^t\boldsymbol{N}^{-1}\boldsymbol{a}_i p_i)^{-1} p_i \boldsymbol{N}^{-1}\boldsymbol{a}_i$ nach Gleichung (5.69) und $h_{iip} = \boldsymbol{a}_i^t\boldsymbol{N}^{-1}\boldsymbol{a}_i p_i$ nach (5.20) erhält man

$$\boldsymbol{v}_{(i)} = \boldsymbol{v} + \frac{p_i v_i}{1 - h_{iip}} \boldsymbol{A}_{(i)}\boldsymbol{N}^{-1}\boldsymbol{a}_i, \tag{6.17}$$

und für eine einzelne Verbesserung

$$\begin{aligned} v_{j(i)} &= v_j + \frac{p_i v_i}{1 - h_{iip}} \boldsymbol{a}_j\boldsymbol{N}^{-1}\boldsymbol{a}_i = v_j + \frac{v_i}{1 - h_{iip}} \boldsymbol{a}_j^t\boldsymbol{N}^{-1}\boldsymbol{a}_i p_i \\ &= v_j + \frac{v_i}{1 - h_{iip}} h_{jip}. \end{aligned} \tag{6.18}$$

Mit den Parametern des reduzierten Modells kann die gestrichene Beobachtung l_i prädiziert werden. Die Differenz dieser prädizierten Beobachtung $\widehat{l}_{i(i)}$ mit der gestrichenen Beobachtung l_i kann als Indikator für die Übereinstimmung dieser Beobachtung mit dem Modell betrachtet werden.

$$\boldsymbol{a}_i^t\hat{\boldsymbol{x}}_{(i)} = \widehat{l}_{i(i)}, \quad v_{i(i)} = \boldsymbol{a}_i^t\hat{\boldsymbol{x}}_{(i)} - l_i, \tag{6.19}$$

$$\hat{\boldsymbol{x}}_{(i)} = \hat{\boldsymbol{x}} + \boldsymbol{k}_- v_i = \hat{\boldsymbol{x}} + \frac{v_i p_i}{1 - h_{iip}} \boldsymbol{N}^{-1}\boldsymbol{a}_i,$$

$$v_{i(i)} = \boldsymbol{a}_i^t\hat{\boldsymbol{x}} - l_i + \frac{v_i}{1 - h_{iip}} \boldsymbol{a}_i^t\boldsymbol{N}^{-1}\boldsymbol{a}_i p_i \tag{6.20}$$

$$= v_i + \frac{v_i}{1 - h_{iip}} h_{iip} = \frac{v_i}{1 - h_{iip}}. \tag{6.21}$$

6.1.4   Hebelwerte

Die Veränderung der Hebelwerte durch das Streichen einer Beobachtung folgt aus (5.66), (5.69) und (5.71).

$$\boldsymbol{N}_{(i)}^{-1} = \boldsymbol{N}^{-1} + \boldsymbol{k}_- \boldsymbol{a}_i^t\boldsymbol{N}^{-1}, \tag{6.22}$$

$$\boldsymbol{k}_- = \frac{p_i}{1 - h_{iip}} \boldsymbol{N}^{-1}\boldsymbol{a}_i.$$

Für den Hebelwert der Beobachtung l_k mit $k \neq i$ folgt nach der Definition (5.20)

$$a_k^t N_{(i)}^{-1} a_k p_k = h_{kkp(i)} = a_k^t N^{-1} a_k p_k + a_k^t k_- a_i^t N^{-1} a_k p_k,$$

$$h_{kkp(i)} = h_{kkp} + a_k^t \frac{p_i}{1 - h_{iip}} N^{-1} a_i a_i^t N^{-1} a_k p_k$$

$$= h_{kkp} + \frac{1}{1 - h_{iip}} a_k^t N^{-1} a_i p_i a_i^t N^{-1} a_k p_k,$$

$$h_{kkp(i)} = h_{kkp} + \frac{h_{kip} h_{ikp}}{1 - h_{iip}}. \tag{6.23}$$

Diese einfache Formel ermöglicht einen schnellen Überblick über die Auswirkung des Streichens einer Beobachtung auf die Hebelwerte. Allerdings müssen dazu die außerhalb der Diagonalen von H_p stehenden Werte berechnet werden. Wie die Formel erkennen lässt, spielen die Gewichte der Beobachtungen l_k und l_i hierbei eine wichtige Rolle.

Ganz entsprechend können aus den oben angegebenen Formeln die Veränderungen der Varianzen der Parameter abgeleitet werden. Die Ausdrücke, die sich dabei ergeben, sind jedoch nicht besonders anwendungsfreundlich. Sei e_k der k-te Einheitsvektor und q_k die k-te Spalte der Kofaktorenmatrix $Q_{\hat{x}} = N^{-1}$, so erhält man für für das Diagonalelement der Kofaktormatrix der Parameter nach Streichen von l_i

$$q_{kk(i)} = e_k^t N_{(i)}^{-1} e_k = e_k^t N^{-1} e_k + e_k^t k_- a_i^t N^{-1} e_k$$

$$= q_{kk} + \frac{p_i}{1 - h_{iip}} e_k^t N^{-1} a_i a_i^t N^{-1} e_k$$

$$= q_{kk} + \frac{p_i}{1 - h_{iip}} (q_k^t a_i)^2. \tag{6.24}$$

6.1.5 Beispiel Stack Loss Data

Die Daten dieses Beispiels sind im 1. Kapitel (4. Beispiel) mit den Verbesserungen nach der *MkQ*-Schätzung zusammengestellt. Auffallend groß ist die Verbesserung der 21. Beobachtung, die ein Ausreißer sein könnte. Es soll daher untersucht werden, wie sich die Schätzergebnisse ändern, wenn diese Beobachtung gestrichen wird. Zu diesem Zweck wird zunächst die Hilfsmatrix k_- (6.9) berechnet, die in diesem Fall ein Vektor ist. Da die Beobachten als gleichgenau und unabhängig angenommen werden, gilt $p_i = 1 \ \forall i$. Als Hebelwert der 21. Beobachtung erhält man $h_{ii} = a_i^t N^{-1} a_i = 0,2845$ für $i = 21$, und damit, sowie mit $v_i = 7,24$

$$k_- = \frac{1}{1 - h_{ii}} N^{-1} a_1 = \begin{pmatrix} -0,523 \\ 0,024 \\ -0,066 \\ 0,006 \end{pmatrix}, \quad \Delta x = -k_- v_i = \begin{pmatrix} 3,78 \\ -0,17 \\ 0,48 \\ -0,04 \end{pmatrix}.$$

Zur Ermittlung des Einflusses, den das Streichen der 21. Beobachtung auf die empirische Varianz der Beobachtungen besitzt, werden zunächst die quadratischen Formen nach (6.12) bzw. (6.15) gebildet. Das Ergebnis lautet

$$\begin{bmatrix} q = 178,83 & f = 17 & s_0^2 = 10,52 & s_0 = 3,24 \\ q_{(i)} = 105,61 & f = 16 & s_{0(i)}^2 = 6,60 & s_{0(i)} = 2,57 \end{bmatrix}. \qquad \begin{matrix}(6.25)\\(6.26)\end{matrix}$$

Nimmt man noch die empirischen Standardabweichungen der geschätzten Parameter hinzu, so ergibt sich folgende Zusammenstellung:

Tabelle 6.1: Änderung der Schätzergebnisse durch Streichen der 21. Beobachtung

x	s_x	Δx	$x_{(21)}$	$s_{x(21)}$
$-39,92$	$11,88$	$3,78$	$-43,70$	$9,49$
$0,72$	$0,13$	$-0,17$	$0,89$	$0,12$
$1,30$	$0,37$	$0,48$	$0,82$	$0,33$
$-0,15$	$0,16$	$-0,04$	$-0,11$	$0,12$

Mit Gleichung (6.19) kann die 21. Beobachtung prädiziert werden. Dem Ergebnis $\widehat{l}_{21(21)} = a_{21}^t \widehat{x}_{(21)} = 25,12$ steht die tatsächliche Beobachtung $l_{21} = 15$ gegenüber. Die Differenz $v_{21(21)} = 10,12$ wird auch als prädizierte Verbesserung bezeichnet. Recht einfach ergeben sich auch die Änderungen der Diagonalglieder der Matrix N^{-1} nach Gleichung (6.24), die zur Berechnung der empirischen Varianzen benutzt wurden. Für den ersten Parameter entnimmt man zum Beispiel der Normalgleichungsinversen die Zeile q_1^t und multipliziert sie mit a_{21}. Das Quadrat des Produktes wird sodann durch $(1 - h_{2121})$ dividiert und liefert die Differenz $q_{11(21)} - q_{11} = 0,195$. Die Rechnungen müssen hier mit mindestens fünf Dezimalstellen durchgeführt werden, da die Koeffizienten sehr unterschiedliche Größen haben.

Betrachtet man die Änderungen der Schätzung der Regressionsparameter, die sich durch das Streichen der verdächtigen Beobachtung l_{21} ergeben haben, so sind sie unter Berücksichtigung der empirischen Standardabweichungen nicht sehr erheblich. Die Durchsicht der Hebelwerte $0,05 \leq h_{ii} \leq 0,41$ mit $\overline{h}_{ii} = 4/21 = 0,19$ und $h_{2121} = 0,28$ zeigt, dass die gestrichene Beobachtung das Ergebnis nur durchschnittlich beeinflusst. Selbst wenn sie sich bei den später folgenden statistischen Test als nicht modellkonform erweisen sollte, ist der negativer Einfluss gering, wenn sie nicht gestrichen wird.

6.2   Analyse der Verbesserungen

Wie bereits zu Beginn dieses Kapitels angemerkt, sind die Residuen (Verbesserungen) von hervorragender Bedeutung für die Überprüfung des Modells. Es reicht jedoch nicht aus, die Residuen in ihrer ursprünglichen Form zu analysieren, da ihre Größe auch von der Verteilung abhängt, die daher zunächst zu ermitteln ist. Es soll bei den folgenden Ableitungen wieder angenommen werden, dass die Beobachtungen unterschiedlich genau sind und daher das Modell (6.1) mit den Gewichten (6.2) und der Lösung (6.3) vorliegt. Die Mitführung der Gewichte ist zwar etwas umständlich. Es ist aber einfacher, die Gewichte nachträglich durch Einsen zu ersetzen, als umgekehrt zunächst gleiche Gewichte anzunehmen und dann den Einfluss von Gewichte zu untersuchen.

6.2.1 Die Verteilung der Verbesserungen

Die stochastischen Eigenschaften der Verbesserungen hängen von den Modellannahmen und der Schätzmethode ab. Nach (6.3) gilt für die Methode der kleinsten Quadrate

$$v = A\,\hat{x} - l = (A\,N^{-1}A^t P - I)l = (H_p - I)l. \tag{6.27}$$

Die Verbesserungen sind daher eine Linearkombination der Beobachtungen, und wegen der Eigenschaften des Projektors H_p auch eine Linearkombination der wahren Abweichungen ε.

$$v = (H_p - I)\varepsilon. \tag{6.28}$$

Wird nun, vgl. (6.1), angenommen, dass die Abweichungen bzw. die Beobachtungen normalverteilt sind

$$\varepsilon \sim N(0,\Sigma), \quad l \sim N(A\,x,\Sigma) \quad \text{mit} \quad \Sigma = \sigma_0^2 Q, \tag{6.29}$$

so folgt für die Verbesserungen

$$v \sim N(0,\Sigma_v) \quad \text{mit} \quad \Sigma_v = \sigma_0^2(I - H_p)Q \tag{6.30}$$

ebenfalls die Normalverteilung, die aber wegen des Rangdefekts von $(I - H_p)$ singulär ist. Allerdings ist Σ_v eine vollbesetzte Matrix mit der Folge, dass die Verbesserungen unterschiedliche Varianzen besitzen und untereinander korreliert sind. Der Einfluss der Korrelationen auf verschiedene Tests, die sich auf Verbesserungen stützen, wird in [Randles 1984] untersucht. Es zeigt sich dabei, dass die Tests unterschiedlich auf die Vernachlässigung der Korrelationen reagieren, und daher Vorsicht geboten ist. Die Analyse der Verbesserungen wird außerdem dadurch erschwert, dass in den meisten Fällen für den Varianzfaktor σ_0^2 nur die Schätzung s_0^2 zur Verfügung steht, die nach (6.6) eine Funktion der Verbesserungen ist. Die geschätzte Varianz-Kovarianz Matrix der Verbesserungen wird mit

$$S_v = s_0^2(I - H_p)Q$$

bezeichnet.

Wenn die Verteilungsannahmen (6.29) nicht zutreffen, kann man immerhin erwarten, dass bei ausreichend großer Anzahl der Beobachtungen der zentrale Grenzwertsatz bewirkt, dass die Verbesserungen zumindest näherungsweise normalverteilt sind. Treffen die Verteilungsannahmen aber zu, so tritt nach der Studie [Quesenberry/Quesenberry 1982] häufig der Effekt auf, dass sich die Residuen zu gut der Normalverteilung anpassen, und als supernormalverteilt bezeichnet werden können.

6.2.2 Transformierte Verbesserungen

Als erster Schritt bei der Analyse der Verbesserungen wird in der Regel eine Transformation durchgeführt. Dazu sind verschieden Alternativen entwickelt und in der recht umfangreichen Literatur dargestellt worden, vgl. [Besley/Kuh/Welsch 1980], [Heck 1981], [Cook/Weisberg 1982], [Kok 1984], [Weisberg 1985], [Chatterjee/Hadi 1988], [Rao/Toutenburg 1995], [Lehmann 2010].

Normalisierte Verbesserungen erhält man, indem die Residuen durch die Wurzel der Quadratsumme der Verbesserungen, die empirische Standardabweichung s_0, oder die a priori Standardabweichung σ_0 dividiert werden:

$$a_i = v_i / \sqrt{v^t P v},$$

$$b_i = v_i / \sqrt{v^t P v / (n - u)},$$

$$c_i = v_i / \sigma_0.$$

Diese transformierten Verbesserungen haben den Vorteil, dass sie dimensionslos und leicht zu berechnen sind, aber sie sind lediglich konstante Vielfache der ursprünglichen Größen und berücksichtigen nicht die unterschiedlichen Varianzen, die auf der Diagonalen von $\boldsymbol{\Sigma}_v$ bzw. $\boldsymbol{S}_v$ stehen. Da ihre Verwendung nur empfohlen werden kann, wenn sich die a priori Gewichte wenig unterscheiden und die Diagonalelemente von $\boldsymbol{H}_p$ etwa gleiche Größe aufweisen, sollen sie im Folgenden nicht weiter betrachtet werden.

Standardisierte Verbesserungen können gebildet werden, wenn der Varianzfaktor σ_0^2 als bekannt angenommen wird. Für die Varianz der Verbesserung v_i erhält man dann

$$\sigma_{v_i}^2 = \sigma_0^2 (1 - h_{iip}) \frac{1}{p_i}$$

und für die standardisierte Verbesserung

$$u_i = \frac{v_i}{\sigma_{v_i}} = \frac{v_i \sqrt{p_i}}{\sigma_0 \sqrt{(1 - h_{iip})}}, \quad u_i \sim N(0,1). \tag{6.31}$$

Diese standardisierten Verbesserungen spielen eine große Rolle bei der Ausreißersuche nach Baarda, dem sogenannten *data snooping*, das in der Literatur über geodätische Ausgleichungen starke Beachtung gefunden hat, s. z. B. [Baarda 1968], [Baumann 1972], [Heck 1981], [Kock 1984], [Caspary 1988]. Im Zusammenhang mit dem Konzept der Zuverlässigkeit nach Baarda wird darauf weiter unten näher eingegangen. Als Nachteil der Verwendung dieser transformierten Residuen ist anzumerken, dass in der Praxis σ_0 höchst selten bekannt ist und durch einen hypothetischen Wert ersetzt werden muss.

Studentisierte Verbesserungen entstehen, wenn die Verbesserungen durch ihre geschätzte Standardabweichung dividiert werden. Und zwar gibt es *intern* studentisierte Verbesserungen

$$z_i = \frac{v_i}{s_{v_i}} = \frac{v_i \sqrt{p_i}}{s_0 \sqrt{(1 - h_{iip})}}, \tag{6.32}$$

wenn die Schätzung der Standardabweichung s_{v_i} unter Einschluss der Verbesserung v_i erfolgt und *extern* studentisierte Verbesserungen, wenn die Standardabweichung im Modell nach Streichen der Beobachtung l_i geschätzt wird, vgl. (6.15) und Abschnitt 2.2.2

$$w_i = \frac{v_i \sqrt{p_i}}{(s_0)_{(i)} \sqrt{(1 - h_{iip})}}. \tag{6.33}$$

Zwischen den transformierten Verbesserungen bestehen leicht zu zeigende Beziehungen. So liest man direkt ab

$$b_i = a_i \sqrt{n - u}$$

und

$$z_i = b_i \sqrt{\frac{p_i}{1 - h_{iip}}} = a_i \sqrt{\frac{(n-u)p_i}{1 - h_{iip}}}.$$

Ferner entnimmt man (6.15) in Verbindung mit (6.32)

$$q_{(i)} = q - \frac{p_i v_i^2}{(1 - h_{iip})} = s_0^2(n-u) - s_0^2 z_i^2, \tag{6.34}$$

$$\frac{q_{(i)}}{n-u-1} = (s_0)_{(i)}^2 = \frac{s_0^2(n-u-z_i^2)}{n-u-1}. \tag{6.35}$$

Wird dies in (6.33) eingesetzt, so folgt mit

$$w_i = \frac{v_i \sqrt{p_i}}{(s_0)_{(i)} \sqrt{(1 - h_{iip})}} = z_i \frac{s_0}{(s_0)_{(i)}} = z_i \sqrt{\frac{n-u-1}{n-u-z_i^2}} \tag{6.36}$$

die Beziehung zwischen den studentisierten Residuen.

6.2.3 Verteilung der transformierten Verbesserungen

Für den Fall einfacher Stichproben sind in Abschnitt 2.2.2 die Verteilungen von w_i und z_i sowie die Beziehung zwischen diesen studentisierten Beobachtungen angegeben, siehe (2.9), (2.10) und (2.11).

In [Ellenberg 1973] findet man die Ableitung der p-dimensionalen Dichte $f(z_p)$ des Vektors $z_p^t = (z_1, z_2, \ldots, z_p)$, $p < n - u$ von intern studentisierten Residuen eines linearen Modells. Für den Spezialfall $p = 1$ stimmt die Dichte mit der in (2.10) angegebenen τ-Verteilung mit $f = n - u$ Freiheitsgraden überein. Über den Gebrauch dieser Verteilung zum Testen, ob $|z_i|_{max}$ als modellkonform betrachtet werden kann, sei insbesondere auf [Pope 1975] hingewiesen. [Kok 1984] enthält eine Verallgemeinerung der Ableitung der Verteilung von z für korrelierte Beobachtungen. Wenn $(n-u)/2 = f/2 = k$ gesetzt wird, erhält die Dichte von z_i die Form

$$f(z_i) = \begin{cases} \frac{\Gamma k}{\sqrt{2\pi(n-u)}\Gamma(k-1/2)} \left(1 - \frac{2z_i^2}{k}\right)^{(k-3/2)} & \text{für } z_i^2 \leq n-u \\ 0 & \text{sonst.} \end{cases}.$$

Ferner ist nach [Chatterjee/Hadi 1988] das Quadrat von z_i proportional zu folgender Beta-Verteilung

$$z_i^2 / f \sim Beta\left(\frac{1}{2}, \frac{1}{2}(f-1)\right). \tag{6.37}$$

Bei den extern studentisierten Verbesserungen w_i (6.33) sind Zähler und Nenner stochastisch unabhängig. Diese Größen folgen daher der Student-Verteilung mit dem Freiheitsgrad der Varianzschätzung:

$$w_i \sim t_{f-1}.$$

6.3   Ausreißer im linearen Modell

Die allgemeine Problematik der Begriffsdefinition eines Ausreißers und die Vorgehenweise zur Identifikation von Ausreißern in einfachen Stichproben sind Gegenstand des Abschnitts 2.2. Dort wurden auch die Mischverteilungen eingeführt, mit denen das Auftreten von Ausreißern modelliert werden kann. Die beiden gängigen Annahmen sind das Modell mit Erwartungswertverschiebung (mean-shift model)

$$F_m = (1 - \varepsilon)N(\xi,\sigma^2) + \varepsilon N(\xi + k_1,\sigma^2)$$

und das Modell mit Varianzvergrößerung (variance-inflation model)

$$F_m = (1 - \varepsilon)N(\xi,\sigma^2) + \varepsilon N(\xi,k_2^2\sigma^2).$$

Es wird dabei angenommen, dass mit der Wahrscheinlichkeit $(1-\varepsilon)$ ein beobachteter Wert zur Verteilung $N(\xi,\sigma^2)$ gehört und mit der kleinen Wahrscheinlichkeit ε zur Fehler generierenden Verteilung. Auf die n Beobachtungen des linearen Modells bezogen, gilt $(1 - \varepsilon) = (n-k)/n$ und $\varepsilon = k/n$, wenn k Ausreißer modelliert werden. Die meisten Methoden zur Ausreißersuche setzen voraus, dass nur eine Beobachtung getestet werden soll, ob sie modellkonform ist, und zwar die mit der dem Betrage nach größten studentisierten Verbesserung ($k = 1$). Die Herleitung von Tests für $k > 1$ ist zwar leicht möglich, die Anwendung scheitert aber in der Regel daran, dass die k zu testenden Beobachtungen a priori festgelegt werden müssen, was zu Schwierigkeiten bei der Ermittlung des Signifikanzniveaus führt. Deshalb werden zur Identifizierung eher pragmatische Verfahren eingesetzt [Hawkins/Bradu/Kass 1984]. Auch die in Abschnitt 2.2.3 beschriebenen schrittweisen Verfahren zur Identifikation multipler Ausreißer werden in linearen Modellen mit Erfolg eingesetzt. Dabei wird die Vorwärts-Aufnahme weiterer Beobachtungen meist der Rückwärts-Elimination vorgezogen [Mennjoge/Welsch 2010], wobei gleichzeitig versucht wird, Muster aufzudecken.

6.3.1   Modell mit Erwartungswertverschiebung

Die Grundannahme ist wieder das lineare Modell

$$l = A x + \varepsilon, \ \varepsilon \sim N(0,\Sigma), \quad \Sigma = diag(\sigma_1^2,\sigma_2^2,\ldots,\sigma_n^2) \tag{6.38}$$

mit unterschiedlich genauen aber unabhängigen Beobachtungen. Die diagonale Gewichtmatrix ist durch (6.2) und die Schätzergebnisse sind durch (6.3) und (6.6) gegeben. Unter der Annahme, dass $k < n - u$ Beobachtungen getestet werden sollen, wird das Modell erweitert

$$l = A x + E_k y + \varepsilon, \varepsilon \sim N(0,\Sigma), \quad \Sigma = diag(\sigma_1^2,\sigma_2^2,\ldots,\sigma_n^2). \tag{6.39}$$

$y = (y_1 \ y_2 \ \ldots \ y_k)^t$ ist der Vektor der Erwartungswertverschiebungen der verdächtigen Beobachtungen und die Matrix $E_k = (e_1 \ e_2 \ \ldots \ e_k)$ setzt sich aus den k Einheitsvektoren zusammen, die genau in der Zeile, die zu einer verdächtigen Beobachtung gehört, mit einer Eins und sonst mit Nullen besetzt sind. Für die Schätzungen in diesem Modell greifen wir auf die Entwicklungen in Abschnitt 5.2.1 zurück.

Ohne Beschränkung der Allgemeinheit seien die Beobachtungen so angeordnet, dass die k zu testenden Werte l_k am Ende stehen. Zur einfacheren Darstellung, und um die Beziehung zur Standardform des Modells (6.38) und zu den Gleichungen (5.10), (5.11) zu verdeutlichen, werden vorübergehend folgende Umbenennungen eingeführt:

$$\underset{n\times u}{A} =: A_1, \quad \underset{n\times k}{E_k} = \begin{pmatrix} 0 \\ I_k \end{pmatrix} =: A_2,$$

$$(A_1 \vdots A_2) =: \underset{n\times(u+k)}{A}, \quad \begin{pmatrix} x \\ y \end{pmatrix} =: \begin{pmatrix} x_1 \\ x_2 \end{pmatrix} =: x.$$

Das erweiterte Modell besitzt dann die Form

$$l = (A_1 \vdots A_2)x + \varepsilon, \quad N = A^t P A = \begin{pmatrix} N_{11} & N_{12} \\ N_{21} & N_{22} \end{pmatrix}, \tag{6.40}$$

$$N_{11} = A_1^t P A_1, \quad N_{12} = A_k^t P_k, \quad N_{21} = P_k A_k, \quad N_{22} = P_k,$$

$$E(l_k) = A_k x + y. \tag{6.41}$$

Wobei die Submatrix A_k aus den letzten k Zeilen von A_1 besteht, und P_k eine Diagonalmatrix mit den letzten k Gewichten ist. Mit dem Projektor

$$H_{p1} = A_1 N_{11}^{-1} A_1^t P$$

auf den Spaltenraum von A_1 findet man nach (5.23)

$$M = (0 \vdots P_k)(I_n - H_{p1})\begin{pmatrix} 0 \\ I_k \end{pmatrix} = P_k - P_k A_k N_{11}^{-1} A_k^t P_k, \tag{6.42}$$

$$L = N_{11}^{-1} A_k^t P_k M^{-1}. \tag{6.43}$$

Mit diesen Hilfsmatrizen und den Gleichungen (5.24) bis (5.35) können alle interessierenden Größen des erweiterten Modells geschätzt werden.

Der statistische Test auf Signifikanz der eingeführten Verschiebungsgrößen y ist identisch mit dem in Abschnitt 5.2.2 eingeführten Test zur Untersuchung des Modells auf Überparametrisierung. Dort werden die Beziehungen zwischen den drei Verbesserungsvektoren $v = (A N^{-1} A^t P - I)l = (H_p - I)l$, $v_1 = (A_1 N_{11}^{-1} A_1^t P - I)l = (H_{p1} - I)l$ und $\Delta v = v_1 - v$, sowie zwischen den damit gebildeten quadratischen Formen dargestellt. Insbesondere wird gezeigt, dass die quadratischen Formen $\Delta q = \Delta v^t P \Delta v$ und $q = v^t P v$ unkorreliert sind und die einfachen Beziehungen $q_1 = q + \Delta q$ sowie $f_1 = f + f_\Delta$ mit $f_1 = n - u$, $f = n - u - k$ und $f_\Delta = k$ gelten. Der Test auf Signifikanz der k Verschiebungsparameter erfolgt entsprechend dem in Tabelle 5.4 angegebenen Schema. Unter der Nullhypothese, $E(y) = 0$, können folgende Testgrößen mit den Schwellenwerten der jeweiligen Verteilung

$$\frac{\Delta q}{\sigma_0^2} \sim \chi_k^2, \qquad \text{für } \sigma_0^2 \text{ bekannt}, \tag{6.44}$$

$$\frac{\Delta q(n - u - k)}{qk} \sim F_{k;(n-u-k)}, \quad \text{für } \sigma_0^2 \text{ unbekannt} \tag{6.45}$$

verglichen werden.

Im Folgenden soll der wichtige Sonderfall, dass nur eine Beobachtung zu prüfen ist, behandelt werden. Sei l_k diese verdächtige Beobachtung, dann ist die Matrix E_k durch den Einheitsvektor e_k zu ersetzen. Die Hilfsgrößen (6.42) vereinfachen sich zu

$$M = p_k - p_k a_k^t N_{11}^{-1} a_k p_k = p_k(1 - h_{kkp}),$$

$$L = N_{11}^{-1} a_k p_k M^{-1} = \frac{N_{11}^{-1} a_k}{(1 - h_{kkp})}.$$

Der Gleichung (5.26) entnimmt man die Schätzung der Verschiebung des Erwartungswertes der Beobachtung l_k

$$\hat{x}_2 = \hat{y} = M^{-1} e_k Pl - L^t A_1 Pl = \frac{e_k Pl}{p_k(1 - h_{kkp})} - \frac{a_k^t N_{11}^{-1} A_1 Pl}{(1 - h_{kkp})}$$

$$= \frac{p_k l_k}{p_k(1 - h_{kkp})} - \frac{a_k^t \hat{x}_1}{(1 - h_{kkp})} = \frac{l_k - a_k^t \hat{x}_1}{(1 - h_{kkp})} = \frac{v_k}{(1 - h_{kkp})}. \qquad (6.46)$$

Außerdem liest man an den Gleichungen (5.29) und (5.32) ab, dass die Abweichung in der Beobachtung l_k alle Unbekannten und alle Verbesserungen verändert, und zwar sind diese als systematische Fehler zu bezeichnenden Änderungen proportional zur Verbesserung der behafteten Beobachtung l_k.

$$\Delta \tilde{x}_1 = L(p_k a_k^t \tilde{x}_1 - p_k e_k l) = \frac{N_{11}^{-1} a_k p_k}{(1 - h_{kkp})} v_k, \quad \hat{x}_1 = \tilde{x}_1 + \Delta \tilde{x}_1,$$

$$\Delta v = (e_k - p_k A_1 N_{11}^{-1} a_k) \hat{x}_2 = (I - H_p) e_k \hat{x}_2.$$

Für die quadratische Form, die dem Zusatzparameter y zuzuschreiben ist, erhält man nach (5.35)

$$\Delta q = \hat{x}_2^2 M = \left\{ \frac{v_k}{(1 - h_{kkp})} \right\}^2 p_k(1 - h_{kkp}) = \frac{v_k^2 p_k}{(1 - h_{kkp})}. \qquad (6.47)$$

Diese Formelherleitungen zeigen, dass die zum Test der Beobachtung l_k benötigten Größen dem Modell ohne Zusatzparameter y entnommen werden können. In der hier angewandten Notation ist $q_1 = v_1^t P v_1$ mit $f_1 = n - u$ die quadratische Form der Verbesserungen des ursprünglichen Modells und $q = v^t P v$ mit $f = n - (u + 1)$ die entsprechende Form nach Einführung des Zusatzparameters. Wegen der mehrfach benutzten Beziehungen $q_1 = q + \Delta q$ und $f_1 = f + f_\Delta$ findet man die für den Test benötigte Quadratsumme

$$q = q_1 - \frac{v_k^2 p_k}{(1 - h_{kkp})} = q_{(k)} \quad \text{und} \quad f = f_1 - f_\Delta. \qquad (6.48)$$

Der Vergleich mit (6.34) zeigt, dass diese Größe identisch mit der Quadratsumme nach Streichen der Beobachtung l_k ist. Für den Signifikanztest des Zusatzparameters können analog zu (6.44) und (6.45) folgende Testgrößen gebildet werden. Wenn der Varianzfaktor σ_0^2 bekannt ist, erhält man mit

$$\frac{\Delta q}{\sigma_0^2} = \frac{v_k^2 p_k}{\sigma_0^2(1 - h_{kkp})} = \frac{v_k^2}{\sigma_{v_k}^2} \sim \chi_1^2, \quad \text{bzw.} \quad \frac{\sqrt{\Delta q}}{\sigma_0} = u_k \sim N(0,1) \qquad (6.49)$$

eine χ_1^2- bzw. normalverteilte Statistik, und der Vergleich mit (6.31) zeigt, dass sie mit der standardisierten Verbesserung der zu testenden Beobachtung identisch ist. Bei unbekanntem Varianzfaktor tritt an seine Stelle die Schätzung s_0^2. Nach (6.45) führt dies auf die Teststatistik

$$\frac{\Delta q(n-u-1)}{q_{(k)}} = \frac{\Delta q}{(s_0^2)_{(k)}} = \frac{v_k^2 p_k}{(s_0^2)_{(k)}(1-h_{kkp})} = w_k^2, \tag{6.50}$$

$$w_k^2 \sim F_{1;(n-u-1)} \text{ bzw. } w_k \sim t_{(n-u-1)},$$

die mit der extern studentisierten Verbesserung (6.33) übereinstimmt. Es ist natürlich auch möglich, die Varianzschätzung $s_0^2 = q_1/(n-u)$ zur Bildung einer Teststatistik für l_k zu verwenden. Dies führt mit

$$\frac{\Delta q(n-u)}{q_1} = \frac{v_k^2 p_k}{(s_0^2)_{(k)}(1-h_{kkp})} = z_k^2$$

auf das Quadrat der intern studentisierten Verbesserung. Die für den Test benötigte τ-Verteilung ist in Gleichung (2.10) angegeben.

6.3.2 Beispiele

Da die nach der MkQ-Schätzung verfügbaren Verbesserungen sehr wichtige Indikatoren für die Qualität des Modell sind und die Grundlage für statistische Tests bilden, soll ihre Verwendung bei der Modellanalyse in zwei Beispielen demonstriert werden.

Die für die Analyse ausgewählten Daten des 4. Beispiels **Stock Loss Data** sind in der folgenden Tabelle zusammengestellt. Neben den Hebelwerten h_{ii}, den Redundanzbeiträgen f_i und den Verbesserungen v_i interessieren hier zunächst die intern studentisierten Verbesserungen $z_i = v_i/s_{v_i} = v_i/s_0\sqrt{f_i}$ nach Gleichung (6.32), die extern studentisierten Verbesserungen $w_i = v_i/s_{0(i)}\sqrt{f_i}$ nach (6.33) und $\Delta q_i = v_i^2/f_i$ nach (6.48). Mit $q = 178,83$, $f = n-u = 17$ und $s_0 = 3,24$ (6.25) sowie $q_{(i)} = q - \Delta q_i$ und $s_{0(i)} = \sqrt{q_{(i)}/(n-u-1)}$ werden die Einträge der entsprechenden Spalten berechnet. Bei den Berechnungen wurden die auf zwei Dezimalen gerundeten Werte dieser Tabelle genommen, um wenigstens die erste Nachkommastelle widerspruchsfrei zu halten. Die schon in Abschnitt 5.2.4 als verdächtig bezeichneten Zeilen 1, 3, 4, und 21 des Modells fallen auch in dieser Tabelle mit den jeweils größten Werten in den Spalten v_i, z_i, Δq_i und w_i auf. Diese korrespondieren aber nur teilweise mit großen Hebelwerten, die allerdings nicht extrem sind, da das Modell recht ausgewogen ist.

Nach (6.50) besitzen die extern studentisierten Verbesserungen w_i eine t-Verteilung mit $f = n-u-1$ Freiheitsgraden. Die angegebenen Vertrauensintervalle der t-Verteilung mit $f = 16$ entnimmt man den einschlägigen Tabellen. Für den Ausreißertest ist zu beachten, dass die Residuen korreliert sind und im Prinzip jede der Beobachtungen ein Ausreißer sein kann. Somit liegt ein n-dimensionaler Test vor, für den eine Irrtumswahrscheinlichkeit α festgelegt wird. Wenn die Risiken der n Einzeltests $\alpha_0 = konst$ sein sollen, so kann α_0 mit Hilfe

$$P = 0,10 \quad \longrightarrow \quad -1,75 \le t \le +1,75$$
$$P = 0,05 \quad \longrightarrow \quad -2,12 \le t \le +2,12$$
$$P = 0,01 \quad \longrightarrow \quad -2,92 \le t \le +2,92$$

Tabelle 6.2: Daten zur Analyse des Modells Stack Loss Data

Nr.	l_i	h_{ii}	f_i	v_i	z_i	Δq_i	$s_{0(i)}$	w_i
1	42	**0,30**	0,70	−3,23	−1,19	**14,90**	3,20	−1,21
2	37	**0,32**	0,68	1,92	0,72	5,42	3,29	0,71
3	37	0,17	0,83	**−4,56**	**−1,54**	**25,05**	3,10	**−1,61**
4	28	0,13	**0,87**	**−5,70**	**−1,89**	**37,34**	2,97	**−2,06**
5	18	0,05	**0,95**	1,71	0,54	3,07	3,31	0,53
6	18	0,08	**0,92**	3,01	0,97	9,85	3,25	0,97
7	19	0,22	0,78	2,39	0,84	7,32	3,27	0,82
8	20	0,22	0,78	1,39	0,49	2,48	3,32	0,47
9	15	0,14	0,86	3,14	1,05	11,46	3,23	1,13
10	14	0,20	0,80	−1,27	−0,44	2,02	3,32	−0,43
11	14	0,16	0,84	−2,64	−0,89	8,30	3,26	0,88
12	13	0,22	0,78	−2,78	−0,97	9,91	3,25	−0,97
13	11	0,16	0,84	1,43	0,48	2,43	3,32	0,47
14	12	0,21	0,79	0,05	0,02	0,00	3,34	0,02
15	8	0,19	0,81	−2,36	−0,81	6,88	3,28	−0,80
16	7	0,13	**0,87**	−0,91	−0,30	0,95	3,33	−0,29
17	8	**0,41**	0,59	1,52	0,61	3,92	3,31	0,60
18	8	0,16	0,84	0,46	0,15	0,25	3,34	0,15
19	9	0,17	0,83	0,60	0,20	0,43	3,34	0,20
20	15	0,08	**0,92**	−1,41	−0,45	2,16	3,32	−0,44
21	15	**0,28**	0,72	**7,24**	**2,63**	**72,80**	2,57	**3,32**

der Bonferroni-Ungleichung näherungsweise bestimmt werden, vgl. Gleichung (2.14): $\alpha_0 \approx \alpha/n$. Der zweiseitige Test auf einen Ausreißer läuft praktisch darauf hinaus, dass $|w_i|_{\max}$ mit dem $\alpha_0/2$-Fraktil der t-Verteilung mit $f = n - u - 1$ Freiheitsgraden verglichen wird. Sei für das Beispiel $\alpha = 0,05$ festgelegt, so folgt mit $\alpha_0 = 0,05/21 = 0,0024$ und $f = 16$ der Schwellenwert $t_{0,0012;16} = 3,6$. Unter diesen Annahmen ist $|w_i|_{\max} = 3,32$ kein Ausreißer. Bei einer Irrtumswahrscheinlichkeit von $\alpha = 0,091$ ergibt sich genau der Schwellenwert von 3,32. Das heißt also, wenn die Nullhypothese (keine Ausreißer im Datensatz) abgelehnt wird, hat man mit einer Wahrscheinlichkeit von 8,5 % falsch entschieden.

Das 5. Beispiel **Punktverschiebungen** wurde so entworfen, dass die Analyse zu zweifelhaften Ergebnissen führt und neue Aspekte zu beachten sind. Allerdings hat es den Vorteil, dass die eingeführten Inkonsistenzen bekannt sind. Die Ergebnisse der *MkQ*-Schätzung für die Parameter, sowie $q = v^t v = 0,1442$, $f = 6$ und $s^2 = 0,024033$ bzw. $s = 0,155$ können der Beispielbeschreibung in Abschnitt 1.1.3 entnommen werden. Zunächst seien wieder die Standardkriterien zur Modellanalyse in einer Tabelle zusammengestellt. Wegen des speziellen Designs dieses Modell haben die Hebelwerte h_{ii} und die Redundanzbeiträge f_i hier keine Aussagekraft. In den folgenden Spalten sind jeweils die drei größten Werte durch Fettdruck hervorgehoben. Es zeigt sich, dass alle Kriterien die Aufmerksamkeit auf dieselben drei Beobachtungen lenken, die als mögliche Ausreißer betrachtet werden können. Eine weitere Beobachtung, nämlich die in der sechsten Zeile weist Kennzahlen auf, die sich nur geringfügig

Tabelle 6.3: Daten zur Analyse des Modells Punktverschiebungen

Nr.	l_i	h_{ii}	f_i	v_i	z_i	$100 \Delta q_i$	$s_{0(i)}$	w_i
1	0,994	0,45	0,55	**0,108₄**	**0,943**	**2,14**	0,157	**0,931**
2	0,005	0,45	0,55	0,088	0,767	1,41	0,161	0,738
3	−0,009	0,45	0,55	−0,018	−0,154	0,06	0,169	−0,141
4	−0,021	0,45	0,55	−0,018	−0,160	0,06	0,169	−0,146
5	−0,015	0,45	0,55	**−0,144**	**−1,254**	**3,78**	0,146	**−1,331**
6	0,892	0,45	0,55	0,107₇	0,936	2,11	0,157	0,925
7	1,007	0,45	0,55	−0,037	−0,323	0,25	0,168	−0,298
8	1,493	0,45	0,55	**−0,271**	**−2,356**	**13,34**	0,046	**−7,939**
9	0,381	0,20	0,80	0,091	0,654	1,03	0,164	0,618
10	0,498	0,20	0,80	0,093	0,674	1,09	0,163	0,641

von denen der ersten Beobachtung unterscheiden. Diese kann ebenfalls als kritisch angesehen werden.

Für die Ausreißersuche werden, wie im vorigen Beispiel, zunächst die extern studentisierten Residuen w_i herangezogen, die hier den Freiheitsgrad $f = n - u - 1 = 5$ besitzen. Für diese t-verteilten Größen erhält man folgende Vertrauensbereiche.

$$P = 0,10 \quad \longrightarrow \quad -2,02 \le t \le +2,02$$
$$P = 0,05 \quad \longrightarrow \quad -2,57 \le t \le +2,57$$
$$P = 0,01 \quad \longrightarrow \quad -4,03 \le t \le +4,03$$

Wenn wie vorher für den Ausreißertest eine Irrtumswahrscheinlichkeit von $\alpha = 5\,\%$ festgelegt wird, so sind die 10 Einzeltests mit $\alpha_0 \approx \alpha/10$ durchzuführen, was zu dem Schwellenwert von $t_{0,9975;5} = 4,77$ führt. Da $|w_i|_{\max} = 7,939$ deutlich größer als der Schwellenwert ausfällt, ist die Nullhypothese (kein Ausreißer) zu verwerfen und zumindest $|w_i|_{\max}$ als Ausreißer zu betrachten. Die weitere Analyse soll nun darin bestehen, die Schätzung ohne die achte Beobachtung zu wiederholen und im reduzierten Modell nach weiteren Ausreißern zu suchen. Wenn man dies durchführt, findet man als neues $|w_i|_{\max}$ die studentisierte Verbesserung der neunten Beobachtung mit $w_9 = 8,847$. Die neunte Beobachtung zeigt in der oben angegebenen Tabelle keine Auffälligkeiten, da der Maskierungseffekt, den die achte Beobachtung ausübt, ihre Inkonsistenz überdeckt. Sie ist aber offensichtlich ein Ausreißer. Die siebte Beobachtung hat in diesem Analyseschritt mit $w_7 = 1,089$ die zweitgrößte extern studentisierte Verbesserung. Geht man noch einen Schritt weiter und wiederholt alle Berechnungen mit acht Beobachtungen, also ohne l_8 und l_9, so erhält man als Ergebnis, dass nun die siebte Beobachtung $|w_i|_{\max} = 3,061$ erhält. Dieser Wert überschreitet jedoch nicht den Schwellenwert $t_{0,9969;3} = 6,915$.

Das Ergebnis lautet also, dass es in diesem Beispieldatensatz zwei Ausreißer gibt, nämlich die Beobachtungen l_8 und l_9. Der Vergleich mit der Beschreibung des Datensatzes in Abschnitt 1.1.3 zeigt, dass die Ausreißersuche erfolgreich war. Es sei aber erneut auf die Tabelle hingewiesen, die beim ersten Analyseschritt wegen des Maskierungseffekts zu dem Fehlschluss führen kann, dass nur ein Ausreißer vorhanden sei. Als Schätzergebnisse liefert der bereinigte Datensatz:

$$\begin{bmatrix} \hat{a} = -0{,}0040 & s_{\hat{a}} = 0{,}0045 & f = 4 & \hat{y}_8 = 0{,}493 & \hat{y}_9 = -0{,}113 \\ \hat{b} = -0{,}0147 & s_{\hat{b}} = 0{,}0081 & s_0 = 0{,}012 & s_{\hat{y}_8} = 0{,}016 & s_{\hat{y}_9} = 0{,}013 \\ \hat{c} = 1{,}0059 & s_{\hat{c}} = 0.0094 & \hat{m} = 1{,}006 & y_8 = 0{,}5 & y_9 = -0{,}12 \\ \hat{d} = 0{,}0094 & s_{\hat{d}} = 0{,}0094 & \hat{\alpha} = 0{,}535° & & \end{bmatrix}$$

in guter Übereinstimmung mit den Eingangsdaten.

Die Besonderheit dieses Beispiels liegt darin, dass Punkte beobachtet wurden, die durch Koordinaten repräsentiert sind, welche sich auf ein willkürlich festgelegtes Koordinatensystem beziehen. In der Realität werden die Positionen durch geometrische Messelemente wie Strecken und Winkel relativ zueinander ermittelt, und die Koordinaten werden als mathematisches Modell eingeführt, um die Rechnungen und Darstellungen zu vereinfachen. Dies hat zur Folge, dass man damit rechnen muss, dass die Koordinaten korrelierte Größen sind, was bei diesem Beispiel unberücksichtigt blieb. Die Schätzung der vier Parameter, die erforderlich sind, um die beiden Figuren (Abb. 1.3) optimal zur Deckung zu bringen, sollte aber auf jeden Fall so erfolgen, dass sie von der Wahl des Koordinatensystems unabhängig ist. Dies ist bei der *MkQ* gewährleistet, wie die Multiplikation des Modells mit einer Rotationsmatrix $\boldsymbol{R}$, für die $\boldsymbol{R^t R = I}$ gilt, zeigt

$$\boldsymbol{Rl = RAx + R\varepsilon} \rightarrow \hat{\boldsymbol{x}} = (\boldsymbol{A^t R^t RA})^{-1} \boldsymbol{A^t R^t Rl} = (\boldsymbol{A^t A})^{-1} \boldsymbol{A^t l},$$

allerdings erhalten die Verbesserungen nach der Rotation andere Werte

$$\boldsymbol{RA\hat{x} - Rl = v_R = R(A\hat{x} - l) = Rv}.$$

Daraus folgt, dass die in der Tabelle angegebenen Kennzahlen zur Analyse des Modells, die sich auf die Verbesserunge stützen, in einem anderen Koordinatensystem andere Werte annehmen und zu anderen Schlüssen führen Können. Rotationsinvariant sind neben den Parametern die Hebelwerte, die Redundanzbeiträge und die Summe der Verbesserungsquadrate. Wenn beispielsweise das Koordinatensystem um 45° gedreht wird, ändern sich die Residuen der Punkte 4 und 5, bei denen jeweils eine Koordinate als verschoben aufgedeckt wurde, sehr deutlich:

Nr.	v	v_R
7	−0,037	0,165
8	−0,271	−0,218
9	0,091	−0,002
10	0,093	0,130

Dies führt zu dem Schluss, dass in solchen Modellen die auf das Koordinatensystem bezogenen Verbesserungen für die Modellanalyse nur bedingt brauchbar sind. Rotationsinvariant sind aber die Abstände zwischen korrespondierenden Punkten, die sich aus den Verbesserungen einfach als $D_j = \sqrt{v_{x_j}^2 + v_{y_j}^2}$ berechnen lassen. Diese sogenannten Restklaffen ermöglichen eine von der Wahl des Koordinatensystems unabhängige Analyse des Modells, die sich nun auf die Punkte bezieht, was sachlogisch der bessere Ansatz ist. Eine Erweiterung auf Punkte in dreidimensionalen Koordinatensystemen ist problemlos möglich. An dem vorliegenden Beispiel soll die vorgeschlagene Vorgehensweise demonstriert werden.

Die Varianzen der Klaffen D_j folgen aus dem Varianzenfortpflanzungsgesetz nach der Linearisierung: $\sigma_D^2 = (\frac{v_x}{D} \ \frac{v_y}{D}) \boldsymbol{\Sigma}_{xy} (\frac{v_x}{D} \ \frac{v_y}{D})^t$, die Matrix $\boldsymbol{\Sigma}_{xy}$ in dieser Gleichung ist die

2×2-Diagonalenblockmatrix der Varianz-Kovarianz Matrix $\boldsymbol{\Sigma}_v = \sigma_0^2(\boldsymbol{I} - \boldsymbol{H})$, die sich auf den betrachteten Punkt bezieht. In diesem Beispiel gilt wegen der Symmetrie des Modells für alle Punkte $h_{xx} = h_{yy}$ und $h_{xy} = 0$. Daraus folgt, dass die Varianzen von v_x und v_y gleich sind und keine Kovarianzen auftreten, so dass sich folgende Vereinfachung ergibt: $\sigma_D^2 = \sigma^2(1 - h_{ii})$ bzw. $\sigma_D = \sigma \sqrt{(1 - h_{ii})}$. Vor der Analyse der Klaffen empfiehlt es sich, sie durch ihre Standardabweichung zu dividieren. Da in diesem Beispiel die bei der Generierung der Daten gewählte Standardabweichung von $\sigma = 0,01$ bekannt ist, kann die Standardisierung damit erfolgen: $\delta_j = D_j/\sigma_{D_j}$. In realen Fällen muss σ durch eine Schätzung ersetzt werden. Dabei hat man wieder die Wahl zwischen der empirischen Standardabweichung aus dem Gesamtmodell, $\zeta_j = D_j/s_{D_j}$, und aus dem um den gerade betrachteten Punkt reduzierten Modell, $\omega_j = D_j/s_{D_{j(j)}}$.

Weitere Kriterien zur Beurteilung der Größe der Klaffen können unter Verwendung der quadratischen Formen abgeleitet werden. Nach (6.50) erhält man mit

$$\frac{\Delta q_j(n - u - 2)}{2q} = \frac{(q - q_{(j)})(n - u - 2)}{2q} \sim F_{2;(n-u-2)} \qquad (6.51)$$

eine F-verteilte Zufallsvariable, deren Ausfall mit kritischen Werten der Verteilung verglichen werden kann. Die quadratische Form

$$\theta^2 = (v_x \ \ v_y)\boldsymbol{\Sigma}_{xy}^{-1}(v_x \ \ v_y)^t \sim \chi_2^2$$

besitzt eine χ^2-Verteilung mit zwei Freiheitsgraden, deren Verwendung allerdings wieder die Kenntnis der Varianz σ^2 voraussetzt. Näherungsweise kann die Varianz durch den empirischen Wert $s_{Dj(j)}^2$ ersetzt werden. Anschaulicher ist es, statt der quadratischen Form θ^2 die Wurzel θ zu analysieren, die eine χ-Verteilung mit zwei Freiheitsgraden besitzt, vgl. [Caspary/Haen/Platz 1990]. Da die Freiheitsgrade in diesem Beispiel sehr gering und die generierten Abweichungen von der Normalverteilung extrem sind, sind statistische Tests hier nicht sinnvoll. In der folgenden Tabelle sind Kenngrößen zur Beurteilung der Klaffen zusammengestellt. Als punktbezogener Hebelwert werden $h_j = h_{xx_j} + h_{yy_j}$ und als Redundanzbeitrag des Punktes die Größe $f_j = 2 - h_j$ eingeführt. Die quadratische Form der Verbesserungen $\boldsymbol{v}^t \boldsymbol{v} = q = 0,1442$ verringert sich um $\Delta q_j = D_j^2/(1 - h_{ii_j})$, wenn die Schätzung ohne den Punkt P_j durchgeführt wird. Auffallend sind die großen Werte δ_j, die sich aber leicht durch die eingeführten extremen Verschiebungen der Punkte P_4 und P_5 erklären lassen, die über das ganze Modell verschmiert werden und große Residuen hervorrufen. Auch bei dieser Variante der Analyse weisen alle Kennzahlen auf P_4 als wahrscheinlichen Ausreißer hin. Als möglicher weiterer Kandidat muss der fehlerfreie Punkt P_3 betrachtet werden. Es ist also auch bei

Tabelle 6.4: Punktbezogene Analyse des Beispiels Punktverschiebungen

P_j	h_j	f_j	D_j	δ_j	ζ_j	Δq_j	$s_{(j)}$	$\omega_j = \theta_j$	$D_{j(4)}$	$D_{j(4+5)}$
1	0,9	1,1	0,140	18,8	1,21	0,0355	0,165	1,141	0,029	0,005
2	0,9	1,1	0,026	3,44	0,22	0,0012	0,189	0,182	0,016	0,007
3	0,9	1,1	0,180	24,2	1,56	0,0589	0,146	1,661	0,035	0,005
4	0,9	1,1	0,274	36,9	2,38	0,1359	0,046	8,195	(0,497)	(0,496)
5	0,4	1,6	0,130	14,5	0,94	0,0212	0,175	0,831	0,077	(0,106)

dieser Vorgehensweise ein deutlicher Maskierungseffekt zu beobachten, der erst verschwindet, wenn die Schätzung ohne den Punkt P_4 wiederholt wird. Das Ergebnis dieses Schritts ist in der vorletzten Spalte der Tabelle aufgeführt zusammen mit dem geschätzten Verschiebungsbetrag des Punktes P_4. Nun ist eindeutig der Punkt P_5 als kritisch zu betrachten. Wird auch dieser aus dem Modell entfernt, ist die richtige Lösung gefunden (letzte Spalte).

6.3.3   Modell mit Varianzvergrößerung

Im vorstehenden Abschnitt wurde angenommen, dass die Ausreißer durch eine konstante Verschiebung des Erwartungswertes der betroffenen Beobachtungen zu erklären sind, und daher durch Zusatzparameter im Modell berücksichtigt werden können. Wie die Schätzgleichungen für das erweiterte Modell zeigen, hat diese Vorgehensweise den Effekt, dass die betroffenen Beobachtungen keinen Einfluss auf die Schätzergebnisse ausüben und daher praktisch als gestrichen betrachtet werden können. Dies ist gleichbedeutend damit, diesen Beobachtungen das Gewicht Null zu geben, d. h. $P_k = 0$ zu setzen.

Im Varianzvergrößerungsmodell wird davon ausgegangen, dass die Modellannahme $E(l) = Ax$ richtig ist, dass jedoch im stochastische Modell

$$\varepsilon \sim N(\mathbf{0}, \Sigma), \quad \Sigma = diag(\sigma_1^2, \sigma_2^2, \ldots, \sigma_n^2)$$

für k Beobachtungen, die wieder am Ende des Beobachtungsvektors stehen sollen, eine zu geringe a priori Varianz geschätzt wurde. Wegen (5.18)

$$P = Q^{-1} \text{ und } \Sigma = \sigma_0^2 Q, \quad Q = diag\left(\frac{\sigma_1^2}{\sigma_0^2}, \frac{\sigma_2^2}{\sigma_0^2}, \ldots, \frac{\sigma_n^2}{\sigma_0^2}\right)$$

ist dies gleichbedeutend mit der Annahme dass die Elemente der Submatrix P_k zu groß sind und die zugehörigen Beobachtungen einen zu starken Einfluss auf die Parameterschätzung nehmen. Da die Erwartungswerte dieser Beobachtungen jedoch nicht verfälscht sind, enthalten sie verwertbare Informationen. Sie sollen deshalb nicht eliminiert aber in ihrem Einfluss wegen der großen Varianzen reduziert werden.

Die Sensitivität der quadratischen Form $v^t P v$ bezüglich differentieller Änderungen einzelner Gewichte wird in [Guo/Ou/Wang 2010] abgeleitet. und zur Grundlage eines Gewichtsreduzierungsverfahrens gemacht, das zu robusten Schätzungen führt. Gleichzeitig wird die Beziehung dieser Vorgehensweise zu dem Baardaschen Konzept des kleinsten aufdeckbaren Ausreißers hergestellt, auf das im nächste Abschnitt eingegangen wird.

Wie bei allen Ausreißermodellen sind die Residuen, meist nach einer der in Abschnitt 6.2.2 angegeben Transformationen, die einzigen Größen, die verwertbare Informationen für die Identifizierung von Ausreißern enthalten. An mehreren Stellen wurde aber bereits ausgeführt, dass die Bewertung der Residuen oft problematisch ist, da ihre Größe von vielen Faktoren abhängt. Insbesondere führt ein großer Hebelwert, der durch das Gewicht der Beobachtung und die Geometrie der Designmatrx erzeugt werden kann, häufig zu unauffälligen Residuen, auch wenn die zugehörige Beobachtung eigentlich ein Ausreißer ist. Aus Mangel an Alternativen werden die Residuen trotzdem zur Grundlage der Gewichtsanpassung für verdächtige Beobachtungen gemacht. Die iterativen Strategien zur Manipulation der Gewichte als Funktion der Residuen sind Gegenstand der robusten Parameterschätzung, auf die im nächsten Kapitel zurückgekommen wird. Da einige der robuste Zielfunktionen ab einer bestimmbaren Größe der Residuen den zugehörigen Beobachtungen das Gewicht Null geben, decken Sie praktisch beide hier behandelte Ausreißermodelle ab.

6.3.4   Ausreißersuche nach Baarda

Die klassische Methode zur Bestimmung von Positionen in einem Koordinatensystem besteht darin, dass die Punkte durch Winkel- und Streckenmessungen zu einem geodätischen Netz verknüpft werden, für das ein lineares (linearisiertes) Modell zur Schätzung der Koordinaten nach der Methode der kleinsten Quadrate aufgestellt wird, s. z. B. [Caspary/Wichmann 2007]. Für die Datenanalyse in solchen Modellen hat Baarda 1968 unter der Bezeichnung *data snooping* eine Methode vorgeschlagen, die leicht auf allgemeine lineare Modelle übertragbar ist [Baarda 1968], [Van Mierlo 1981], [Heck 1981], [Kok 1984], [Caspary 1987], [Teunissen 2006]. Die Grundidee ist die Verknüpfung des globalen Modelltests mit Einzeltests auf Ausreißer durch eine abgestimmte Wahl der Wahrscheinlichkeiten für das Auftreten der Risiken erster und zweiter Art.

Der globale Modelltest wurde am Ende des Abschnitts 5.1.4 eingeführt. Er beruht auf einem Vergleich der geschätzten Varianz $s_0^2 = v^t P v/(n - u)$, vgl. (6.6), mit dem bei der Gewichtebildung festgelegten Varianzfaktor σ_0^2. Die Teststatistik

$$T = \frac{v^t P v}{\sigma_0^2} \sim \chi_f^2, \quad f = n - u \tag{6.52}$$

folgt für normalverteilte Beobachtungen unter der Nullhypothese

$$H_0 : \quad E(v^t P v/f) = \sigma_0^2$$

einer zentralen χ_f^2-Verteilung mit f Freiheitsgraden. Führt ein Test mit der Irrtumswahrscheinlichkeit (Fehler 1. Art) α zur Ablehnung der Nullhypothese, so bedeutet dies, dass sich Modell und Daten widersprechen. Die Ursachen können aus diesem Test nicht herausgelesen werden. Die Modellannahmen, wie Wahl und Anzahl der Parameter, Linearität, Fehlerverteilung, apriori Gewichte, können unzutreffend sein, oder die Daten können grobe Fehler enthalten. Der letzte Fall wird hier angenommen und zwar, dass mindestens eine Beobachtung ein Ausreißer ist, da ihr Erwartungswert signifikant von den Modellannahmen abweicht. Sei dies die Beobachtung l_k, so erhält man für eine konstante Verschiebung y_k des Erwartungswertes nach (6.41)

$$E(l_k) = a_k^t x + y_k.$$

Als Einfluss der Verschiebung auf die Schätzungen findet man analog zu (6.46) bis (6.48), mit vereinfachter Notation, für den Parametervektor

$$\begin{aligned}
\hat{x} = \tilde{x} + \Delta \tilde{x} &= N^{-1} A^t P(l - e_k y_k) \\
&= \tilde{x} - N^{-1} A^t P e_k y_k = \tilde{x} - N^{-1} a_k p_k y_k,
\end{aligned} \tag{6.53}$$

für die Verbesserungen

$$\begin{aligned}
v &= \tilde{v} + \Delta\tilde{v} = A\hat{x} - (l - e_k y_k) \\
&= \tilde{v} - A N^{-1} a_k p_k y_k + e_k y_k = \tilde{v} - H_p e_k y_k + e_k y_k \\
&= \tilde{v} + (I - H_p)e_k y_k, \quad v_k = \tilde{v}_k + (1 - h_{kkp})y_k
\end{aligned} \tag{6.54}$$

und für die quadratischen Formen

$$\begin{aligned}
q &= v^t P v = \tilde{v}^t P \tilde{v} + 2\tilde{v}^t P(I - H_p)e_k y_k + y_k e_k^t (I - H_p)^t P(I - H_p)e_k y_k \\
&= \tilde{v}^t P \tilde{v} + p_k(1 - h_{kkp})y_k^2 + 2\tilde{v}_k p_k y_k.
\end{aligned} \tag{6.55}$$

Es ist zu beachten, dass y_k bei diesem Ansatz keine Schätzgröße ist, sondern als Erwartungswert der Verschiebung betrachtet wird. Bei der Herleitung wurde die Beziehung $(I - H_p)^t P(I - H_p) = P(I - H_p)$ benutzt. Berücksichtigt man ferner $E(\tilde{v}) = \mathbf{0}$, so erhält man für die Erwartungswerte von (6.55)

$$\begin{aligned}
E(v^t P v) &= E(\tilde{v}^t P \tilde{v}) + p_k(1 - h_{kkp})y_k^2, \\
E(s_0^2) &= \sigma_0^2 + p_k(1 - h_{kkp})y_k^2 / f.
\end{aligned} \tag{6.56}$$

Diese Gleichung zeigt, dass jede Verschiebung des Erwartungswertes einer Beobachtung den Schätzwert für den Varianzfaktor vergrößert. Die Verteilung der quadratischen Form $v^t P v / \sigma_0^2$ ist unter den getroffenen Annahmen eine nichtzentrale χ^2-Verteilung:

$$\frac{v^t P v}{\sigma_0^2} \sim \chi_{f;\lambda_k}^2 \quad \text{mit} \quad \lambda_k = \frac{p_k(1 - h_{kkp})y_k^2}{\sigma_0^2} = \frac{(1 - h_{kkp})y_k^2}{\sigma_k^2}. \tag{6.57}$$

Der Nichtzentralitätsparameter dieser χ^2-Verteilung ist, unter der Alternativhypothese

$$H_a: \quad E(l_k) = a_k^t x + y_k,$$

dass die Beobachtung l_k mit einer Erwartungswertverschiebung von y_k behaftet ist, durch die einfache Beziehung (6.57) gegeben.

Das eigentliche *data snooping* besteht nun darin, n eindimensionale Tests der standardisierten Verbesserungen (6.31) durchzuführen. Wenn

$$|u_i| = \left| \frac{v_i}{\sigma_{v_i}} \right| > u_{1-\alpha_0/2}, \quad \sigma_{v_i} = \sigma_0 \sqrt{(1 - h_{iip})/p_i} \tag{6.58}$$

ausfällt, ist H_0 zu Gunsten von H_a zu verwerfen. Bei der praktischen Durchführung wird das größte $|u_i|$ getestet und aus dem Verwerfen der Nullhypothese geschlossen, dass mindestens eine Beobachtung, vermutlich die mit dem größten $|u_i|$, nicht modellkonform ist und deshalb kritisch untersucht bzw. eliminiert werden sollte. Anschließend werden Schätzung und Test mit den verbleibenden $n-1$ Beobachtungen wiederholt. In dieser Weise wird fortgefahren, bis kein standardisiertes Residuum mehr die Signifikanzschwelle überschreitet. Alternativ zu u_i können die Einzeltests mit den τ-verteilten studentisierten Verbesserungen z_i (6.32) durchgeführt werden. [Schwarz/Kok 1993] zeigen an Beispielen, dass bei richtiger Anwendung schrittweise Tests mit standardisierten und mit studentisierten Verbesserungen gleichwertig sind.

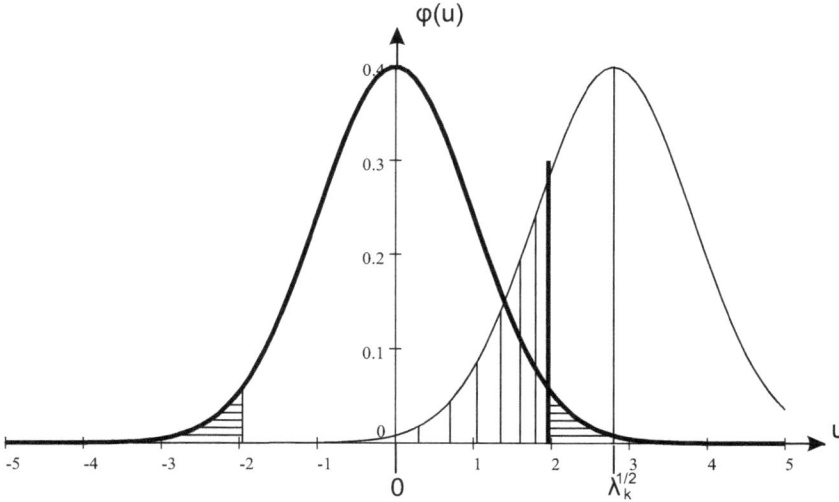

Abbildung 6.1: Normalverteilungen $N(0; 1)$ und $N(2,8; 1)$

Um den Zusammenhang dieses Individualtests mit dem globalen Modelltest (6.52) herzustellen, wird ein gemeinsamer Fehler 2. Art β festgelegt. Die Abbildung 6.1 zeigt in der Mitte die Dichte der Standardnormalverteilung.

Wenn die Nullhypothese für v_k zutrifft, fällt die standardisierte Verbesserung $|u_k|$ nur mit der Irrtumswahrscheinlichkeit (Fehler 1. Art) α_0 in den horizontal schraffierten Verwerfungsbereich des Tests.

Unter der Alternativhypothese besitzt v_k/σ_{v_k} nach (6.54)

$$E(\frac{v_k}{\sigma_{v_k}}) = E(u_k) + \frac{(1 - h_{kkp})}{\sigma_{v_k}} y_k = 0 + \sqrt{\lambda_k} \qquad (6.59)$$

eine Normalverteilung mit dem um $\sqrt{\lambda_k}$, verschobenen Erwartungswert. Diese ist in der Abbildung in der rechten Hälfte dargestellt. Die Wahrscheinlichkeit β, dass die Nullhypothese akzeptiert wird, obwohl die Alternativhypothese richtig ist, entspricht der vertikal schraffierten Fläche in der Graphik.

Man kann nun für alle Beobachtungen die gleiche, mindestens aufdeckbare Verschiebung $|y|$ vorgeben und daraus nach (6.59) $\sqrt{\lambda_i}$ für jede Beobachtung berechnen. Durch Integration folgt dann für festes α_0 die Macht der Einzeltests $(1 - \beta_i)$ für den gerade noch aufdeckbaren Ausreißer. Oder man kann den umgekehrten Weg gehen und die Macht $(1 - \beta)$ für alle Tests konstant halten. Daraus folgt der Nichtzentralitätsparameter $\sqrt{\lambda}$ der Standardnormalverteilung, mit dem nach (6.59) für jede einzelne Beobachtung die aufdeckbare Verschiebung y_i folgt.

Sei $c = u_{1-\alpha_0/2} = \sqrt{\lambda} + u_\beta$ der Schwellenwert des Tests, so erfolgen die Berechnungen mit Hilfe der aus der Graphik ablesbaren Beziehungen

$$1 - \beta = \frac{1}{\sqrt{2\pi}} \left(\int_{-\infty}^{-c-\sqrt{\lambda}} \exp\left(-\frac{u^2}{2}\right) du + \int_{c-\sqrt{\lambda}}^{\infty} \exp\left(-\frac{u^2}{2}\right) du \right).$$

Das erste Integral geht über den Bereich, in dem sich der linke Verwerfungsbereich von H_0 mit dem linken Verwerfungsbereich von H_a überdecken und kann in der Regel vernachlässigt werden. Die Auswertung des zweiten Integrals ergibt

$$1 - \beta \approx 0{,}5 + \frac{1}{\sqrt{2\pi}} \int_{\sqrt{\lambda}-c}^{0} \exp(-\frac{u^2}{2})du,$$

$$\beta \approx 0{,}5 - \frac{1}{\sqrt{2\pi}} \int_{\sqrt{\lambda}-c}^{0} \exp(-\frac{u^2}{2})du. \qquad (6.60)$$

Wenn für alle Einzeltests die Macht mit $1 - \beta$ festgelegt wird, Baarda schlägt $\beta = 0{,}2$ als praxisgerecht vor, und α_0 ebenfalls konstant gehalten wird, ist λ die einzige Unbekannte in (6.60) und kann daher durch Integration ermittelt werden. Nach (6.59) und (6.31) besteht zwischen der Verschiebung des Erwartungswertes und dem Nichtzentralitätsparameter der Normalverteilung die Beziehung

$$y_k = \frac{\sigma_{v_k}\sqrt{\lambda}}{1 - h_{kkp}} = \frac{\sigma_0\sqrt{\lambda}}{\sqrt{p_k(1 - h_{kkp})}} = \frac{\sigma_0\sqrt{\lambda}}{p_k\sqrt{q_{kkv}}}.$$

Wird in diese Gleichung der oben ermittelte Wert λ eingesetzt, kann für jede Beobachtung die unter α_0 und β aufdeckbare Verschiebung

$$b_i = \frac{\sigma_0}{p_i}\sqrt{\frac{\lambda}{q_{iiv}}}, \quad \text{mit} \quad q_{iiv} = p_i^{-1}(1 - h_{iip}) = f_i/p_i \qquad (6.61)$$

des Erwartungswertes berechnet werden. Diese Größe wird in der Literatur meist mit MDB (Minimal Detectable Bias) bezeichnet. Die Bezeichnungen für b_i können leicht in die Irre führen, wenn man nicht beachtet, dass sich der Test auf Zufallsgrößen bezieht. b_i ist der Erwartungswert der Verschiebung y_i, für dessen Schätzung $\hat{y}_i$ man eine $N(b_i, \sigma_i^2/f_i)$-Verteilung erhält. Er liegt im Zentrum der zur Alternativhypothese gehörenden Verteilung. Daraus folgt, dass die Stichprobenwerte $\hat{y}_i$ mit der Wahrscheinlichkeit $(1 - \beta)$ in den Annahmebereich der Alternativhypothese fallen. Aber die Wahrscheinlichkeit dass die Alternativhypothese abgelehnt wird, obwohl sie zutreffend ist, beträgt immerhin noch β.

Die Verknüpfung der Einzeltests (6.58) mit dem globalen Modelltest (6.52) erfolgt dadurch, dass für alle Tests die Macht $(1 - \beta)$ konstant gehalten wird, und dass für den Globaltest der Nichtzentralitätsparameter λ mit dem nach (6.60) ermittelten Wert für die Einzeltests gleichgesetzt wird. Daraus folgt eine feste Beziehung zwischen den Fehlern 1. Art der Tests, die symbolisch durch

$$\lambda(\alpha_0, \beta, 1) = \lambda(\alpha, \beta, f) \qquad (6.62)$$

formuliert werden kann. Wird die Irrtumswahrscheinlichkeit α des Globaltests festgelegt, so lässt sich α_0 für die Einzeltests berechnen, und umgekehrt. Für die numerische Berechnung des Nichtzentralitätsparameters sei auf [Aydin/Demirel 2005] verwiesen.

Als Modifikation dieses Testverfahrens können statt der standardisierten Residuen die intern oder extern studentisierten Verbesserungen den Einzeltests unterworfen werden. In [Lehmann 2010] wird vorgeschlagen, den kritischen Wert für den Ausreißertest so zu wählen, dass die

Varianz der Schätzfunktion minimiert wird. Ferner kann es für objektbezogene Modelle sinnvoll sein, die Einzeltests durch mehrdimensionale Tests zu ersetzen. Handelt es sich beispielsweise um Punkte, deren Positionen durch Koordinatenmessungen geschätzt werden, so ist es zweckmäßig, die zu einem Punkt gehörenden Messungen gemeinsam zu testen, daraus folgt für das Modell (6.39) $k = 2$ in der Ebene oder $k = 3$ im Raum, vgl. Abschnitt 6.3.3.

Die hier dargestellten Gleichungen gelten für unabhängige Beobachtungen und die Suche nach einzelnen Ausreißern. Bei korrelierten Beobachtungen, d. h. bei vollbesetzter Varianz-Kovarianz Matrix und für die Suche nach systematischen Modellabweichungen der Form $A_2 x_2$ (vgl. Abschnitt 5.2.1), führen die Ableitungen zu etwas umfangreicheren Formeln, für die auf [Kok 1984] und [Teunissen 2006] verwiesen sei.

6.3.5 Beispiel Punktbestimmung

Dieses Beispiel wurde als 6. Beispiel in Abschnitt 1.1 eingeführt, und in 5.1.5 und 5.3.4 wurden erste Berechnungen durchgeführt, auf die hier zurückgegriffen wird. Es liegen $n = 8$ Messwerte vor, aus denen die $u = 3$ Koordinaten eines Punktes geschätzt werden. Das Auswertemodell mit der durch Linearisierung gewonnenen Designmatrx, sowie die weiteren Eingangsgrößen seien kurz wiederholt und durch die früher berechneten Kenngrößen ergänzt. Für

Tabelle 6.5: Eingangsdaten und erste Kenngrößen des Beispiels Punktbestimmung

A			l_i	p_i	h_{iip}	v_i	u_i	b_i	∇_i^2
0,083	0,996	0,017	5,0	0,71	0,106	**−5,75**	−1,62	14,21	1,52
0,217	−0,976	0,033	−2,0	1,16	0,200	3,17	1,21	11,74	3,21
0,831	0,522	0,193	−3,0	2,92	0,313	3,85	**2,51**	7,99	5,85
0,910	0,364	0,200	4,0	2,66	0,297	−2,91	**−1,79**	8,28	5,42
0,215	0,086	−1,135	−4,0	1,11	0,809	2,14	1,63	**24,55**	**54,3**
1	0	0	2,0	3,91	0,522	−0,84	−0,76	8,28	14,0
0	1	0	−2,0	3,91	0,613	1,12	1,13	9,20	**20,3**
0	0	1	−6,0	0,26	0,141	**7,79**	1,36	**23,94**	2,11

die Bestimmung der Gewichte wurde der Varianzfaktor $\sigma_0^2 = 10$ gewählt. Das Ergebnis der Schätzung ist in folgender Tabelle zusammengestellt:

$$
\begin{bmatrix}
\hat{x} = 1,16\,\text{cm} & q = 129,4 & s_{\hat{x}} = 1,86\,\text{cm} \\
\hat{y} = -0,88\,\text{cm} & f = 5 & s_{\hat{y}} = 2,15\,\text{cm} \\
\hat{h} = 1,79\,\text{cm} & s_0 = 5,09 & s_{\hat{h}} = 3,75\,\text{cm}
\end{bmatrix}.
$$

Die Ausreißersuche soll hier mit dem Globaltest des Modells beginnen. Unter der Annahme (Nullhypothese), dass die Messwerte l_i unabhängig $N(0, \sigma_i^2)$-verteilt sind und das Modell richtig und vollständig ist, besitzt nach (4.34) der Quotient $v^t P v / \sigma_0^2$ eine χ^2-Verteilung mit f Freiheitsgraden. Die Irrtumswahrscheinlichkeit des Tests sei durch $\alpha = 0,05$ festgelegt. Als Schwellenwert des Tests erhält man mit den Daten des Beispiels $\chi_{5;0,95}^2 = 11,07$. Diesem kritischen Wert steht der Stichprobenwert $129,4/10 = 12,94$ gegenüber. Die Nullhypothese wird daher auf dem Niveau $\alpha = 0,05$ abgelehnt. Der Stichprobenwert wird bei einem fehlerfreien Modell lediglich mit $2,4\%$ Wahrscheinlichkeit erreicht oder überschritten. Als Ursache für das Anschlagen des Tests wird vermutet, dass mindestens eine der Beobachtungen grob fehlerhaft ist, die im nächsten Schritt aufgespürt werden soll.

Es sind also acht Einzeltests durchzuführen, für die eine Irrtumswahrscheinlichkeit α_0 zu wählen ist, die mit dem α des Globaltests so abgestimmt ist, dass zwischen den Testergebnissen keine Widersprüche auftreten. Nach Baarda führt der Weg dazu über die Festlegung der Macht $(1 - \beta)$ des Tests, die für beide Tests gleich sein soll. Mit jedem Wert β wird ein Nichtzentralitätsparameter der Verteilung unter der Alternativhypothese definiert, über den die Verknüpfung der Tests hergestellt wird.

Für das Beispiel sei $\beta = 0,20$ gewählt. Die Berechnung des Nichtzentralitätsparameters λ aus der Gleichung $\chi^2_{5;\lambda;0,20} = \chi^2_{5;0,95} = 11,07$ ist nicht trivial. In [Baarda 1968] findet man Graphiken, in denen λ abgegriffen werden kann. Genauere Ergebnisse liefert ein kostenloser Rechner, der unter *http/keisan.casio.com/* im Internet aufgerufen werden kann. Das Ergebnis lautet: $\lambda = 12,83$. Die Einzeltests werden an den standardisierten Verbesserungen $u_i = v_i \sqrt{p_i}/\sigma_0 f_i$ nach Gleichung (6.31) durchgeführt. Da diese Größen unter der Nullhypothese eine $N(0,1)$-Verteilung besitzen, ist der kritische Wert so zu bestimmen, dass die Alternativhypothese: die u_i^2 sind $\chi^2_{1;\lambda}$-verteilt, oder gleichbedeutend, die u_i sind $N(\sqrt{\lambda},1)$-verteilt, nur mit der Wahrscheinlichkeit $\beta = 0,20$ abgelehnt wird, wenn sie richtig ist. Daraus folgt für den Schwellenwert $u_{\alpha_0/2} = |\sqrt{\lambda}| + u_{0,20} = 3,58 - 0,84 = 2,74$. Die $N(0,1)$-Verteilung liefert $P(u_i \geq 2,74) = 0,0031$ und $P(|u_i| \geq 2,74) = \alpha_0 = 0,0062$. Nach dieser Teststrategie sind also die Einzeltests mit $\alpha_0 = 0,0062$ durchzuführen, wozu bei dem zweiseitigen Test der kritische Wert $2,74$ gehört.

Vergleicht man die standardisierten Verbesserungen des Beispiels mit diesem Schwellenwert, so sieht man, dass er wegen $u_{max} = 2,51$ nicht überschritten wird. Es lässt sich daher im Rahmen dieses Tests keine Beobachtung als Ausreißer identifizieren. Nun sind Testergebnisse stets Wahrscheinlichkeitsaussagen, die mit den Risiken 1. und 2. Art behaftet sind. Das Ergebnis darf daher nicht als Versagen der Teststrategie betrachtet werden. Schon eine Erhöhung des Fehlers 2. Art auf $\beta = 0,265$ würde u_{max} zum Ausreißer machen. Die Ursache für das Anschlagen des Globaltests kann in diesem Beispiel aber auch an anderer Stelle vermutet werden. Eine genauere Betrachtung der standardisierten Residuen legt den Schluss nahe, dass sie nicht normalverteilt sind. Ihre Größen liegen dem Betrage nach mit einer Ausnahme über der Standardabweichung $\sigma = 1$. Die quadratische Form $\boldsymbol{u}^t \boldsymbol{u} = 19,95$ wird bei $f = 8$ nur mit $P = 0,0105$ erreicht oder überschritten: ein weiteres Indiz dafür, dass die u_i wahrscheinlich nicht $N(0,1)$-verteilt sind, und der Test daher hier auf fragwürdigen Voraussetzungen fußt.

In der vorletzten Spalte der Tabelle sind die nach (6.61) berechneten gerade noch aufdeckbaren groben Fehler für das gewählte Beispiel angegeben. Es zeigt sich, dass das Modell nur eine geringe Sensitivität hinsichtlich des Auftretens von Ausreißern besitzt. Da diese Größen von den Beobachtungen unabhängig sind können sie schon bei der Beobachtungsplanung zur Optimierung des Modells berechnet werden.

6.4 Kompakte Einflussmaße

Gegenstand des vorigen Kapitels sind die Eigenschaften der Projektionsmatrizen und die Auswirkung von Änderungen einzelner Modellkomponenten auf die Schätzergebnisse des linearen Modell. In diesem Kapitel ist bisher die Rolle der Beobachtungen und der Verbesserungen analysiert und auf die Modellierung und Aufdeckung von Ausreißern eingegangen worden. In den folgenden Abschnitten werden Einflussmaße für die Beobachtungen dargestellt, die für die Beurteilung der Schätzergebnisse bedeutsam sind, da sie erkennbar machen, welche Beobachtungen den größten Einfluss haben und daher besonders sorgfältig überprüft werden müssen.

Der Begriff Einfluss einer Beobachtung bedarf der exakten Angabe der beeinflussten Größe(n). Da lineare Modelle eine große Anwendungsbreite besitzen, kann mit unterschiedlichen zu schätzenden Zielgrößen gerechnet werden, für die unterschiedliche Einflussmaße relevant sind. Entsprechend groß ist die Zahl der entwickelten und in der Literatur vorgeschlagenen Einflussmaße, und es besteht durchaus keine einheitliche Meinung darüber, welches der Maße wann den Vorzug verdient.

Den folgenden Entwicklungen wird wieder das lineare Modell mit unabhängigen aber verschieden genauen Beobachtungen zugrunde gelegt, wie es mit den Lösungen in Gleichungen (6.1) bis (6.8) angegeben ist.

6.4.1 Einfache Maße

In den vorstehenden Abschnitten ist bereits eine Reihe von Einflussmaßen abgeleitet worden, die anzeigen, wie einzelne Beobachtungen bei der Schätzung mitwirken. Diese sollen hier zunächst zusammengestellt werden. Aus Abschnitt 5.1.4 wird die Projektionsmatrix

$$\boldsymbol{H}_p = \boldsymbol{A}\boldsymbol{N}^{-1}\boldsymbol{A}^t\boldsymbol{P}, \quad \boldsymbol{H}_p\boldsymbol{l} = \widehat{\boldsymbol{l}}, \quad \boldsymbol{N} = \boldsymbol{A}^t\boldsymbol{P}\boldsymbol{A}$$

übernommen, deren Diagonalelemente h_{iip} wegen der dargestellten Eigenschaften den wesentlichen Einfluss auf den Schätzwert $\widehat{l}_i$ haben. Diese auch als Hebelwerte bezeichneten Größen hängen wegen der Beziehung

$$h_{iip} = \boldsymbol{a}_i^t\boldsymbol{N}^{-1}\boldsymbol{a}_i\,p_i$$

von der Designmatrix und den Gewichten ab. Für die Abhängigkeit von den Gewichten findet man die recht einfachen Beziehungen

$$\frac{dh_{iip}}{dp_i} = \frac{h_{iip}}{p_i}(1 - h_{iip}) \quad \text{und} \quad \frac{dh_{iip}}{dp_j} = -\frac{h_{jip}^2}{p_i},$$

die erwartungsgemäß zeigen, dass die Erhöhung des Gewichts einer Beobachtung ihren Hebelwert vergrößert, während die Hebelwerte der anderen Beobachtungen reduziert werden. Diese Veränderungen werden dadurch begrenzt, dass die Bedingungen $h_{iip} \in [1,0]$ und $\Sigma h_{iip} = r(\boldsymbol{A}) = u$ gelten.

Ganz ähnliche Eigenschaften hat die Matrix $(\boldsymbol{I} - \boldsymbol{H}_p)$, die den Beobachtungsvektor $\boldsymbol{P}$-orthogonal auf den $\mathcal{S}(\boldsymbol{A}_\perp)$ projiziert, mit dem Ergebnis $(\boldsymbol{I} - \boldsymbol{H}_p)\boldsymbol{l} = -\boldsymbol{v}$. Die Diagonalelemente

$$\left(1 - h_{iip}\right) = 1 - \boldsymbol{a}_i^t \boldsymbol{N}^{-1} \boldsymbol{a}_i \, p_i$$

dieser Matrix haben den wesentlichen Einfluss auf die Größe der Verbesserungen. Sie unterliegen den Bedingungen $\left(1 - h_{iip}\right) \in [1,0]$ und $\Sigma \left(1 - h_{iip}\right) = n - u = f$. Da ihre Summe gleich der Redundanz f des linearen Modells ist, können sie als Redundanzanteile oder Redundanzbeiträge der einzelnen Beobachtungen gedeutet werden. Je größer der Redundanzbeitrag $f_i = \left(1 - h_{iip}\right)$ der Beobachtung l_i ist, desto besser ist sie durch andere Beobachtungen kontrolliert, und um so deutlicher zeigt sich ein Ausreißer in der Verbesserung v_i.

Da die Projektionsmatrix unabhängig vom Ausfall der Beobachtungen ist, gilt dies auch für die Einflussmaße. Sie können daher bereits in der Modellierungsphase berechnet werden und zur Entwicklung eines optimalen Beobachtungsplanes beitragen.

Eine weitere Gruppe von Größen, die den Einfluss einer Beobachtung auf die Schätzergebnisse charakterisieren, wird durch den Vergleich der Schätzungen des vollständigen Modells mit dem um die betrachtete Beobachtung reduzierten Modell gewonnen. Die wesentlichen Ergebnisse, auf die hier zurückgegriffen werden soll, sind in Abschnitt 6.1 abgeleitet worden. Von dort entnehmen wir den Einfluss der Beobachtung l_i auf die Schätzung des Parametervektors (6.10)

$$\hat{\boldsymbol{x}} - \hat{\boldsymbol{x}}_{(i)} = \boldsymbol{k}_-(l_i - \boldsymbol{a}_i^t \hat{\boldsymbol{x}}) = -\boldsymbol{k}_- v_i = -\frac{p_i v_i}{1 - h_{iip}} \boldsymbol{N}^{-1} \boldsymbol{a}_i . \tag{6.63}$$

Wegen $\boldsymbol{S}_v = s_0^2(\boldsymbol{I} - \boldsymbol{H}_p)\boldsymbol{Q} = s_0^2 \boldsymbol{Q}_v$ nach (6.8) gilt $s_{v_i}^2 = s_0^2 q_{v_i v_i}$ mit $q_{v_i v_i} = (1 - h_{iip})/p_i = f_i/p_i$. Damit kann die obige Gleichung als

$$\hat{\boldsymbol{x}} - \hat{\boldsymbol{x}}_{(i)} = -\frac{v_i}{q_{v_i v_i}} \boldsymbol{N}^{-1} \boldsymbol{a}_i$$

geschrieben werden. Für das gewogene Mittel gilt die Vereinfachung

$$\hat{x} - \hat{x}_{(i)} = -\frac{p_i}{\Sigma p - p_i} v_i = -\frac{p_i}{f_i \Sigma p} v_i .$$

Der Parameter $\hat{x}_k$ erfährt durch das Streichen der Beobachtung l_i folgende Veränderung

$$\boldsymbol{e}_k^t(\hat{\boldsymbol{x}} - \hat{\boldsymbol{x}}_{(i)}) = \hat{x}_k - \hat{x}_{k(i)} = -\frac{v_i}{q_{v_i v_i}} \boldsymbol{e}_k^t \boldsymbol{N}^{-1} \boldsymbol{a}_i . \tag{6.64}$$

Um die Veränderungen der einzelnen Parmeter vergleichbar zu machen, ist es zweckmäßig, sie zu standardisieren. [Besley/Kuh/Welsch 1980] benutzen dazu die Standardabweichung $s_{\hat{x}} = s \sqrt{q_{\hat{x}_k \hat{x}_k}}$ wobei $q_{\hat{x}_k \hat{x}_k}$ da k-te Diagonalelement der Kofaktorenmatrix $\boldsymbol{Q}_{\hat{x}} = \boldsymbol{N}^{-1}$ der geschätzten Parameter ist, und schlagen für die Standardabweichung den Wert $s = s_{0(i)}$ vor. Als Alternative bietet sich die Standardabweichung von $\hat{x}_k - \hat{x}_{k(i)}$ an, die aus (6.64) folgt

$$s_{(\hat{x}_k - \hat{x}_{k(i)})} = \frac{\boldsymbol{e}_k^t \boldsymbol{N}^{-1} \boldsymbol{a}_i}{q_{v_i v_i}} s_{v_i} = \frac{\boldsymbol{e}_k^t \boldsymbol{N}^{-1} \boldsymbol{a}_i}{\sqrt{q_{v_i v_i}}} s_{0(i)},$$

und für das allgemeine arithmetische Mittel die Form

$$s_{(\hat{x}-\hat{x}_{(i)})} = \frac{1}{\Sigma p_i \sqrt{q_{v_i v_i}}} s_{0(i)} = \sqrt{\frac{p_i}{\Sigma p(\Sigma p - p_i)}} s_{0(i)}$$

annimmt. Diese Einflussgrößen sind bei größeren Modellen für die Analyse wenig geeignet, da sie eine schwer zu interpretierende Menge an Daten darstellen und eigentlich den Einfluss der Verbesserung v_i angeben, die von der i-ten Spalte der Projektionsmatrx $(I - H_p)$ und dem gesamten Beobachtungsvektor abhängt. Sie werden daher meist unter Verlust von Details in pauschale Maße umgeformt, auf die weiter unten eingegangen wird.

Den Einfluss der Beobachtung l_i auf die Varianzschätzung entnehmen wir (6.15). Die quadratische Form der Verbesserungen verringert sich nach Streichen von l_i um

$$q - q_{(i)} = \frac{p_i v_i^2}{1 - h_{iip}} = \frac{v_i^2}{q_{v_i v_i}} = s_0^2 z_i^2, \tag{6.65}$$

wobei z_i die nach (6.32) studentisierte Verbesserung ist. Daraus folgen nach (6.35) für die reduzierte Varianz

$$(s_0)_{(i)}^2 = \frac{q_{(i)}}{n - u - 1} = \frac{s_0^2(n - u - z_i^2)}{n - u - 1},$$

und für die Differenz der Varianzen

$$(s_0)_{(i)}^2 - s_0^2 = \frac{s_0^2(1 - z_i^2)}{n - u - 1}.$$

Als Einflussmaße der Beobachtung l_i auf die Varianzschätzung eignen sich die relative Änderung der quadratischen Form

$$\frac{q - q_{(i)}}{q} = \frac{s_0^2 z_i^2}{(n - u)s_0^2} = \frac{z_i^2}{n - u}, \tag{6.66}$$

oder der Varianz

$$\frac{s_0^2 - (s_0)_{(i)}^2}{s_0^2} = \frac{s_0^2(z_i^2 - 1)}{s_0^2(n - u - 1)} = \frac{(z_i^2 - 1)}{(n - u - 1)}.$$

Von Interesse ist gelegentlich auch die prädizierte Verbesserung

$$\hat{l}_i - \hat{l}_{i(i)} = a_i^t \left(\hat{x} - \hat{x}_{(i)} \right) = -\frac{v_i}{f_i} h_{iip} = v_i - \frac{v_i}{f_i}, \tag{6.67}$$

die für Vergleichzwecke durch die Standardabweichung von $\hat{l}_i$ oder $\left(\hat{l}_i - \hat{l}_{i(i)} \right)$ dividiert werden kann:

$$s_{\hat{l}_i} = s_{0(i)} a_i^t N^{-1} a_i = s_{0(i)} \frac{h_{iip}}{p_i},$$

$$s_{\left(\hat{l}_i - \hat{l}_{i(i)} \right)} = s_{0(i)} \frac{h_{iip}}{f_i} \sqrt{q_{v_i v_i}} = s_{0(i)} \frac{h_{iip}}{\sqrt{p_i f_i}} = s_{0(i)} \frac{h_{iip}}{p_i} \sqrt{\frac{p_i}{f_i}}. \tag{6.68}$$

[Ghosh 1989] beschäftigt sich mit der Identifikation der einflussreichsten Gruppe von $k < f$ Beobachtungen eines linearen Modells. Als Kennzahl führt er die Summe der Varianzen der k prädizierten Beobachtungen ein, die sich aus dem Modell mit $n - k$ Beobachtungen ergeben. Es müssen zur Lösung des Problems also $\binom{n}{k}$ Modelle ausgewertet werden. Als zweite Kennzahl schlägt er die Summe der Quadrate der Elemente der Kovarianzmatrix zwischen $A_\perp^t l$ und $\widehat{l}_{(k)i}$ vor, wobei die $n \times (n - u)$-Matrix $A_\perp$ das normierte orthogonale Komplement der Modellmatrix A ist, d. h. $A_\perp^t A = 0$ und $A_\perp^t A_\perp = I$, und $\widehat{l}_{(k)i}$ ist der i-te Satz von prädizierten Beobachtungen im um k Beobachtungen reduzierten Modell. Beide Kennzahlen nehmen für die einflussreichste Beobachtungsgruppe ihr Maximum an. Bei größeren Modellen ist der Rechenaufwand beträchtlich, und es ist keineswegs klar, wie k gewählt werden soll.

6.4.2   Die Einflussfunktion

In Gleichung (1.16) und Abschnitt 1.2.6 wurde die Einflussfunktion eingeführt, die zur Beurteilung und zur Konstruktion robuster Schätzer große Bedeutung hat. In linearen Modellen kann sie zur Analyse des Beitrags einzelner Beobachtungen und als Grundlage zur Entwicklung von kompakten Einflussmaßen genutzt werden. Ihre Existenz ist an eine Reihe von Regularitätsbedingungen geknüpft, und ihre strenge Herleitung erfordert einige Sätze aus der Schätztheorie, auf die hier nicht zurückgegriffen werden soll. Interessierte Leser seien auf [Cook/Weisberg 1982, Abschnitt 3.3], [Hampel/Ronchetti/Rousseeuw/Stahel 1986, Abschnitt 4.2] und [Chatterjee/Hadi 1988, Abschnitt 4.2.4.2] verwiesen. Die hier gewählte etwas vereinfachte Ableitung der Einflussfunktion für den *MkQ*-Schätzer geht von einem linearen Modell mit stochastischer Designmatrix aus und folgt im Wesentlichen der Darstellung in [Staudte/Sheather 1990, Abschnitt 7.4].

Sei, wie bisher angenommen, das lineare Modell aus unabhängigen Zeilen

$$l = a^t x + \varepsilon, \quad p \tag{6.69}$$

von unterschiedlicher Genauigkeit zusammengesetzt. Zur Vereinfachung der Ableitungen wird das Modell vorübergehend homogenisiert, indem jede Zeile mit der Wurzel ihres Gewichts multipliziert wird. Um neue Bezeichnungen zu vermeiden wird $\sqrt{p}l =: l$, $\sqrt{p}a^t =: a^t$, und $\sqrt{p}\varepsilon =: \varepsilon$ gesetzt.

Es wird nun angenommen, dass die Zeilenvektoren a^t Realisationen einer u-dimensionalen Zufallsvariablen mit der Verteilung F_a sind, und dass die zusammengesetzten Vektoren $w^t = (a^t : l)$ die Verteilung F besitzen. Man kann dann F_a als Randverteilung von F und $F_{l|a}$ als bedingte Verteilung von l betrachten, aus der sich die Verteilung der Modellabweichungen $\varepsilon \sim F_\varepsilon$ ergibt, die als unabhängig von der Verteilung der a^t angenommen wird. Der Schätzer für x ist als ein vektorwertiges Funktional $T(F)$ der Verteilung der Vektoren w^t darstellbar. Dazu wird zunächst der Erwartungswert

$$E_F\left(ww^t\right) = E_F \begin{pmatrix} aa^t & al \\ la^t & ll \end{pmatrix} = \begin{pmatrix} \Sigma_F & \gamma_F \\ \gamma_F^t & \varkappa_F \end{pmatrix}$$

gebildet, aus dem der *MkQ*-Schätzer

$$T(F) = \hat{x} = \Sigma_F^{-1} \gamma_F \tag{6.70}$$

folgt.

In Analogie zur Definition der Einflussfunktion (1.16) kann der Vektor der Einflussfunktionen der Modellzeilen $\boldsymbol{w}^t$ auf das Funktional $\hat{\boldsymbol{x}} = \boldsymbol{T}(F)$ durch

$$EF(\boldsymbol{w}; F, T) = \lim_{\varepsilon \to 0} \frac{T\left([1-\varepsilon] F + \varepsilon \delta_{\boldsymbol{w}}\right) - T(F)}{\varepsilon} \tag{6.71}$$

dargestellt werden. Wird nun (6.70) in (6.71) eingesetzt, so erhält man nach einigen Grenzübergängen und Vereinfachungen

$$EF(\boldsymbol{w}; F, \hat{\boldsymbol{x}}) = \boldsymbol{\Sigma}_F^{-1} \boldsymbol{a}\left(l - \boldsymbol{a}^t \hat{\boldsymbol{x}}\right). \tag{6.72}$$

Ganz entsprechend wird die Einflussfunktion für den Varianzschätzer $T(F) = \hat{\sigma}^2 = s^2$ gebildet, s. [Chatterjee/Hadi 1988, Abschnitt 4.2.4.2]:

$$EF(\boldsymbol{w}; F, \hat{\sigma}^2) = \left[l - \boldsymbol{a}^t \hat{\boldsymbol{x}}\right]^2 - \varkappa_F + \boldsymbol{\gamma}_F^t \hat{\boldsymbol{x}}. \tag{6.73}$$

Beide Einflussfunktionen hängen von den Residuen $l - \boldsymbol{a}^t \hat{\boldsymbol{x}}$ ab, deren Größe prinzipiell unbeschränkt ist. Daraus folgt, dass der Einfluss einer Modellzeile $\boldsymbol{w}^t$ keiner Begrenzung unterliegt und der *MkQ*-Schätzer im linearen Modell als nichtrobust qualifiziert werden muss.

Die explizite Darstellung für das Modell (6.69) mit Gewichten führt zu folgenden Modifikationen mit $\boldsymbol{w}_p = \sqrt{p}\,\boldsymbol{w}$

$$E_F\left(\boldsymbol{w}_p \boldsymbol{w}_p^t\right) = E_F\left(\begin{array}{cc} \boldsymbol{a}\,p\,\boldsymbol{a}^t & \boldsymbol{a}\,p\,l \\ l\,p\,\boldsymbol{a}^t & l\,l\,p \end{array}\right) = \left(\begin{array}{cc} \boldsymbol{\Sigma}_F & \boldsymbol{\gamma}_F \\ \boldsymbol{\gamma}_F^t & \varkappa_F \end{array}\right), \tag{6.74}$$

$$EF(\boldsymbol{w}_p; F, \hat{\boldsymbol{x}}) = \boldsymbol{\Sigma}_F^{-1}\,p\,\boldsymbol{a}\left(l - \boldsymbol{a}^t \hat{\boldsymbol{x}}\right), \tag{6.75}$$

$$EF(\boldsymbol{w}_p; F, \hat{\sigma}^2) = p\left[l - \boldsymbol{a}^t \hat{\boldsymbol{x}}\right]^2 - \varkappa_F + \boldsymbol{\gamma}_F^t \hat{\boldsymbol{x}}. \tag{6.76}$$

6.4.3 Anwendungsformen der Einflussfunktion

Die Einflussfunktionen geben in der entwickelten Form die Auswirkungen auf die Schätzresultate an, die sich ergeben, wenn in einem Modell mit $n = \infty$ eine Modellzeile $\boldsymbol{w}_p^t$ verändert wird. Für die Anwendung zur Analyse von in der Praxis vorkommenden Modellen ist eine Reihe von Näherungsformen entwickelt worden, die sich nur in Details unterscheiden. Auf drei dieser Entwicklungen soll kurz eingegangen werden.

Sei F_n die empirische Verteilung der $\boldsymbol{w}_{p_i}^t$, die jeder Zeile der Matrix $\boldsymbol{P}^{1/2}\boldsymbol{W} = \boldsymbol{P}^{1/2}(\boldsymbol{A}\,\vdots\,\boldsymbol{l})$ die Wahrscheinlichkeit $1/n$ zuordnet. Der Schätzer $\hat{\boldsymbol{x}}$ der Modellparameter ist dann das Funktional $\boldsymbol{T}(F_n)$, mit F_n als Element der zulässigen Verteilungsklasse F. Damit werden die Erwartungswerte geschätzt, die zu folgenden Ausdrücken führen

$$\boldsymbol{\Sigma}_{F_n} = \frac{1}{n}\Sigma_{i=1}^n \boldsymbol{a}_i\,p_i\,\boldsymbol{a}_i^t = \frac{1}{n}\boldsymbol{A}^t\boldsymbol{P}\boldsymbol{A} = \frac{1}{n}\boldsymbol{N}, \tag{6.77}$$

$$\boldsymbol{\gamma}_{F_n} = \frac{1}{n}\Sigma_{i=1}^n \boldsymbol{a}_i\,p_i\,l_i = \frac{1}{n}\boldsymbol{A}^t\boldsymbol{P}\boldsymbol{l}, \tag{6.78}$$

$$\varkappa_F = \frac{1}{n}\Sigma_{i=1}^n l_i\,l_i\,p_i = \frac{1}{n}\boldsymbol{l}^t\boldsymbol{P}\boldsymbol{l}, \tag{6.79}$$

mit denen man mit

$$\hat{x} = T(F_n) = N^{-1} A^t P l \tag{6.80}$$

die wohlbekannten Schätzgleichungen der Methode der kleinsten Quadrate findet, die mit den entsprechenden Gleichungen für das Standardmodell mit nichtstochastischer Designmatrix identisch sind. Daher ist es gerechtfertigt, die auf der Basis stochastischer Regressoren abgeleitete Einflussfunktion auf Modelle mit nichtstochastischen Regressoren anzuwenden.

Wenn die Schätzungen (6.77) bis (6.80) in Gleichung (6.75) eingesetzt werden, entsteht die *empirische Einflussfunktion* (*eEF*), die den Einfluss der Modellzeile $w^t_{p_i}$ auf den Parametervektor $\hat{x}$ angibt und komponentenweise ausgewertet werden kann

$$eEF(w_{p_i}; F_n, \hat{x}) = n N^{-1} p_i a_i (l_i - a^t_i \hat{x}) \tag{6.81}$$

$$= -n N^{-1} a_i p_i v_i = eEF_i. \tag{6.82}$$

In Anlehnung an Abschnitt 6.1.1 kann Gleichung (6.81) so modifiziert werden, dass sie den Einfluss einer zusätzlichen Beobachtung angibt. Das Ausgangsmodell hat dann $n - 1$ Zeilen, was wieder durch die Notation $l_{(i)} = A_{(i)} x_{(i)} + \varepsilon_{(i)}$, $\varepsilon_{(i)} \sim N(0, \Sigma_{(i)})$ zum Ausdruck gebracht wird. Die so auf $n - 1$ Beobachtungen basierende empirische Einflussfunktion lautet unter Berücksichtigung von (6.21)

$$eEF_{(i)} = (n - 1) N^{-1}_{(i)} p_i a_i (l_i - a^t_i \hat{x}_{(i)}) \tag{6.83}$$

$$= -(n - 1) N^{-1}_{(i)} a_i p_i v_{i(i)} \tag{6.84}$$

$$= -(n - 1) N^{-1}_{(i)} a_i p_i v_i / (1 - h_{iip}). \tag{6.85}$$

Schließlich kann die ebenfalls vektorwertige *Sensitivitätskurve* nach Gleichung (1.15) für das Regressionsmodell erweitert werden. Ausgehend von (6.71) mit $\varepsilon = n^{-1}$ und F_{n-1} als empirischer Verteilung der $(n - 1)$ Zeilen des Modells ohne die i-te Zeile erhält man

$$SK(w_{p_i}; F_{n-1}, T) = n \left\{ T \left(\frac{n-1}{n} F_{n-1} + \frac{1}{n} \delta_w \right) - T(F_{n-1}) \right\}$$

$$= n \{ T(F_n) - T(F_{n-1}) \} = SK_i.$$

Der Vergleich mit (6.10) zeigt, dass dafür auch

$$SK_i = n \{ \hat{x} - \hat{x}_{(i)} \} = -n N^{-1} a_i p_i v_i / (1 - h_{iip}) \tag{6.86}$$

geschrieben werden kann.

Da alle diese Funktionen vektorwertige Ergebnisse liefern, führen sie zu großen Datenmengen, die oft schwer zu bewerten sind und die Modellanalyse nicht gerade einfach gestalten. Es liegt daher nahe, die Daten zu komprimieren, um mit einigen wenigen aussagekräftigen Werten arbeiten zu können.

6.4.4   Abstandsmaße

Ein naheliegender Weg zur Definition eines skalaren Einflussmaßes besteht darin, aus den vektorwertigen empirischen Einflussfunktionen eine Norm zu bilden. In allgemeiner Form erhält man so beispielsweise aus (6.81) das quadratische Abstandsmaß

$$D_i^2 = \frac{eEF^t(\boldsymbol{w}_{p_i}; F_n, \hat{\boldsymbol{x}}) \boldsymbol{M} eEF(\boldsymbol{w}_{p_i}; F_n, \hat{\boldsymbol{x}})}{c}, \tag{6.87}$$

das von der gewählten Formmatrix $\boldsymbol{M}$ und dem Skalierungsfaktor c abhängt. Bei der Wahl dieser Größen lässt man sich von der bekannten Beziehung

$$\frac{(\boldsymbol{x} - \hat{\boldsymbol{x}})^t \, \boldsymbol{N} \, (\boldsymbol{x} - \hat{\boldsymbol{x}})}{u s_0^2} \sim F_{u, n-u}$$

leiten, die unter der Annahme $\boldsymbol{\varepsilon} \sim N\left(\boldsymbol{0}, \sigma_0^2 \boldsymbol{P}^{-1}\right)$ gilt, und die bei der MkQ-Schätzung zu $\hat{\boldsymbol{x}} \sim N(\boldsymbol{x}, \sigma_0^2 \boldsymbol{N}^{-1})$ führt. Die Gleichung

$$\frac{(\boldsymbol{x} - \hat{\boldsymbol{x}})^t \, \boldsymbol{N} \, (\boldsymbol{x} - \hat{\boldsymbol{x}})}{u s_0^2} = k \tag{6.88}$$

definiert ein Ellipsoid im $\mathcal{R}^u$, dessen Größe von k abhängt. Wählt man $k = F_{u, n-u; 1-\alpha}$, so erhält man ein Konfidenzellipsoid mit dem Mittelpunkt $\hat{\boldsymbol{x}}$, in dem, bei korrekten Modellannahmen, mit der Wahrscheinlichkeit $1 - \alpha$ der durch den wahren Parametervektor $\boldsymbol{x}$ gegebene Punkt zu erwarten ist. Der Einfluss der Modellzeile $\boldsymbol{w}_i^t$ auf Größe und Lagerung des Ellipsoids kann für verschiedene Varianten der empirischen Einflussfunktion ermittelt werden. Entsprechend zahlreich sind die Vorschläge zur Bildung der Größen D_i^2.

Das am häufigsten angewandte Maß ist *Cooks Abstand* C_i^2, das erstmals in [Cook 1977] vorgeschlagen wurde. Es ist definiert durch

$$C_i^2 = \frac{\left(\hat{\boldsymbol{x}} - \hat{\boldsymbol{x}}_{(i)}\right)^t \, \boldsymbol{N} \, \left(\hat{\boldsymbol{x}} - \hat{\boldsymbol{x}}_{(i)}\right)}{u s_0^2} = \frac{(\hat{\boldsymbol{l}} - \hat{\boldsymbol{l}}_{(i)})^t \, \boldsymbol{P} \, (\hat{\boldsymbol{l}} - \hat{\boldsymbol{l}}_{(i)})}{u s_0^2}. \tag{6.89}$$

Unter Berücksichtigung von $\boldsymbol{v}^t \boldsymbol{P} \boldsymbol{v} = q$, (6.10) und (6.32) erkennt man an der Beziehung

$$C_i^2 = \frac{p_i h_{iip}}{q(1 - h_{iip})^2} v_i^2 = \frac{h_{iip}}{u(1 - h_{iip})} z_i^2, \tag{6.90}$$

dass C_i^2 lediglich von den intern studentisierten Verbesserungen z_i und den Hebelwerten h_{iip} abhängt. C_i kann als Abstand der Mittelpunkte der Konfidenzellipsoide des vollen Modells und des um die Beobachtung l_i reduzierten Modells interpretiert werden. Nach (6.36) besteht zwischen der extern studentisierten Verbesserung w_i und der intern studentisierten z_i die Beziehung

$$w_i = z_i \sqrt{\frac{n - u - 1}{n - u - z_i^2}} \quad \text{bzw.} \quad w_i^2 = z_i^2 \frac{n - u - 1}{n - u - z_i^2}.$$

Ferner folgt aus Abschnitt 6.2.3 die Verteilung $w_i \sim t_{f-1}$ und damit $w_i^2 \sim F_{1, n-u-1}$. Dies macht deutlich, dass C_i^2 keine F-Verteilung besitzt, und daher der von Cook vorgeschlagene Vergleich der berechneten Werte mit Prozentpunkten der $F_{u, n-u}$-Verteilung keine fundierte Wahrscheinlichkeitsaussage ermöglicht. Klar ist aber, dass der Einfluss der Beobachtungen mit C_i^2 wächst und daher eine relative Bewertung ermöglicht wird. An der Gleichung (6.90) liest man ferner ab, dass C_i^2 direkt proportional zum Quadrat der intern studentisierten Verbesserung ist, und dass C_i^2 große Werte annimmt, wenn der Hebelwert h_{iip} groß ist.

Nun sind die Größen C_i^2 nicht nur von der Modellzeile (a_i^t, l_i) abhängig sondern vom gesamten Modell. Daraus folgt, dass sie ebenso wie die Ausreißer dem Maskierungseffekt und dem Mitzieheffekt unterliegen können. Es empfiehlt sich daher, in unklaren oder kritischen Fällen zwei oder mehr Abstände gleichzeitig zu betrachten, um Wechselwirkungen aufzudecken. Diese Problematik wird in [Lawrance 1995] behandelt, wobei der Schwerpunkt auf gemeinsame und bedingte Abstände für Paare von Modellzeilen liegt. Für alle im Folgenden dargestellten kompakten Einflussmaße ist diese Problematik ebenfalls relevant.

Wird als quadratischer Abstand die Norm der Einflussfunktion (6.83) gewählt, so erhält man *Welschs Abstand*, der ebenfalls ein Maß für den Einfluss der Zeile w_i auf die Schätzergebnisse ist:

$$W_i^2 = \frac{eEF_{(i)}^t N_{(i)} eEF_{(i)}}{(n-1)(s_0^2)_{(i)}}. \tag{6.91}$$

Setzt man in diese Gleichung (6.84) ein und berücksichtigt (6.22), so erhält man nach Ausmultiplizieren und Zusammenfassen den einfachen Ausdruck

$$W_i^2 = \frac{(n-1)h_{iip}p_i}{(1-h_{iip})^3(s_0^2)_{(i)}}v_i^2 = \frac{(n-1)h_{iip}}{(1-h_{iip})^2}w_i^2, \tag{6.92}$$

der proportional zum Quadrat der t-verteilten extern studentisierten Verbesserung w_i ist und daher eine F-Verteilung besitzt.

Als *Welsch-Kuh Abstand* wird ein Maß für den Einfluss einer Beobachtung l_i auf den prädizierten Wert $\widehat{l_i}$ bezeichnet. Es wird dazu die Differenz der Prädiktionen mit dem vollständigen und dem um l_i reduzierten Modell ins Verhältnis zur Varianz der Schätzung desetzt.

$$WK_i^2 = \frac{(\widehat{x} - \widehat{x}_{(i)})^t a_i p_i a_i^t (\widehat{x} - \widehat{x}_{(i)})}{(s_0^2)_{(i)}}.$$

Wegen $(\widehat{x} - \widehat{x}_{(i)}) = N^{-1}a_i p_i v_i / (1 - h_{iip})$ nach (6.86) führen elementare Umformungen auf die einfache Gleichung

$$WK_i^2 = \frac{p_i h_{iip}}{(1-h_{iip})^2(s_0^2)_{(i)}}v_i^2 = W_i^2 \frac{1-h_{iip}}{n-1}. \tag{6.93}$$

Ein allgemeiner und sehr flexibler Ansatz zur Analyse von Störungen des postulierten linearen Modells ist der *Likelihood Abstand*, s. u. a. [Cook/Weisberg 1982, Abschnitt 5.2], [Cook 1986], [Cadigan/Farrel 1999]. Die Loglikelihoodfunktion des linearen Modells für normalverteilte Beobachtungen lautet (vgl. [Caspary/Wichmann 2007, Abschnitt 4.2.3])

$$\mathcal{L} = \frac{1}{2}\ln\det\boldsymbol{\Sigma}^{-1} - \frac{n}{2}\ln 2\pi - \frac{1}{2}(l - Ax)^t\boldsymbol{\Sigma}^{-1}(l - Ax). \tag{6.94}$$

Der für die Schätzung des Parametervektors relevante Teil lässt sich als

$$\mathcal{L}(\widehat{x}) = -\frac{1}{2\sigma_0^2}(l - \widehat{l})^t P(l - \widehat{l}) = -\frac{1}{2\sigma_0^2}v^t Pv$$

darstellen. Der Vergleich mit Gleichung (6.89) zeigt die Beziehung

$$
\begin{aligned}
C_i^2 &= \frac{(\hat{l} - \hat{l}_{(i)})^t \, P (\hat{l} - \hat{l}_{(i)})}{u s_0^2} \\
&= \frac{([\hat{l} - l] - [\hat{l}_{(i)} - l])^t \, P ([\hat{l} - l] - [\hat{l}_{(i)} - l])}{u s_0^2} \\
&= \frac{(v - v_{(i)})^t \, P (v - v_{(i)})}{u s_0^2} = \frac{1}{u s_0^2} (v^t P v + v_{(i)}^t P v_{(i)} - 2 v^t P v_{(i)}).
\end{aligned}
$$

Nun gilt wegen $A^t P v = 0$ die Gleichung $v^t P v = v^t P v_{(i)}$ und somit, wenn σ_0 durch s_0 ersetzt wird

$$
C_i^2 = \frac{1}{u s_0^2} (v_{(i)}^t P v_{(i)} - v^t P v) = \frac{2}{u} (\mathcal{L}(\hat{x}) - \mathcal{L}(\hat{x}_{(i)})). \tag{6.95}
$$

Diese einfache Beziehung zwischen Cooks Abstand und der Loglikelihoodfunktion legt es nahe, die Abstandsdefinition (6.95) für beliebige Modellstörungen zu verallgemeinern. Sei mit $\mathcal{L}(x \mid \omega)$ die Loglikelihoodfunktion zur Schätzung des Parametervektors für das gestörte Modell bezeichnet, wobei ω einen Vektor geeigneter Störgrößen darstellt, die auf die Beobachtungen, die Koeffizienten der Designmatrix oder die Gewichte wirken. Als Likelihood-Abstand wird nun die Größe

$$
LA_\omega^2 = 2(\mathcal{L}(\hat{x}) - \mathcal{L}(\hat{x}_\omega)) \tag{6.96}
$$

eingeführt, die zur Untersuchung der Auswirkungen verschiedenster Modellstörungen geeignet ist. Da ω jede sinnvolle Störung repräsentieren kann, gibt es für den wenig anschaulichen Abstand keinen Grenzwert. Er ist auch nicht auf die Normalverteilung beschränkt. Für Sensitivitätsuntersuchungen werden punktuelle Störungen eingeführt und LA_ω^2 wird als Funktion von ω_i dargestellt. Für eine ausführliche Behandlung und eingehende Diskussion des Likelihood-Abstandes sei noch einmal auf [Cook 1986] und auf die neuere Arbeit [Hartless/Booth/Littel 2003] verwiesen.

Zahlreiche weitere Vorschläge für die Bildung von Abstandsmaßen mithilfe von empirischen Einflussfunktionen und zur Modifikation der angegebenen Maße findet man in der Literatur, s. u. a. [Belsley/Kuh/Welsch 1980], [Chatterjee/Hadi 1988], [Hadi 1992] und [Rao/Toutenburg 1995]. Dort werden auch Verallgemeinerungen, die den Einfluss von Gruppen von Beobachtungen ausdrücken, behandelt.

6.4.5 Weitere Einflussmaße

Eine weitere Gruppe von skalaren Einflussmaßen basiert auf Änderungen des Volumens von Konfidenzellipsoiden, die sich ergeben, wenn eine Beobachtung aus dem Modell entfernt wird. In Anlehnung an (6.88) sei ein Ellipsoid im $\mathcal{R}^u$ durch die Gleichung $a^t N a \leq 1$ gegeben. Die Eigenwertzerlegung der positiv definiten symmetrischen Matrix N führt dann auf $N = E \Lambda E^t$ mit der Matrix E der normierten Eigenvektoren, d. h. $E E^t = I$, und der Diagonalmatrix Λ der Eigenwerte. Für das Volumen des Ellipsoids $a^t E \Lambda E^t a = 1$ gilt

$$
V = k_u \Pi_{i=1}^u \sqrt{\lambda_i^{-1}} = k_u / \sqrt{\det \Lambda}. \tag{6.97}
$$

Man sieht daraus, dass das Volumen des Ellipsoids umgekehrt proportional zur Wurzel der Determinante der Matrix N ist. Diese algebraische Tatsache kann nun folgender Maßen genutzt werden. Sei wieder mit $W = (A \vdots l)$ die Matrix bezeichnet, die sich aus der Designmatrix und dem Beobachtungsvektor zusammensetzt. Das partitionierte Produkt nimmt die Form

$$
W^t P W = \begin{pmatrix} A^t P A & A^t P l \\ l^t P A & l^t P l \end{pmatrix} \tag{6.98}
$$

an. Unter der Voraussetzung, dass $A^t P A$ vollen Rang besitzt, gilt für die Determinante von $W^t P W$

$$
\begin{aligned}
\det(W^t P W) &= \det(A^t P A) \det(l^t P l - l^t P A (A^t P A)^{-1} A^t P l) \\
&= \det(l^t P l) \det(A^t P A - A^t P l (l^t P l)^{-1} l^t P A).
\end{aligned} \tag{6.99}
$$

Wird in (6.99) der Projektor $H_p = A (A^t P A)^{-1} A^t P$ eingesetzt, so vereinfacht sich der Ausdruck unter Berücksichtigung von (5.33) zu

$$
\begin{aligned}
\det(W^t P W) &= \det(A^t P A) \det(l^t P (I - H_p) l) \\
&= \det(A^t P A) v^t P v = \det(A^t P A) s_0^2 (n - u).
\end{aligned} \tag{6.100}
$$

Auf demselben Wege findet man für die Determinante des um die Zeile w_i^t reduzierten Modells $W_{(i)} = (A_{(i)} \vdots l_{(i)})$

$$
\det(W^t P W)_{(i)} = \det(A^t P A)_{(i)} (s_0^2)_{(i)} (n - u - 1). \tag{6.101}
$$

Einem in [Andrews/Pregibon 1978] erstmals veröffentlichten Vorschlag folgend, wird aus dem Quotienten von (6.100) und (6.101) ein Maß für den Einfluss der Beobachtung l_i gebildet. Diese sogenannte *Andrews-Pregibon Statistik* lautet

$$
AP_i = 1 - \frac{\det(W^t P W)_{(i)}}{\det(W^t P W)}. \tag{6.102}
$$

Die Anwendung der Gleichung

$$
\det(A - B C^t) = \det A \det(I - C^t A^{-1} B), \tag{6.103}
$$

die für A regulär und quadratisch und B und C passender Ordnung gilt, auf die Beziehung $(W^t P W)_{(i)} = W^t P W - w_i p_i w_i^t$ führt zunächst auf

$$
\det(W^t P W)_{(i)} = \det(W^t P W)(1 - w_i^t (W^t P W)^{-1} w_i p_i)
$$

und liefert für AP_i folgenden Ausdruck

$$
AP_i = w_i^t (W^t P W)^{-1} w_i p_i,
$$

der das i-te Diagonalelement der Projektionsmatrix $H_{wp} = W (W^t P W)^{-1} W^t P$ ist. In Analogie zu (5.10) und (5.11) kann die Projektionsmatrix H_{wp} in die zwei Projektoren $H_p = A (A^t P A)^{-1} A^t P$ und $H_{lp} = (I - H_p) l [l^t P (I - H_p) l]^{-1} l^t (I - H_p^t) P$ zerlegt werden, mit $H_{wp} = H_p + H_{lp}$. Die Richtigkeit dieser Zerlegung zeigt man leicht unter Beachtung der Beziehungen $(I - H_p)l = -v$ und $A^t P v = 0$. Diese führen auf $H_p W = (A \vdots H_p l)$ und $H_{lp} W = (0 \vdots [I - H_p]l)$ sowie auf $H_{lp} = v v^t P / v^t P v$. Damit wird folgende Vereinfachung möglich

$$AP_i = h_{iip} + \frac{v_i^2 p_i}{v^t P v} = 1 - (1 - h_{iip}) \frac{(v^t P v)_{(i)}}{v^t P v}, \qquad (6.104)$$

oder nach Einsetzen der intern studentisierten Verbesserung (6.32)

$$AP_i = h_{iip} + \frac{(1 - h_{iip})}{n - u} z_i^2. \qquad (6.105)$$

An den Darstellungen liest man ab, dass stets $\det(W^t P W) \geq \det(W^t P W)_{(i)}$ gilt. Der zweite Term auf der rechten Seite von (6.102) ist daher ≤ 1, daraus folgt $0 \leq AP_i \leq 1$. Liegt der Wert AP_i nahe bei eins, so kann man schließen, dass w_i^t nur einen geringen Einfluss auf die Schätzungen hat. Einflussreiche Zeilen w_i^t erzeugen einen kleinen Wert. Allerdings ist es nicht offensichtlich, wann ein Wert kritisch ist. Die Zerlegung von AP_i in zwei Komponenten in den Gleichungen (6.104) und (6.105) ermöglicht eine getrennte Beurteilung der Einflüsse, die vorwiegend dem Modell oder den Beobachtungen zuzuschreiben sind.

Ein wichtiges Ergebnis der Auswertung des linearen Modells ist die Varianz-Kovarianz Matrix der geschätzten Parameter. Es liegt nun nahe als Maß für den Einfluss der Modellzeile w_i^t die Änderung der Varianz-Kovarianz Matrix zu betrachten, die entsteht, wenn diese Zeile gestrichen wird. Als Maß der Änderung schlagen [Besley/Kuh/Welsch 1980] den Quotienten der Determinanten vor

$$VQ_i = \frac{\det\{(s_0^2)_{(i)} (A^t P A)_{(i)}^{-1}\}}{\det\{(s_0^2)(A^t P A)^{-1}\}} = \left[\frac{(s_0^2)_{(i)}}{(s_0^2)}\right]^u \frac{\det(A^t P A)}{\det(A^t P A)_{(i)}}. \qquad (6.106)$$

Wenn VQ_i nahe bei eins liegt, so deutet das darauf hin, dass sich die Matrix durch das Streichen der Zeile wenig geändert hat. Der erste Faktor bringt primär den Einfluss der Beobachtung l_i zum Ausdruck, während der zweite hauptsächlich von der Designmatrix abhängt. Wird wieder die Beziehung $(A^t P A)_{(i)} = (A^t P A) - a_i p_i a_i^t$ und Gleichung (6.103) angewandt, so erhält man mit

$$\det(A^t P A)_{(i)} = \det(A^t P A)(1 - a_i^t (A^t P A)^{-1} a_i p_i)$$
$$= \det(A^t P A)(1 - h_{iip})$$

und (6.35) die Vereinfachung

$$VQ_i = \left[\frac{(s_0^2)_{(i)}}{(s_0^2)}\right]^u \frac{1}{1 - h_{iip}} = \left[\frac{n - u - z_i^2}{n - u - 1}\right]^u \frac{1}{1 - h_{iip}}, \qquad (6.107)$$

die es genauer ermöglicht, den Einfluss der Beobachtung und den des Modell getrennt zu bewerten. Wenn die studentisierte Verbesserung $|z_i|$ nahe bei eins liegt und der Hebelwert h_{iip} klein ist, wird sich VQ_i nur wenig von eins unterscheiden. Kleinere Werte z_i und große Hebelwerte führen dazu, dass VQ_i größer als eins ausfällt. Im umgekehrten Fall (z_i^2 groß, h_{iip} klein) treten Werte kleiner eins auf. Nach [Besley/Kuh/Welsch 1980] sind Modellzeilen w_i^t kritisch zu betrachten, wenn $|VQ_i - 1| \geq \frac{3u}{n}$ ausfällt.

Neben diesen Einflussgrößen findet man in [Hadi 1992] weitere, die von Likelihoodfunktionen abgeleitet sind, sowie Hinweise auf Maße, die auf dem Bayestheorem basieren. Die Vielzahl der entwickelten Größen deutet darauf hin, dass keine völlig befriedigend ist. Hadi schlägt deshalb ein neues zusammenfassendes Einflussmaß vor, auf das noch kurz eingegangen werden soll.

Beobachtungen, die das Schätzergebnis unerwünscht stark beeinflussen, sind entweder Ausreißer im Modellraum $\mathcal{R}^u$ oder Ausreißer im Beobachtungsraum $\mathcal{R}$, oder beides. Ein Ausreißer im Modellraum führt zu einem großen Wert von $a_i^t N_{(i)}^{-1} a_i\, p_i = h_{iip(i)}$ vgl. (6.23). Dieser Ausdruck lässt sich mit (6.22) vereinfachen:

$$a_i^t N_{(i)}^{-1} a_i\, p_i = h_{iip(i)} = \frac{h_{iip}}{1 - h_{iip}}. \tag{6.108}$$

Der beste Prädiktor für die Beobachtung l_i auf der Basis des reduzierten Modells mit $n-1$ Beobachtungen ist $\widehat{l}_{i(i)} = a_i^t \widehat{x}_{(i)}$. Für die prädizierte Verbesserung folgt daraus $v_{i(i)} = a_i^t \widehat{x}_{(i)} - l_i$, zu der die Varianzschätzung $\sigma^2(v_{i(i)}) = \sigma_0^2(a_i^t N_{(i)}^{-1} a_i + 1/p_i)$ gehört. Um bessere Vergleichbarkeit der prädizierten Verbesserungen zu erreichen, werden sie durch Division mit $\sqrt{(a_i^t N_{(i)}^{-1} a_i + 1/p_i)}$ skaliert:

$$r_i = \frac{a_i^t \widehat{x}_{(i)} - l_i}{\sqrt{(a_i^t N_{(i)}^{-1} a_i + 1/p_i)}}. \tag{6.109}$$

Große Werte $|r_i|$ zeigen an, dass die Beobachtung l_i nicht modellkonform ist, und daher sorgfältig untersucht werden sollte. Um ein vom Vorzeichen unabhängiges Maß zu erhalten, das große Werte annimmt, wenn die Prädiktionsresiduen im Vergleich zu den Residuen der übrigen Beobachtungen groß sind, wird folgender Quotient gebildet

$$\begin{aligned}
R_i^2 &= \frac{r_i^2}{v^t P v - v_i^2 p_i} = \frac{v_{i(i)}^2 (a_i^t N_{(i)}^{-1} a_i + 1/p_i)^{-1}}{v^t P v - v_i^2 p_i} \\
&= \frac{v_i^2 (a_i^t N_{(i)}^{-1} a_i + 1/p_i)^{-1}(1 - h_{iip})^{-2}}{v^t P v - v_i^2 p_i}.
\end{aligned} \tag{6.110}$$

Nun folgt aus (6.108)

$$(a_i^t N_{(i)}^{-1} a_i + 1/p_i) = \frac{1}{p_i}(h_{iip(i)} + 1) = \frac{1}{p_1(1 - h_{iip})}.$$

Wird dies nun oben eingesetzt, so vereinfacht sich R_i^2 zu

$$R_i^2 = \frac{v_i^2 p_i}{(1 - h_{iip})(v^t P v - v_i^2 p_i)}. \tag{6.111}$$

Hadi schlägt vor, die beiden Einflussmaße zu folgendem skalaren Maß zu kombinieren

$$\begin{aligned}
H_i^2 &= u R_i^2 + h_{iip(i)} \\
&= \frac{u}{(1 - h_{iip})} \frac{v_i^2 p_i}{(v^t P v - v_i^2 p_i)} + \frac{h_{iip}}{1 - h_{iip}}.
\end{aligned} \tag{6.112}$$

Der erste Ausdruck auf der rechten Seite wird vom Quadrat der Verbesserung der geprüften Beobachtung dominiert, während der zweite im Wesentlichen von der Zeile a_i^t der Designmatrix und dem Gewicht p_i abhängt. Damit ist eine näherungsweise Trennung der möglichen Quellen für eine Unverträglichkeit der Modellzeile w_i^t mit dem übrigen Modell erreicht. Setzt man im ersten Ausdruck der rechten Seite die studentisierte Verbesserung (6.32) ein, so erhält man

$$\frac{u}{(1-h_{iip})} \frac{v_i^2 p_i}{(v^t P v - v_i^2 p_i)} = \frac{u z_i^2}{f - (1-h_{iip})z_i^2} \approx \frac{u}{f} z_i^2.$$

Die Näherung gilt für nicht zu kleine Modelle mit moderatem Freiheitsgrad f, und zeigt, dass der Einfluss der Beobachtung etwa proportional dem Gewicht und dem Quadrat der Verbesserung ist. Je größer der Freiheitsgrad des Modells ist, desto geringer ist der Einfluss einer einzelnen Beobachtung. Wegen

$$\sigma_{\hat{l}_i}^2 = \sigma_0^2 a_i^t N^{-1} a_i \quad \text{und} \quad \sigma_{v_i}^2 = \sigma_0^2 (1/p_i - a_i^t N^{-1} a_i)$$

folgt

$$\frac{h_{iip}}{1-h_{iip}} = \frac{\sigma_{\hat{l}_i}^2}{\sigma_{v_i}^2}.$$

Der zweite Term auf der rechten Seite von (6.112) ist der Quotient der angegebenen Varianzen und eröffnet damit weitere Interpretationsmöglichkeiten.

Ein weiteres Einflussmaß wird in [Pena 2005] vorgeschlagen. Ausgehend von Cooks Abstand (6.89), der ein Maß für die Veränderung der Schätzergebnisse ist, die sich ergibt, wenn die Beobachtung l_i gestrichen wird, schlägt Pena vor, umgekehrt zu ermitteln, wie $\hat{l}_i$ durch Streichen der übrigen Beobachtungen verändert wird. Er bildet den Vektor

$$d_i = \{(\hat{l}_i - \hat{l}_{i(1)}) \ (\hat{l}_i - \hat{l}_{i(2)}) \ \ldots \ (\hat{l}_i - \hat{l}_{i(n)})\}^t \tag{6.113}$$

und definiert als Einflussmaß

$$S_i^2 = \frac{d_i^t d_i}{u s_{(\hat{l}_i)}^2}. \tag{6.114}$$

Nun hat man

$$(\hat{l}_i - \hat{l}_{i(j)}) = a_i^t(\hat{x} - \hat{x}_{(j)})$$

und wegen (6.63)

$$\hat{x} - \hat{x}_{(j)} = -\frac{v_j p_j}{1 - h_{jjp}} N^{-1} a_j$$

für die Differenz den Ausdruck

$$(\hat{l}_i - \hat{l}_{i(j)}) = -\frac{h_{ijp}}{1 - h_{jjp}} v_j.$$

Daraus folgt mit $s^2_{(\hat{l}_i)} = s^2_0 h_{iip}/p_i$ und $s^2_0 u = \boldsymbol{v}^t \boldsymbol{P} \boldsymbol{v} = q$

$$S^2_i = \frac{p_i}{q h_{iip}} \sum_{j=1}^n \frac{h^2_{ijp}}{(1 - h_{jjp})^2} v^2_j = \frac{p_i}{u h_{iip}} \sum_{j=1}^n \frac{h^2_{ijp}}{p_j(1 - h_{jjp})} z^2_j, \qquad (6.115)$$

oder unter Berücksichtigung von (6.32) und (6.90) mit $r_{ij} = h^2_{ijp}/p_j h_{jjp}$ folgende Beziehung zu Cooks Abstand

$$S^2_i = \frac{p_i}{h_{iip}} \sum_{j=1}^n r_{ij} C^2_j. \qquad (6.116)$$

Eine weitere Darstellung liefert (6.21) mit $v_{j(j)} = v_j/(1 - h_{jjp})$, das in (6.115) eingesetzt

$$S^2_i = \frac{p_i}{q h_{iip}} \sum_{j=1}^n h^2_{ijp} v^2_{j(j)}$$

ergibt. Nach [Pena 2005] gilt für den Erwartungswert von S^2_i mit $h^* = \max_{1 \le i \le n} h_{iip}$

$$\frac{1}{u(1 - n^{-1})} \le E(S^2_i) \le \frac{1}{u(1 - h^*)}.$$

Wenn h^* klein ist (kein Hebelpunkt vorhanden) und die z^2_j nach (6.37) verteilt sind, sind die berechneten S^2_i alle in der Nähe von $1/u$ zu erwarten. Starke Abweichungen von diesem Wert deuten auf kritische Beobachtungen hin. Die Verteilung der Einflussgröße ist für nicht zu kleine Werte n und u näherungsweise normal. Für praktische Anwendungen wird empfohlen, empirische Werte S^2_i, die die Ungleichung

$$\left| S^2_i - med(S^2_i) \right| \ge 4{,}5 MAM(S^2_i)$$

erfüllen, in der MAM der Median der Absolutwerte der Abweichungen vom Median nach (3.52) ist, als Hinweis darauf zu betrachten, dass die Modellzeile $\boldsymbol{w}_i$ nicht mit dem übrigen Zeilen verträglich ist. Der Schwellenwert entspricht der dreifachen Standardabweichung für normalverteilte Zufallsgrößen. Die weitere Analyse muss dann zeigen, ob die Ursache in der Modellbildung oder in den Beobachtungen zu finden ist.

6.4.6   Beispiele

Einige der kompakten Kenngrößen sollen in den folgenden Beispielen hinsichtlich ihrer Aussagekraft verglichen werden. Ferner wird der Vergleich mit den einfachen Maßen ermöglicht, die erneut angegeben werden, um bewerten zu können, inwieweit die kompakten Maße zusätzliche Analysemöglichkeiten bieten. Die Ergebnisse dieser Vergleiche können naturgemäß nicht verallgemeinert werden, da sie stark von den benutzten Beispielen abhängen.

Die in Tabelle 6.2 zusammengestellten Daten des 4. Beispiels (**Stack Loss**) sind um Cooks Abstand C^2_i nach (6.89), Welschs Abstand W^2_i nach (6.92), den Welsch-Kuh-Abstand WK^2_i nach (6.93), die Andrews-Pregibon-Statistik AP_i nach (6.105) und Hadis Maß H^2_i nach Gleichung (6.112) ergänzt worden. Mit fetten Ziffern sind in jeder Spalte die vier größten Werte

Tabelle 6.6: Abstandsmasse des Stack Loss Beispiels

l_i	h_{ii}	v_i	z_i	w_i	C_i^2	W_i^2	WK_i^2	AP_i	H_i^2
42	**0,30**	−3,23	−1,19	−1,21	**0,15**	17,93	0,63	**0,36**	**0,78**
37	**0,32**	1,92	0,72	0,71	0,06	*6,98*	0,24	**0,34**	*0,60*
37	0,17	**−4,56**	**−1,54**	**−1,61**	**0,12**	**12,79**	**0,53**	*0,29*	**0,84**
28	0,13	**−5,70**	**−1,89**	**−2,06**	**0,13**	**14,58**	**0,63**	*0,31*	**1,18**
18	0,05	1,71	0,54	0,53	0,00	0,31	0,02	0,07	0,12
18	0,08	*−3,01*	*0,97*	0,97	0,02	1,78	0,08	0,13	0,32
19	*0,22*	2,39	0,84	0,82	0,05	4,86	0,19	0,25	0,45
20	*0,22*	1,39	0,49	0,47	0,02	1,60	0,06	0,23	0,34
15	0,14	*3,14*	*1,05*	*1,13*	0,05	4,83	0,21	0,20	0,44
14	0,20	−1,27	−0,44	−0,43	0,01	1,16	0,05	0,21	0,30
14	0,16	−2,64	−0,89	0,88	0,04	3,51	0,17	0,20	0,38
13	*0,22*	−2,78	*−0,97*	*−0,97*	*0,07*	6,80	*0,27*	0,26	0,51
11	0,16	1,43	0,48	0,47	0,01	1,00	0,04	0,17	0,25
12	0,21	0,05	0,02	0,02	0,00	0,00	0,00	0,21	0,27
8	0,19	−2,36	−0,81	−0,80	0,04	3,71	0,15	0,22	0,39
7	0,13	−0,91	−0,30	−0,29	0,00	0,29	0,01	0,14	0,17
8	**0,41**	1,52	0,61	0,60	*0,07*	*8,48*	*0,25*	**0,42**	*0,72*
8	0,16	0,46	0,15	0,15	0,00	0,10	0,00	0,16	0,22
9	0,17	0,60	0,20	0,20	0,00	0,20	0,01	0,18	0,21
15	0,08	−1,41	−0,45	−0,44	0,00	0,37	0.02	0,11	0,14
15	**0,28**	**7,24**	**2,63**	**3,32**	**0,67**	**119,07**	**4,29**	**0,57**	**2,69**

hervorgehoben, während die beiden nächstgrößeren Zahlen kursiv gesetzt sind. Die erste und die letzte Zeile des Modells werden von allen Kenngrößen als fragwürdig identifiziert. Auch die dritte und die vierte Zeile heben sich bei den meisten Abstandsmaßen noch deutlich von den übrigen Zeilen ab. Eine Ausnahme bildet die AP-Statistik, bei der offensichtlich der Hebelwert ein größeres Gewicht hat. Die Abstandsmaße erlauben zwar eine klare Reihung der Modellzeilen hinsichtlich ihres Einflusses auf die Schätzung, beziehungsweise ihrer Verträglichkeit mit dem Modell; aber es ist nicht möglich, sichere Grenzwerte anzugeben, ab wann eine Zeile als kritisch abzulehnen ist. Auf die sachkundige Interpretation der Kennzahlen durch den Bearbeiter kann daher keinesfalls verzichtet werden.

Letzteres gilt ganz besonders auch für das 5. Beispiel (**Punktverschiebungen**). Die Tabelle der Abstandsmaße bzw. Kennzahlen legt es nahe, die achte Zeile als nicht modellkonform zu beurteilen, während die fünfte und die erste Zeile, die nächsthöheren Werte aufweisen, zwar überprüft aber nicht unbedingt verworfen werden müssen. Ganz harmlos fallen die Kenngrößen der letzten beiden Zeilen aus, obwohl bei der Konstruktion des Beispiels der zugehörige Punkt deutlich verschoben wurde. Wir haben es hier mit dem Fall der extremen Maskierung eines Fehlers durch einen anderen zu tun.

Erst wenn nach Streichen der offensichtlich fehlerhaften achten Zeile die Schätzung mit den verbleibenden neun Zeilen des Modells wiederholt wird, wird der zweite Ausreißer erkennbar. Die Ursuche des Problems liegt wohl in der besonderen Größe des ersten Ausreißers, die

Tabelle 6.7: Abstandsmasse des Beispiels Punktverschiebungen

l_i	h_{ii}	v_i	z_i	w_i	C_i^2	W_i^2	WK_i^2	AP_i	H_i^2
0,994	0,45	**0,108**$_4$	**0,94**	0,93	0,18	11,61	0,71	0,53	1,46
0,005	0,45	0,088	0,77	0,74	0,12	7,29	0,45	0,49	1,23
−0,009	0,45	−0,018	−0,15	−0,14	0,01	0,27	0,02	0,45	0,83
−0,021	0,45	−0,018	−0,16	−0,15	0,01	0,29	0,02	0,45	0,84
−0,015	0,45	**−0,144**	**−1,25**	−1,33	**0,32**	23,72	1,45	**0,59**	2,04
0,892	0,45	*0,107*$_7$	*0,94*	*0,93*	*0,18*	*11,50*	*0,70*	*0,53*	*1,45*
1,007	0,45	−0,037	−0,32	−0,30	0,02	1,19	0,07	0,46	0,89
1,493	0,45	**−0,271**	**−2,36**	−7,94	**1,14**	843,9	51,57	**0,96**	8,35
0,381	0,20	0,091	0,65	0,62	0,03	1,08	0,10	0.26	0,55
0,498	0,20	0,093	0,67	0,64	0,03	1,16	0,10	0,26	0,57

Tabelle 6.8: Abstandsmasse des Beispiels Punktverschiebungen nach Streichen der 8. Zeile

l_i	h_{ii}	v_i	z_i	w_i	C_i^2	W_i^2	WK_i^2	AP_i	H_i^2
0,994	0,56	−0,015	−0,49	−0,42	0,08	4,08	0,22	0,58	1,47
0,005	0,52	−0,010	−0,31	−0,27	0,03	1,32	0,08	0,53	1,16
−0,009	0,45	−0,018	−0,52	−0,45	0,06	2,41	0,17	0,48	1,04
−0,021	0,46	0,006	0,17	0,16	0,01	0,32	0,02	0,46	0,88
−0,015	0,56	−0,021	−0,68	−0,64	**0,15**	9,48	**0,52**	**0,60**	1,66
0,892	0,52	,009	0,28	0,25	0,02	1,13	0,07	0,53	1,15
1,007	0,45	**−0,037**	**−1,07**	**−1,09**	**0,23**	14,14	**0,97**	**0,58**	**1,87**
0,381	0,20	**0,091**	**2,19**	9,50	**0,30**	225,6	22,56	**0,97**	16,74
0,498	0,27	−0,005	−0,13	0,12	0,00	0,06	0,01	0,27	0,38

die Varianzschätzung stark aufbläht und damit kleinere Inkonsistenzen überdeckt. Es zeigt sich an diesem Beispiel auch, dass es nicht immer erfolgversprechend ist, sogleich nach zwei Ausreißern zu suchen, auch wenn diese Anzahl bekannt ist. Man müsste schon alle $\binom{10}{2} =$ 45 Modelle auswerten, um ein sicheres Ergebnis zu erhalten, da die Auswertung des vollen Modells den Verdacht auf falsche Modellzeilen lenken kann.

In den vorstehenden Beispielen sind die Kenngrößen im Wesentlichen unterschiedliche Funktionen der Hebelwerte und der Residuen. Die Versuche, diese Einflüsse zu trennen, zeigen sich insbesondere bei den Größen AP_i und H_i^2, die als Summe definiert sind. Im folgenden 6. Beispiel (**Punktbestimmung**) treten zusätzlich noch die Gewichte der Beobachtungen hinzu. Die Ermittlung der Ursachen, wenn Zeilen des Modells zu verdächtigen Kennzahlen führen, wird dadurch deutlich komplexer. In der Tabelle wurde auf die Ergebnisse des Abschnitts 6.3.5 zurückgegriffen, die um die hier diskutierten Kenngrößen des Modells ergänzt worden sind. Zur Interpretation des Zahlenwerkes sind die bei der Herleitung der einzelnen Kenngrößen gegebenen Hinweise zu beachten. In den Spalten sind jeweils die beiden größten Werte durch Fettdruck hervorgehoben. Die fünfte Zeile des Modells bezieht sich auf die Zenitdistanz, die für die Bestimmung der Punkthöhe den größten Beitrag leistet und kaum durch die anderen Beobachtungen kontrolliert ist. An dieser Stelle wäre eine Verbesserung des Beobachtungsplans wünschenswert, um den Hebelwert zu verringern. Die dritte Zeile gehört zu

Tabelle 6.9: Kenngrößen des Beispiels Punktbestimmung

l_i	p_i	h_{iip}	v_i	z_i	w_i	C_i^2	W_i^2	WK_i^2	AP_i	H_i^2
5,0	0,71	0,106	−5,75	−1,01	−1,01	0,04	0,95	0,12	0,29	0,86
−2,0	1,16	0,200	3,17	0,75	0,71	0,05	1,11	0,13	0,29	0,62
−3,0	2,92	0,313	3,85	**1,56**	**1,95**	**0,37**	**17,56**	**1,72**	**0,65**	**2,65**
4,0	2,66	0,297	−2,91	**−1,11**	**−1,15**	0,17	5,53	0,56	0,47	1,32
−4,0	1,11	0,809	2,14	1,01	1,02	**1,45**	**160,9**	**4,39**	**0,85**	**4,88**
2,0	3,91	0,522	−0,84	−0,47	−0,43	0,08	2,99	0,20	0,54	1,23
−2,0	3,91	0,613	1,12	0,70	0,66	0,26	12,41	0,69	0,65	1,89
−6,0	0,26	0,141	**7,79**	0,84	0,81	0,04	0,88	0,11	0,26	0,65

einer gemessenen Distanz, die trotz ihres hohen Gewichts eine relativ große Verbesserung erhält. Hier wäre zu überprüfen, ob die a priori Varianz realistisch angesetzt wurde.

6.5 Zuverlässigkeit des Modells

Zuverlässigkeit ist in der Alltagssprache ein Begriff, der eine Eigenschaft von Personen oder Sachen beschreibt und größte Bedeutung im täglichen Leben hat. Wenn man sich auf Verabredungen und Versprechungen einer Person nicht verlassen kann, so ist dies sehr ärgerlich, ebenso wenn ein Gerät ausfällt oder ein Produkt nur eingeschränkt nutzbar ist. In diesen Kontexten wird der Begriff als Qualitätsmerkmal benutzt. Um ihn messbar zu machen, ist z. B. für technische Produkte und ihre Komponenten die MTBF (mean time between failures), die mittlere Betriebszeit zwischen Ausfällen, die durch Reparatur behoben werden müssen, eingeführt worden. Die Ermittlung dieser Kennzahl erfolgt in Versuchsreihen, bei denen die Zeit zwischen zwei aufeinander folgenden Ausfällen, abzüglich der Reparaturzeit, registriert wird. Die Zeitintervalle werden als Realisationen einer exponentiell verteilten Zufallsvariablen betrachtet. Durch Mittelbildung erhält man anschließend einen Schätzwert für den Erwartungswert der MTBF. Unter diesen Verteilungsannahmen kann beispielsweise die Wahrscheinlichkeit berechnet werden, mit der ein Gerät während der geplanten Nutzungsdauer ausfällt, vgl. [Winkel 1984].

Das Merkmal Zuverlässigkeit zur Beurteilung der Qualität von linearen Modellen geht auf [Baarda 1968] zurück. Grundlage ist die von Baarda entwickelte Teststrategie zur Aufdeckung von Ausreißern, die Gegenstand des Abschnitts 6.3.3 ist. Sie ist zugeschnitten auf spezielle lineare Modelle, wie sie in der klassischen Geodäsie zur Bestimmung von Positionen durch geodätische Netze verwendet werden, vgl. z. B. [Caspary/Wichmann 2007, Abschnitt 4.4]. Die Zuverlässigkeit eines linearen Regressionsmodells kann in Anlehnung an Baardas Ideen durch die Wahrscheinlichkeit charakterisiert werden, grobe Modellabweichungen aufzudecken (innere Zuverlässigkeit) und durch den Einfluss nicht erkannter grober Fehler auf die geschätzten Parameter (äußere Zuverlässigkeit).

6.5.1   Innere Zuverlässigkeit

In Analogie zum Modell mit Erwartungswertverschiebung (6.39) sei angenommen, dass der Beobachtungsvektor von einem Vektor konstanter Abweichungen überlagert ist, die hier jedoch nicht geschätzt werden sollen. Es soll vielmehr untersucht werden, mit welcher Wahrscheinlichkeit diese Abweichungen zur Ablehnung des Modells im globalen Modelltest (6.52) führen.

$$E(l) = A\,x + y, \quad Var(l) = \sigma_0^2 Q, \quad P = Q^{-1}$$

Durch Verallgemeinerung von (6.53) bis (6.57) findet man sogleich als Schätzungen in diesem Modell

$$\hat{x} = N^{-1} A^t P(l - y) = \tilde{x} - N^{-1} A^t Py,$$
$$v = \tilde{v} - A N^{-1} A^t Py - y = \tilde{v} + (I - H_p)y, \qquad (6.117)$$
$$v^t Pv = \tilde{v}^t P \tilde{v} + 2\tilde{v}^t P(I - H_p)y + y^t(I - H_p^t)P(I - H_p)y,$$
$$E(v^t Pv) = E(\tilde{v}^t P \tilde{v}) + y^t P(I - H_p)y,$$
$$E(s_0^2) = \sigma_0^2 + y^t P(I - H_p)y/f.$$

Die Verteilung der quadratischen Form $v^t Pv$ ist proportional zu einer nichtzentralen χ^2-Verteilung mit $f = n - u$ Freiheitsgraden

$$\frac{v^t Pv}{\sigma_0^2} \sim \chi^2_{f;\lambda} \quad \text{mit} \quad \lambda = y^t P(I - H_p)y/\sigma_0^2. \qquad (6.118)$$

Die Wahrscheinlichkeit, den Fehlervektor im globalen Modelltest aufzudecken, hängt direkt von der Größe des Parameters λ und dem gewählten Signifikanzniveau α ab. Wegen $P(I - H_p)A = 0$ sind Fehlervektoren, die im Spaltenraum der Modellmatrix liegen, nicht aufdeckbar: $y \in \mathcal{S}(A) \Rightarrow \lambda = 0$. Dazu gehören beispielsweise Maßstabsfehler. Liegt der Fehlervektor im orthogonalen Komplement von A, das durch die Spalten der Matrix $P(I - H_p)$ aufgespannt wird, so ist die Aufdeckwahrscheinlichkeit maximal. An der Gleichung (6.118) liest man ferner ab, dass λ stets kleiner als $y^t Py/\sigma_0^2$ ausfällt.

Wesentlich konkreter lassen sich Zuverlässigkeitskriterien fassen, wenn man annimmt, dass der Datenvektor nur einen Ausreißer enthält. Wie in Abschnitt 6.3.3 gezeigt wird, kann bei einer gewählten Irrtumswahrscheinlichkeit α für jede Beobachtung der kritische Wert (6.61) berechnet werden, der mit der festgelegten Macht $1 - \beta$ des Tests als Ausreißer erkannt wird

$$|b_i| = \frac{\sigma_0}{p_i}\sqrt{\frac{\lambda}{q_{iiv}}}, \quad \text{mit} \quad q_{iiv} = p_i^{-1}(1 - h_{iip}).$$

Genau genommen ist b_i der Erwartungswert des Ausreißers y_i, dessen Realisierung mit $P = 1 - \beta$ als fehlerhaft aufgedeckt wird, wenn als Irrtumswahrscheinlichkeit α festgelegt wurde.

Wesentlicher Bestandteil dieses Konzepts sind die Verknüpfung des Globaltests (6.118) mit den n Individualtests durch die abgestimmte Wahl der Wahrscheinlichkeiten nach (6.62) und die Hypothese, dass nur eine Beobachtung ein Ausreißer ist. Wie die obige Gleichung zeigt, hängen die kritischen Werte b_i nicht von den Beobachtungen ab. Sie sind nur Funktionen der

Modellmatrix und der a priori Gewichte. Es ist daher möglich, sie in der Planungsphase zu berechnen und zur Modelloptimierung zu verwenden.

Im Rahmen dieser Teststrategie sind die von α und β abhängenden kritischen Werte b_i die Indikatoren für die Zuverlässigkeit des Modells. Je nach Anwendungsfall kann es wünschenswert sein, dass alle Werte in einem engen Intervall liegen oder dass der Maximalwert eine Grenze nicht überschreitet. Ein absolutes Zuverlässigkeitsmaß kann allerdings nicht angegeben werden. Der Nutzen liegt hauptsächlich darin, dass man Modellentwürfe vergleichen kann und eine Grenze für nicht aufdeckbare Ausreißer berechnet wird.

Von der Gleichung (6.117) ausgehend, erhält man als Verschiebung Δv_i der Verbesserung durch den Ausreißer y_i

$$\Delta v_i = v_i - \widetilde{v} = (1 - h_{iip})y_i = f_i y_i. \tag{6.119}$$

In Abschnitt 5.1.4 wird gezeigt, dass die Projektionsmatrix $(I - AN^{-1}A^t P) = (I - H_p)$ idempotent ist. Da für idempotente Matrizen Spur und Rang gleich sind, und der Rang $r(I - H_p) = n - u = f$ sofort abgelesen werden kann, gilt $sp(I - H_p) = \Sigma(1 - h_{iip}) = \Sigma f_i = f$. Der Freiheitsgrad f wird durch diese Darstellung in n Anteile zerlegt, die den einzelnen Beobachtungen zukommen. Diese Redundanzanteile f_i können als Kenngrößen für die Zuverlässigkeit dienen, da sie als Faktoren in (6.119) die durch den Ausreißer y_i verursachte Änderung Δv_i der Verbesserung bestimmen. Die Beziehung zu dem kritischen Wert für die Ausreißersuche findet man durch Einsetzen

$$|b_i| = \sigma_0 \sqrt{\frac{\lambda}{p_i f_i}} = \sqrt{\frac{\lambda}{f_i}} \sigma_i.$$

Diese Gleichung zeigt: je größer das Gewicht und je größer der Redundanzanteil der Beobachtung, desto kleiner fällt der kritische Wert $|b_i|$ aus und um so leichter werden deshalb Ausreißer aufdeckbar. Außerdem liest man ab, dass der kritische Wert $|b_i|$ das $\sqrt{\lambda/f_i}$-fache der Standardabweichung der Beobachtung l_i ist.

Da die Redundanz in n Anteile zerlegt wird, erhält man für den mittleren Redundanzanteil $\overline{f_i} = f/n$, und andererseits gilt $0 \leq f_i \leq 1$. Ein zuverlässiges Modell ist durch einen hohen Freiheitsgrad und Redundanzanteile in der Nähe von $\overline{f_i}$ gekennzeichnet. Generell sollte das Modell so beschaffen sein, dass $f \geq n/2$ und $f_i \geq 0.3$ gelten.

Wie die Ausführungen dieses Abschnitts zeigen, können als Kenngrößen für die innere Zuverlässigkeit eines linearen Modells die Redundanzanteile f_i und die kritischen Werte b_i für die Aufdeckbarkeit von Ausreißern betrachtet werden.

Für das Beispiel **Punktbestimmung** können diese Größen der Tabelle 6.5 entnommen werden, in der die b_i direkt angegeben und die $f_i = 1 - h_{iip}$ leicht abzulesen sind. Es zeigt sich, dass die Residuen alle deutlich kleiner als die kritischen Werte ausfallen, und daher in diesem Beispiel nicht mit versteckten Ausreißern gerechnet werden muss. Unbefriedigend ist allerdings die große Bandbreite der Redundanzanteile, für die $0.2 \leq f_i \leq 0.9$ gilt. Wünschenwert wäre es, wenn alle Werte in der Nähe von $f/n = 0.6$ lägen.

6.5.2   Äußere Zuverlässigkeit

Wenn die Kriterien der inneren Zuverlässigkeit erfüllt sind, insbesondere wenn die Redundanz des Modells befriedigend ist und die Redundanzanteile alle nahe bei $\overline{f_i}$ liegen, kann man sicher sein, dass die Beobachtungen gut kontrolliert und daher grobe Fehler durch die gewählte Teststrategie sicher aufdeckbar sind. Nun gilt das primäre Interesse in der Regel nicht den Beobachtungen oder den Residuen sondern den geschätzten Parametern. Der Einfluss der einzelnen Beobachtungen auf die Schätzwerte der Parameter, vgl. z. B. (6.10) kann auch in einem Modell mit guter innerer Zuverlässigkeit sehr unterschiedlich ausfallen. Als Kriterium der äußeren Zuverlässigkeit gilt nach [Baarda 1968] der Einfluss, den die einzelnen kritischen Werte $|b_i|$ auf den geschätzten Parametervektor haben.

Sei $\boldsymbol{b}$ der Vektor der gerade noch aufgeckbaren Ausreißer, so erhält man mit der Vorzeichenwahl nach Abschnitt 6.3.1 für die Verschiebung des Parametervektors

$$\delta = \Delta \tilde{x} = -N^{-1} A^t P b.$$

Nun ist in der Praxis nicht zu befürchten, dass alle Beobachtungen gleichzeitig eine Erwartungswertverschiebung in Größe des Grenzwertes erleiden. Vielmehr fußt das Konzept Baardas auf der Annahme, dass nur ein Ausreißer die Schätzung verfälscht. Da aber nicht bekannt ist, um welche Beobachtung es sich handelt, wird für jede einzelne Beobachtung l_i, bzw. für jeden kritischen Wert b_i, der Vektor $\boldsymbol{\delta}_i$ der Verschiebungen des Parametervektors berechnet

$$\boldsymbol{\delta}_i = -N^{-1} \boldsymbol{a}_i \, p_i b_i. \tag{6.120}$$

Es ergeben sich auf diesem Wege n Vektoren der Dimension u, die die äußere Zuverlässigkeit des Modell charakterisieren, wegen der Datenmenge aber schwer zu interpretieren sind. Es wird daher ein Verschiebungsmaß eingeführt, das ähnlich wie Cooks Abstand gebildet wird. Mit dem Vektor (6.120) und der Formmatrix $\boldsymbol{\Sigma}_{\hat{x}}^{-1} = \frac{1}{\sigma_0^2} N$ erhält man die quadratische Form

$$\nabla_i^2 = \boldsymbol{a}_i^t N^{-1} N N^{-1} \boldsymbol{a}_i \frac{p_i^2 b_i^2}{\sigma_0^2} = h_{iip} \frac{p_i b_i^2}{\sigma_0^2}. \tag{6.121}$$

Mit $p_i = \sigma_0^2/\sigma_i^2$ und $b_i = \sigma_i \sqrt{\lambda/f_i}$ vereinfacht sich die Gleichung zu

$$\nabla_i^2 = \lambda \frac{1 - f_i}{f_i} = \lambda \frac{h_{iip}}{1 - h_{iip}}. \tag{6.122}$$

Die durch die kritische Abweichung b_i verursachte Verschiebung des Parametervektors hängt einerseits von der Wahl der Irrtumswahrscheinlichkeit α und der Macht des Tests $1 - \beta$ und andererseits von dem Diagonalelement h_{iip} der Projektionsmatrix $\boldsymbol{H}_p$ ab. Der Vergleich mit (6.89) zeigt als wesentlichen Unterschied, dass C^2 von den Beobachtungen abhängt, während ∇^2 als Funktion des Modells und der Wahrscheinlichkeitsvorgaben schon vor Ausführung der Beobachtungen berechnet werden und daher als Planungswerkzeug eingesetzt werden kann. Da der Nichtzentralitätsparameter λ nur von den Risiken 1. und 2. zweiter Art sowie dem Freiheitsgrad des Modells abhängt, geht er als Konstante in die Gleichung für ∇^2 ein. Daraus folgt, dass ∇_i^2 eine Funktion von h_{iip} allein ist.

Für das Beispiel **Punktbestimmung** sind die Größen ∇_i^2 als Maßzahlen der äußeren Zuverlässigkeit in der letzten Spalte der Tabelle 6.5 aufgeführt. Man liest ab, dass sich Fehler in der 5. und in der 7. Beobachtung besonders stark als Verschiebungen des Schätzwertes für den Parametervektor auswirken.

6.5.3 Verallgemeinerungen

Die in den vorstehenden Abschnitten entwickelten Beziehungen gelten für unabhängige Beobachtungen ($Cov(l_i,l_j) = 0 \; \forall i \neq j$), für die Suche nach *einem* Ausreißer und für bekannte a priori Varianz σ_0^2. Die letzte Bedingung ist essentiell, da andernfalls kein globaler Modelltest möglich wäre, der wesentlicher Baustein des Konzepts ist. Die beiden anderen Bedingungen sind jedoch verzichtbar. Schon in [Kok 1984] werden Gleichungen entwickelt, die anzuwenden sind, wenn $k < n - u$ Beobachtungen gleichzeitig getestet werden sollen und wenn bei der Untersuchung der äußeren Zuverlässigkeit angenommen wird, dass nicht alle Parameter von Interesse sind, da der Vektor auch Störparameter enthält, oder dass gewisse Funktionen der Parameter im Fokus der Anwendung stehen.

Die Verallgemeinerung hinsichtlich des Tests auf multiple Ausreißer setzt wie bei anderen Techniken (s. Abschnitt 6.3) voraus, dass k bekannt ist. Diese in der Regel unrealistische Annahme führt dazu, dass in der Praxis schrittweise Tests bevorzugt werden, obwohl auch diese wegen der Maskieurngs- und Mitzieheffekte (s. Abschnitt 2.2.3) kritisch zu betrachten sind. Auch die Maße für die innere und äußere Zuverlässigkeit lassen sich für multiple Ausreißer verallgemeinern, wie in [Knight/Wang/Rizos 2010] gezeigt wird.

Eine interessante Anwendung des Konzepts der Zuverlässigkeitsanalyse auf ein Messsystem zur Ermittlung der Oberflächengeschwindigkeit eines Gletschers gibt [Chadwell 1999]. Da für diese Aufgabe kein festes Koordinatensystem verfügbar ist, entsteht eine rangdefekte Designmatrix, für die die Gleichungen zur Berechnung der Zuverlässigkeitsmaße verallgemeinert werden.

Eine sinngemäße Übertragung des Konzepts zur Ausreißersuche und zur Definition von Zuverlässigkeitsmaßen auf M-Schätzungen in linearen Modellen enthalten [Borutta 1988] und [Guo/Ou/Yuan 2010].

Die Verallgemeinerung des Zuverlässigkeitskonzepts für Beobachtungen mit einer vollbesetzten Varianz-Kovarianz Matrix wurde erneut aufgegriffen, nachdem [Chen/Wang 1996] nachgewiesen hatten, dass die als Maß der inneren Zuverlässigkeit häufig gewählten Redundanzbeiträge $f_i = 1 - h_{iip}$ für korrelierte Beobachtungen nicht, wie bis dahin angenommen, auf das Intervall [0,1] beschränkt sind. Sie schlugen folgende Modifikation für die Kennzahl der inneren Zuverlässigkeit vor

$$f_i^* = q_{ii} e_i^t P Q_v P e_i,$$

die zwar nicht negativ werden kann, aber deren Obergrenze nicht konstant ist, und zeigten, dass

$$0 \leq f_i^* \leq \frac{1}{1 - \bar{r}_i^2}$$

gilt, wobei $\bar{r}_i^2$ der multiple Korrelationskoeffizient der Beobachtung l_i mit den übrigen Beobachtungen ist:

$$\bar{r}_i^2 = \frac{\boldsymbol{q}_{i(i)}^t \boldsymbol{Q}_{(ii)}^{-1} \boldsymbol{q}_{i(i)}}{q_{ii}}, \quad \boldsymbol{Q} = \left(\begin{array}{cc} q_{ii} & \boldsymbol{q}_{i(i)}^t \\ \boldsymbol{q}_{i(i)} & \boldsymbol{Q}_{(ii)} \end{array} \right).$$

Da diese Kennzahl wegen der offenen Obergrenze für Vergleichzwecke ungeeignet ist, wird in [Schaffrin 1997] als sogenannte *normalisierte Zuverlässigkeitszahl* die Größe

$$f_i^\circ = f_i^*(1 - \bar{r}_i^2)$$

vorgeschlagen, die nun wieder an das Intervall [0,1] gebunden ist. Nach [Proszynski 2010] kann die innere Zuverlässigkeit bei korrelierten Beobachtungen nicht mit einer skalaren Kennzahl befriedigend beschrieben werden. Er schlägt daher ein aus zwei Größen bestehendes *generalisiertes Zuverlässigkeitsmaß* vor, das einen besseren Einblick in die Struktur des Modells ermöglicht, und die Reaktion des Modells auf Ausreißer präziser beschreibt.

7   Robuste Schätzung in linearen Modellen

Die große Mehrzahl der statistischen Auswertemethoden geht von linearen Beziehungen zwischen den Beobachtungen (Antwortvariablen) und den Einflussgrößen (Regressoren) aus. Die Parameterschätzung in linearen Modellen bildet daher auch das Hauptanwendungsgebiet der robusten Statistik. Im Fokus der wissenschaftlichen Veröffentlichungen auf diesem Teilgebiet der Statistik hat in den letzten beiden Jahrzehnten der Bruchpunkt (1.21) gestanden, und insbesondere die Entwicklung robuster Schätzer mit maximalem Bruchpunk δ^* von bis zu 50 %, sowie das asymptotische Verhalten der Schätzer in Grenzsituationen. Ideen über mögliche zukünftige Entwicklungen auf dem Gebiet der robusten Statistik stellte Morgenthaler vor, die mit zahlreichen Diskussionsbeiträgen in [Morgenthaler 2007] publiziert sind.

Die in der äußerst umfangreichen Literatur veröffentlichten Methodenentwicklungen wurden großen Teils ohne Rücksicht auf die numerische Durchführbarkeit der Schätzung in realistischen Datensätzen durchgeführt. Die Darstellungen und Beispielrechnungen erfolgen meist auf der Basis kleiner übersichtlicher Modelle. Die dabei verwendeten numerischen Verfahren stoßen aber schon bei mehr als 100 Beobachtungen und entsprechender Parameterzahl an ihre Grenzen. In der Technik werden jedoch heute Sensoren eingesetzt, die riesige Datenmengen produzieren und trotz der rasanten Leistungssteigerungen in der Rechnertechnologie ernsthafte Probleme mit sich bringen, wenn die Auswertung fehlertolerant und insbesonder mit einem hohen Bruchpunkt erfolgen soll. Zu dieser Thematik findet man erst in jüngster Zeit Beiträge, die die Komplexität der zu lösenden Aufgabe behandeln und effiziente Näherungslösungen anbieten, s. z. B. [Rousseeuw/Van Driessen 2006], [Salibian-Barrera/Willems/Zamar 2008], [Flores 2010], [Hofmann/Kontoghiorghes 2010], [Nguyen/Welsch 2010] und [Nunkesser/Morell 2010].

Besonders hohe Anforderungen an die Leistungsfähigkeit und Robustheit der Schätzverfahren werden in allen Anwendungsbereichen der Bildverarbeitung und der Scannertechnologie gestellt. Hier gilt es zum Beispiel, in riesigen Mengen von Punktdaten Strukturen zu erkennen und zu extrahieren, die Beziehungen zwischen Bildkoordinaten und einem terrestrischen Referenzrahmen herzustellen und überlappende Bilder zusammenzufügen. Alle diese Operationen sollen automatisch durchgeführt werden und in der Robotik sogar in Echtzeit. Auf einige in diesem Bereich entwickelte Schätzer, die meist nicht die Linearität der Modelle voraussetzen, wird im nächsten Kapitel eingegangen.

Neben der Vielzahl spezieller Beiträge, auf die an den passenden Stellen in den folgenden Abschnitten hingewiesen wird, ist eine Reihe von Buchveröffentlichungen zu empfehlen, die dem Gebiet der robusten Schätzung in linearen Modellen gewidmet sind oder diese Thematik ausführlich behandeln, wie u. a. [Huber 1981], [Hoaglin/Mosteller/Tukey 1983], [Hampel/Ronchetti/Rousseeuw/Stahel 1986], [Rousseeuw/Leroy 1987], [Staudte/Sheather 1990], [Müller 1997], [Wilcox 2005], [Maronna/Martin/Yohai 2006].

7.1   Einführung

Die Vielzahl der in der Literatur vorgeschlagenen robusten Schätzer ist kaum mehr zu überblicken. Die in der wissenschaftlichen Statistik entwickelten Schätzer sind meist dadurch motiviert, dass gewisse statistische, vorwiegend asymptotische, Kriterien erfüllt werden sollen, die für die Theorie zwar bedeutsam sind, bei der praktischen Anwendung aber allenfalls für die Schätzerauswahl eine Rolle spielen. Die von der Anwenderseite vorgeschlagenen Schätzer sind dagegen in der Regel an praktische Aufgabenstellungen und die Eigenschaften konkreter Datensätze angepasst, aber wegen ihrer heuristischen Natur nur schwer allgemein zu beurteilen. Meist werden daher umfangreiche Simulationsrechnungen mit konstruierten Datensätzen und ausgewählten Modellen präsentiert, um das Schätzverhalten, oft im Vergleich mit konkurrierenden Schätzern, zu demonstrieren.

In den folgenden Abschnitten wird versucht, eine für den Anwender relevante Auswahl von Schätzern mit ihren Eigenschaften darzustellen. Dabei wird eine mathematisch exakte Formulierung der Bedingungen angestrebt, unter denen die streng definierten Robustheitskriterien erfüllt werden. Für die mathematischen Beweise wird weitgehend auf geeignete Literatur verwiesen. Zunächst sollen aber einige allgemeine Grundlagen erläutert und ein motivierendes Beispiel dargestellt werden.

7.1.1   Das lineare Modell

Mit den Gleichungen (1.1) und (4.1) wurde die Formulierung des linearen Modells eingeführt

$$l = Ax + \varepsilon, \quad \text{bzw.} \quad l + v = A\hat{x}, \quad P, \tag{7.1}$$
$$E(\varepsilon) = 0, \; Var(\varepsilon) = \Sigma_\varepsilon = \Sigma_l = \sigma_0^2 Q, \quad Q^{-1} = P,$$

die auch den folgenden Ausführungen zugrunde gelegt wird. l ist der $(n \times 1)$-Vektor von Beobachtungen der zu erklärenden Größe (abhängige Variable, Regressand, Antwortvariable, response), A ist die $(n \times u)$-Matrix (Designmatrix) der erklärenden Variablen a_j, $j = (1,2,\ldots,u)$, die auch als Regressoren (unabhängige Variable, Prädiktoren, carriers) bezeichnet werden, x ist der $(u \times 1)$-Vektor der Regressionsparameter bzw. Regressionskoeffizienten und ε ist der $(n \times 1)$-Vektor der zufälligen Fehler (Störungen, Abweichungen). Dies ist die für die lineare Regression übliche Terminologie. Weitere Standardannahmen sind, dass die Beobachtungen gleich genau und unabhängig sind, das bedeutet, dass $P = Q = I$ gilt.

Sollten die Beobachtungen, was in natur- und ingenieurwissenschaftlichen Anwendungen häufig vorkommt, unterschiedlich genau sein, so kann durch die in Abschnitt 4.1.4 beschriebene Homogenisierung mit der Transformationsmatrix

$$P^{1/2} = diag(\sigma_1^{-1},\sigma_2^{-1},\ldots,\sigma_n^{-1})$$

eine Skalierung vorgenommen werden, deren Ergebnis das Standardmodell ist. Mit den neuen Komponenten

$$P^{1/2}l =: l^*, \quad P^{1/2}A =: A^*, \quad P^{1/2}\varepsilon =: \varepsilon^*$$

erhält man

$$l^* = A^* x + \varepsilon^*, \quad E(\varepsilon^*) = 0, \quad Var(\varepsilon^*) = \sigma^2 I. \tag{7.2}$$

Diese Transformation hat keinen Einfluss auf den Parametervektor und kann ohne Nachteile für die folgenden Schätzungen und Modellanalysen durchgeführt werden. Sie setzt allerdings voraus, dass gute a priori Schätzungen σ_i^2 der Varianzen der Beobachtungen l_i bekannt sind. Zur Vereinfachung der Notation wird im Folgenden wieder zu den ursprünglichen Bezeichnungen ohne Sternchen für die Modellkomponenten zurückgegangen.

Komplizierter liegt der Fall, wenn die Matrix Σ_l auch Kovarianzen enthält. Glücklicherweise kommen Modelle mit Abhängigkeiten zwischen den Beobachtungen eher selten vor. Eine Transformation mit der dann vollbesetzten Matrix $P^{1/2}$ ist beim Einsatz robuster Schätzer nicht sinnvoll, da die transformierten Beobachtungen l_i^* Linearkombinationen der ursprünglichen Beobachtungen l_i werden, die dann nicht mehr individuell beurteilt werden können und deren Beiträge zur Bildung der Verlustfunktion vermischt werden. Am Ende dieses Kapitels werden einige Lösungsmöglichkeiten für korrelierte Beobachtungen dargestellt.

Da die robuste Schätzung sowohl gegen Ausreißer in den Beobachtungen als auch in den Elementen der Designmatrix schützen soll, ist es sinnvoll bei der Entwicklung der Schätzer von den Modellzeilen $w_i^t = (a_i^t, l_i)$, $i = 1, 2, \ldots, n$ auszugehen und anzunehmen, dass jedes Element der Zeilen w_i^t ein Ausreißer sein kann. Bei den Ableitungen der statistischen Eigenschaften der Schätzer wird meist vorausgesetzt, dass die Regressoren stochastisch sind und die a_i^t unabhängige Realisationen einer u-dimensionalen Verteilung G darstellen (vgl. Abschnitt 6.4.2), die unabhängig von der Verteilung F der ε_i ist. Die gemeinsame Verteilung der $w_i^t = (a_i^t, l_i)$ sei mit H bezeichnet, $H(w) = G(a)F(a^t x - l)$. Wenn das Modell einen konstanten Term enthält, so kann dessen Koeffizient $a_{i1} = 1 \forall i$ natürlich nicht stochastisch sein. Dies beeinträchtigt jedoch nicht die Aussagekraft der Ergebnisse.

Bei der Entwicklung der robusten Schätzer wird in Analogie zu (1.10) angenommen, dass das Modell (7.2) Störungen enthält, deren Auswirkungen minimiert werden sollen. Die Schätzer sollen in einer Umgebung U_ε

$$U_\varepsilon = \{H_\varepsilon : (1 - \varepsilon)H + \varepsilon H^\circ\}, \quad \varepsilon \leq 0,5, \quad H^\circ \quad bel., \tag{7.3}$$

in der alle gestörten Verteilungen H_ε liegen, optimal sein. Die wichtigsten Kriterien der Optimalität werden in Abschnitt 7.2 behandelt.

7.1.2 Eigenschaften der Modellmatrix

Unter der Voraussetzung stochastischer Regressoren haben mit an Sicherheit grenzender Wahrscheinlichkeit alle $\binom{n}{u}$ $(u \times u)$-Matrizen, die aus den Zeilen a_i^t der Modellmatrix gebildet werden können, den vollen Rang u. Die Modellmatrix ist dann in *regulärer Anordnung* (general position), was bei der Bruchpunktbestimmung einiger Schätzer von Bedeutung ist.

Bei Anwendungen im naturwissenschaftlichen und technischen Bereich, die hier im Mittelpunkt stehen sollen, sind die Elemente der Designmatrix in der Regel gewählte fixe Größen, die frei von Ausreißern sind. Dies gilt besonders bei geplanten Experimenten, die Messwiederholungen und redundante Messanordnungen vorsehen können. Die Designmatrix besitzt dann häufig nicht mehr die reguläre sondern eine *singuläre Anordnung*, d. h. es existieren

($u \times u$)-Submatrizen von A, die rangdefekt und daher nicht invertierbar sind. Dasselbe tritt bei schwach besetzten Designmatrizen auf, die typisch für Modelle zur Positionsbestimmung in der Geodäsie sind. Dies ist bei der Ermittlung des Bruchpunktes des eingesetzten Schätzers zu berücksichtigen. Für weitere Einzelheiten siehe [Müller 1995, 1997], [Mili/Coakley 1996] und [Mizera/Müller 1999].

Die Anwendung von robusten Schätzern, die unter der Annahme stochastischer Regressoren entwickelt wurden, auf Modelle mit fixen Regressoren ist problemlos möglich. Allerdings ist die Aussagekraft der asymptotischen Eigenschaften der Schätzer dann oft schwierig zu beurteilen. Und alle Algorithmen, die zur Ermittlung der Schätzwerte mit Unterstichproben vom Umfang u arbeiten, führen bei Modellen mit singulärer Anordnung der Designmatrix zu Problemen. Dies betrifft vor allem Schätzer mit hohem Bruchpunkt, für die keine geschlossene Schätzgleichung angegeben werden kann.

7.1.3   Barometerkalibrierung

Das 3. Beispiel in Kapitel 1 ist die Kalibrierung eines Barometers. Die Auswertungen bzw. die Analyse des Modells in den Abschnitten 4.2.1, 4.2.2 und 5.1.5 haben gezeigt, dass es sich um ein gutartiges Beispiel ohne Ausreißer handelt. Um an diesem Beispiel das unterschiedliche Verhalten einiger Schätzer zu demonstrieren, wurde der Datensatz verändert. Es sei angenommen, dass mit den Messungen begonnen wurde, bevor sich das Barometer an die Umgebungstemperatur angepasst hatte mit der Folge, dass die ersten drei Messwerte zu niedrig ausfielen. Bei der vorletzten Messung wurde für die Temperatur das falsche Vorzeichen notiert, während die letzte Messung tatsächlich bei der Minustemperatur mit passender Barometerablesung erfolgte.

Tabelle 7.1: Modifizierte Daten des Beispiels Barometerkalibrierung

Uhrzeit	t	l	h
13.05	31,4	*−5,46*	0,17
13.40	29,7	*−5,74*	0,15
14.10	28,4	*−6,04*	0,14
14.30	26,2	−6,62	0,11
15.00	24,4	−6,54	0,10
15.50	22,8	−6,40	0,09
16.45	20,4	−6,23	0,08
17.55	18,2	−6,05	0,08
19.10	16,2	−5,94	0,08
21.30	13,6	−5,76	0,08
23.15	12,0	−5,64	0,09
1.00	*−10,2*	−5,49	0,44
3.40	*−7,7*	*−4,26*	0,38

Die geänderten Daten sind in der Tabelle kursiv gesetzt.

Den Daten selbst sieht man nicht sogleich an, dass es Unstimmigkeiten gibt. Auffallend sind aber die vergleichsweise großen Hebelwerte h_i der letzten beiden Beobachtungen. Einen so kleinen Datensatz wird man stets zur Beurteilung graphisch darstellen. Die nicht zu der als linear angenommenen Beziehung zwischen Temperatur t und Korrekturwert l passenden Beobachtungen fallen dabei sofort auf.

Für die Typisierung dieser Datenpunkte, die aus dem Rahmen fallen, können in Anlehnung an [Rousseeuw/Van Driessen 2006] folgende Bezeichnungen gewählt werden. Ein Punkt $w_i^t = (a_i^t, l_i)$, der deutlich von der durch die Mehrheit der Punkte gegeben Geraden abweicht, aber dessen a_i^t im übrigen Wertebereich liegt, ist ein *vertikaler Ausreißer*. Dies trifft im Beispiel auf die ersten drei Punkte (unten rechts) zu. Ein Punkt w_i^t, dessen Lage a_i^t deutlich von den anderen Punkten abweicht, ist ein *Hebelpunkt*. Im Beispiel sind die beiden letzten Punkte Hebelpunkte, die sich jedoch in ihrem Einfluss auf das Schätzergebnis deutlich unterscheiden. Der letzte Punkt liegt in Verlängerung der Geraden und ist daher ein ein *guter Hebelpunkt*, vgl. [Dehon/Gassner/Verardi 2009], d. h. ein Ausreißer mit positivem Einfluss auf die Schätzung. Der vorletzte Punkt ist dagegen ein *schädlicher Hebelpunkt*, dessen Einfluss auf die Schätzung unterdrückt werden muss.

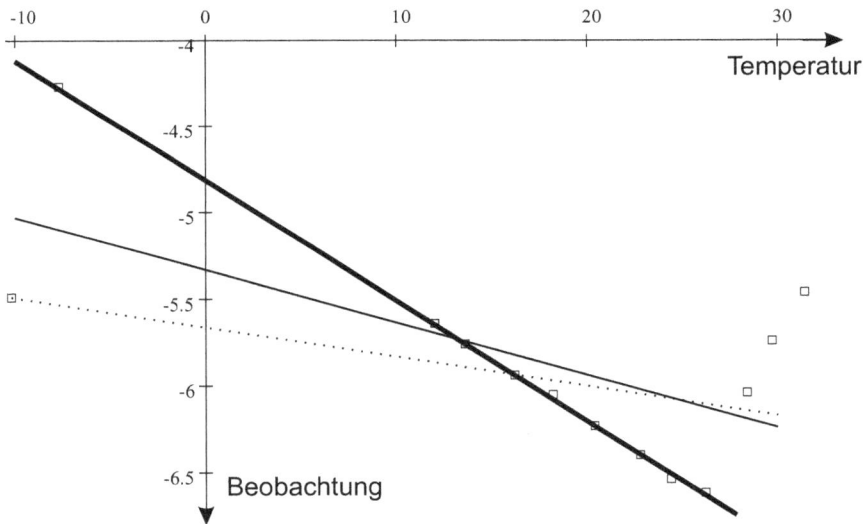

Abbildung 7.1: Kalibriergleichung des Barometers nach Änderung von fünf Datenpunkten: dünn = MkQ, gestrichelt = L_1, fett = $MkMQ$

Die Schätzung der Parameter der Kalibriergleichung erfolgte klassisch nach der Methode der kleinsten Quadrate (*MkQ*: dünn ausgezogene Linie), nach der Methode der Minimierung der L_1-Norm (Abschnitt 3.2.6: gestrichelte Linie) und der Methode des kleinsten Medians der Quadrate (*MkMQ* [Abschnitt 3.3.1]: stark ausgezogene Linie). Die Unterschiede sind erheblich und zeigen sich auch in den Schätzwerten für den Achsabschnitt a und den Anstieg b. Zum Vergleich sind in der letzten Zeile die Schätzwerte für den ursprünglichen Datensatz angegeben. Nur die *MkMQ* ist hier in der Lage, obwohl fünf der 13 Datenpunkte verändert

Tabelle 7.2: Numerischer Vergleich der Schätzergebnisse

	$\hat{a}$ [mmHg]	$\hat{b}$ [mmHg/°C
MkQ	−5,34	−0,030
L_1-Norm	−5,66	−0,017
MkMQ	−4,81	−0,070
MkQ	**−4,83**	**−0,068**

wurden, ein Schätzergebnis zu liefern, das von den Ausreißern nahezu unbeeinflusst ist. Dies soll aber nicht heißen, dass es nicht effizientere Schätzer gibt, die ebenfalls diese Ausreißersituation verkraften. Auf solche Schätzer wird in den folgenden Abschnitten eingegangen. Das Versagen der *MkQ*-Schätzung war zu erwarten. Dass auch die L_1-Schätzung versagt hat, wird durch den schädlichen Hebelpunkt verursacht. Es zeigt sich hier deutlich, dass schon ein extremer Hebelpunkt in einem linearen Modell ausreicht, um das L_1-Ergebnis unbrauchbar zu machen. Diese Schwäche kann jedoch durch die Einführung von Gewichten weitgehend beseitigt werden, wie [Giloni/Simonoff/Sengupta 2006] demonstrieren, deren Erweiterung zur gewichteten L_1-Schätzung durchaus mit anderen robusten Schätzern konkurrieren kann.

Noch ein weiterer Schluss kann beim Betrachten der Graphik gezogen werden. Die Identifizierung von Ausreißern auf der Basis von Residuen kann bei der *MkQ*- und der L_1-Schätzung zu falschen Ergebnissen führen. Auch für diesen Zweck sind gute robuste Schätzer vorzuziehen.

7.1.4   Schätzkriterien für Regressionsparameter

Die klassischen Methoden zur Parameterschätzung in linearen Modellen besitzen einige, bereits in Abschnitt 4.2 kurz erläuterte Eigenschaften, deren Vorhandensein als so selbstverständlich angesehen wird, dass sie meist nicht erwähnt werden. Auch robuste Schätzer müssen diese Eigenschaften aufweisen, da sonst keine sinnvollen Schätzergebnisse entstehen können. Allerdings ist es nicht immer leicht, ihre Existenz nachzuweisen. Es handelt sich um die folgenden drei Kriterien:

- Der Schätzer für den Parametervektor x des Modells (7.1) soll *skalenäquivariant* sein:

$$\hat{x} = T(A,l), \quad T(A,cl) = cT(A,l) = c\hat{x}. \tag{7.4}$$

Wenn die Beobachtungen mit einer Konstanten multipliziert werden, z. B. um zu anderen Einheiten überzugehen, so soll sich der Wert des Schätzers um denselben Faktor verändert ergeben.

- Der Schätzer soll *affin äquivariant* sein:

$$T(AB,l) = B^{-1}T(A,l), \quad r(B_{u\times u}) = u. \tag{7.5}$$

Wenn die Designmatrix mit einer beliebigen regulären $u \times u$-Matrix B umgeformt wird, so wird der geschätzte Parametervektor so transformiert, dass die ausgeglichenen Beobachten unbeeinflusst bleiben.

$$l + v = A\hat{x} = AB \cdot B^{-1}\hat{x}.$$

Diese Eigenschaft ermöglicht es, das Koordinatensystem der erklärenden Variablen frei im $\mathcal{R}^u$ zu wählen oder zu transformieren, ohne dass der Vektor v der Verbesserungen davon beeinflusst wird.

- Der Schätzer soll *regressionsäquivariant* sein:

$$T(A, l + A b) = T(A, l) + b = \hat{x} + b. \tag{7.6}$$

Diese Transformation des Beobachtungsvektors führt auf

$$A(\hat{x} + b) = \widehat{l + A b} = \hat{l} + A b, \quad (\hat{l} + A b) - (l + A b) = v$$

und zeigt, dass die Verschiebung des Beobachtungsvektors um $A b$ zu einer identischen Verschiebung des Vektors der ausgeglichenen Beobachtungen führt und daher keinen Einfluss auf die Residuen hat.

Neben diesen allgemeinen Forderungen an jeden Schätzer gibt es eine Reihe von Kriterien, die die Robustheitseigenschaften von Schätzern beschreiben. In den Abschnitten 1.2.4 bis 1.2.6 wurden diese bereits eingeführt und diskutiert, allerdings im Hinblick auf die Schätzung von Lage- und Streuungsparameter bei einfachen Beobachtungsreihen. Die Verallgemeinerung dieser Kriterien, soweit sinnvoll, auf die Schätzung in linearen Modellen erfolgt im nächsten Abschnitt. Im konkreten Anwendungsfall ist es allerdings meist schwierig, die relevanten Kriterien zu ermitteln und die Wahl des optimalen Modells zu treffen. Über diese Problematik gibt es eine Reihe von Untersuchungen, die sich mit möglichen Techniken zur Modellwahl befassen, s. z. B. [Morgenthaler/Welsch/Zenide 2004].

7.2   Kriterien der Robustheit

Auch in linearen Modellen sollte der eingesetzte Schätzer die in Abschnitt 1.2.7 zusammengestellten Eigenschaften besitzen. Die Modellabweichungen, gegen die man sich schützen möchte, lassen sich nach Kap. 2 grob in zwei Gruppen einteilen. Eine Gruppe bilden die Ausreißer, die sowohl in den Beobachtungen als auch in den Koeffizienten der Designmatrx auftreten können. Während die andere Gruppe aus den kleinen aber möglicherweise zahlreichen Differenzen zwischen der Stichprobenverteilung und der Modellverteilung besteht.

7.2.1   Der Bruchpunkt

Wie in Abschnitt 1.2.5 ausgeführt, gibt es mehrere Definitionen des Bruchpunktes. Wir wollen uns hier an der Terminologie von [Rousseeuw/Leroy 1987] orientieren und zunächst eine Definition für Stichprobenmodelle geben: Sei das lineare Modell durch n Datenpunkte

$$w_i^t = (a_{i1}, a_{i2}, \ldots, a_{iu}, l_i) \in \mathcal{R}^{u+1}, \quad i = 1, 2, \ldots, n, \tag{7.7}$$

$$\underset{n \times (u+1)}{W} = (\underset{n \times u}{A} \vdots \underset{n \times 1}{l}) \tag{7.8}$$

gegeben, und sei das Funktional $T(W) = \hat{x}$ der Vektor der geschätzten Modellparameter. Wird nun die Stichprobe W kontaminiert, indem in m der Datenpunkte (7.7) beliebige Werte eingesetzt werden, so entsteht eine neue Stichprobe W_m. Der Vektor $T(W_m)$ der mit dieser kontaminierten Stichprobe geschätzten Parameter besitzt die als euklidische Norm definierte systematische Abweichung (Verzerrung)

$$b(T,W) = \|T(W_m) - T(W)\|.$$ (7.9)

Ziehen wir nun alle möglichen auf diesem Wege kontaminierbaren Stichproben W_m in Betracht, und bezeichnen mit

$$B(m; T,W) = \sup_{W_m} \|T(W_m) - T(W)\|$$ (7.10)

die maximal mögliche Verzerrung, die durch beliebige Verfälschung von m Datenpunkten erzeugt werden kann. Nimmt diese Verzerrung (7.10) den Wert unendlich an, so haben m Ausreißer den Schätzer T zusammenbrechen lassen. Als Stichprobenversion δ^* des Bruchpunktes wird nun der kleinste Anteil $m/n = \varepsilon$ der Datenpunkte definiert, der im ungünstigsten Fall den Zusammenbruch des Schätzers verursachen kann. Dies führt in Analogie zu Gleichung (1.21) zur Darstellung des Bruchpunktes für Schätzer in linearen Modellen:

$$\delta_n^*(T,W) = \min\left\{\frac{m}{n} = \varepsilon \ge 0; \quad B(m; T,W) = \infty\right\}.$$ (7.11)

Die Methode der kleinsten Quadrate (MkQ) verhält sich in linearen Modellen genau so wie bei der Schätzung in einfachen Stichproben. Das heißt, schon ein Ausreißer kann das Schätzergebnis völlig unbrauchbar machen. Folglich gilt für diesen Schätzer $\delta_n^*(T,W) = 1/n$. Anders ist die Situation bei dem L_1-Schätzer, der die Summe der Residuenbeträge minimiert. Bei der Auswertung einfacher Stichproben führt er auf den Median, der sehr gute Robustheitseigenschaften besitzt, vgl. Abschnitt 3.1.4. Bei der Anwendung auf lineare Modelle geht diese positive Eigenschaft jedoch verloren. Wie im Beispiel Abschnitt 7.1.3 demonstriert wird, kann schon ein Ausreißer in der Designmatrix (schädlicher Hebelpunkt) dazu führen, dass das Schätzergebnis unbrauchbar ist. Also gilt auch für den L_1-Schätzer $\delta_n^*(T,W) = 1/n$. Hinzu kommt, dass das Schätzergebnis nicht immer eindeutig ist.

[Rousseeuw/Leroy 1987] beweisen mit Theorem 4 in Abschnitt 3.4, dass der Bruchpunkt regressionsäquivarianter Schätzer durch die Beziehung

$$\delta_n^*(T,W) \le ([(n-u)/2] + 1)/n$$ (7.12)

begrenzt ist. Hier, wie in den folgenden Gleichungen, bedeutet $[z]$ die größte ganze Zahl $\le z$. Dieser maximal mögliche Bruchpunkt setzt voraus, dass die Designmatrix die reguläre Anordnung besitzt, d. h. dass es keine u Zeilen in A gibt, mit denen eine singuläre $u \times u$-Submatrix gebildet werden kann.

Wie bereits in Abschnitt 7.1.2 ausgeführt, wird man bei der Auswertung geplanter Experimente voraussetzen dürfen, dass die Elemente der Designmatrix feste Größen und frei von Ausreißern sind. Aber es können viele mit 0 besetzte Positionen und durch Messwiederholungen erzeugte identische Zeilen auftreten. Dies führt zu einer singulären Anordnung der Designmatrix. In [Müller 1995], [Mili/Coakley 1996] und [Mizera/Müller 1999] wird dieser Fall ausführlich untersucht. Der maximal mögliche Bruchpunkt ist danach bei singulärer Anordnung der Designmatrix durch

$$\delta_{s,n}^*(T,W) \le [(n-r+1)/2]/n$$ (7.13)

gegeben. In dieser Gleichung ist r die maximale Anzahl von Zeilenvektoren a_i^t, die in einem Unterraum des $\mathcal{R}^u$ liegen. Bei regulärer Anordnung der Designmatrix, liegen maximal $u - 1$ Zeilen im Unterraum $\mathcal{R}^{u-1}$. Mit $r = u - 1$ geht dann Gleichung (7.13) in Gleichung (7.12) über, so dass (7.13) die allgemeinere Darstellung des maximal erreichbaren Bruchpunktes regressionsäquivarianter Schätzer ist. Dieser Grenzwert gilt damit auch, wenn A nichtstochastisch ist und ebenso wie l möglicherweise Ausreißer enthält. Ferner gilt offensichtlich

$$\delta_{s,n}^*(T,W) \leq \delta_n^*(T,W).$$

Dieser Bruchpunkt hat den Nachteil, dass er bei jedem Schätzer für jedes auszuwertende Regressionsmodell anders ausfällt, da er eine Funktion von n, u und der Struktur der der Designmatrix ist. Außerdem zeigt seine Definition (7.11), dass er eine Grenzsituation beschreibt, die bei praktischen Schätzaufgaben wohl nicht zu befürchten ist. Viel interessanter wäre es zu ermitteln, wie groß die Verzerrung des Schätzers ausfällt, wenn die Modellabweichungen nach Anzahl und Größe in einem realistischen Rahmen bleiben. Dies ist jedoch aus leicht zu verstehenden Gründen nicht in allgemeiner Form möglich. Allerdings lassen sich Kennzahlen entwickeln, die Hinweise auf das diesbezügliche Verhalten geben.

Die Definition (7.11) des Bruchpunktes gilt in der angegebenen Form nur für Lageschätzer. Wenn das Funktional T z. B. ein Skalen- bzw. Streuungsschätzer ist, so liegt das Ergebnis im Intervall $\{0,\infty\}$, oder wenn ein Korrelationskoeffizient zu schätzen ist, so hat man den Wertebereich $\{0, \pm 1\}$. In diesen und anderen Fällen kann vom Zusammenbrechen des Schätzers gesprochen werden, wenn das Ergebnis auf der Grenze des zulässigen Wertebereichs liegt. Obwohl dies nicht durch die Definition (7.11) abgedeckt ist, soll sie wegen ihrer praktischen Bedeutung beibehalten werden. Erweiterungen, die einige der angegebenen Fälle enthalten und auch Designmatrizen mit Rangdefekt einschließen, findet man in [Maronna/Martin/Yohai 2006, Abschnitt 3.2 und 4.9.3].

7.2.2 Die Einflussfunktion

Die Einflussfunktion (1.16) gibt die Auswirkung einer infinitesimalen Störung ε der Modellverteilung an der Stelle x auf das Schätzergebnis an. Sie ist damit eine Funktion der gestörten Stelle x, der Modellverteilung F und des betrachteten Schätzfunktionals T

$$EF(x; F,T) = \lim_{\varepsilon \to 0} \frac{T([1 - \varepsilon]F + \varepsilon\delta_x) - T(F)}{\varepsilon}. \tag{7.14}$$

Wenn mehrere Parameter gleichzeitig zu schätzen sind, z. B. Lage und Streuung, so erhält man mit $T(\cdot)$ und $EF(x; F,T)$ Vektoren. Schätzer sind nur dann robust, wenn die Einflussfunktion beschränkt bleibt, vgl. Abschnitt 1.2.6.

Die Verallgemeinerung der Einflussfunktion für die Parameterschätzung in linearen Modellen kann in allgemeiner Form zwar leicht angegeben werden. Ihre Konkretisierung für bestimmte robuste Schätzer erfordert aber meist anspruchsvolle mathematische Techniken, da die Schätzer in der Regel durch implizite Formeln gegeben sind. Wir werden daher in diesem Kapitel nicht in allen Fällen auf Einflussfunktionen Bezug nehmen. Zur Veranschaulichen der Problematik wird im Folgenden die Einflussfunktion des gewöhnlichen *MkQ*-Schätzers angegeben. Die ausführliche Herleitung findet sich in [Staudte/Sheather 1990, Abschnitt 7.4.3], vgl. auch Abschnitt 6.4.2.

Ausgangspunkt ist, wie am Ende von Abschnitt 7.1, das lineare Modell mit stochastischen Regressoren. Folgende Verteilungsannahmen werden eingeführt:

- Die Zeilen a_i^t der Designmatrix A sind unabhängige Realisierungen der u-dimensionalen Verteilung G.
- Die Vektoren $w_i^t = (a_i^t, l_i)$ besitzen die $(u + 1)$-dimensionale Verteilung H, wobei l_i über $l = a^t x + \varepsilon$ von x abhängt.
- Die Verteilung der ε sei mit F angenommen und sei unabhängig von G.

Die Einflussfunktion ist definiert als Ableitung des Funktionals T in Richtung $(\delta_{w^t} - H) = H^*$ an der Verteilung H für jede Modellzeile w^t und $\varepsilon \to 0$.

$$
\begin{aligned}
EF(w; H, T) &= \lim_{\varepsilon \to 0} \frac{T([1 - \varepsilon]H + \varepsilon\delta_w) - T(H)}{\varepsilon} \\
&= \lim_{\varepsilon \to 0} \frac{T(H + \varepsilon[\delta_w - H]) - T(H)}{\varepsilon} \\
&= \lim_{\varepsilon \to 0} \frac{T(H + \varepsilon H^*) - T(H)}{\varepsilon}.
\end{aligned}
\tag{7.15}
$$

Unter den oben getroffenen Annahmen erhält man als Funktional zur Schätzung der Modellparamter nach der MkQ

$$
T(H) = (E(aa^t))^{-1} E(al) = \Gamma(H)^{-1} \gamma(H),
\tag{7.16}
$$

wobei die Erwartungswerte bezüglich der Verteilung H zu bilden sind.

Seien nun n Zeilen $w_i^t, i = 1, 2, \ldots, n$ der Matrix $W = (A \vdots l)$ beobachtet, zu denen die Stichprobenverteilung H_n gehört, die jeder Zeile die Wahrscheinlichkeit $1/n$ gibt. Als Schätzung der Erwartungswerte bildet man damit

$$
\Gamma(H_n) = \frac{1}{n} \sum_{i=1}^{n} a_i a_i^t = \frac{1}{n} A^t A,
$$

$$
\gamma(H_n) = \frac{1}{n} \sum_{1=1}^{n} a_i l_i = \frac{1}{n} A^t l
$$

und erhält das wohlbekannte Ergebnis

$$
T(H_n) = \hat{x} = (A^t A)^{-1} A^t l.
\tag{7.17}
$$

Werden nun diese Ergebnisse in (7.15) eingesetzt, wobei zu beachten ist, dass die Störung $\delta_{w^t} = \delta_{(a^t, l)}$ und das Funktional T vektoriell ist, so erhält man nach [Staudte/Sheather 1990] die Lösung

$$
EF(w; H, T) = \Gamma(H)^{-1} a(l - a^t T(H)).
\tag{7.18}
$$

Während $\Gamma(H)^{-1} a$ als erster Faktor auf der rechten Seite nur von der Designmatrix abhängt und den vektoriellen Einfluss der Position a im $\mathcal{R}^u$ angibt, tritt als zweiter skalarer Faktor das Residuum auf, das im Wesentlichen durch die Beobachtung bestimmt wird.

7.2.3   Die systematische Abweichung

Wie bereits ausgeführt, beschreibt der Bruchpunkt das Verhalten des Schätzers in Extremsituationen. Mit Bezug auf (7.3) können die Grenzfälle durch den Verschmutzungsgrad ε des Modells charakterisiert werden.

Beim Bruchpunkt (7.11) ist $\varepsilon = \delta^*$ der kleinste Anteil fehlerhafter Daten, der bei ungünstigster Anordnung den Schätzer bereits zusammenbrechen lässt. Es sind mehrere Schätzer entwickelt worden, die ein δ^* von nahezu 0,5 besitzen. Diese attraktive Eigenschaft muss jedoch mit einigen Nachteilen erkauft werden. Diese Schätzer, wir werden im Folgenden detailliert auf sie eingehen, erfordern komplexe numerische Methoden, haben vergleichsweise große Streuungen und geringe Effizienz.

Die Einflussfunktion (7.15) gibt das asymptotische Verhalten des Schätzers für eine infinitesimale Störung $\varepsilon \to 0$ der Verteilung H an der Modellzeile w^t an. Der Schätzer ist robust, wenn die Einflussfunktion für alle $w^t \in \mathcal{R}^{u+1}$ beschränkt bleibt.

Es ist natürlich wichtig zu wissen, wie sich ein Schätzer in extremen Situationen verhält. Beim normalen Einsatz in der Praxis wird man jedoch bestrebt sein, solche Extremsituationen zu vermeiden. Und man interessiert sich deshalb hauptsächlich dafür, welche Eigenschaften der Schätzer bei typischen Anwendungen hat, bei denen der Verschmutzungsgrad ε deutlich unter dem Bruchpunkt δ^* liegt. Als wichtiges Kriterium dafür kann die maximale zu befürchtende systematische Abweichung des Schätzers betrachtet werden.

Ausgangspunkt ist wieder die Annahme, dass die unbekannte Verteilung H_ε in der Umgebung U_ε (7.3)

$$U_\varepsilon = \{H_\varepsilon : (1 - \varepsilon)H + \varepsilon H^\circ\},\ \varepsilon \leq 0{,}5,\ H^\circ \quad bel., \tag{7.19}$$

der Modellverteilung H liegt, und dass $T(H)$ ein konsistenter Schätzer des Parametervektors ist. Sei mit $T(H_\varepsilon) = \hat{x}_\varepsilon$ der geschätzte Parametervektor für $n \to \infty$ bezeichnet, dann ist die asymptotische Verzerrung durch die euklidische Norm

$$b(T, H_\varepsilon) = \|T(H_\varepsilon) - T(H)\| = \|\hat{x}_\varepsilon - x\| \tag{7.20}$$

definiert, die dieselbe Form wie die Stichprobenversion (7.9) besitzt. Die maximale asymptotische Verzerrung des Schätzers T in der Verteilungsumgebung U_ε beträgt

$$B(T, \varepsilon) = \max(b(T, H_\varepsilon) : \quad H_\varepsilon \in U_\varepsilon). \tag{7.21}$$

Betrachtet man nun die Prädiktion im Modell $l = Ax + \mu$, vgl. [Maronna/Martin/Yohai 2006, Abschnitt 5.9], so findet man den Prädiktionsfehler am kontaminierten Modell durch

$$\eta = l - a^t \hat{x}_\varepsilon = \mu - a^t(\hat{x}_\varepsilon - x) \tag{7.22}$$

gegeben. Er besteht aus der zufälligen Modellstörung μ und einer systematischen Abweichung, die das Produkt aus der Modellzeile a^t und der systematischen Differenz $T(H_\varepsilon) - T(H)$ ist. Unter der üblichen Annahme, dass x und μ stochastisch unabhängig sind, erhält man mit $\mu \sim (0, \sigma^2)$ und $E(aa^t) = \Gamma(H)$ nach (7.16) die Varianz des Prädiktionsfehlers

$$\sigma_\eta^2 = \sigma^2 + (\hat{x}_\varepsilon - x)^t \Gamma(H)(\hat{x}_\varepsilon - x). \tag{7.23}$$

Als mittlere systematische Abweichung der Prädiktion an der kontaminierten Verteilung H_ε wird die Größe

$$b_p(T, H_\varepsilon) = \{(\hat{x}_\varepsilon - x)^t \Gamma(H)(\hat{x}_\varepsilon - x)\}^{1/2} \tag{7.24}$$

definiert. Wenn T die Schätzkriterien nach Abschnitt 7.1.4 erfüllt, so überträgt sich diese Eigenschaft auf die Verzerrung. Im Allgemeinen wird $\Gamma(H) = cI$ angenommen, d. h. die $a_{ij} \sim N(0, \sigma^2)$ sind unabhängig normalverteilt mit Erwartungswert Null. Dann unterscheiden sich (7.20) und (7.24) nur durch die Konstante c. Dies rechtfertigt die Verwendung der euklidischen Norm in (7.20).

Als Verschmutzungsempfindlichkeit (contamination sensitivity) γ_c des Schätzers $\hat{x}$ für x ist folgende Ableitung definiert vgl. [He/Simpson 1993]

$$\gamma_c(T, x) = \left. \frac{d}{d\varepsilon} B(T, \varepsilon) \right|_{\varepsilon=0}. \tag{7.25}$$

Wenn T ein konsistenter Schätzer für x ist, gilt $T(H) = x$ und folglich $B(T, 0) = 0 = b(T, H)$. Man kann daher aus γ_c schließen, dass

$$B(T, \varepsilon) \approx \varepsilon \gamma_c(T, x) \tag{7.26}$$

für kleines ε eine gute Näherung für die Maximalabweichung liefert. γ_c kann als Maß für die lokale Robustheit des Funktionals T interpretiert werden, die der Schätzer nur dann besitzt, wenn $\gamma_c < \infty$ gilt.

Eine weitere interessante Größe ist die bereits mit (1.23) eingeführte Ausreißersensitivität (gross-error sensitivity), die große Ähnlichkeit mit der Verschmutzungsempfindlichkeit (7.25) besitzt. Ihre Definition beschreibt allerdings nicht das Verhalten eines Schätzers in einer Verteilungsumgebung U_ε (7.3) sondern an einer kontaminierten Verteilung der Form $H_\varepsilon = [1 - \varepsilon]H + \varepsilon \delta_w$, wie sie der Definition der Einflussfunktion (7.15) zugrunde liegt. Die Definition lautet

$$\gamma^*(T, x) = \sup_w |EF(w, H, T)|. \tag{7.27}$$

[He/Simpson 1993] leiten für verschiedene Schätzer die Untergrenze von (7.27) ab und zeigen, dass für alle ε die Relation $\gamma^* \leq \gamma_c$ gilt, und dass für alle praxisrelevanten Schätzer diese Robustheitsmaße gleich sind.

Allerdings ist γ^* vom gewählten Koordinatensystem abhängig und daher nicht als Zielgröße bei der Konstruktion robuster Schätzer geeignet. Wenn nicht die Parameter selbst sondern eine Linearkombination $B\hat{x} = \hat{y}$ mit einer regulären $u \times u$-Matrix B von Interesse ist, so erhält man als Einflussfunktion für $\hat{y}$ den Ausdruck $B \cdot EF(w, H, T)$, und damit unterschiedliche Ausreißersensitivität für $\hat{x}$ und $\hat{y}$. [Krasker/Welsch 1982] schlagen daher als invariante Größe folgende Definition

$$\gamma^\circ = \sup_w \sup_\lambda \frac{|\lambda^t EF(w, H, T)|}{\sqrt{\lambda^t V^{-1} \lambda}} \tag{7.28}$$

der Ausreißersensititvität vor. wobei $V = E(EF(w, H, T)EF(w, H, T)^t)$ die asymptotische Varianz-Kovarianz Matrix des Schätzers ist, s. auch [Künsch/Stefanski/Carroll 1989]. Eine

Weiterentwicklung der Robustheitsmaße mit besonderer Berücksichtigung von Schätzern, die unbeschränkte Ausreißersensitivität besitzen, findet man in [Yohai/Zamar 1997], während [Berrendero/Mendes/Tyler 2006] auf der Basis der maximalen systematischen Abweichung (7.21) verschiedene Schätzer vergleichen.

7.3 Lokal robuste Schätzer

Als lokal robust seien in Anlehnung an [Ferretti et al. 1999] Schätzer bezeichnet, deren maximale Verzerrung (7.21) bei einem geringen Verschmutzungsgrad ε der Daten kleine Werte annimmt. Eine Formalisierung dieser unscharfen Definition versucht [Yohai 1997], indem er sich auf die Verschmutzungsempfindlichkeit (7.25) und die Ausreißersensitivität (7.27) bezieht. Danach ist ein Schätzer lokal robust, wenn $\gamma_c < \infty$ gilt. Diese Bedingung kann mithilfe von (7.26) so interpretiert werden, dass für einen Verschmutzungsgrad $\varepsilon \to 0$ die asymptotische Verzerrung des Schätzers von der Ordnung ε bleibt. Lokal robuste Schätzer besitzen eine Reihe von Eigenschaften, die bei vielen Anwendungen, insbesondere für die Auswertung technischer Messungen, bedeutsam sind. Dazu gehört vor allem ihre Effizienz, die sich darin äußert, dass die Ergebnisse sich nur gering von den Ergebnissen der *MkQ*-Schätzung unterscheiden, wenn das Modell keine Ausreißer enthält. Außerdem sind sie historisch gesehen die ersten robusten Schätzer mit einer klaren wissenschaftlichen Fundierung.

7.3.1 M-Schätzer

Die in Abschnitt 3.2 erläuterte Definition der M-Schätzer für den Lageparameter bei Wiederholungsmessungen kann auf einfache Weise für lineare Modelle erweitert werden. Ausgangspunkt ist das, falls erforderlich homogenisierte, lineare Modell mit stochastischen Regressoren, wie es am Ende des Abschnitts 7.1.1 beschrieben ist.

$$l = A x + \varepsilon, \quad Var(\varepsilon) = \sigma^2 I,$$
$$w_i^t = (a_i^t, l_i), \quad i = 1, 2, \ldots, n.$$

Die Zeilen $a_i^t \in \mathcal{R}^u$ der Designmatrix mögen die Verteilung G mit der Dichte $g(a)$ besitzen, und die Modellabweichungen ε_i mögen F-verteilt sein. Weiterhin sollen a_i^t und ε_i stochastisch unabhängig sein. Die Verteilung H von w hat unter diesen Annahmen die Dichte

$$h(w) = f((l - a^t x)/\sigma) g(a)/\sigma. \tag{7.29}$$

Diese bei der Modellbildung in den technischen Disziplinen eher unübliche Form des linearen Modells hat den Vorteil, dass Ausreißer sowohl in den Beobachtungen als auch in der Designmatrix angenommen werden können. Die für dieses Modell entwickelten Schätzformeln können ohne Änderungen auch auf Modelle mit festem Design angewandt werden. Lediglich bei der Ermittlung der Robustheitseigenschaften sind die Unterschiede zu beachten.

Die Dichte der normierten Modellabweichungen sei durch die Beziehung

$$f(\varepsilon_i) = \frac{1}{\sigma} f_0\left(\frac{\varepsilon_i}{\sigma}\right) = \frac{1}{\sigma} f_0\left(\frac{l_i - a_i^t x}{\sigma}\right)$$

gegeben. Für die Likelihoodfunktion folgt daraus

$$\mathcal{L}(l; x, \sigma) = \frac{1}{\sigma^n} \prod_{i=1}^{n} f_0\left(\frac{l_i - a_i^t x}{\sigma}\right),$$

und nach dem Logarithmieren

$$\ln \mathcal{L}(l; x, \sigma) = -n \ln \sigma + \sum_{i=1}^{n} \ln f_0\left(\frac{l_i - a_i^t x}{\sigma}\right). \tag{7.30}$$

Das Maximum der Likelihoodfunktion findet man nach Vorzeichenumkehr durch Minimierung von

$$-\ln \mathcal{L} = \sum_{i=1}^{n} \rho\left(\frac{l_i - a_i^t x}{\sigma}\right) + n \ln \sigma, \quad \text{mit } \rho = -\ln f_0. \tag{7.31}$$

Dazu wird zunächst σ als fest betrachtet und das Minimum bezüglich des Parametervektors x bestimmt, d. h. man sucht die Nullstelle der Ableitung $-d \ln \mathcal{L}/d x$, nämlich

$$\sum_{i=1}^{n} \psi\left(\frac{l_i - a_i^t \hat{x}}{\sigma}\right) a_i = \sum_{i=1}^{n} \psi\left(\frac{v_i(\hat{x})}{\sigma}\right) a_i = 0 \quad \text{mit } \psi = \rho'. \tag{7.32}$$

Der Vergleich von (7.32) mit (3.39) und (3.40) in Abschnitt 3.2.6 zeigt, dass die L_p-Schätzer für lineare Modelle sofort angegeben werden können:

$$\sum_{i=1}^{n} \left(\frac{v_i(\hat{x})}{\sigma}\right) \left|\left(\frac{v_i(\hat{x})}{\sigma}\right)\right|^{p-2} a_i = 0. \tag{7.33}$$

Wenn $p = 2$ bzw. f_0 die Dichte der Standardnormalverteilung ist, erhält man mit

$$\sum_{i=1}^{n} \left(\frac{v_i(\hat{x})}{\sigma}\right) a_i = 0 = \sum_{i=1}^{n} v_i(\hat{x}) a_i = A^t v(\hat{x})$$

die Schätzgleichung der Methode der kleinsten Quadrate. Wird für f_0 die Laplaceverteilung eingesetzt, so folgt $p = 1$ und man erhält den Schätzer, der die Summe der Absolutbeträge der Verbesserungen minimiert.

$$\sum_{i=1}^{n} \left(\frac{v_i(\hat{x})}{\sigma}\right) \left|\left(\frac{v_i(\hat{x})}{\sigma}\right)\right|^{-1} a_i = 0 = \sum_{i=1}^{n} sign(v_i(\hat{x})) a_i. \tag{7.34}$$

In beiden Fällen kürzt sich σ heraus. Bei allen anderen M-Schätzern hängen die Ergebnisse vom Skalenfaktor ab, der in der Regel ebenfalls aus den Daten zu schätzen ist. Außerdem sind beide Schätzer nicht robust, da sie den Bruchpunkt $1/n$ besitzen.

Zum L_1-Schätzer (7.34) sei ergänzt, dass er bei festem, fehlerfreiem Design ein robusteres Verhalten als die *MkQ* aufweist, da im Wesentlichen nur extreme Hebelwerte kritisch sind. Nachteile sind allerdings, dass die Schätzung nicht immer eindeutig ist, dass sie geringe Effizienz besitzt, dass mindestens u Verbesserungen den Wert 0 annehmen, und dass keine geschlossene Schätzgleichung existiert, sondern Algorithmen der Linearen Programmierung, die bei umfangreichen Modellen recht rechenaufwendig sind, eingesetzt werden müssen.

Als M-Schätzer werden alle Schätzer für lineare Modelle bezeichnet, die durch die Zielfunktion

$$\sum_{i=1}^{n} \rho\left(\frac{l_i - \boldsymbol{a}_i^t \boldsymbol{x}}{\widehat{\sigma}}\right) = \min \tag{7.35}$$

und die Schätzgleichung

$$\sum_{i=1}^{n} \psi\left(\frac{l_i - \boldsymbol{a}_i^t \widehat{\boldsymbol{x}}}{\widehat{\sigma}}\right) \boldsymbol{a}_i = \boldsymbol{0} \tag{7.36}$$

darstellbar sind. Dabei ist $\psi = \rho'$ und $\widehat{\sigma} = s$ ein Schätzer für die Standardabweichung. Die ρ-Funktion eines M-Schätzers muss nicht wie bei einem Maximum-Likelihood Schätzer die in (7.31) angegeben Beziehung zu einer Wahrscheinlichkeitsdichte besitzen. Vielmehr werden M-Schätzer in der Regel durch die Wahl einer geeigneten ψ-Funktion definiert, deren Eigenschaften die Qualität der Schätzergebnisse bestimmen.

7.3.2 M-Schätzer ohne Verwerfungspunkt

M-Schätzer ohne Verwerfungspunkt, sind dadurch charakterisiert, dass die ψ-Funktion monoton wachsend ist. Das inzwischen klassische Beispiel ist der Huber-Schätzer, der in Abschnitt 3.2.1 eingeführt und ausführlich diskutiert worden ist. Seien mit

$$u_i = \frac{l_i - \boldsymbol{a}_i^t \widehat{\boldsymbol{x}}}{\widehat{\sigma}} = \frac{v_i}{\widehat{\sigma}} \tag{7.37}$$

die skalierten Verbesserungen bezeichnet, so lautet die Schätzgleichung

$$\sum_{i=1}^{n} \psi(u_i) \boldsymbol{a}_i = \boldsymbol{0}, \quad \psi(u_i) = \begin{cases} u_i & \text{für} \quad |u_i| \leq k \\ k\,sign(u_i) & \text{für} \quad |u_i| > k \end{cases}. \tag{7.38}$$

Werden nun wie in (3.32) Gewichte w_i definiert

$$w_i = \begin{cases} \psi(u_i)/u_i & \text{für} \quad u_i \neq 0 \\ \psi'(u_i) & \text{für} \quad u_i = 0 \end{cases}, \tag{7.39}$$

so kann die Schätzgleichung umgeformt werden zu

$$\sum_{i=1}^{n} w_i v_i \boldsymbol{a}_i = \boldsymbol{A}^t \boldsymbol{W} \boldsymbol{v} = \boldsymbol{0}, \quad v_i = l_i - \boldsymbol{a}_i^t \widehat{\boldsymbol{x}}, \tag{7.40}$$

$$\boldsymbol{A}^t \boldsymbol{W} \boldsymbol{A} \widehat{\boldsymbol{x}} - \boldsymbol{A}^t \boldsymbol{W} \boldsymbol{l} = \boldsymbol{0}, \quad \boldsymbol{W} = diag(w_1, w_2, \ldots, w_n). \tag{7.41}$$

Der für die Bildung von u_i benötigte Skalenschätzer $\hat{\sigma}$ sollte ebenfalls robust sein. Häufig gewählt wird der in Abschnitt 3.4.1 eingeführte MAM_n-Schätzer s, der aus den Residuen v_i einer L_1-Schätzung gebildet wird

$$s = med(|v_i| \, ; v_i \neq 0)/0{,}6745, \tag{7.42}$$

und den Bruchpunkt $\delta^* = 0{,}5$ besitzt. Da die Gewichte Funktionen der geschätzten Parameter sind, muss die Berechnung iterativ erfolgen. Für monoton wachsende ψ-Funktionen besitzt die ρ-Funktion ein eindeutiges Minimum. Für die Lösung ist in dieser Situation die iterativ nachgewichtete MkQ-Schätzung ($inMkQ$) die geeignetste Methode. Der Rechengang enthält folgende Schritte:

1. Bestimme einen Näherungsvektor x^0. Bei festem Design empfehlen sich dazu eine L_1-Schätzung oder der MkQ-Schätzer. In anderen Fällen, d. h. wenn die Zeilen a_i^t stochastisch sind, ist eine $MkMQ$-Schätzung nach Abschnitt 3.3.1 vorzuziehen.

2. Berechne die Residuen $v_i^0 = l_i - a_i^t x^0$, den Skalenschätzer s^0 nach (7.42) und $u_i^0 = v_i^0/s^0$ sowie die Gewichte w_i^0 nach (7.39).

3. Für $j = 0, 1, 2, \ldots$ berechne nach (7.40) x^{j+1} und sodann wie in Schritt 2 v_i^{j+1}, s^{j+1}, u_i^{j+1} und w_i^{j+1}.

4. Beende die Iteration, wenn $\max_k \{ |x_k^{j+1} - x_k^j|/s^{j+1} \} < \delta$ und setze $x^{j+1} = \hat{x}$.

Falls nur der Parametervektor von Interesse ist, kann zur Verringerung des Rechenaufwandes der Skalenparameter s^0 während der Iteration beibehalten werden.

Eine Alternative zur Verwendung des MAM_n-Schätzers besteht darin, eine M-Schätzung des Skalenparameters durchzuführen und diese mit der Lageparameterschätzung zu verknüpfen. Die Vorgehensweise ist in den Abschnitten 3.5.2 und 3.5.3 für den Fall eines einfachen Lageschätzers ausführlich entwickelt worden und muss hier nur geringfügig für lineare Modelle erweitert werden. Die Loglikelihoodfunktion (7.31) wird bezüglich des Skalenparameters maximiert, indem die negativ genommene Ableitung null gesetzt wird:

$$\frac{\partial \ln \mathcal{L}(l\,; x, \sigma)}{\partial \sigma} = -\frac{n}{\sigma} - \sum_{i=1}^{n} \frac{\partial \rho(u_i)}{\partial \sigma} = -1 - \frac{1}{n} \sum_{i=1}^{n} u_i \frac{\partial \rho(u_i)}{\partial u_i} = 0. \tag{7.43}$$

Für den Maximum-Likelihood Schätzer findet man damit den Ausdruck

$$-1 + \frac{1}{n} \sum_{i=1}^{n} u_i \psi(u_i) = 0, \quad \psi = \rho', \quad \rho = -\ln f_0,$$

$$\sum_{i=1}^{n} \chi(u_i) = 0, \quad \chi = u_i \psi(u_i) - 1 \tag{7.44}$$

in formaler Übereinstimmung mit (3.68). Zur Robustifizierung des Skalenschätzers ist eine geeignete Funktion χ zu wählen, die ähnlich wie beim Lageschätzer nicht von einer echten Wahrscheinlichkeitsdicht f_0 abgeleitet sein muss. Hubers Vorschlag, s. Abschnitt 3.5.3, folgend, ist eine geeignete Wahl durch

$$\chi(u) = \psi(u)^2 - fK \tag{7.45}$$

gegeben. Hierin bedeuten f der Freiheitsgrad des Modells und K der Erwartungswert von $\chi(u)$ an der Verteilung der u_i

$$f = n - r(A), \quad K = \int \chi(u) f_u(u) du. \tag{7.46}$$

Um als Skalenschätzer bei normalverteilten Beobachtungen die Standardabweichung zu erhalten, muss $K = \int \chi(u) \varphi(u) du$ gesetzt werden. Mit (7.38) und (7.44) erhält man in Abhängigkeit von der Abstimmkonstanten k folgende Werte: $K(0,5) = 0,19$, $K(1,0) = 0,52$, $K(1,5) = 0,79$ und $K(2,0) = 0,92$.

Für die gemeinsame Schätzung von Parametervektor und Skalenparameter ist in dem oben angegebenen Rechengang nach der unveränderten Berechnung der Startwerte lediglich der Schritt 3 zu modifizieren. Die Verbesserung des Skalenschätzers erfolgt nun durch

$$s^{j+1} = s^j \sqrt{\frac{1}{fK} \sum_{i=1}^{n} \psi(u_i)^2}. \tag{7.47}$$

Die M-Schätzer ohne Verwerfungspunkt sind durch die Wahl der Abstimmkonstanten k sehr flexibel, und können gut an die Qualität der Daten angepasst werden. Sie schützen allerdings nur gegen fehlerhafte Messungen, nicht jedoch gegen extreme Hebelwerte oder Ausreißer in der Designmatrix. Sie haben daher den Bruchpunkt $1/n$. Dies ist allerdings nicht kritisch, wenn geplante Experimente auszuwerten sind, bei denen die Designmatrix gut kontrolliert ist. Dann ist die gute Effizienz des Schätzers an der Normalverteilung oft von größerem Interesse, und nach [Maronna/Bustos/Yohai 1979] kann der Bruchpunkt in diesem Fall mit $\delta^* = \sqrt{0,5/r(A)}$ abgeschätzt werden.

Die Einflussfunktion des M-Schätzers ohne Verwerfungspunkt lautet mit den Bezeichnungen in (7.15) und für festen Skalenparameter σ

$$EF(w; H) = \frac{\sigma}{b} \Gamma(H)^{-1} a \psi\left(\frac{v}{\sigma}\right). \tag{7.48}$$

Der Vergleich mit der Einflussfunktion des MkQ-Schätzers (7.18) zeigt, dass anstelle des Residuums die ψ-Funktion des Residuums und ein Skalierungsfaktor $b = E\psi'(\frac{v}{\sigma})$ auftritt, der bei Interpretation belanglos ist. Man liest ab, dass die Einflussfunktion beschränkt bleibt, auch wenn l und damit v über alle Grenzen wächst. Der Einfluss der Modellzeile a ist jedoch völlig ungedämpft, so dass schon ein Ausreißer in der Designmatrix das Schätzergebnis unbrauchbar machen kann.

Der durch die Gleichungen (7.38) und (7.45) definierte Schätzer $\hat{x}$ des Parametervektors x ist konsistent und asymptotisch normalverteilt

$$\lim_{n\to\infty} (\hat{x}_n - x) \sim N(0, S_{\hat{x}}). \tag{7.49}$$

Die Varianz-Kovarianz Matrix $S_{\hat{x}}$ wird durch

$$S_{\hat{x}} \approx \hat{\sigma}^2 (A^t A)^{-1}$$

angenähert, wobei $\hat{\sigma}$ in Analogie zu (3.26) durch

$$\hat{\sigma}^2 = s^2 \frac{(1/n) \sum \psi(u_i)^2}{[(1/n) \sum \psi'(u_i)]^2}$$

gegeben ist. Falls s^2 nicht nach (7.47) geschätzt wurde, sollte $\hat{\sigma}^2$ noch mit dem Korrekturfaktor n/f multipliziert werden. Weitere Einzelheiten findet man in [Huber1981, Abschnitt 7.6] und [Maronna/Martin/Yohai 2006, Abschnitt 5.4.3].

7.3.3 M-Schätzer mit Verwerfungspunkt

M-Schätzer mit Verwerfungspunkt (*redescending estimators*) sind dadurch charakterisiert, dass die ρ-Funktion beschränkt ist, und dass die ψ-Funktion infolgedessen zur Nulllinie zurückkehrt. Von einem durch eine Abstimmkonstante festgelegten Punkt an, dem Verwerfungspunkt, tragen die Beobachtungen nichts mehr zur Schätzung bei, sie werden verworfen. In den Abschnitten 3.2.2, 3.2.3 und 3.2.4 sind die drei populärsten VP-Schätzer eingeführt und diskutiert worden. Eine leichte Favoritenrolle nimmt in der neueren Literatur der Tukey-Schätzer ein, dessen ψ-Funktion einen glatten Verlauf besitzt und mit einer Abstimmkonstanten auskommt. Es gibt verschiedene Versionen dieses Schätzers, die sich allerdings lediglich durch einen Faktor unterscheiden, der keinen Einfluss auf die Minimierung der Verlustfunktion hat. Zu der mit (3.37) gewählten Version der Schätzgleichung

$$\psi(u) = \begin{cases} u[1 - (u/c)^2]^2 & \text{für } |u| \leq c \\ 0 & \text{für } |u| > c \end{cases} \tag{7.50}$$

gehört die Verlustfunktion

$$\rho(u) = \frac{c^2}{6} \begin{cases} 1 - [1 - (u/c)^2]^3 & \text{für } |u| \leq c \\ 1 & \text{für } |u| > c \end{cases}. \tag{7.51}$$

Die Schätzung der Parameter und des Skalenfaktors kann nach dem im vorigen Abschnitt angegebenen Iterationsverfahren erfolgen. Dabei ist aber zu berücksichtigen, dass die Verlustfunktion mehrere Nebenminima haben kann. Es ist daher wichtig, die Iteration mit guten Näherungswerten zu beginnen. Sollte es schwierig sein, sie zu beschaffen oder sind Zweifel an ihrer Güte vorhanden, sollte ein direkter Weg zur Minimierung der Verlustfunktion (7.35) gewählt werden.

Der Bruchpunkt der VP-Schätzer hängt bei stochastischen Regressoren vom Ausfall der Beobachtungen und der Modellmatrix ab. Bei festen Regressoren ist zu beachten, ob die Modellmatrix reguläre Anordnung besitzt, s. Abschnitt 7.1.2. Die Grenzwerte für den Bruchpunkt finden sich in Abschnitt 7.2.1. Generell lässt sich sagen, dass diese Schätzer bei Ausreißern in den Beobachtungen besser abschneiden als Schätzer ohne Verwerfungspunkt.

Die Einflussfunktion der VP-Schätzer stimmt mit (7.48) überein. Allerdings ist bei der Interpretation zu beachten, dass sie nur dann gegen unendlich strebt, wenn eine Modellzeile $\boldsymbol{a}_j$ über alle Grenzen wächst und zugleich v_j/σ dem Betrage nach kleiner als c ausfällt. Die geschätzten Parameter sind auch hier konsistent und asymptotisch normalverteilt in Übereinstimmung mit (7.49).

7.3.4   *GM*-Schätzer

M-Schätzer mit monoton wachsender ψ-Funktion, wie z. B. der Huber-Schätzer, haben bei passend gewählter Abstimmungskonstante k eine hohe Effizienz an der Normalverteilung, sind aber stark beeinflusst von Hebelwerten, was problematisch ist, wenn diese als schädlich klassifiziert werden müssen (vgl. Abschnitt 7.1.3). Die Gleichung (7.40) zeigt, dass die *M*-Schätzer in die Form der gewichteten *MkQ* gebracht werden können. Es liegt nun nahe, eine Generalisierung der Schätzgleichungen vorzunehmen, indem die Gewichte w_i so modifiziert werden, dass sie von den Residuen und den Hebelwerten der Designmatrix abhängen, und damit sowohl Ausreißer in den Beobachtungen als auch schädliche Hebelwerte herabgewichten. Dazu wird die Schätzgleichung (7.36) in die folgende Form einer impliziten Vektorgleichung gebracht, und als *GM*-Schätzer $\hat{x}$ (*bounded influence estimator*) wird die Lösung von

$$\sum_{i=1}^{n} \phi(a_i, u_i)a_i = 0, \quad \text{mit } u_i = \frac{l_i - a_i^t \hat{x}}{\hat{\sigma}} = \frac{v_i}{\hat{\sigma}} \tag{7.52}$$

definiert. Die ϕ-Funktion muss einige Regularitätsbedingungen erfüllen, die im Einzelnen bei [Hampel et al. 1986, Abschnitt 6.3a] zusammengestellt und begründet sind. Dort findet man auch eine Darstellung der meist benutzten ϕ-Funktionen einschließlich ihrer historischen Entwicklung und eine ausführliche Auflistung der einschlägigen Literaturstellen. Alle in der Literatur diskutierten Vorschläge lassen sich auf die Form

$$\phi(a, u) = g_1(a)\psi(u, g_2(a)) \tag{7.53}$$

bringen. Dass es sich tatsächlich um eine Verallgemeinerung der *M*-Schätzung handelt, erkennt man sogleich, wenn $g_1 = g_2 = 1$ gesetzt wird, man erhält dann die Gleichung (7.36). Wird lediglich $g_2 = 1$ gewählt, so erhält man einen *GM*-Schätzer vom „Mallows Typ":

$$\phi(a, u) = g_1(a)\psi(u), \tag{7.54}$$

der nach [Maronna/Martin/Yohai 2006] erstmals 1975 von Mallows in einer unveröffentlichten Arbeit vorgeschlagen wurde. Die Gewichte werden so gewählt, dass der Einfluss von Punkten $a_j \in \mathcal{R}^u$, die weit abseits des Schwerpunktes der Punkte liegen, gedämpft wird. Dies ist jedoch nur dann sinnvoll, wenn zu diesen Punkten große Residuen gehören. Ist dies nicht der Fall, tragen die abseits liegenden Punkte zur Reduktion der Varianz bei, was natürlich erwünscht ist.

Ebenfalls häufig wird in der Literatur der *GM*-Schätzer vom „Schweppe Typ" behandelt, der durch $g_1 = g_2 = g$ charakterisiert ist und die Form

$$\phi(a, u) = g^{-1}(a)\psi(ug(a)) = \phi(g(a), u) \tag{7.55}$$

besitzt. Nach [Hampel et al. 1986] wurde er von Schweppe erstmals 1971 veröffentlicht. Das zweite Gewicht dient dazu, den oben beschriebenen Nachteil zu kompensieren. Zahlreiche weitere Vorschläge zu Konkretisierung von (7.52), die nur kurz erwähnt werden sollen, findet man in der umfangreichen Literatur. So kann z. B. nach Andrews $g_1 = 1$ gesetzt werden, und auch die Wahl $g_2 = g_1^{-1}$ führt zu robusten Schätzungen, s. auch [Krasker/Welsch 1982].

Die bisher angegebenen Schätzgleichungen sind noch recht allgemeinen und erfordern vor dem praktische Einsatz eines *GM*-Schätzers noch eine Reihe von Festlegungen. Da (7.52) nur iterativ gelöst werden kann, müssen zunächst gute Näherungswerte beschafft werden, wofür eine Methode mit hohem Bruchpunkt zu empfehlen ist. Ferner ist zu entscheiden, wie die Varianzschätzung erfolgen soll. Ob ein robuster Schätzer aus den Residuen der Näherungslösung ausreicht, oder ob dieser bei jedem Iterationsschritt verbessert werden soll. Alternativ kann eine simultane Varianzschätzung entsprechend (7.47) durchgeführt werden. Weiterhin ist die ψ-Funktion festzulegen, die je nach Datenqualität einen Verwerfungspunkt besitzen oder vom Huber-Typ sein sollte. Schließlich muss entschieden werden, wie die Lage der Punkte a_i im $\mathcal{R}^u$ gemessen werden soll, und wie sie durch die Gewichte g_1 und/oder g_2 in die Schätzgleichung eingehen sollen.

In [Huber 1981, Abschnitt 7.9] wird die Frage der Gewichtswahl zur Dämpfung des Einflusses von Hebelpunkten, wenn die ψ-Funktion (7.38) eingesetzt werden soll, ausführlich diskutiert. Als Resultat dieser heuristischen Herangehensweise empfiehlt Huber für moderate Hebelpunkte einen GM-Schätzer vom Schweppe Typ mit $g_1 = g_2 = \sqrt{1 - h_{ii}} = \sqrt{f_i}$, und folgende Schätzfunktion für $\hat{x}$

$$\sum_{i=1}^{n} \sqrt{f_i}\, \psi \left(\frac{l_i - a_i^t \hat{x}}{\hat{\sigma} \sqrt{f_i}} \right) a_i = 0. \tag{7.56}$$

Hierin ist h_{ii} das i-te Diagonalelement der in Abschnitt 5.1.2 definierten Projektionsmatrix und $1 - h_{ii} = f_i$ der Redundanzbeitrag der Beobachtung l_i. Für die simultane Schätzung von $\hat{\sigma}$ sollte nach Huber der Schätzer

$$\sum_{i=1}^{n} \left(\sqrt{f_i}\, \psi \left[\frac{l_i - a_i^t \hat{x}}{\hat{\sigma} \sqrt{f_i}} \right] \right)^2 = \left(n - r(A) \right) E_\Phi \psi^2 \tag{7.57}$$

eingesetzt werden, dessen rechte Seite den Erwartungswert von ψ^2 an der Normalverteilung enthält, um einen erwartungstreuen Schätzer für die Standardabweichung zu erhalten, falls die Beobachtungen normalverteilt sind. Das Argument der ψ-Funktion in diesen Gleichungen ist, wie der Vergleich mit (6.32) zeigt, die intern studentisierte Verbesserung.

Eine Modifizierung dieser Gewichte, um auch bei gruppenweisem Auftreten von moderat vergrößerten Hebelwerten robuste Schätzergebnisse zu erhalten, wird in [Koch 1996] vorgeschlagen. Dabei soll insbesondere dem Maskierungseffekt benachbarter Ausreißer Rechnung getragen werden. Koch empfiehlt anstelle von $\sqrt{f_i}$ folgende Gewichtswahl

$$g_1(a_i) = g_2(a_i) = f_i^{p/2} / \overline{f} \quad \text{mit } \overline{f} = \frac{1}{n} \sum_{i=1}^{n} f_i^{p/2}.$$

Beispielrechnungen zeigen, dass sich mit $p/2 = 8$ Gewichte ergeben, die auch dann zu guten Ergebnissen führen, wenn die Ausreißer in Gruppen auftreten. Eine theoretische Begründung für diese Gewichtswahl wird allerdings nicht gegeben.

Ein ebenfalls heuristischer Ansatz wird in [Chave/Thomson 2003] beschrieben, der entwickelt wurde, um robuste Schätzungen in großen Modellen der Geophysik mit mehr als 10^4 Beobachtungen numerisch effizient durchführen zu können. Die Messgrößen besitzen stark variierende statistische Eigenschaften, und wegen spontaner Änderungen des elektromagnetischen Feldes der Erde treten gehäuft Ausreißer in den Regressoren auf. Für diesen Anwendungsbereich bedeuten die klassischen GM-Schätzer zwar einen erheblichen Fortschritt, aber es kommt trotzdem immer wieder zu Problemen, da der Bruchpunkt dieser Schätzer höchstens $1/u$ beträgt, und die numerische Durchführung extrem aufwendig ist. Ausgehend von der Mellows Gewichtung schlagen die Autoren folgende Schätzfunktion vor

$$\sum_{i=1}^{n} g_i w_i v_i \boldsymbol{a}_i = \boldsymbol{0}.$$

Das Gewicht g ist eine Funktion der Projektionsmatrix und wird iterativ aktualisiert

$$g_i^{j+1} = g_i^j \exp\{\exp(-c^2)\} \exp\{-\exp(c[t_i^j - c])\} = g_i^j \gamma_i^j, \tag{7.58}$$
$$j = 0,1,2,\dots \quad g_i^0 = 1, \quad \boldsymbol{G} = diag(g_1, g_2, \dots, g_n).$$

Die Konstante c ist eine empirische Schwelle für den Hebelwert h_{ii}, die mit $\alpha u/n$ festgelegt wird, wobei in der Regel $2 \le \alpha \le 4$ gilt (s. Abschnitt 5.1.2). Die Variable t_i ist durch

$$t_i = \frac{M}{u} h_{ii}, \quad M = sp\boldsymbol{B}$$

definiert. Als von den Residuen abhängiges Gewicht w_i wird für die ersten Iterationsschritte das Hubersche Gewicht (7.39) angesetzt

$$w_i^{j+1} = \frac{\psi(v_i^j/s_i)}{v_i^j/s_i}, \quad j = 0,1,2,\dots \quad w_i^0 = 1$$
$$\boldsymbol{W} = diag(w_1, w_2, \dots, w_n), \quad \boldsymbol{B} = \boldsymbol{GW}.$$

Die Schätzung der Varianz erfolgt aus den Residuen als skalierter Medianschätzer MAM_n. Auch die Hebelwerte werden in jedem Iterationsschritt neu berechnet, und zwar mit

$$h_{ii}^{j+1} = b_i^j \boldsymbol{a}_i (\boldsymbol{A}^t \boldsymbol{B}^j \boldsymbol{B}^j \boldsymbol{A})^{-1} \boldsymbol{a}_i^t b^j.$$

Zur stärkeren Herabgewichtung von Ausreißern wird nach einigen Iterationen

$$w_i^{j+1} = \exp\{\exp(-k^2)\} \exp\{-\exp(k[|v_i^j|/s^j - k])\} \tag{7.59}$$

gesetzt, wobei k die Abstimmkonstante des Huber-Schätzers ist. Die folgenden Abbildungen veranschaulichen die etwas unübersichtlichen Gewichtsfunktionen.

Mit dem Ziel, hohe Effizienz, d. h. minimale Varianz-Kovarianz Matrix des Schätzers, unter Einhaltung einer gewählten Obergrenze c für die Ausreißersensitivität (7.28) zu erreichen, geben [Krasker/Welsch 1982] die strenge Ableitung eines GM-Schätzers an, der konsistent und asymptotisch normalverteilt ist. Für die praktische Anwendung schlagen sie folgende diskrete Gleichungen vor, die iterativ zu lösen sind.

$$\sum_{i=1}^{n} w\left\{\frac{v_i}{\hat{\sigma}} d^{-1}(\boldsymbol{a}_i)\right\} v_i \boldsymbol{a}_i = \boldsymbol{0}, \tag{7.60}$$

$$\sum_{i=1}^{n} w^2\left\{\frac{v_i}{\hat{\sigma}} d^{-1}(\boldsymbol{a}_i)\right\} v_i^2 = b\hat{\sigma}^2. \tag{7.61}$$

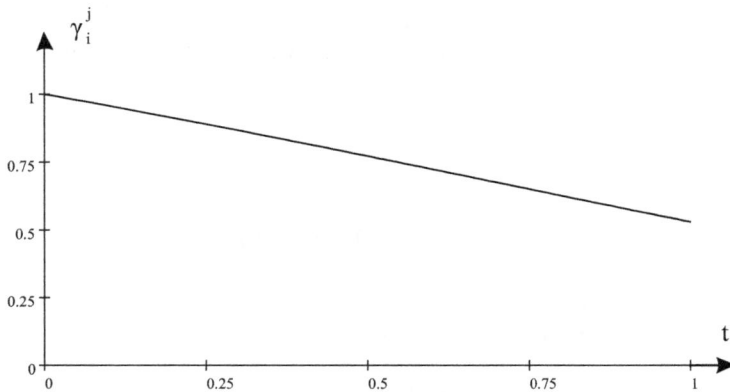

Abbildung 7.2: Gewichtsfaktor γ_i^j aus (7.58) mit $c = 0{,}75$

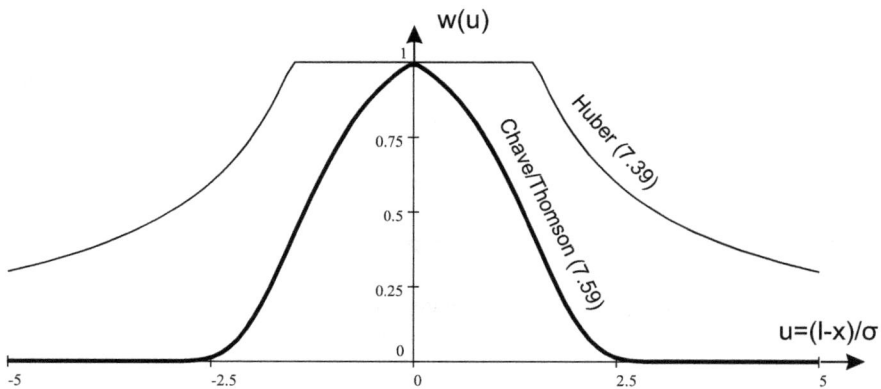

Abbildung 7.3: Die Gewichtsfunktionen (7.39) dünn und (7.59) fett, dargestellt für $k = 1{,}5$

Hierin ist $w\{t\} = \psi(t)/t$ die Gewichtsfunktion (7.39) der $inMkQ$, $v_i = \boldsymbol{a}_i^t \hat{\boldsymbol{x}} - l_i$. Ferner gelten

$$d(\boldsymbol{a}_i) = \sqrt{\boldsymbol{a}_i^t \boldsymbol{B}^{-1} \boldsymbol{a}_i}, \quad \boldsymbol{B} = \frac{1}{n} \sum_{i=1}^{n} g\left(\frac{c}{d(\boldsymbol{a}_i)}\right) \boldsymbol{a}_i \boldsymbol{a}_i^t,$$

$$g(t) = \min\{1; t^2\}, \quad b = \frac{n - r(\boldsymbol{A})}{n} \sum_{i=1}^{n} g\left(\frac{c}{d(\boldsymbol{a}_i)}\right).$$

Die Berechnung beginnt mit der iterativen Ermittlung der Gewichte $d^{-1}(\boldsymbol{a}_i)$, die nur von der Koeffizientenmatrix abhängen. Dazu wird zunächst vereinfachend

$$g\left(\frac{c}{d(\boldsymbol{a}_i)}\right) = p_i \tag{7.62}$$

gesetzt. Für B ergibt sich daraus

$$B = \frac{1}{n} \sum_{i=1}^{n} p_i a_i a_i^t = \frac{1}{n} A^t P A, \quad B^{-1} = n(A^t P A)^{-1},$$

und für $d^2(a_i)$ erhält man, vgl. (5.20)

$$d^2(a_i) = a_i^t B^{-1} a_i = n a_i^t (A^t P A)^{-1} a_i = n h_{iip}/p_i. \tag{7.63}$$

Mit dem Startwert $p_i = 1 \; \forall i$ folgt aus (7.63) $d(a_i) = \sqrt{n h_{ii}}$, dies in (7.62) eingesetzt, liefert verbesserte Gewichte, die über (7.63) zu neuen Werten für $d(a_i)$ führen, und so fort bis zur Konvergenz.

Für die folgende iterative Schätzung von $\hat{x}$ und $\hat{\sigma}$ werden als Startlösungen die Ergebnisse der *MkQ* oder der *L*$_1$-Norm Schätzung eingesetzt und für den Skalenparameter wird mit dem *MAM*$_n$-Schätzer der Verbesserungen begonnen.

Die Herleitung der Einflussfunktion des *GM*-Schätzers am Modell (7.1) mit stochastischen Regressoren geht von der Gleichung (7.55) aus. Das Gewicht $g(a)$ bewertet die Lage des Punktes mit dem Koordinatenvektor a im $\mathcal{R}^u$ relativ zu den anderen Punkten. Dazu eignet sich u. a. das Quadrat der Mahalanobis Distanz (3.77), bezogen auf den Schwerpunkt

$$g(a) = (a - \hat{a})^t \Sigma_a^{-1} (a - \hat{a}). \tag{7.64}$$

Die Größen $\hat{a}$ und Σ_a sind robuste Schätzungen des Lageparameters und der Varianz-Kovarianz Matrix, die im konkreten Fall wie in Gleichung (3.75) geschätzt werden können. Sei mit $w_i^t = (a_i^t, l_i)$ wieder die i-te Zeile des Modells bezeichnet und mit H die zugehörige Verteilung, so erhält man nach [Maronna/Martin/Yohai 2006] für die Einflussfunktion an der Stelle w_0

$$EF(w_0; H) = \sigma \phi(g(a_0), u_0) B^{-1} a_0, \quad \text{mit} \quad u_0 = (l_0 - a_0^t x)/\sigma,$$

sowie

$$B = -E\{\dot{\phi}(g(a), u) a a^t\}, \quad \text{mit} \quad \dot{\phi} = \partial \phi / \partial u.$$

Die Einflussfunktion ist beschränkt, und für die Verschmutzungsempfindlichkeit gilt $\gamma_c < \infty$. Der geschätzte Parametervektor $\hat{x}$ ist asymptotisch normalverteilt und besitzt die asymptotische Varianz-Kovarianz Matrix

$$S_{\hat{x}} = (B^{-1})^t C B^{-1} \quad \text{mit} \quad C = E\{\phi(g(a), u)^2 a a^t\}.$$

In der Literatur findet man zahlreiche weitere Varianten der *GM*-Schätzer, die sich vor allem in der Wahl der Gewichtsfunktionen unterscheiden. Dabei wird angestrebt, zu erreichen, dass die Herabgewichtung von Hebelwerten abgemildert wird, wenn die zugehörigen Residuen klein ausfallen. Eine Zusammenstellung einiger Varianten mit einem auf umfangreiche Simulationsrechnungen gestützten Vergleich findet man z. B. in [Simpson/Montgomery 1998]. [Yohai 1997] weist darauf hin, dass die *GM*-Schätzer einen niedrigen Bruchpunkt besitzen, der mit wachsender Zahl der Parameter gegen null strebt, so dass sie, wenn globale Robustheit erforderlich ist, nicht zu empfehlen sind. In nur geringfügig kontaminierten Modellen können sie allerdings, da sie durch die *inMkQ* einfach zu berechnen sind, mit Gewinn eingesetzt werden.

[Richardson 1997] zeigt auf, wie die *GM*-Schätzer angepasst werden können, wenn sie zur Schätzung in gemischten Modellen eingesetzt werden sollen, die neben den Regressionsparametern stochastische Effekte enthalten.

7.4 Global robuste Schätzer

Bei der Parameterschätzung in Modellen mit einer großen Anzahl n von Beobachtungen und vielen unbekannten Parametern ist die Suche nach Widersprüchen und Ungereimtheiten mit den klassischen graphischen Methoden und mit der visuellen Analyse der Residuen oder daraus abgeleiteter Kennzahlen nicht mehr durchführbar. Hinzu kommt, dass die massenweise Datenerhebung oft unkontrollierbaren Einflüssen ausgesetzt ist, die zu Fehlmessungen oder Fehlregistrierungen führen können, die schwer zu erkennen sind. In dieser Situation erscheint es attraktiv, eine Auswertemethode einzusetzen, die eine große Anzahl m von Ausreißern verkraften kann. Diese sollen aus dem Modell entfernt werden, so dass die eigentliche Parameterschätzung nur mit den „guten" Daten erfolgt. Diese müssen natürlich die Mehrheit bilden, da sonst nicht zwischen konformen Daten und Ausreißern unterschieden werde kann. Wenn nach Elimination der Ausreißer immer noch ein umfangreiches Modell verfügbar ist, treten Effizienzerwägungen in den Hintergrund, denn die vorhandene Redundanz führt automatisch zu einer kleinen Schätzvarianz.

In Abschnitt 7.2.1 wurde der Bruchpunkt eines Schätzers definiert, der hier die entscheidende Rolle spielt. Nach Gleichung (7.11) ist der Bruchpunkt das kleinste Verhältnis $\delta^* = m/n$, das die maximale Verzerrung (7.10) unendlich werden lässt. Nach (7.12) gilt für regressionsäquivariante Schätzer die Obergrenze $\delta^* \leq ([(n - u)/2] + 1)/n$ für den Bruchpunkt. Schätzer, die diese Obergrenze erreichen oder ihr nahe kommen, werden als global robust bezeichnet. Allerdings ist es möglich, extreme Beispiele zu konstruieren, die die Allgemeingültigkeit der im Folgenden angegebenen Bruchpunkte widerlegen. [Hettmansperger/Sheather 1992] und [Xu 2005] weisen auf diese Schwäche der Bruchpunktableitungen hin, und demonstrieren an Beispielen, die in der Praxis so sicher nicht auftreten, dass wohl alle robusten Schätzer versagen können. Andererseits lassen sich Schätzer konstruieren, deren Bruchpunkt weit über 50 % liegt, was im nächsten Kapitel gezeigt wird.

7.4.1 *MkMQ*-Schätzer

Die Methode des kleinsten Medians der Verbesserungsquadrate (*MkMQ*) wurde in Abschnitt 3.4.1 eingeführt. Sie ersetzt als zu minimierende Zielfunktion die Summe durch den Median der Verbesserungsquadrate. Diese Schätzmethode, die auf Hampel und Rousseeuw zurückgeht, wird in [Rousseeuw/Leroy 1987] als LMS (*least median of squares*) in aller Ausführlichkeit behandelt:

$$med_i(a_i^t x - l_i)^2 \to \min_x \Rightarrow \hat{x}. \tag{7.65}$$

Eine Lösung $\hat{x}$ des Minimumproblems (7.65) existiert stets und führt auf eine regressionsskalen- und affin äquivariante Schätzung. Für $n > 1$ und regulärer Anordnung der Designmatrix hat die Methode den Bruchpunkt $\delta^* = ([(n - u)/2] + 1)/n$. Daraus folgt für festes u

und $n \to \infty$ der asymptotische Bruchpunkt $\delta_{\infty}^{*} = 0{,}5$. Als eigenständige Schätzmethode für lineare Modelle spielt die *MkMQ* allerdings kaum eine Rolle, da sie einen extrem hohen Rechenaufwand erfordert, ungünstige asymptotische Eigenschaften aufweist und geringe Effizienz bei endlichen Modellen besitzt. Trotzdem soll sie hier vorgestellt werden, da sie als erster global robuster Schätzer veröffentlicht wurde und eine Vielzahl von Weiterentwicklungen und Alternativen angeregt hat. Außerdem wird sie häufig zur Erzeugung von Ausgangslösungen für effizientere robuste Schätzer eingesetzt, auf die im nächsten Abschnitt eingegangen wird.

Da es für die implizite Minimumsaufgabe (7.65) keine geschlossene Lösungsgleichung gibt und auch die klassischen Optimierungsalgorithmen nicht anwendbar sind, muss die Lösung durch Versuchsrechnungen gefunden werden. [Rousseeuw/Leroy 1987] schlagen folgenden Weg vor.

Sei $W_j = (A_j \vdots l_j)$ eine $(u \times (u + 1))$ Submatrix von $W = (A \vdots l)$ und A in regulärer Anordnung, dann erhält man mit $x_j = A_j^{-1} l_j$ eine Versuchslösung und mit $A x_j - l = v_j = (v_{j1}\ v_{j2} \ldots v_{jn})^t$ den zugehörigen Verbesserungsvektor. Der Median $med(v_{ji}^2)_{i=1,2,\ldots,n} = m_j$ ist der Wert der Zielfunktion der Versuchslösung x_j. Zur Ermittlung der exakten Lösung des Problems sind alle $\binom{n}{u}$ möglichen Submodelle W_j zu lösen und die ermittelten Zielfunktionen zu vergleichen. Dies kann schon bei relativ kleinen Modellen zu einem nicht mehr beherrschbaren Rechenaufwand führen, wie man leicht zeigen kann. Für das 3. Beispiel (Barometerkalibrierung) mit 13 Messungen und zwei Parametern sind schon 78 Gleichungen zu lösen, und für jede Lösung die Verbesserungen zu quadrieren und zu sortieren, um den Median zu finden. Bei einem ebenfalls noch kleinen Modell mit 100 Beobachtungen und 4 Parametern sind es bereits 3.921.225 Versuchslösungen und bei 100 Beobachtungen und 10 Parametern sogar $17{,}3 \times 10^{12}$ Lösungen, für die der Median der Verbesserungsquadrate ermittelt werden muss.

Man sieht sofort, dass man, wenn der Bereich der Demobeispiele verlassen wird, den exakten Lösungsweg durch eine Näherung ersetzen muss. Diese besteht darin, dass man nach Zufall eine plausible Anzahl von Submodellen auswählt in der Hoffnung, dass mindesten eines dabei ist, das keine Ausreißer enthält und daher zu einer akzeptablen Lösung führt. Wenn mit ε der Anteil von Ausreißern bezeichnet wird und das Modell ausreichende Redundanz besitzt, d. h. n/u nicht zu klein ist, kann die Wahrscheinlichkeit P dafür, dass bei k zufällig entnommenen Submodellen mindestens eines gut ist, näherungsweise nach

$$P \approx 1 - (1 - (1 - \varepsilon)^u)^k \tag{7.66}$$

berechnet werden. Nimmt man beispielsweise $u = 5$ an und einen Verschmutzungsgrad $\varepsilon = 20\,\%$, so sind $k = 12$ Versuche durchzuführen, wenn eine Wahrscheinlichkeit von $P = 99\,\%$ für eine gute Lösung erreicht werden soll. In der Praxis wird man eine höhere Versuchszahl festlegen, da die Berechnung von einigen Tausend Submodellen noch leicht bewältigt werden kann. Eine genauere Analyse der notwendigen Anzahl der Versuche für den Spezialfall der einfachen Regression mit normal und exponential verteilten Beobachtungen findet man in [Mount/Netanyahu/Zuck 2004].

Vorsicht ist geboten, wenn, wie bei Schätzungen im technischen Bereich häufig anzutreffen, die Koeffizientenmatrix singulär angeordnet ist. Der Schätzer besitzt dann einen niedrigeren Bruchpunkt nach Gleichung (7.13). Als Konsequenz der Matrixstruktur werden dann viele der nach Zufall ausgewählten Submodelle singulär sein, so dass die Schätzung der erforderlichen Anzahl der Versuche deutlich nach oben korrigiert werden muss.

Eine interessante Anwendung des *MkMQ*-Schätzers aus dem Bereich der Qualitätskontrolle bei der Herstellung von Lichtleitern wird in [Wang et al. 1997] beschrieben. Die Aufgabe besteht darin, durch den Rand des Querschnitts einer Glasfaser, der mit einem CCD-Array aufgenommen wird, eine Ellipse zu legen. Die exakte statistische Formulierung für dieses Problem führt auf ein Fehler-in-den-Variablen Modell (vgl. Abschnitt 4.1.4). Der direkte Einsatz der *MkQ* ist wegen der durch Produktionsmängel oder einwirkende Kräfte entstehenden Querschnittsverformungen nicht empfehlenswert. Die Autoren gehen deshalb so vor, dass zunächst mit der *MkMQ* die fern der ausgleichenden Ellipse liegenden Punkte als Ausreißer identifiziert und eliminiert werden, ehe mit den bereinigten Daten die endgültige Schätzung der Ellipsenparameter mit der *MkQ* erfolgt.

7.4.2   *MktQ*-Schätzer

Wie im vorstehenden Unterabschnitt erläutert, besitzt der *MkMQ*-Schätzer zwar den maximal möglichen Bruchpunkt $\delta^*_\infty = 0,5$, aber sein asymptotisches Verhalten ist unbefriedigend und andere Kriterien der Robustheit können wegen der impliziten Definition des Schätzers nicht abgeleitet werden. Es liegt nun nahe, den Median der Quadrate durch eine andere Funktion der Verbesserungen zu ersetzen, um zumindest einen Teil der Defizite zu beheben.

Naheliegend ist es zunächst, statt des Quadrats den Absolutwert zu wählen. Dies führt auf die Definition

$$med_i \left| (a_i^t x - l_i) \right| \to \min_x \Rightarrow \hat{x}$$

eines Schätzers, der jedoch weder unter Robustheitsgesichtspunkten noch rechentechnisch Vorteile bringt. Eine weitere Möglichkeit besteht darin, den Median durch die Summe einer Teilmenge der Verbesserungsquadrate zu ersetzen. Dies führt in Analogie zum getrimmten Mittel (Abschnitt 3.1.5), vgl. auch Abschnitt 3.3.2 zu der Definition

$$\sum_{i=1}^{h} (a^t x - l)^2_{(i)} \to \min_x \Rightarrow \hat{x} \tag{7.67}$$

des *MktQ*-Schätzers [Rousseeuw 1983]. Der Index (i) bedeutet wie bisher, dass die indizierten Werte ansteigend geordnet sind, also hier $v^2_{(1)} \leq v^2_{(2)} \leq \ldots \leq v^2_{(n)}$. Das heißt daher, dass $\hat{x}$ so bestimmt wird, dass die Summe der h kleinsten Verbesserungsquadrate minimal ist. Die Festlegung von h erfolgt so, dass der Bruchpunkt des Schätzers maximal wird. Nach [Rousseeuw/Leroy 1987] wird dieses Ziel $\delta^* = ([(n-u)/2]+1)/n$ mit $h = [(n+u+1)/2]$ erreicht. Ferner wird dort gezeigt, dass der Schätzer regressions-, skalen- und affin äquivariant ist, und die Zielfunktion wesentlich glatter verläuft als bei der *MkMQ*.

Wenn es nicht auf den maximalen Bruchpunkt ankommt, da höchstens mit einer Ausreißerquote von $\alpha \%$ gerechnet werden muss, kann $h = [n(1-\alpha)] + [\alpha(u+1)]$ gesetzt werden, um einen Bruchpunkt von ungefähr $\delta^* = \alpha$ zu erhalten. Jedenfalls muss zu Beginn der Berechnung über h verfügt werden. Und dies sollte mit großer Umsicht geschehen, da $n-h$ Beobachtungen praktisch gestrichen werden. Wenn h zu klein ist, werden gute Beobachtungen eliminiert, was zu Lasten der Effizienz des Schätzergebnisses geht. Wenn h zu groß festgelegt wird, wirken Ausreißer bei der Berechnung des Schätzergebnisses mit und führen zu einer systematischen Verfälschung.

Um dieses Problem zu beseitigen schlagen [Zioutas/Avramidis/Pitsoulis 2007] eine Modifikation der Zielfunktion (7.67) vor und zwar durch Einführung eines Strafzuschlags für jede gestrichene Beobachtung. Die erweiterte Zielfunktion nimmt damit die Form

$$\sum_{i=1}^{h} (a^t x - l)^2_{(i)} + (n - h)(cs)^2 \to \min_{x,h} \Rightarrow \hat{x} \tag{7.68}$$

an. Der Strafzuschlag setzt sich aus dem Skalenfaktor s, der robust zu schätzen ist, und der Konstanten c zusammen, deren Wahl für die Schätzung der Anzahl h der guten Beobachtungen entscheidend ist. Die Autoren schlagen vor, für Daten mit krassen Ausreißern $c = 3$ zu setzen. Für $c \approx 0{,}7$ und normalverteilte Abweichungen erhält man asymptotisch dasselbe Resultat wie der $MktQ$-Schätzer mit $h = [(n + u + 1)/2]$. Die Zielfunktion ist konvex und besitzt daher ein globales Minimum. Allerdings erfordert die numerische Realisierung Methoden der nichtlinearen Programmierung wie das Quadratic Mixed Integer Programming (QMIP).

Eine andere Modifizierung des $MktQ$-Schätzers findet man in [Masicek 2004]. Die durch die Zielfunktion (7.67) vorgenommene harte Trennung zwischen verwertbaren und zu eliminierenden Beobachtungen wird durch die Einführung einer Gewichtsfunktion abgemildert und führt auf die Definition des Schätzers nach der Methode der kleinsten gewichteten Quadrate ($MkgQ$-Schätzer, LWS *least weighted squares*)

$$\sum_{i=1}^{n} w\left(\frac{i}{n}\right)(a^t x - l)^2_{(i)} \to \min_{x} \Rightarrow \hat{x}, \quad w(1) = 0.$$

Die Gewichtsfunktion wird als eine nicht steigende glatte Funktion im Intervall $[0,1]$ vorgegeben. Bruchpunkt, Effizienz und Konsistenz des Schätzers werden in der Arbeit ausführlich behandelt.

Im Gegensatz zum $MkMQ$-Schätzer verhält sich der $MktQ$-Schätzer asymptotisch wie ein M-Schätzer und ist daher asymptotisch normalverteilt. Der große Nachteil dieses Schätzers ist, dass die Lösung von (7.67) erheblichen Rechenaufwand erfordert, da kein effizientes direktes Verfahren bekannt ist und wieder über Versuchsrechnungen die Lösung gefunden werden muss. Allerdings kann die Berechnung aller $\binom{n}{h}$ möglichen Submodelle vermieden werden, wenn der in [Rousseeuw/Van Driessen 2006] ausführlich beschriebene *FAST-LTS* Algorithmus eingesetzt wird, der über sogenannte Konzentrationsschritte eine iterative Verbesserung der Startlösung erreicht. Da diese Strategie auch zu lokalen Minima konvergieren kann, muss die Rechnung mit mehreren Anfangslösungen durchgeführt werden.

Rechentechnisch weniger aufwendung ist die Minimierung der Zielfunktion

$$\sum_{i=1}^{h} \left|(a^t x - l)_{(i)}\right| \to \min_{x} \Rightarrow \hat{x},$$

in der die Quadrate der Verbesserungen durch die Absolutwerte ersetzt sind. Dieser $MktA$-Schätzer (Methode der kleinsten getrimmten Absolutwerte) hat ähnlich gute Eigenschaften wie der $MktQ$-Schätzer, sofern das Modell nur moderate Hebelwerte enthält. In [Hawkins/Olive 1999] sind die Eigenschaften dieses Schätzers im Vergleich zu $MkMQ$ und $MktQ$ ausführlich dargestellt, und es wird ein Algorithmus zur effizienten Berechnung des Schätzers angegeben.

7.4.3 S-Schätzer

Der in Abschnitt 3.3.3 eingeführte S-Schätzer [Rousseeuw/Yohai 1984] kann ebenfalls für die Parameterschätzung in linearen Modellen verallgemeinert werden. Sein Prinzip besteht darin, einen robusten Skalenschätzer durch Variation des Parameterschätzers zu minimieren.

$$\widehat{\boldsymbol{x}} = \arg \min_{\boldsymbol{x}} s\{v_1(\boldsymbol{x}), v_2(\boldsymbol{x}), \ldots, v_n(\boldsymbol{x})\} \tag{7.69}$$

Die beiden Schätzer der vorigen Unterabschnitte können als Spezialfälle dieses Schätzers betrachtet werden. Wenn als robuster Skalenschätzer

$$s = (med_i(v_i^2(\boldsymbol{x})))^{1/2}$$

gewählt wird, so erhält man den *MkMQ*-Schätzer, und für

$$s = (\sum_{i=1}^{h} (\boldsymbol{a}^t \boldsymbol{x} - l)_{(i)}^2)^{1/2}$$

den *MktQ*-Schätzer. Wir haben es hier also mit einer Familie von Schätzern zu tun und können durch die Festlegung des Skalenschätzers eine Auswahl treffen. Wenn der gewählte Schätzer s skalenäquivariant ist (1.3), so erhält man einen Parameterschätzer, der regressions-, skalen- und affin äquivariant ist. In der Regel wird für s ein M-Schätzer gewählt, der entsprechend (3.44) implizit definiert ist und zwar durch

$$\frac{1}{n} \sum_{i=1}^{n} \rho\left(\frac{v_i}{s}\right) = K. \tag{7.70}$$

Hierin ist $\rho(t)$ eine gerade, zweimal stetig differenzierbare Funktion mit $\rho(0) = 0$, die im Intervall $[0, c]$ streng monoton steigend und in $[c, \infty)$ konstant ist. K ist eine geeignete Konstante, die meist als $K = E_\Phi(\rho(t))$ gewählt wird, um zu erreichen, dass bei normalverteiltem t für s die Standardabweichung erhalten wird. S-Schätzer können den maximal möglichen Bruchpunkt erreichen, den regressionsäquivariante Schätzer besitzen können, nämlich bei regulärer Anordnung der Designmatrix den Bruchpunkt δ_n^* entsprechend Gleichung (7.12) und bei singulärer Anordnung $\delta_{s,n}^*$ entsprechend (7.13). Der asymptotische Bruchpunkt ist durch die Beziehung $\delta_\infty^* = K/\rho(c)$ gegeben und kann im Intervall $0 < \delta_\infty^* < 0{,}5$ durch die Wahl der Konstanten c festgelegt werden. Damit wird gleichzeitig über die asymptotische Effizienz des Schätzers verfügt, die bei normalverteilten Beobachtungen und maximalem Bruchpunkt die Obergrenze von 33 % besitzt. Wird für ρ, wie es meist der Fall ist, die Verlustfunktion des Tukey-Schätzers (3.46) eingesetzt, so erhält man eine Effizienz von 29 %. Wenn ein geringerer Bruchpunkt gewählt wird, erhöht sich die Effizienz. Für $\delta^* = 25\,\%$ steigt sie beispielsweise auf 76 %. Es zeigt sich auch hier, dass hohe Effizienz und hoher Bruchpunkt bei einem direkten Schätzer unvereinbar sind. Ein Versöhnung dieser wichtigen Kriterien ist nur durch Einführung zusätzlicher Bedingungen oder durch kombinierte Schätzverfahren möglich, die im nächsten Unterkapitel behandelt werden. Die nachfolgende Tabelle ist ein Auszug aus [Rousseeuw/Leroy 1987, Tab. 19]. und gilt für die ρ-Funktion von Tukey.

Wenn $\rho(t)$ die oben geforderten Eigenschaften besitzt, erhält man einen Schätzer, der die Existenzbedingungen von M-Schätzern erfüllt und dessen Einflussfunktion durch (7.48) gegeben und somit unbeschränkt ist.

Tabelle 7.3: Bruchpunkt und Effizienz des S-Schätzers

δ^*	Eff	c	K	$\rho(c)$
50 %	28,7 %	1,55	0,20	0,40
25 %	75,9 %	2,94	0,36	1,44
10 %	96,6 %	5,18	0,45	4,48

7.4.4 Berechnung global robuster Schätzer

Die drei näher beschriebenen Schätzer mit maximalem Bruchpunkt stellen, wie bereits mehr-fach erwähnt, bei umfangreichen Modellen rechentechnisch eine große Herausforderung dar. Die impliziten Gleichungen (7.65) und (7.67) sind nicht differenzierbar, daraus folgt, dass Gradientenverfahren und die *inMkQ* zur Berechnung nicht direkt eingesetzt werden können. Außerdem besitzen die Verlustfunktionen, ebenso wie die des S-Schätzers (7.69), lokale Mi-nima, so dass Rechenverfahren benötigt werden, die das globale Minimum finden. Diese sind zwar bekannt, erfordern aber einen Rechenaufwand, der nur bei kleinen Modellen beherrsch-bar ist. Als praktikabel haben sich verschiedene Strategien erwiesen, die durch statistische oder systematische Versuche in akzeptabler Rechenzeit ein Minimum finden, das als brauch-bare Lösung angesehen werden kann.

Nach [Nguyen/Welsch 2010], die eine mathematische Analyse des Minimierungsproblems (7.67) durchgeführt haben und einen Überblick über die bisherigen Lösungsstrategien geben, kann es als stetiges konkaves Minimumsproblem unter einer einfachen linearen Restriktion aufgefasst werden, für das zwar bewährte Algorithmen existieren, die jedoch für große Mo-delle nicht effizient sind. Einen weiteren untersuchenswerten Ansatz sehen sie darin, statt des Minimums von (7.67) das Maximum der Summe der q größten Residuenquadrate aufzusu-chen, wobei q die geschätzte Anzahl der Ausreißer ist.

[Nunkesser/Morell 2010] schlagen vor, das Minimierungsproblem mit einem evolutionären Algorithmus zu lösen. Sie erhalten mit diesem heuristischen Ansatz zwar das absolute Mi-nimum, benötigen bei großen Modellen aber deutlich mehr Rechenzeit als der *FAST-LTS* Algorithmus von [Rousseeuw/Van Driessen 2006]. [Hofmann/Kontoghiorghes 2010] entwi-ckeln Matrixmethoden für eine Branch-and-Bound Strategie zur Berechnung des Minimums für den allgemeineren Fall, dass die Beobachtungen eine vollbesetzte Varianz-Kovarianz Ma-trix besitzen. Aber auch unter Ausnutzung der speziellen Besetzung der auftretenden Matrizen und Verwendung von Aufdatierungsalgorithmen ist die vorgeschlagene Lösung nur für kleine Modelle geeignet.

[Hawkins/Olive 2002] untersuchen das Verhalten der Schätzergebnisse, insbesondere die Konsistenz, wenn die populäre Methode der statistischen Versuche eingesetzt wird. Sie mel-den Zweifel an, ob bei großen Modellen tatsächlich das Minimum der Verlustfunktion erreicht wird und weisen auf die Probleme hin, mit denen bei massiertem Auftreten von Ausreißern in Hebelpunkten gerechnet werden muss. Sie schlagen einen neuen, als X-Cluster Methode bezeichneten, Algorithmus für umfangreichere Datensätze vor.

Ebenfalls einen neuen, auf Optimierungsmethoden basierenden Algorithmus schlagen [Crit-chley et al. 2010] vor. Da kombinatorische Probleme ab einer gewissen Größe nicht mehr exakt lösbar sind, argumentieren sie, sei in den meisten praktischen Fällen das absolute Opti-mum durch eine gute Näherung ersetzbar. Sie formulieren das diskrete Optimierungsproblem um und erhalten eine kontinuierliche Darstellung, auf die sie eine Relaxationsstrategie zur Minimierung auf der relevanten konvexen Hülle verwenden. Da bei konkaven Problemen der vorliegenden Art, in der Regel jeder Startpunkt zu einem anderen Eckpunkt führt, ist es erforderlich, die Rechnung mit einer großen Zahl von Anfangswerten durchzuführen. Der Algorithmus ist recht flexibel und kann für ähnliche Optimierungsprobleme leicht abgewandelt werden. Vergleichsrechnungen zeigen, dass er bei kleineren Modellen gut abschneidet. bei umfangreichen Datensätzen erreicht er jedoch nicht die Leistungsfähigkeit des *FAST-LTS* Algorithmus.

7.4.5 Der *FAST-LTS* Algorithmus

Der am Ende des Abschnitts 7.4.2 bereits kurz erläuterte *FAST-LTS* Algorithmus von [Rousseeuw/Van Driessen 2006] soll wegen seiner besonderen Bedeutung nun etwas ausführlicher dargestellt werden. Er kombiniert die Methode der statistischen Versuche, die in Abschnitt 7.4.1 für den *MkMQ*-Schätzer dargestellt wurde, mit der iterativen Verbesserung der Anfangsnäherungen. Ferner wird eine Segmentierung großer Modelle und eine verschachtelte Lösungsstrategie zur Rechenbeschleunigung eingesetzt.

1. Nach Zufall wird eine $(u \times (u + 1))$ Submatrix $W_j = (A_j \vdots l_j)$ von $W = (A \vdots l)$ ausgewählt. Damit erhält man als $x_j = A_j^{-1} l_j$ eine Versuchslösung und mit $A x_j - l = v_j = (v_{j1} v_{j2}, \ldots, v_{jn})^t$ den zugehörenden Verbesserungsvektor. Falls A_j singulär ist, kann dies durch Zeilenaustausch behoben werden.

2. Es werden die Beträge der Verbesserungen gebildet und nach Größe geordnet. $v_{ko} = \{|v_j|_{(1)}, |v_j|_{(2)}, \ldots, |v_j|_{(n)}\}$, mit $|v_j|_{(1)} \leq |v_j|_{(2)} \leq \ldots \leq |v_j|_{(n)}$.

3. Die Modellzeilen, die zu den ersten $h = [(n + u + 1)/2]$ Elementen von v_{ko} gehören, bilden das neue Submodell $W_{h_1} = (A_{h_1} \vdots l_{h_1})$. Mit der *MkQ* wird in diesem Modell die nächste Näherung x_{h_1} des Parametervektors berechnet.

4. Mit den Verbesserungen $A x_{h_1} - l = v_{h_1} = (v_{h_1 1} v_{h_1 2}, \ldots, v_{h_1 n})^t$ wird wie unter 2. verfahren: $v_{(k+1)o} = \{|v_{h_1}|_{(1)}, |v_{h_1}|_{(2)}, \ldots, |v_{h_1}|_{(n)}\}$, mit $|v_{h_1}|_{(1)} \leq |v_{h_1}|_{(2)} \leq \ldots \leq |v_{h_1}|_{(n)}$.

5. Die Schritte 3. und 4. werden mit $k = 0, 1, 2, \ldots, K$ bis zur Konvergenz, oder eine vorgegebene Anzahl K mal, wiederholt.

6. Die Schritte 1. bis 5. werden so oft durchgeführt, bis mit an Sicherheit grenzender Wahrscheinlichkeit das globale Optimum gefunden ist.

Eine ausführliche Begründung dieser Vorgensweise findet man in [Rousseeuw/Van Driessen 2006]. Dass es zweckmäßig ist, im 1. Schritt die Anfangsnäherung aus u statt aus h Modellzeilen zu berechnen, ergibt sich aus der erheblich größeren Wahrscheinlichkeit dafür, ein ausreißerfreies Submodell zu ziehen. Für dieses erhält man bei einem Verschmutzungsgrad ε der Daten $P_m = (1 - \varepsilon)^m$, wenn m die Anzahl der zufällig gezogenen Zeilen aus dem Modell mit n Zeilen ist. Seien beispielsweise $n = 100$, $u = 5$ und $\varepsilon = 0{,}1$, so ist die Wahrscheinlichkeit $P_u = 0{,}9^5 = 0{,}59$ und mit $h = [(n + u + 1)/2] = 53$ beträgt sie Wahrscheinlichkeit $P_h = 0{,}9^{53} = 0{,}0038$.

Nach [Rousseeuw/Van Driessen 2006] führt die Iteration der Schritte 3. und 4. spätestens nach $K = 10$ Wiederholungen zum Minimum. Es ist jedoch damit zu rechnen, dass es sich um ein

Nebenminimum handeln kann. Dies kann insbesondere dann das Konvergenzziel sein, wenn das Anfangsmodell aus dem 1. Schritt Ausreißer enthält. Es wird daher empfohlen mit einer von n abhängenden Anzahl N von Versuchrechnungen zu arbeiten, die entsprechend (7.66) abgeschätzt werden kann. Als erprobter Standardwert wird $N = 500$ empfohlen.

Da in den ersten Iterationsschritten die quadratische Form $q = \sum_{i=1}^{h} v_{h,i}^2$ die stärkste Abnahme zeigt, wird die Iteration nach 5. nur mit $K = 2$ durchgeführt, und es werden nur die 10 Submodelle gespeichert, die dabei den kleinsten Wert der Zielfunktion erhalten haben. Diese Kandidaten für die optimale Lösung werden anschließend ausiteriert, und der Parametervektor des Modell mit der kleinsten quadratischen Form ist die ermittelte Lösung $\hat{x}$.

Um die Rechnung zu Beschleunigen wird bei einem Modellumfang von $n = 600$ mit der Segmentierung begonnen. Und zwar bei $600 < n < 1500$ werden durch Zufallsauswahl Submodelle der Größe von ungefähr 300 gebildet. Bei noch umfangreicheren Modellen wird in weiteren Stufen segmentiert. Auf der nächst höheren Ebene werden maximal 5 Modelle mit je etwa 1500 Beobachtungen gebildet und so fort. Da die Zuordnung der Modellzeilen zu den Submodellen vom Zufall gesteuert wird, kann jedes dieser Modelle als repräsentativ für den Gesamtdatenbestand betrachtet werden. Die Berechnung beginnt auf der unteren Ebene mit ingesamt 500 Startmodellen nach Schritt 1., die aus den Submodellen gezogen werden. Von jedem Submodell werden nach $K = 2$ Iterationsschritten die 10 besten Lösungen als Startlösungen für die zweite Ebene benutzt, wo nach weiteren Iterationsschritten wiederum die 10 besten Lösungen ermittelt und auf die nächste Ebene gehoben werden. Schließlich wird im Gesamtmodell durch Iteration bis zur Konvergenz der Lösungsvektor $\hat{x}$ ermittelt.

Bei kleinen Modellen liefert der *FAST-LTS* Algorithmus die exakte Lösung des Minimierungsproblems. Bei großen Modellen ist dies nicht gesichert und kann auch nicht bewiesen werden. Aber es wird in akzeptabler Zeit eine Lösung ermittelt, die den normalen Ansprüchen der Praxis gerecht wird. Die Software kann von der Website der Autoren heruntergeladen werden. Ferner ist sie Bestandteil der freien Software R und als Subroutine in SAS/IML integriert.

7.4.6   Berechnung des S-Schätzers

Wenn die ρ-Funktion des durch (7.70) definierten Skalenschätzers die in Abschnitt 7.4.3 angegebenen Eigenschaften besitzt, ist er ein M-Schätzer, für den aus den Verbesserungen abzuleitenden Skalenfaktor. Da $\rho(t)$ unter diesen Annahmen zweimal differenzierbar ist, existieren, $\rho'(t) = \psi(t)$ und $w(t) = \psi(t)/t$ für $t \neq 0$ und $w(t) = \psi'(t)$ für $t = 0$. Daraus folgt, dass auch der Parametervektor durch eine M-Schätzung ermittelt wird. Es sind also die beiden Gleichungen

$$\frac{1}{n} \sum_{i=1}^{n} \rho\left(\frac{v_i}{s}\right) = K \quad \text{und} \quad \sum_{i=1}^{n} \psi\left(\frac{v_i}{s}\right) a_i = 0$$

simultan zu lösen und zwar so, dass die Minimumsbedingung (7.69) erfüllt ist. Die Vorgehensweise entspricht der, die für den eindimensionalen Fall in Abschnitt 3.4.3 beschrieben ist. Zunächst wird ein Startwert für den Parametervektor ermittelt. Dieser kann beispielsweise ein *MkMQ*-Schätzer oder ein M-Schätzer mit Verwerfungspunkt sein. Mit den Residuen dieses Schätzers wird durch Lösung von (7.70) die erste Näherung des Skalenfaktors gewonnen, vgl.

(3.66) und (3.70). Für die weitere Iteration hat man

$$s^{(k+1)} = \frac{s^k}{\sqrt{(n-u)K}} \sqrt{\Sigma_{i=1}^n \rho\left(\frac{v_i^k}{s^k}\right)},$$

$$x^{(k+1)} = (A^t W^k A)^{-1} A^t W^k l \tag{7.71}$$

mit $W^k = diag(w_1^k, w_2^k, \ldots, w_n^k)$,

$$w_i^k = \psi\left(\frac{v_i^k}{s^{(k+1)}}\right) \Big/ \left(\frac{v_i^k}{s^{(k+1)}}\right),$$

oder anstelle der Gleichung (7.71) die Iteration [Huber/Dutter 1974]

$$x^{(k+1)} = x^k + s^{(k+1)} (A^t A)^{-1} \sum_{i=1}^n \psi\left(\frac{v_i^k}{s^{(k+1)}}\right) a_i.$$

Das auf diesem Weg erreichte Minimum hängt von dem Startwert der Iteration ab und ist daher in der Regel nicht das globale Minimum.

Eine alternative Methode zur Berechnung des S-Schätzers beruht auf Versuchslösungen, die ähnlich wie beim *FAST-LTS* Algorithmus mit einer großen Zahl von Anfangsnäherungen beginnen, die anschließend durch Iterationsschritte verbessert werden. Der erste so konzipierte Algorithmus wurde unter dem Namen SURREAL in [Ruppert 1992] veröffentlicht. Eine deutliche Verbesserung der Leistungsfähigkeit hinsichtlich der Rechengeschwindigkeit und der erlaubten Modellgröße erzielten [Saliban-Barrera/Yohai 2006] mit dem Algorithmus *fast-S*, der die Ideen des *FAST-LTS* Algorithmus auf die S-Schätzung überträgt. Folgende Rechenschritte werden durchgeführt

1. Wie beim *FAST-LTS* Algorithmus wird die Versuchslösung $x_j = A_j^{-1} l_j$ berechnet, mit der, nun als x_0 bezeichnet, die Verbesserungen $v_0 = A x_0 - l$ gebildet werden.

2. Der zu der Versuchslösung gehörende Skalenfaktor s_0 wird berechnet

$$s_0 = s_0(v_0) \text{ aus } \frac{1}{n-u} \sum_{i=1}^n \rho(\frac{v_{0,i}}{s_0}) = K.$$

Die Lösung erfolgt iterativ mit dem Startwert $s_0^0 = MAM_n(v_{0,i})$ (vgl. 3.53)) nach

$$s_0^{(k+1)} = \sqrt{\frac{1}{(n-u)K} \sum_{i=1}^n w_i^k v_i^2} \text{ mit } w_i^k = \psi(\frac{v_{0,i}}{s_0^k})/(\frac{v_{0,i}}{s_0^k}).$$

3. Mit dem so errechneten Skalenfaktor s_0 werden die Gewichte

$$w_i = \psi(\frac{v_{0,i}}{s_0})/(\frac{v_{0,i}}{s_0})$$

gebildet, aus denen mit $W_0 = diag(w_1, w_2, \ldots, w_n)$ die Gewichtsmatrix für die Verbesserung der Versuchslösung nach der *MkQ* gebildet wird

$$x_1 = (A^t W_0 A)^{-1} A^t W_0 l. \tag{7.72}$$

4. Die Schritte 2. und 3. werden R mal wiederholt und enden mit der Lösung x^*, für die abschließend der Skalenfaktor s^* berechnet wird.

5. Die Schritte 1. bis 4. werden N mal wiederholt. Nur die M Lösungen mit den kleinsten Werten für s^* werden zur weiteren Verbesserung der Schätzung gespeichert. Auf diese werden die Schritte 2. und 3. bis zur Konvergenz durchgeführt. Die endgültige Lösung $\hat{x}$ ist der Parametervektor zu dem der kleinste Wert des geschätzten Skalenfaktors gehört.

Umfangreiche Monte Carlo Versuche haben gezeigt, dass die Iteration des Skalenfaktors unter 2. ohne Genauigkeitsverlust bereits nach dem 1. Schritt beendet werden kann, und dass es ebenfalls ausreicht mit $R = 1$ zu arbeiten. Bei sehr großen Modellen kann zur Reduzierung der Rechenzeit eine Zerlegung des Modells in Submodelle wie beim *FAST-LTS* Algorithmus durchgeführt werden. Weitere Einzelheiten mit mathematischen Beweisen für die Richtigkeit des Lösungsansatzes, Angaben zur Verfügbarkeit und ein auf Monte Carlo Rechnungen beruhender Vergleich mit dem *MktQ*- und dem *MkMQ*-Schätzer findet man in [Saliban-Barrera/Yohai 2006].

7.4.7 *MM*-Schätzer

Die bisher dargestellten global robusten Schätzer verhalten sich ungünstig, wenn die Beobachtungen frei von systematischen Abweichungen und Ausreißern sind. Dies zeigt sich in ihrer geringen Effizienz. Dieser Mangel kann durch geschickte Kombination von Strategien zur Erreichung eines hohen Bruchpunktes mit dem Prinzip der M-Schätzung behoben werden. Allerdings wird dadurch die Verschmutzungsempfindlichkeit $\gamma_c = \infty$ nicht verbessert und auch die Einflussfunktion bleibt unbeschränkt, so dass keine lokale Robustheit erzielt wird.

Die *MM*-Schätzung nach [Yohai 1987] erfolgt in drei Schritten:.

1. Nach einer vom Skalenfaktor unabhängigen Methode wird eine robuste Schätzung des Parametervektors durchgeführt. Der Schätzer ist so zu wählen, dass das Ergebnis $\hat{x}_0$ einen hohen Bruchpunkt besitzt sowie skalen-, regressions- und affin äquivariant ist. Diese Eigenschaften übertragen sich auf die endgültige Schätzung. Der L_1-Schätzer oder besser noch die *MkMQ*, *MktQ* oder die S-Schätzung sind für diesen Schritt empfehlenswert. Bezogen auf diesen Anfangsschätzer wird der Verbesserungsvektor $v(\hat{x}_0) = (v_1(\hat{x}_0)\ v_2(\hat{x}_0), \ldots, v_n(\hat{x}_0))$ mit $v_i(\hat{x}_0) = a_i^t \hat{x}_0 - l_i$ gebildet.

2. Es wird eine M-Schätzung des Skalenfaktors durchgeführt, für die nach (7.70)

$$\frac{1}{n} \sum_{i=1}^{n} \rho_1\left(\frac{v_i}{s}\right) = K$$

gilt. Hierin ist ρ_1 eine Verlustfunktion mit dem Verwerfungspunkt $\sup(\rho_1) = c_1$, der so gewählt wird, dass $K/c_1 = 0,5$ gilt. Damit wird erreicht, dass der asymptotische Bruchpunkt des Skalenschätzer 0,5 beträgt. Durch die Wahl von c_1 kann erreicht werden, dass der geschätzte Skalenfaktor volle Effizienz besitzt. Wird nämlich statt $\rho_1(v_i/s)$ die Verlustfunktion $\rho_1(v_i/c_1 s)$ benutzt, so lautet das Ergebnis s/c_1 statt s. Wenn die

v_i normalverteilt sind, ist c_1 so zu wählen, dass $E\rho_1(v/c_1) = K$ gilt. Für den Tukey-Schätzer (7.51) erhält man so beispielsweise $c_1 = 1{,}56$.

3. Es wird eine zweite Verlustfunktion ρ_2 mit Verwerfungsgspunkt c_2 eingeführt, für die $\rho_2(v) \leq \rho_1(v)$ gilt und die die Ableitung $\psi = \rho_2'$ besitzt. Die *MM*-Schätzung $\hat{x}$ wird durch Minimierung von

$$\sum_{i=1}^{n} \rho_2\left(\frac{v_i(\boldsymbol{x})}{s}\right) = L(\boldsymbol{x}) \tag{7.73}$$

durchgeführt, die nach Abschnitt 7.3.3 durch Lösung der Gleichung

$$\sum_{i=1}^{n} \psi(v_i(\boldsymbol{x})/s)\boldsymbol{a}_i = \boldsymbol{0} \tag{7.74}$$

mit der *inMkQ* erfolgen kann.

Obwohl durch die Iteration nach [Yohai 1987] $L(\hat{x}) \leq L(\hat{x}_0)$ gesichert ist, kann das Ergebnis ein Nebenminimum sein, das dann allerdings ebenfalls den Bruchpunk von $\hat{x}_0$ erbt und die durch die Wahl von c_2 festgelegte Effizienz besitzt. Ferner ist $\hat{x}$ ein konsistenter Schätzer für x und asymptotisch normalverteilt.

Wird mit der Verlustfunktion (7.51) gearbeitet

$$\rho_c(u) = \frac{c^2}{6} \begin{cases} 1 - [1 - (u/c)^2]^3 & \text{für } |u| \leq c \\ 1 & \text{für } |u| > c \end{cases},$$

so sind

$$\rho_1(v/c_1) \quad \text{mit} \quad c_1 = 1{,}56$$
$$\rho_2(v/c_2) \quad \text{mit} \quad c_2 > c_1$$

eine gute Wahl. Wobei mit c_1 der Bruchpunkt und mit c_2 die Effizienz der *MM*-Schätzung gesteuert werden kann. Da mit der Effizienz die asymptotische systematische Abweichung steigt, sollte c_2 nicht zu groß gewählt werden. Für $c_2 = 4{,}68$ beträgt die Effizienz 95 %. Bei vielen Anwendungen mag ein geringerer Wert ausreichen, und die Kontrolle systematischer Abweichungen wichtiger sein.

7.4.8 τ-Schätzer

Der τ-Schätzer, erstmals beschrieben und analysiert in [Yohai/Zamar 1988], kann als Weiterentwicklung des S-Schätzers betrachtet werden, der wie der *MM*-Schätzer auf zwei ρ-Funktionen mit den nach (7.70) definierten Eigenschaften basiert. Durch die Funktion ρ_1 mit Verwerfungspunkt c_1 wird der Bruchpunkt festgelegt, während ρ_2 mit c_2 die Effizienz steuert. Anders als beim S-Schätzer kann durch geeignete Wahl von ρ_1 und ρ_2 die Zielfunktion τ so gestaltet werden, dass bei maximalem Bruchpunkt hohe Effizienz erzielt wird. [Salibian-Barrera/Willems/Zamar 2008] heben die ausgezeichneten statistischen Eigenschaften dieses Schätzers hervor und beschreiben einen Algorithmus, den sie in Anlehnung an den in Abschnitt 7.4.5 beschriebenen *FAST-LTS* Algorithmus entwickelt haben. Dieser *Fast-τ* Algorithmus kombiniert wie der *FAST-LTS* die Methode der statistischen Versuche zur Gewinnung von Startlösungen mit einer Nachiteration mit der *inMkQ*, wobei die Auswahl der zu iterierenden Startlösungen und die Anzahl der Iterationsschritte so gewählt werden, dass in akzeptabler Rechenzeit auch für sehr große Modelle eine befriedigende Approximation der „wahren" Lösung gefunden wird. [Flores 2010] vergleicht verschiedene Rechenverfahren und entwickelt den *Fast-τ* Algorithmus weiter durch die Einführung von Abbruchkriterien und Gruppenbildung. Dabei werden Versuchslösungen, die zum gleichen relativen Minimum führen, in Gruppen zusammengefasst und nur eine davon anschließend iteriert.

Ausgangspunkt der Entwicklung des τ-Schätzers ist wieder der M-Schätzer für den Skalenfaktor σ (7.70)

$$\frac{1}{n} \sum_{i=1}^{n} \rho\left(\frac{v_i}{s}\right) = K \tag{7.75}$$

mit $v_i = \boldsymbol{a}_i^t \boldsymbol{x} - l_i$. Sei s die Lösung von (7.75) für ρ_1 mit $K_1 = E_\Phi(\rho_1)$, dann wird der τ-Skalenfaktor durch

$$\tau^2 = \frac{s^2}{n K_2} \sum_{i=1}^{n} \rho_2\left(\frac{v_i}{s}\right) \tag{7.76}$$

mit $K_2 = E_\Phi(\rho_2)$ definiert. Der gesuchte Parametervektor ist der Vektor $\hat{\boldsymbol{x}}$ der τ zum Minimum macht:

$$\hat{\boldsymbol{x}} = \arg\min_{\boldsymbol{x}} \tau(\boldsymbol{v}).$$

Wenn als Verlustfunktion ρ wieder (7.51) gewählt wird, so erhält man nach [Yohai/Zamar 1988] für $c_1 = 1{,}56$ die Konstante $K_1 = 0{,}203$ und den Bruchpunkt 0,5. Wird ferner $c_2 = 6{,}08$ eingesetzt, so erhält man $K_2 = 0{,}461$, und die Effizienz des Schätzers beträgt 0,95 %. Die τ-Schätzung führt auf ein konsistentes und asymptotisch normalverteiltes Ergebnis. Wird $\rho_1 = \rho_2$ gewählt, so geht der τ-Schätzer in den S-Schätzer über.

[Salibian-Barrera/Willems/Zamar 2008] schlagen eine sogenannte optimale Verlustfunktion anstelle von (7.51) vor, die vor allem hinsichtlich der systematischen Abweichung der τ-Schätzung günstigere Eigenschaften besitzt. Für die Einzelheiten dieser ρ-Funktion und des *Fast-τ* Algorithmus sei auf ihre Veröffentlichung verwiesen, in der durch eine vergleichende Monte Carlo Studie die Überlegenheit des *Fast-τ* Algorithmus im Vergleich mit anderen Optimierungsstrategien demonstriert wird. Ferner kommen sie zu dem Schluss, dass der τ-Schätzer mit der optimalen Verlustfunktion bessere Robustheitseigenschaften besitzt als der S- und der *MktQ*-Schätzer, und dass mit dem neuen Algorithmus die bisherigen rechentechnischen Schwierigkeiten beseitigt seien.

7.5 Lokal und global robuste Schätzer

Die bisher dargestellten Schätzer sind entweder lokal oder global robust. Es hat sich zwar gezeigt, dass die Effizienz global robuster Schätzer durch eine Kombination von Verlustfunktionen beliebig verbessert werden kann. Aber die Verschmutzungsempfindlichkeit bleibt dabei unverändert und die Einflussfunktion bleibt unbeschränkt. Es scheint daher, dass lokale und globale Robustheit unvereinbar sind. Dies trifft für die direkten Schätzer auch zu. Aber man kann hybride Schätzer definieren, die beide Eigenschaften in sich vereinen.

7.5.1 Ein-Schritt Iteration

Der *MkMQ*-Schätzer hat zwar den maximalen asymptotischen Bruchpunkt von 0,5 aber nur geringe Effizienz. Nach einem Vorschlag von [Rousseeuw/Leroy 1987] kann dieser Mangel durch eine anschließende Ein-Schritt M-Schätzung beseitigt werden. Sei x^* der *MkMQ*-Schätzer im linearen Modell und s^* ein zugehöriger robuster Skalenschätzer, der z. B. als Medianschätzer aus den Residuen durch

$$s^* = med_i(|v_i^*| ; v_i^* \neq 0)/0{,}675$$

bestimmt werden kann. Wird nun x^* als Näherungslösung eingesetzt, die mit einem Iterationsschritt verbessert werden soll, so hat man

$$\hat{x} = x^* + s^*(A^t A)^{-1} A^t \psi / B, \tag{7.77}$$

mit $\psi = (\psi(v_1/s^*) \ \psi(v_2/s^*), \ldots, \psi(v_n/s^*))^t$ und $B = \int \psi'(u) d\Phi(u)$.

Als ψ-Funktion wird vorzugsweise eine Funktion mit Verwerfungspunkt gewählt, die für Beobachtungen, deren Verbesserungen die gewählte Schwelle überschreiten, den Wert $\psi = 0$ annimmt. Das Ergebnis dieses Iterationsschrittes vereinigt den Bruchpunkt der *MkMQ*-Lösung mit der Effizienz des M-Schätzers. Diese Technik der Ein-Schritt Iteration zur Kombination der guten Eigenschaften verschiedener Schätzer ist vielseitig anwendbar, wie im Folgenden gezeigt wird.

[Simpson/Ruppert/Carroll 1992] schlagen vor, zur Nachiteration einen *GM*-Schätzer vom Mallow Typ (7.54) zu verwenden, der Hebelpunkte der Designmatrix herabgewichtet. Wieder von einer Schätzung x^*, s^* mit hohem Bruchpunkt ausgehend, hat der Iterationsschritt die allgemeine Form

$$\hat{x} = x^* + H^{-1} g, \quad \text{mit} \quad g = s^* A^t W \psi(v/s^*),$$
$$H = A^t V A, \quad \text{oder} \quad H = \hat{\psi}' A^t W A. \tag{7.78}$$

Die Diagonalmatrix $W = diag(w_i)$, $w_i = w(a_i)$ enthält Mallows-Gewichte (vgl. Abschnitt 7.3.4) und die Diagonalmatrix $\psi' = diag(\psi'(v_i/s^*))$ die Ableitungen der ψ-Funktion nach den Verbesserungen. $V = W\psi'$ ist das Produkt der beiden Diagonalmatrizen und $\hat{\psi}' = (\sum \psi'(v_i/s^*))/n$ ist der Mittelwert der $\psi'(v_i/s^*)$. Der so definierte Schätzer hat den Bruchpunkt der Näherung x^* und eine beschränkte Einflussfunktion. Er ist konsistent und asymptotisch normalverteilt.

[Coakley/Hettmansperger 1993] schlagen vor, den Mallow Typ *GM*-Schätzer durch den Schweppe Typ zu ersetzen, da dieser Hebelpunkte nur dann stark herabgewichtet, wenn die zugeordneten Verbesserungen groß ausfallen und daher der positive Effekt guter Hebelpunkte erhalten bleibt. Sei wieder $W = diag(w_i)$, wie oben. Für die Matrix V erhält man nun $V = diag(\psi'(v_i/s^* w_i)$ und damit den iterierten Schätzer

$$\hat{x} = x^* + s^*(A^t V A)^{-1} A^t W \psi(v/s^* w). \tag{7.79}$$

Wenn x^* ein konsistenter Schätzer mit einem asymptotischen Bruchpunkt von 50 % ist, so bleiben diese Eigenschaften nach einer Ein-Schritt Iteration mit einem mit GM-Schätzer erhalten. Dazu hat das iterierte Ergebnis die statistischen Eigenschaften eines voll iterierten GM-Schätzers, d. h. insbesondere, dass für die Verschmutzungsempfindlichkeit $\gamma < \infty$ gilt.

Für die designabhängigen Gewichte der GM-Schätzer wird unter der Annahme stochastischer Regressoren

$$w(a_i) = \min\{1, [b/(a_i - \overline{a})^t S_a^{-1} (a_i - \overline{a})]^{\beta/2}\} \tag{7.80}$$

empfohlen. Hierin bedeuten $\overline{a}$ und S_a robuste Schätzer für Erwartungswert α und die Varianz-Kovarianz Σ der a_i, die beispielsweise durch Bestimmung des MVE, wie es am Ende des Abschnitts 3.7.3 beschrieben ist, ermittelt werden. Unter Annahme der Normalverteilung $a_i \sim N_u(\alpha, \Sigma)$ besitzt der Mahalanobis-Abstand $(a_i - \overline{a})^t S_a^{-1} (a_i - \overline{a})^{1/2}$ eine χ_{u-1}-Verteilung. Wird in (7.80), wie üblich, $\beta = 1$ gesetzt und soll die Herabgewichtung beginnen, wenn $(a_i - \overline{a})^t S_a^{-1} (a_i - \overline{a})^{1/2} > \chi_{u-1,1-\alpha}$ ausfällt, so wird für b das α-Fraktil (z. B. $\alpha = 0{,}1$) der χ_{u-1}-Verteilung eingesetzt. Bei fester Designmatrix wird $w_i = w(h_{ii})$ als Funktion der Hebelwerte festgelegt.

Der so definierte Schätzer besitzt eine beschränkte Einflussfunktion, erreicht an der Normalverteilung hohe Effizienz, ist affin, skalen- und regressionsäquivariant, sowie asymptotisch normalverteilt.

7.5.2 $G\tau$-Schätzer

Der in Abschnitt 7.4.8 eingeführte τ-Schätzer hat, wie erläutert, neben einem hohen Bruchpunkt und einstellbarer Effizienz eine Reihe weiterer Vorteile im Vergleich zu anderen global robusten Schätzern. Aber er besitzt eine unbeschränkte Einflussfunktion und die Verschmutzungsempfindlichkeit $\gamma_c = \infty$. Um diese Mängel zu beheben, schlagen [Ferretti et al. 1996] vor, ähnlich wie bei den GM-Schätzern, designabhängige Gewichte einzuführen, um Hebelpunkte herabzugewichten. Die Realisierung dieser Idee wird in [Yohai 1997] und [Ferretti et al. 1999] ausführlich beschrieben. Dort findet man auch eine mathematische Analyse der Robustheitseigenschaften und Hinweise für die Entwicklung von Algorithmen zur numerischen Durchführung der Schätzung.

Als Gewichte w_i verwenden [Ferretti et al. 1999] positive nichtabnehmende Funktionen von $(a_i^t S_a^{-1} a_i)^{1/2}$. Bei stochastischen Regressoren ist S_a eine robuste Schätzung der Varianz-Kovarianz Matrix der a_i, die bei festem Design durch die Normalgleichungsmatrix $A^t A$ substituiert wird.

$$w_i = w[(a_i^t S_a^{-1} a_i)^{1/2}] \quad \text{und} \quad v_i^* = v_i w_i, \tag{7.81}$$

mit $v_i = a_i^t x - l_i$. Aus (7.75) wird damit

$$\frac{1}{n} \sum_{i=1}^{n} \rho_1 \left(\frac{v_i^*}{s^*} \right) = K \tag{7.82}$$

mit der Verlustfunktion ρ_1, die die beim τ-Schätzer geforderten Eigenschaften besitzt und der Konstanten K, für die $K < \sup_x \rho_1(x)$ gelten muss. Der gewichtete τ-Skalenfaktor wird nun durch

$$\tau^{*2} = \frac{s^{*2}}{n} \sum_{i=1}^{n} \rho_2\left(\frac{v_i^*}{s^*}\right) \tag{7.83}$$

definiert, wobei ρ_2 ebenfalls die oben genannten Eigenschaften einer Verlustfunktion besitzen muss. Der $G\tau$-Schätzer $\hat{x}$ ist der Unbekanntenvektor, der τ^* zum Minimum macht.

$$\hat{x} = \arg\min \tau^*(v(x))$$

Neben den positiven Eigenschaften des τ-Schätzers besitzt $\hat{x}$ eine beschränkte Einflussfunktion und ist wegen $\gamma_c = \gamma^* < \infty$ lokal robust.

In der angegebenen Literatur steht in (7.83) statt des Quadrats die allgemeine Potenz $\kappa \geq 1$, die ebenfalls zu einer Lösung führt. Da allerdings in der Regel die Normalverteilung als Bezug gewählt wird und der Skalenfaktor kompatibel mit der Standardabweichung sein sollte, ist es zweckmäßig $\kappa = 2$ zu setzen.

Der Rechenweg zur Ermittlung des $G\tau$-Schätzer setzt sich ähnlich wie beim τ-Schätzer aus der Bestimmung von Ausgangslösungen nach der Methode der statistischen Versuche und der Verbesserung von aussichtsreichen Ergebnissen mit der *inMkQ* oder der Newton-Raphson Iteration zusammen. [Ferretti et al. 1999] berichten über eine umfangreiche Monte Carlo Studie in der sie die Schätzer, die sowohl lokal als auch global robust sind, vergleichen. Das Fazit ist, dass es keinen nach allen Kriterien besten Schätzer gibt. Generell schneidet der $G\tau$-Schätzer besser ab als die Schätzer mit Ein-Schritt Iteration, wenn u und der Verschmutzungsgrad ε groß sind. Bei der Bewertung der in umfangreichen Tabellen dokumentierten Ergebnisse ist zu beachten, dass sie wie immer auch von der eingesetzten Simulation der Ausreißer und vom Umfang der Modelle abhängen, deren Größtes von der Ordnung 140×10 ist.

7.5.3   *CM*-Schätzer

Nach [Mendes/Tyler 1996] bringt es Vorteile, die Verlustfunktion eines *VP*-Schätzers unter einer Nebenbedingung zu minimieren. Dadurch kann erreicht werden, dass die Schätzung einen hohen Bruchpunkt, geringe Ausreißersensitivität und hohe asymptotische Effizienz besitzt, sowie konsistent und asymptotisch normalverteilt ist. Dieser Ansatz wurde in [Edlund/Ekblom 2005] weiterentwickelt, und es wurde eine Lösungsstrategie für das globale Optimierungsproblem mit Nebenbedingungen entwickelt, die auch die numerische Bearbeitung umfangreicher Modelle ermöglicht.

Die *CM*-Schätzung erfolgt durch das Aufsuchen des globalen Minimums der Loglikelihoodfunktion (7.31)

$$-\ln \mathcal{L} = \sum_{i=1}^{n} \rho\left(\frac{l_i - a_i^t x}{\sigma}\right) + n \ln \sigma, \text{ bzw.}$$

$$L(x,\sigma) = \frac{1}{n} \sum_{i=1}^{n} \rho(v_i/\sigma) + \ln(\sigma) \tag{7.84}$$

unter der Nebenbedingung

$$\frac{1}{n} \sum_{i=1}^{n} \rho(v_i/\sigma) \leq \delta\rho(\infty) \tag{7.85}$$

für $x \in \mathcal{R}^u$ und $\sigma \in \mathcal{R}^+$. Als Verlustfunktion wird die leicht modifizierte ρ-Funktion des Tukey-Schätzers (7.51) eingesetzt

$$\rho(u) = \frac{c}{6} \left\{ \begin{array}{ll} 1 - [1 - u^2]^3 & \text{für} \quad |u| \leq 1 \\ 1 & \text{für} \quad |u| > 1 \end{array} \right. .$$

Als Grenzfälle des Schätzers erhält man, wenn in (7.85) das Gleichheitszeichen gesetzt wird, den S-Schätzer, und für das Kleinerzeichen den Tukey-Schätzer.

Die Eigenschaften des Schätzers hängen von den Konstanten δ und c ab. δ bestimmt den Bruchpunkt, der nach [Mendes/Tyler 1996] näherungsweise gleich $\min(\delta, 1 - \delta)$ ist. Für $\delta = 0{,}5$ ist daher auch der Bruchpunkt ungefähr $\delta^* = 0{,}5$. [Edlund/Ekblom 2005] enthält eine Tabelle aus der für $\gamma^* = 0{,}5$ die Beziehungen zwischen c, der Effizienz und der Ausreißersensitivität γ^* abgelesen werden können. Für $c = 19{,}62$ nimmt die Ausreißersensitivität ihr Minimum von $\gamma^* = 1{,}64$ an bei einem Effizienzwert von $0{,}85$. Wird eine höhere Effizienz von beispielsweise $0{,}99$ gefordert, so ist $c = 56{,}02$ zu wählen und man erhält $\gamma^* = 2{,}28$.

Mit numerischen Studien werden die Flexibilität und die hervorragenden Eigenschaften des *CM*-Schätzers in [Edlund/Ekblom 2005] demonstriert und mit dem S-Schätzer verglichen. Der vorgeschlagene Optimierungsalgorithmus ist zweistufig aufgebaut und mit der in Abschnitt 7.4.6 beschriebenen Lösungsstrategie für den S-Schätzer vergleichbar.

7.6 Heuristische robuste Schätzer (*HR*-Schätzer)

Die bisher behandelten robusten Schätzer wurden mit dem Ziel entwickelt, einige oder alle der in Abschnitt 7.2 erläuterten Kriterien der Robustheit zu erfüllen. Da diese Kriterien nicht für alle linearen Modelle und alle zu bearbeitenden Daten von gleicher Wichtigkeit sind, und da mit der Anzahl der erfüllten Kriterien die Komplexität der Schätzer und der Lösungsalgorithmen zunimmt, ist eine kaum noch überschaubare Anzahl von robusten Schätzern mit verschiedenen Eigenschaften entstanden. Der Anwender statistischer Schätzmethoden steht damit vor dem Problem, den für seine Aufgabe optimalen Schätzer auszuwählen.

Für die bisherige Darstellung in diesem Kapitel wurde eine Auswahl getroffen mit dem Ziel, aus jeder Gruppe verwandter Schätzer die wichtigsten Repräsentanten vorzustellen. Mit Ausnahme der von [Koch 1996] und der von [Chave/Thomson 2003] vorgeschlagenen, empirisch festgelegten, Gewichte für die *GM*-Schätzung, ist den dargestellten Schätzern gemeinsam, dass sie auf einer klaren theoretischen Grundlage stehen, und dass ihre Robustheitseigenschaften mathematisch abgeleitet worden und damit bekannt sind.

Neben diesen in der Mathematischen Statistik entwickelten Schätzverfahren ist eine Reihe von robusten Schätzern in der Praxis entstanden. Meist wurden, ausgehend von einer der beschriebenen Schätzalgorithmen, durch den Bearbeiter Modifizierungen vorgenommen, die für die vorliegende Schätzaufgabe und die erhobenen Daten brauchbare Ergebnisse erwarten lassen. Die Wirksamkeit dieser heuristischen Schätzer ist in der Regel an realen Daten und durch Monte Carlo Studien nachgewiesen. Weitergehende theoretische Analysen und mathematische Beweise dafür, welche der statistischen Kriterien der Robustheit erfüllt sind, fehlen meist.

Ein typisches Beispiel für diese Vorgehensweise wird in [Vanlanduit/Guillaume 2004] beschrieben. Bei Vibrationsmessungen mit einem Scanning Doppler Laser Vibratometer fallen in der Regel folgende Auswerteschritte an: Die Position der angeregten Struktur relativ zum Messsystem muss bestimmt werden, die als Zeitreihen anfallenden Daten sind von Ausreißern zu befreien und die entstehenden Lücken durch plausible Ersatzwerte zu füllen, mit der Diskreten Fourier Transformation bzw. der FFT wird das Spektrum der vorverarbeiteten Daten geschätzt, die Parameter des Modells zur Beschreibung des Verhaltens der Struktur bei Vibrationen sind zu schätzen. Neben dem Median-Filter werden zur Schätzung empirische schnelle robuste Verfahren eingesetzt, da die klassischen iterativen Schätzer zu langsam für diese Anwendung sind.

Im folgenden Unterabschnitt werden weitere modifizierte Schätzer kurz vorgestellt, deren Eigenschaften sich am besten an den Gewichtsfunktionen darstellen lassen, die für die *inMkQ* gewählt werden.

7.6.1   Empirische Gewichte

Nach Abschnitt 7.3.1 werden alle Schätzer, die auf der Minimierung einer Verlustfunktion der Form (7.35) beruhen, als M-Schätzer bezeichnet. Die Ableitung dieser Verlustfunktion führt auf das implizite Gleichungssystem (7.36)

$$\sum_{i=1}^{n} \psi\left(\frac{l_i - \boldsymbol{a}_i^t \hat{\boldsymbol{x}}}{\sigma}\right)\boldsymbol{a}_i = \sum_{i=1}^{n} \psi\left(\frac{v_i(\hat{\boldsymbol{x}})}{\sigma}\right)\boldsymbol{a}_i = \boldsymbol{0} \quad \text{mit } \psi = \rho',$$

für dessen Lösung $\hat{\boldsymbol{x}}$ meist das Verfahren der iterativ nachgewichteten Methode der kleinsten Quadrate (*inMkQ*) eingesetzt wird (vgl. Abschnitt 7.3.2). Die Gewichte sind nach (7.39) als

$$w_i = \begin{cases} \psi(u_i)/u_i & \text{für } u_i \neq 0 \\ \psi'(u_i) & \text{für } u_i = 0 \end{cases}$$

definiert. Da die Gewichte sehr anschaulich zeigen, wie der Einfluss der einzelnen Beobachtungen von den Verbesserungen abhängt, liegt es nahe, robuste Schätzer durch geeignete Wahl einer Gewichtsfunktion zu definieren. Die folgenden vier empirischen Schätzer zeigen beispielhaft Gewichtsfestlegungen, bei denen Ausreißer in den Messungen lokalisiert bzw. unschädlich gemacht werden sollen, während das fünfte Beispiel auch Ausreißer in der Koeffizientenmatrix berücksichtigt.

Eine für Positionsschätzungen im Bereich der Geodäsie populär gewordene Gewichtsfunktion geht nach [Krarup/Kubik/JUHL 1980] und [Jorgensen et al. 1984] auf Krarup zurück und ist seit Ende der sechziger Jahre in der dänischen Landesvermessung bei der Ausgleichung der Richtungs- und Streckenmessungen zum Aufbau des Landesfestpunktfeldes eingesetzt worden. In Anlehnung an den Huber-Schätzer wurden die Gewichte für den Iterationsschritt $(k + 1)$ der *inMkQ* nach

$$w_i^{k+1} = \begin{cases} 1 & \text{für } \left|l_i - \boldsymbol{a}_i^t \hat{\boldsymbol{x}}^k\right| < a \cdot s \\ \exp -\frac{\left|l_i - \boldsymbol{a}_i^t \hat{\boldsymbol{x}}^k\right|}{a \cdot s} & \text{sonst} \end{cases} \qquad (7.86)$$

festgelegt. Nach der Homogenisierung des Modells (7.2) wird als erste Näherung in Abhängigkeit von der Datenqualität entweder eine *MkQ*- oder eine L_1-Schätzung durchgeführt. Die Standardabweichung s wird a priori geschätzt oder als MAM_n-Schätzer (7.42) gewählt und bei der Iteration konstant gehalten. Für die freie Konstante wird in [Jorgensen et al. 1984] $a = 3$ empfohlen. Es gibt mehrere Varianten dieser sogenannten *Dänischen Methode* (*DM*), die sich in der Wahl der Konstanten oder der Form der Exponentialfunktion unterscheiden, s. z. B. [Caspary 1987], [Kubik/Lyons 1988] und [Wieser 2002]. Ursprünglich diente dieser Schätzer dazu, inkonsistente Beobachtungen zu identifizieren, über deren Behandlung nach einer individuellen Überprüfung entschieden wurde. Die abschließende Parameterschätzung erfolgte mit dem bereinigten Datensatz nach der *MkQ*. Später wurde die *DM* auch als eigenständige Schätzmethode empfohlen, da sie sich als sehr wirksam erwiesen hat und nach wenigen Iterationen zum Ziel führt. Es ist jedoch zu beachten, dass die Gewichtsfunktion und damit auch die ψ-Funktion bei $a \cdot s$ eine Unstetigkeitsstelle besitzt, die zu numerischen Problemen führen kann.

Unter dem Begriff Dämpfungsfunktion (*damping function*) führen [Gargula/Krupinski 2007] und [Gargula 2009] Gewichtsfaktoren zur Reduzierung des Einflusses von Beobachtungen mit großen Residuen ein. Sie wählen die *MkQ* mit einer diagonalen a priori Gewichtsmatrix P als Grundlage, und erhalten damit die erste Näherung für die Parameter. Im nächsten Schritt werden die homogenisierten Verbesserungen

$$\overline{v}_i = \frac{v_i}{\sqrt{q_{iiv}}} = \frac{v_i \sqrt{p_i}}{\sqrt{(1 - h_{iip})}} = v_i \sqrt{\frac{p_i}{f_i}} \tag{7.87}$$

mit dem a priori Gewicht p_i und dem Redundanzbeitrag f_i gebildet, vgl. (7.56). Mit den Werten der Dämpfungsfunktion

$$d(\overline{v}_i) = \begin{cases} 1 & \text{für} \quad |\overline{v}_i| \leq k_0 \\ 1 - \frac{\overline{v}_i^2 - 2k_0|\overline{v}_i| + k_0^2}{(k - k_0)^2} & \text{für} \quad k_0 < |\overline{v}_i| < k \\ 0 & \text{für} \quad |\overline{v}_i| \geq k \end{cases} \tag{7.88}$$

werden die a priori Gewichte multipliziert und ergeben die neuen Gewichte für die j-te Iteration $(p_i)_j = p_i d(\overline{v}_i)_j$, $j = 1,2,\ldots$. Die Konstanten k und k_0 werden so festgelegt, dass unter der Voraussetzung normalverteilter Verbesserungen, ähnlich wie beim Hampel-Schätzer, vgl. Abb. 3.4, ein Annahmebereich, ein Bereich mit Gewichtsreduktion und ein Verwerfungsbereich für die Beobachtungen entsteht. Die Autoren schlagen weitere Varianten für die Dämpfungsfunktion vor und demonstrieren an Beispieldatensätzen die rasche Konvergenz des Verfahrens.

Zur robusten Schätzung systematischer Fehler in SLR-Messungen (*satellite laser range*) gehen [Yang et al. 1999] einen ähnlichen Weg. Sie definieren *äquivalente Gewichte* $\overline{p}_i$ der Beobachtungen als Produkt aus den a priori Gewichten p_i und einem von den Verbesserungen abhängigen Faktor $d(v_i)$:

$$\overline{p}_i = p_i d(v_i), \quad d(v_i) = \psi(v_i)/v_i.$$

Mit v_i^* als gewichteter Verbesserung, die als $v_i^* = v_i/s_i$ mit $s_i = s_0/\sqrt{p_i}$ definiert wird, legen sie folgende Funktion $d(v_i^*)$ fest:

$$d(v_i^*) = \begin{cases} 1 & \text{für } |v_i^*| \leq k_0 \\ \dfrac{k_0}{|v_i^*|}\left(\dfrac{k_1-|v_i^*|}{k_1-k_0}\right)^2 & \text{für } k_0 < |v_i^*| < k_1 \\ 0 & \text{für } |v_i^*| > k_1 \end{cases}. \qquad (7.89)$$

Für die Konstanten wird $1{,}0 < k_0 < 1{,}5$ und $3{,}0 < k_1 < 6{,}0$ empfohlen. Als Standardabweichung einer Beobachtung mit dem Gewicht 1 wird der normierte Medianschätzer $s_0 = med\{|v_i^*|\}/0{,}6745$ vorgeschlagen. Als posteriori Varianz-Kovarianz Matrix der geschätzten Parameter verwenden die Autoren

$$S_{\hat{x}} = s^2(A^t\overline{P}A)^{-1} \quad \text{mit } s^2 = (v^t\overline{P}v)/(n-u).$$

Zur Schätzung vertikaler Krustenbewegungen in der Region der Großen Seen Nordamerikas kombinieren [Rangelova/Fotopoulos/Sideris 2009] aus GPS-Beobachtungen abgeleitete Hebungsgeschwindigkeiten, mit auf Pegelmessungen bezogenen Ergebnissen der Satellitenaltimetrie und Vertikalbewegungen, die aus Daten der GRACE-Mission gewonnen werden. Dieser hinsichtlich Genauigkeit und räumlicher Verteilung heterogene Datensatz wird zunächst homogenisiert. Die vorverarbeiteten GRACE-Daten besitzen eine vollbesetzte Varianz-Kovarianz Matrix, deren Eigenwertzerlegung $\Sigma_{GRACE} = E^t\Lambda E$ die Transformationsmatrix E liefert, mit der dieser Modellteil diagonalisiert wird. Die Schätzung erfolgt in einem linearen Modell, das die Gewichte der Basisfunktionen (inverse multiquadratische Funktionen) liefert, mit denen die Hebungsgeschwindigkeiten auf ein Punktgitter übertragen werden. Da mit Ausreißern in den Daten gerechnet werden muss, wird zur Schätzung die *inMkQ* eingesetzt. Die erste Näherung liefert die *MkQ* mit den a priori Gewichten. Die standardisierten Verbesserungen $u_i = v_i/s_{v_i}$ mit $s_{v_i} = s_0\sqrt{(1-h_{iip})/p_i}$ und s_0 als *MAM$_n$*-Schätzer (7.42) dienen zur Berechnung der Gewichtsfaktoren für den nächste Iterationsschritt:

$$\psi(u_i) = u_i/(1+\frac{|u_i|}{k}), \quad w_i = \psi(u_i)/u_i = (1+\frac{|u_i|}{k})^{-1}, \qquad (7.90)$$

mit denen die neuen Gewichte $\overline{p}_i = p_i w_i$ gebildet werden. Diese Rechenschritte werden solange wiederholt, bis die Änderungen der Parameterschätzung insignifikant sind. Für die Konstante k schlagen die Autoren den Wert 1,4 vor.

Die folgende Graphik zeigt den Verlauf der vier heuristisch festgelegten Gewichtsfunktionen mit angeglichenen Konstanten, so dass ein anschaulicher Vergleich möglich wird.

Der in [Wicki 1998] und [Wicki 2001] vorgeschlagene *BIBER*-Schätzer für die Positionsschätzung in geodätischen Netzen gehört zu den *GM*-Schätzern (Abschnitt 7.3.4). Da er relativ leicht zu implementieren ist und und in zahlreichen Einsätzen gute Ergebnisse erzeugt hat, hat er in der geodätischen Fachliteratur Aufmerksamkeit und in der Praxis, vor allem in der Schweiz, Verbreitung gefunden. Er wird in erster Linie als Werkzeug zur Aufdeckung grober Messfehler in geodätischen Netzen, die aus verschiedenartigen Messelementen aufgebaut sind, eingesetzt, und zu diesem Zweck der abschließenden Parameterschätzung nach der *MkQ* vorgeschaltet.

Gewicht

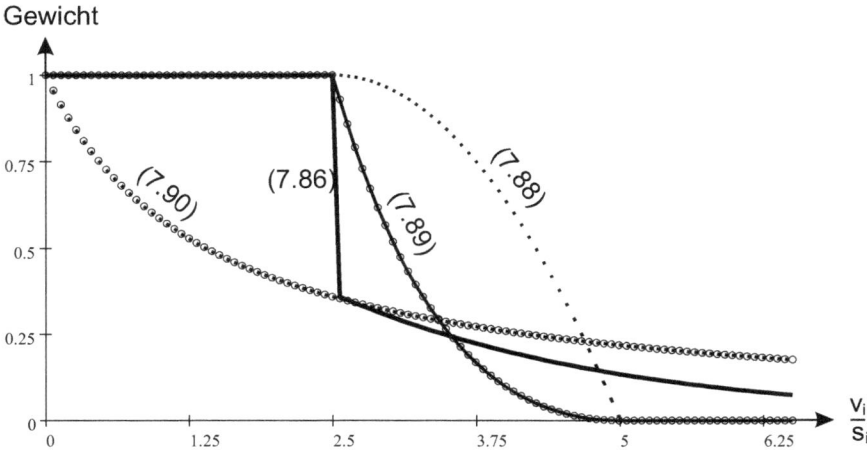

Abbildung 7.4: Empirische Gewichtsfunktionen mit vereinheitlichten Konstanten

Ausgehend von dem Schweppe-Schätzer (7.55)

$$\phi(\boldsymbol{a},u) = g^{-1}(\boldsymbol{a})\psi(ug(\boldsymbol{a})) = \phi(g(\boldsymbol{a}),u) \tag{7.91}$$

wählt Wicki in Übereinstimmung mit (7.56) als Gewichtsfunktion $g^{-1}(\boldsymbol{a}) = \sigma_{v_i} = \sigma_0\sqrt{1-h_{ii}} = \sigma_0\sqrt{f_i}$ und die ψ-Funktion nach Huber. Daraus folgt mit der standardisierten Verbesserung $u_i = v_i/\sigma_{v_i}$ die Darstellung des Schätzers (7.38)

$$\sum_{i=1}^{n} \psi_c(u_i)\boldsymbol{a}_i = \boldsymbol{0}, \quad \psi_c(u_i) = \begin{cases} u_i & \text{für} \quad |u_i| < c \\ sign(u_i)c & \text{für} \quad |u_i| \geq c \end{cases}. \tag{7.92}$$

Die frei wählbare Konstante c, für die Wicki einen Wert im Intervall $2{,}5 \leq c \leq 4$ empfiehlt, trennt die modellkonformen Beobachtungen, $|u_i| < c$, deren Verbesserungsquadrate in die Verlustfunktion eingehen, von den möglichen Ausreißern, $|u_i| \geq c$, die herabgewichtet werden. Im realisierten Schätzprogramm wird die Standardisierung der Verbesserungen durch die Einführung eines variablen Schwellenwertes ersetzt, für den

$$k_i = c\sigma_{v_i} = c\sigma_0\sqrt{f_i}$$

gilt. Die Schätzgleichung lautet damit

$$\sum_{i=1}^{n} \psi_{k_i}(v_i)\boldsymbol{a}_i = \boldsymbol{0}, \quad \psi_{k_i}(v_i) = \begin{cases} v_i & \text{für} \quad |v_i| < k_i \\ sign(v_i)k_i & \text{für} \quad |v_i| \geq k_i \end{cases}. \tag{7.93}$$

Im Gegensatz zu Hubers Vorschlag (7.56) führt Wicki keine parallele Skalenschätzung durch. Die a priori geschätzten Varianzen bzw. Gewichte der Beobachtungen werden konstant gehalten. Dies ist dadurch gerechtfertigt, dass in dem vorgesehenen Einsatzgebiet, der geodätischen Netzausgleichung, die Beobachtungen vor der Parameterschätzung durch Mess- und Rechenkontrollen überprüft werden, so dass mit nur einer geringen Anzahl von Ausreißern gerechnet wird.

Das Berechnungsverfahren beginnt mit der Homogenisierung des Modells (7.2) und nachfolgender *MkQ*-Schätzung. Wenn mehrere Verbesserungen in das Intervall $|v_i| \geq k_i$ fallen, wird angenommen, dass die dem Betrage nach größte standardisierte Verbesserung $u_i = u_i^*$ zu einer möglicherweise fehlerhaften Beobachtung l_i^* gehört. Der Einfluss dieser Beobachtung wird für die weitere Schätzung reduziert. Dies kann auf verschiedene Weise erreicht werden. Z. B. kann die Beobachtung so modifiziert werden, dass sie beim nächsten Durchlauf der *MkQ* genau die Verbesserung k_i erhält. Dazu ist

$$l_i^\# = l_i^* - \frac{v_i^* - sgn(v_i^*)k_i}{-(1-h_{ii})}$$

zu setzen. Dasselbe Ergebnis kann erreicht werden, wenn der Beobachtung das „Gewicht" $p_i^* = k_i / |v_i^*|$ gegeben wird. In jedem Iterationsschritt wird eine Beobachtung identifiziert, deren Einfluss auf die beschriebene Weise reduziert wird. Dieses Verfahren wird sooft wiederholt, bis alle Beobachtungen die Verbesserungen $|v_i| \leq k_i$ bekommen haben. Da bei jedem Schätzschritt alle Verbesserungen neue Werte erhalten, können zusätzliche Iterationsschritte nötig werden, wenn zuvor modifizierte Beobachtungen Residuen erhalten, die wieder den Schwellenwert überschreiten. Für weitere Einzelheiten sei auf [Wicki 1999] verwiesen.

7.6.2   Vorinformationen

Eine grundlegende Kritik am Konzept des Bruchpunktes, wie er in der Literatur über robuste Statistik eingeführt ist und verwandt wird, findet man in [Xu 2005]. An extremen Konstellationen von Daten und Hebelpunkten wird dort gezeigt, dass robuste Schätzer schon bei einem Ausreißer versagen können, auch wenn der Bruchpunkt theoretisch bei 0,5 liegt. Dies kann vor allem für mehrstufige Schätzer zum Problem werden, deren Robustheit darauf beruht, dass im ersten Schritt ein Schätzer mit hohen Bruchpunkt, z. B. der *MkMQ*-Schätzer eingesetzt wird.

Andererseits wird bei der Definition des Bruchpunktes der ungünstigste Fall der Verschmutzung zugrunde gelegt, der in der Realität eine Wahrscheinlichkeit nahe 0 besitzt. Wenn man annimmt, dass der angewandte Statistiker über gutes Hintergrundwissen bezüglich des Problems verfügt, für das das Modell entwickelt und die Schätzung durchgeführt werden soll, so wird er realistische Annahmen über die Vorzeichenverteilung der Ausreißer machen können.

Wenn man beispielsweise für die Vorzeichen eine Bernoulli-Verteilung annimmt, d. h. mit Wahrscheinlichkeit p nehmen die Ausreißer, unabhängig von ihrer Größe, das positive Vorzeichen an ($v(i) = 1$), und mit der Wahrscheinlichkeit $q = p - 1$ das negative Vorzeichen ($v(i) = 0$). Und ferner annimmt, dass m der n Beobachtungen grob fehlerhaft und dass alle Vorzeichen unabhängig sind, so erhält man für die Wahrscheinlichkeitsverteilung der Vorzeichen der Ausreißer die Binomialverteilung mit $v = \sum_{i=1}^{m} v(i)$

$$B(v \mid p, m) = \binom{m}{v} p^v q^{m-v}. \tag{7.94}$$

Xu schlägt vor, die Vorzeichenverteilung als Zusatzinformation bei der Definition und Berechnung des Bruchpunktes robuster Schätzer zu verwenden. Dies führt zur Definition des *subjektiven Bruchpunktes* $\delta_s^* = m/n$, zu dem die Wahrscheinlichkeit gehört, dass der Schätzer bei gegebenem m und p versagt. Am Beispiel des Medians, der nach der Definition in

Abschnitt 1.2.5, maximal $m = n/2 - 1$ für $n = 2k$ bzw. $m = [n/2]$ für $n = 2k + 1$ Ausrei-ßer verkraften kann, demonstriert er die Berechnung des subjektiven Bruchpunktes. Für jedes gewählte m im Intervall $[n/2] + 1 \leq m \leq n$ und jedes p kann die Wahrscheinlichkeit P^* des Versagens des Medians berechnet werden:

$$P^* = \sum_{i=0}^{m-([n/2]+1)} \binom{m}{i} p^i q^{m-i} + \sum_{i=[n/2]+1}^{m} \binom{m}{i} p^i q^{m-i}. \tag{7.95}$$

Alternativ erhält man für die Wahrscheinlichkeit P, dass der Median m Ausreißer verkraftet

$$P = 1 - P^* = \sum_{i=m-[n/2]}^{[n/2]} \binom{m}{i} p^i q^{m-i}. \tag{7.96}$$

Setzt man $p = 1$ und damit $q = 0$ oder umgekehrt und $m \geq [n/2] + 1$, so erhält man in Übereinstimmung mit der Theorie $P^* = 1$. Nimmt man nun an, dass beide Vorzeichen dieselbe Wahrscheinlichkeit besitzen, d. h. $p = q = 0,5$ und m Ausreißer in der Stichprobe vom Umfang $n = 101$ enthalten sind, so erhält man

$$m = 55 \to \delta_s^* = 0,55, \quad P^* = 2,05 \times 10^{-11}$$
$$m = 70 \to \delta_s^* = 0,69, \quad P^* = 8,30 \times 10^{-5}.$$

Der subjektive Bruchpunkt sagt in diesem Fall aus, dass selbst bei einer Verschmutzung von 69 % das Versagen des Medians nur eine Wahrscheinlichkeit von 8×10^{-5} besitzt und damit praktisch nicht zu befürchten ist.

Xu schlägt ferner vor, Vorinformationen über die Vorzeichenverteilung der Residuen bei der Konstruktion eines robusten Schätzers für die Parameter linearer Modelle zu nutzen. Er kleidet diese Vorinformation in eine Bedingungsgleichung, die dafür sorgt, dass die Anzahl der positiven und negativen Vorzeichen gleich wird. Er setzt also eine zum Erwartungswert symmetrische Verteilung der Abweichungen voraus. Für das Modell (7.1) mit unkorrelierten Beobachtungen

$$l + v = A\hat{x}, \quad P; \quad \Sigma_l = \sigma_0^2 Q,$$
$$Q^{-1} = P = diag\left(\frac{\sigma_0^2}{\sigma_1^2}, \frac{\sigma_0^2}{\sigma_2^2}, \ldots, \frac{\sigma_0^2}{\sigma_n^2}\right)$$

ist dieser Schätzer durch die Gleichung

$$(l - A\hat{x})^t W(l - A\hat{x})/r \to \min \tag{7.97}$$

definiert, die unter der Bedingung

$$\sum_{i=1}^{n} sign(l_i - a_i^t x) = 0 \tag{7.98}$$

zu minimieren ist. Für die Gewichte w_i gilt

$$w_i = \begin{cases} p_i & \text{für } |l_i - a_i^t x| \leq c s_0/\sqrt{p_i} \\ 0 & \text{sonst} \end{cases}. \tag{7.99}$$

s_0 ist ein robuster Schätzwert für σ_0, der z. B. als MAM_n

$$s_0 = med(\left| l_i - \boldsymbol{a}_i^t \boldsymbol{x} \right| \sqrt{p_i})/0{,}6745$$

gewonnen werden kann, damit erhält man $s_0/\sqrt{p_i} = \frac{s_0}{\sigma_0}\sigma_i$. Für die Konstante c kann man einen von der Datenqualität abhängenden Wert, z. B. $c = 2$, wählen. r ist die Anzahl der von 0 verschiedenen Gewichte in (7.97), und die *sign*-Funktion ist folgendermaßen definiert

$$sign(t) = \left\{ \begin{array}{ccc} +1 & \text{für} & t > 0 \\ 0 & \text{für} & t = 0 \\ -1 & \text{für} & t < 0 \end{array} \right. .$$

Da das Schätzproblem weder linear noch glatt ist, werden zur Lösung Methoden der globalen Optimierung benötigt. Das Ergebnis sind die r Beobachtungen, die die Gleichungen (7.97) und (7.98) befriedigen. Diese werden in die abschließende gewöhnliche *MkQ*-Schätzung eingeführt, die zur endgültigen robusten und effizienten Parameterschätzung führt.

Keiner der M- und *GM*-Schätzer kann effektiv gegen Aureißer schützen, wenn sie teilweise in Hebelpunkten auftreten. [Koch 2007] schlägt deshalb einen neuen zweistufigen Schätzer vor, der in der Lage ist, auch wenn solche ungünstig platzierten Ausreißer vorhanden sind, alle Ausreißer zu identifizieren. In der ersten Stufe wird versucht, Vorinformation über die Parameter zu gewinnen. In der zweiten Stufe wird dann eine Bayesschätzung mit allen Beobachtungen durchgeführt, bei der die Ergebnisse der ersten Stufe als a priori Information eingebracht werden.

Wenn es sich um die Wiederholung von Experimenten handelt, oder auch in anderen Sonderfällen, mag bereits Vorinformation über die Parameter vorhanden sein. Normalerweise muss sie aber aus den vorliegenden Daten gewonnen werden. Unter der Annahme, dass nur ein moderater Prozentsatz von Beobachtungen grob fehlerhaft ist und von diesen nur wenige in Hebelpunkten liegen, werden nach Zufall Untermengen der Daten gebildet, mit denen eine robuste M-Schätzung durchgeführt wird. Die Anzahl der Untermengen, die zu bilden ist, um mit einer geforderten Wahrscheinlichkeit nahe 1 einen sauberen Datensatz zu erhalten, kann in Abhängigkeit der angenommenen Ausreißerzahl nach Formeln in [Koch 2007] berechnet werden. Der Schätzung mit der kleinsten Quadratsumme der Residuen werden die Ergebnisse $\tilde{\boldsymbol{\xi}}$ und $\tilde{\boldsymbol{Q}}$ entnommen und in die folgende Bayesschätzung eingeführt.

Wenn die Vorinformation eine gute Näherung für die unbekannten Parameter $E(\boldsymbol{x}) = \boldsymbol{\xi}$ und die $Var(\boldsymbol{x}) = \sigma_0^2 \boldsymbol{Q}$ ist und $\boldsymbol{l}$ und $\boldsymbol{x}$ unabhängig normalverteilt sind, so lautet der Bayesschätzer

$$\hat{\boldsymbol{x}} = (\boldsymbol{A}^t \boldsymbol{P} \boldsymbol{A} + \tilde{\boldsymbol{Q}}^{-1})^{-1}(\boldsymbol{A}^t \boldsymbol{P} \boldsymbol{l} + \tilde{\boldsymbol{Q}}^{-1}\tilde{\boldsymbol{\xi}}). \tag{7.100}$$

Man kann den Schätzer $\hat{\boldsymbol{x}}$ als gewogenes Mittel aus dem *MkQ*-Schätzer mit Gewicht $\boldsymbol{A}^t \boldsymbol{P} \boldsymbol{A}$ und dem a priori Wert $\tilde{\boldsymbol{\xi}}$ mit dem Gewicht $\tilde{\boldsymbol{Q}}^{-1}$ auffassen. Lässt man die a priori Gewichtsmatrix die Schätzung deutlich dominieren, so werden die Ausreißer in den Daten nur einen geringen Einfluss auf die Schätzung des Parametervektors haben aber, unabhängig von ihrer Platzierung, klar zu identifizieren sein. Unter diesen Voraussetzungen kann der Schätzer nicht versagen. Er ist damit frei von einen Bruchpunkt. In der Praxis wird die Qualität der a priori Information nicht immer ausreichen, um in einem Schritt alle Ausreißer zu finden. Dann empfiehlt es sich, nach Elimination der größten Ausreißer den Schätzvorgang zu wiederholen.

7.6.3 Punktdaten

Koordinatensysteme sind die Basis für positionsbezogene Informationen, die Nutzung von Navigationssystemen und viele andere Aktivitäten in unserer Umwelt. Je nach Größe des Gebiets, das in Betracht gezogen wird, sind unterschiedliche Koordinatensysteme zweckmäßig und in Gebrauch. Für lokale Anwendungen werden rechtwinkelige Systeme bevorzugt, globale Betrachtungen erfordern geographische Koordinaten. Jedes Koordinatensystem benötigt einen Ursprung, die Festlegung der Achsrichtungen und eine Vorschrift, wie die unregelmäßig gekrümmte Erdoberfläche abgebildet werden soll. Ohne hier auf Einzelheiten eingehen zu wollen, die in den Fachbüchern für Geodäsie und Vermessungswesen ausführlich dargestellt werden, sei festgestellt, dass es eine sehr große Zahl unterschiedlicher Systeme gibt.

Abgesehen von nur global interessanten astronomischen Beobachtungen und von Scan- bzw. Digitalisierverfahren, auf die im nächsten Kapitel eingegangen wird, können Koordinaten nicht gemessen sondern nur indirekt bestimmt werden. Die gängigen Messverfahren sind ihrer Natur nach relativ: von Punkten bekannter Position ausgehend, werden durch Richtungs- und Streckenmessungen neue Positionen bestimmt. Während früher nur terrestrische Verfahren bekannt waren, werden heute bevorzugt Raumverfahren eingesetzt. Ein GPS-Empfänger misst beispielsweise vier oder mehr Raumstrecken zu Satelliten, deren momentane Positionen im Orbit bekannt sind. Der Schnittpunkt dieser Strecken ist die Empfängerposition im durch die Satelliten definierten globalen Koordinatensystem. Danach erfolgt die Transformation der Koordinaten in das lokale Gebrauchssystem.

Da die Koordinatensysteme meist auf unterschiedlichen Grundlagen beruhen, kann zwischen den Systemen oft keine mathematisch exakte Transformation durchgeführt werden (ungleichartige Koordinaten). Die Beziehungen zwischen den Systemen werden dann geschätzt und zwar auf der Basis von Punkten, deren Positionen in beiden Systemen als bekannt gelten, sogenannte identische Punkte oder Passpunkte. Für das folgende Modell beschränken wir uns auf die Lagekoordinaten. Für das Modell räumlicher Transformationen und eine Möglichkeit der robusten Schätzung der Transformationsparameter sei auf [Yang 1999] verwiesen.

Wenn die Koordinaten (x,y) des Start- bzw. Ausgangssystem als deterministisch und die des Zielsystems (X,Y) als unabhängige gleichgenaue Beobachtungen betrachtet werden, so erhält man als einfaches Modell der ebenen linearen Transformation (Helmert-Transformation) die Beziehungen, vgl. 5. Beispiel (Punktverschiebungen) und [Caspary/Beineke 2003],

$$
\begin{aligned}
X_i + v_{X_i} &= a + x_i c - y_i d \\
Y_i + v_{Y_i} &= b + y_i c + x_i d
\end{aligned}
\qquad i = 1,2,\ldots,p. \tag{7.101}
$$

Die unbekannten Parameter a und b sind Translationen des Koordinatenursprungs in x- bzw. y-Richtung, $c = m \cos\alpha$ und $d = m \sin\alpha$ enthalten den Maßstabsfaktor m und den Drehwinkel α für den Übergang $(x,y) \Rightarrow (X,Y)$. Wenn die Anzahl p der identischen Punkte größer als zwei ist, werden die Parameter in der Regel nach der *MkQ* geschätzt. Dabei wird die Summe der Quadrate der sogenannten Restklaffen Δ_i minimiert

$$
\sum_{i=1}^{p} (v_{X_i}^2 + v_{Y_i}^2) = \sum_{i=1}^{p} \Delta_i^2 \to \min .
$$

Mit den üblichen Bezeichnungen

$$l = (X_1 \ Y_1 \ X_2 \ \ldots \ Y_p)^t, \qquad v = (v_{X_1} \ v_{Y_1} \ v_{X_2} \ \ldots \ v_{Y_p})^t$$

$$x = (a \ b \ c \ d)^t \qquad A^t = \left\{ \begin{array}{ccccc} 1 & 0 & 1 & \ldots & 0 \\ 0 & 1 & 0 & \ldots & 1 \\ x_1 & y_1 & x_2 & \ldots & y_p \\ -y_1 & x_1 & -y_2 & \ldots & x_p \end{array} \right\} \qquad (7.102)$$

erhält man für (7.101) die Form des gewöhnlichen linearen Modells

$$l + v = A x, \quad P = I.$$

Die vereinfachenden Annahmen, dass die Koordinaten (x, y) deterministisch und die „Beobachtungen" (X, Y) gleichgenau und unabhängig sind, sind nicht zwingend und meist auch nicht realistisch. Die Verallgemeinerung des Modells findet man u. a. in [Koch 2002]. Wir wollen uns hier aber mit dem einfachen Modell begnügen, um die Besonderheiten von Punktdaten beim Einsatz robuster Schätzverfahren aufzuzeigen.

Wie bereits ausgeführt, werden die Koordinaten eines Punktes in der Regel nicht gemessen sondern aus geometrischen Messgrößen berechnet. Die Größe einer Koordinate hängt von dem gerade gewählten Koordinatensystem ab. Es erscheint daher sachgerecht, beide Koordinaten eines Punktes stets gemeinsam zu betrachten und den Punkt selbst als Zufallsobjekt anzusehen. Um dies zum Ausdruck zu bringen, wird (7.102) leicht umgeformt. Sei A_i die Submatrix von A, die sich auf den Punkt P_i bezieht

$$A_i = \left\{ \begin{array}{cccc} 1 & 0 & x_i & -y_i \\ 0 & 1 & y_i & x_i \end{array} \right\}, \qquad A^t = (A_1^t \ A_2^t \ldots A_p^t) \qquad (7.103)$$

und ferner

$$v_i = (v_{X_i} \ v_{Y_i})^t \quad \text{und} \quad l_i = (X_i \ Y_i)^t.$$

Die Zielfunktion der *MkQ* lautet mit diesen Bezeichnungen

$$\sum_{i=1}^{p} v_i^t v_i = \sum_{i=1}^{p} \Delta_i^2 \to \min.$$

Da der Punktabstand Δ vom Koordinatensystem unabhängig ist, gilt dies auch für die Zielfunktion, deren Minimum in allen Koordinatensystemen denselben Wert besitzt. Wie mehrfach ausgeführt liefert die *MkQ* jedoch unbefriedigende Ergebnisse, wenn grobe Fehler, z. B. durch Punktverwechselungen, auftreten, oder wenn die Transformation durchgeführt wird, um Punktverschiebungen (Deformationen) aufzudecken. In mehreren Arbeiten werden daher robuste Schätzer für die Transformationsparameter vorgeschlagen, u. a. in [Carosio 1982], [Caspary/Chen/König 1983], [Hahn/Bill 1984], [Caspary/Borutta 1986], [Caspary/Haen/Borutta 1990], [Kanani 2000], [Niemeier 2002] und [Caspary/Beineke 2003].

Die Zielfunktion eines *M*-Schätzers lautet nach (7.35)

$$\sum_{i=1}^{n} \rho\left(\frac{l_i - a_i^t x}{\hat{\sigma}}\right) = \sum_{i=1}^{n} \rho\left(\frac{v_i}{\hat{\sigma}}\right) = \min.$$

Wird die Zielfunktion, wie üblich, mit den geschätzten Verbesserungen gebildet, so hängt ihr Wert von der Orientierung des Koordinatensystems ab. Durch eine Drehung des Zielsystems ändern sich alle v_{X_i}, v_{Y_i} und damit auch die Zielfunktion, sofern sie nicht quadratisch ist (vgl. die Ausführungen in Abschnitt 6.3.2). Man kann beispielsweise erreichen, dass eine Verbesserung v_i einen beliebigen Wert zwischen 0 und Δ_i annimmt. Diese Problematik lässt sich nur dadurch beseitigen, dass anstelle der Koordinaten die Punkte betrachtet werden und die Zielfunktion mit Residualgrößen gebildet wird, die vom Koordinatensystem unabhängig sind. Wie bereits mit (7.103) vorbereitet, wird das Modell punktweise strukturiert und die Zielfunktion mit den Restklaffen Δ_i gebildet:

$$\sum_{i=1}^{p} \rho\left(\frac{\Delta_i}{s_\Delta}\right) = \min .$$

Als einfachste skalenunabhängige Verlustfunktion kann entsprechend der L_1-Norm

$$\sum_{i=1}^{p} \rho\left(\frac{\Delta_i}{s_\Delta}\right) = \sum_{i=1}^{p} \frac{\Delta_i}{s_\Delta} = \sum_{i=1}^{p} \Delta_i = \min \tag{7.104}$$

gebildet werden. Als Lösungsgleichung erhält man damit wegen

$$\boldsymbol{\psi} = \frac{d\rho}{d\boldsymbol{x}} = \frac{d\rho}{d\boldsymbol{v}} \frac{d\boldsymbol{v}}{d\boldsymbol{x}} = \frac{\boldsymbol{v}^t}{\Delta} \boldsymbol{A}$$

den einfachen Ausdruck

$$\sum_{i=1}^{p} \boldsymbol{\psi}_i = \sum_{i=1}^{p} \frac{1}{\Delta_i} \boldsymbol{A}_i^t \boldsymbol{v}_i = \boldsymbol{0},$$

der mit dem iterativ nachgewichteten *MkQ*-Algorithmus berechnet werden kann, vgl. [Caspary/Chen/König 1983]:

$$\boldsymbol{A}^t \boldsymbol{W} \boldsymbol{v} = \boldsymbol{0}, \quad \text{bzw.} \quad \hat{\boldsymbol{x}} = (\boldsymbol{A}^t \boldsymbol{W} \boldsymbol{A})^{-1} \boldsymbol{A}^t \boldsymbol{W} \boldsymbol{l},$$
$$\boldsymbol{W}^{-1} = diag(\Delta_1, \Delta_1, \Delta_2, \Delta_2, \dots, \Delta_p, \Delta_p).$$

Eine Formulierung des Problems (7.104) als nichtlineares Programm mit einer näherungsweise Linearisierung findet man bei [Hahn/Bill 1984].

Da die anderen M-Schätzer skalenunabhängig gemacht werden müssen, sei zunächst auf die Verteilung der Δ_i eingegangen. Unter der Normalverteilungsannahme mit gleichen Varianzen für die X_i, Y_i besitzen die $u_{X_i} = v_{X_i}/\sigma$ und $u_{Y_i} = v_{Y_i}/\sigma$ die $N(0,1)$-Verteilung. Die Wurzel der Summe von Quadraten $N(0,1)$-verteilter Zufallsvariablen ist χ-verteilt:

$$q = \sqrt{u_1^2 + u_2^2 + \cdots + u_m^2} \sim \chi_m,$$
$$f(q) = \left[2^{\frac{m-2}{2}} \Gamma\left(\frac{m}{2}\right)\right]^{-1} q^{m-1} e^{-q^2/2}.$$

Mit $m = 2$ folgt sofort für $\delta = \sqrt{u_{X_i}^2 + u_{Y_i}^2} = \sqrt{\boldsymbol{u}_i^t \boldsymbol{u}_i}$, $\boldsymbol{u}_i = (u_{X_i} \ u_{Y_i})^t$,

$$f(\delta) = \delta e^{-\delta^2/2} \quad \text{und} \quad F(\delta) = \int_0^\delta f(x)dx = 1 - e^{-\delta^2/2}.$$

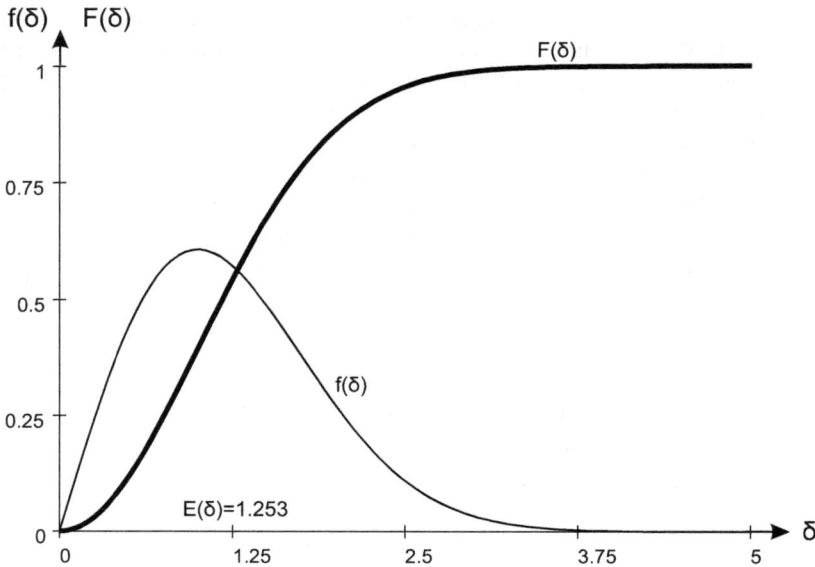

Abbildung 7.5: Dichte und Verteilungsfunktion der χ_2-Verteilung

Ferner findet man

$$E(\delta) = \widehat{\delta} = \int_0^\infty \delta f(\delta) d\delta = \sqrt{\pi/2},$$

$$Var(\delta) = \sigma_\delta^2 = \int_0^\infty (\delta - \widehat{\delta})^2 f(\delta) d\delta = 2 - \pi/2.$$

Die Abstimmkonstanten der M-Schätzer werden so festgelegt, dass mit einer bestimmten Wahrscheinlichkeit Π die Δ_i kleiner als $k\sigma$ ausfallen. Durch Umkehrung der Verteilungsfunktion kann k bestimmt werden.

$$k = F^{-1}(\Pi) = \sqrt{-2\ln(1 - \Pi)} \quad \text{für} \quad 0 < \Pi < 1.$$

In der Tabelle sind einige Werte für k zusammen mit den entsprechenden Konstanten der $N(0,1)$-Verteilung angegeben.

Tabelle 7.4: Abstimmkonstanten

Π	$k(\chi_2)$	$k(N(0,1))$
0,683	1,52	1,0
0,950	2,45	1,96
0,990	3,03	2,58
0,999	3,72	3,29

Da die Varianz der Beobachtungen selten a priori bekannt ist, muss sie aus den Verbesserungen geschätzt werden. Als robuster Schätzer empfiehlt sich hier wieder die Medianabweichung MAM_n, die in Abschnitt 3.4.1 definiert ist. Bei der punktweisen Betrachtung müssen sich die Abstimmkonstanten allerdings auf die Δ_i beziehen. Für ihre Bestimmung wird der Skalenfaktor s_Δ der Δ_i benötigt. Um den Schätzwert erwartungstreu für die Standardabweichung der $\Delta = \sqrt{u^t u}$ zu machen, ist er durch den Erwartungswert des Medianschätzers an der χ_2-Verteilung zu dividieren. Damit erhält man

$$MAM_n = s_\Delta = med(|\Delta_i - med(\Delta_i)|)/0{,}4485. \tag{7.105}$$

Die Verlustfunktion des Huber-Schätzers (vgl. Abschnitt 3.3.3) wird leicht abgewandelt

$$\rho(\Delta) = \begin{cases} \frac{1}{2}\Delta^2 & \text{für} \quad |\Delta| \le k s_\Delta \\ k\Delta - \frac{1}{2}k^2 & \text{für} \quad |\Delta| > k s_\Delta, \end{cases} \tag{7.106}$$

und führt nach Differentiation auf

$$\frac{\partial \rho(\Delta)}{\partial x} = \frac{\partial \rho(\Delta)}{\partial \Delta}\frac{\partial \Delta}{\partial x} = \psi(\Delta)\frac{\partial \Delta}{\partial v}\frac{\partial v}{\partial x},$$

$$\frac{\partial \Delta}{\partial v} = \frac{v}{\Delta}, \quad \frac{\partial v}{\partial x} = A^t, \quad \frac{\partial \rho(\Delta)}{\partial x} = \psi(\Delta)\frac{A^t v}{\Delta}$$

und

$$\psi(\Delta) = \begin{cases} \Delta & \text{für} \quad |\Delta| \le k s_\Delta \\ k & \text{für} \quad |\Delta| > k s_\Delta \end{cases}.$$

Daraus folgt die Schätzgleichung

$$\sum_{i=1}^{p} \frac{\psi(\Delta_i)}{\Delta_i} A_i^t v_i = 0,$$

oder mit $W = diag(\frac{\psi(\Delta_1)}{\Delta_1}, \frac{\psi(\Delta_1)}{\Delta_1}, \frac{\psi(\Delta_2)}{\Delta_2}, \frac{\psi(\Delta_2)}{\Delta_2}, \ldots, \frac{\psi(\Delta_p)}{\Delta_p}, \frac{\psi(\Delta_p)}{\Delta_p})$ die Matrixform

$$A^t W v = 0, \quad \text{bzw.} \quad A^t W A \hat{x} - A^t W l = 0,$$

die mithilfe der *inMkQ* nach einigen Iterationen das Ergebnis liefert.

Ganz entsprechend kann die Schätzfunktion des Tukey-Schätzers abgeleitet werden, die bei groben Fehlern wie Punktverwechselungen vorzuziehen ist, da sie einen wählbaren Verwerfungspunkt besitzt (vgl. Abschnitt 3.2.3).

$$\psi(\Delta) = \begin{cases} \Delta[1 - (\Delta/c)^2]^2 & \text{für} \quad \Delta \le c s_\Delta \\ 0 & \text{für} \quad \Delta > c s_\Delta \end{cases}. \tag{7.107}$$

Im Vergleich zum Huber-Schätzer ändern sich lediglich die Gewichte $w_i = \psi(\Delta_i)/\Delta_i$, für die Konstante c empfiehlt sich ein Wert zwischen 3 und 5.

Falls die Qualität der Daten oder die Art des beobachteten Phänomens eine Schätzung mit hohem Bruchpunkt nahelegt, kann einer der in Abschnitt 7.4 dargstellten Schätzer ausgewählt werden. Am einfachsten lässt sich die Zielfunktion des *MkMQ*-Schätzers an die Besonderheit der Punktdaten anpassen. Mit $A_i \hat{x} - l_i = v_i$ und $\Delta_i^2 = v_i^t v_i$ erhält man

$$med_i(\Delta_i^2) \to \min_x \Rightarrow \hat{x}.$$

Um die Effizienz des Schätzergebnisses zu erhöhen, kann die in Abschnitt 7.5.1 beschriebene Ein-Schritt Iteration angeschlossen werden.

Am 5. Beispiel **Punktverschiebungen** soll die robuste Koordinatentransformation demonstriert werde. Die Beschreibung des Beispiels mit den Daten und dem Ergebnis der *MkQ*-Schätzung findet sich in Abschnitt 1.1.3. Eine ausführliche Analyse des Modells mit den klassischen Werkzeugen der Methode der kleinsten Quadrate wurde in Abschnitt 6.3.2 durchgeführt. Dort wurde auch schon die Abhängigkeit des Verbesserungsvektors von der Orientierung des Koordinatensystems thematisiert. In diesem kleinen Beispiel kann die exakte *MkMQ*-Lösung leicht ermittelt werden, da nur $\binom{5}{2} = 10$ Modelle durchgerechnet werden müssen. Das Infimum der Zielfunktion beträgt 1×10^{-4} und wird erreicht, wenn die Parameter mit den Punkten 1 und 3 berechnet werden. Der ermittelte Vektor der Transformationsparameter beträgt für diese Lösung $\tilde{x} = \begin{pmatrix} -0,006 \\ -0,018 \\ 0,999 \\ 0,006 \end{pmatrix}$. Er unterscheidet sich deutlich

von der schlichten *MkQ*-Lösung $\hat{x} = \begin{pmatrix} -0,027 \\ -0,041 \\ 1,129 \\ 0,133 \end{pmatrix}$ aus Abschnitt 1.1.3, aber nur wenig

von der in Abschnitt 6.3.2 nach Elimination der detektierten Ausreißer gewonnenen Lösung

$\hat{x}^* = \begin{pmatrix} -0,004 \\ -0,015 \\ 1,006 \\ 0,009 \end{pmatrix}$. Eine Ein-Schritt Nachiteration mit $s_\Delta = 0,0223$ und der ψ-Funktion

nach (7.107) führt auf die geringfügig modifizierte Lösung $\tilde{x}^* = \begin{pmatrix} -0,002 \\ -0,014 \\ 0,996 \\ 0,006 \end{pmatrix}$. Da in diesem

kleinen konstruierten Beispiel die Ausreißer bekannt sind, ist wohl $\hat{x}^*$ als optimale Lösung zu betrachten.

7.6.4 Heteroskedastische Beobachtungen

Alle bisherigen Darstellungen gelten für Beobachtungen,deren Varianzen gleich oder a priori bekannt sind, so dass entsprechende Gewichte festgelegt und das Modell homogenisiert werden kann. In der Praxis trifft man jedoch auch auf heteroskedastische Beobachtungen, deren Varianzen unterschiedlich aber unbekannt sind. Es werden dann Fehlermodelle aufgestellt, deren Parameter als zusätzliche Unbekannte geschätzt werden. Diese stochastischen Strukturen der Beobachtungen dürfen nicht ignoriert werden, da sie sonst die für gleichgenaue Beobachtungen abgeleiteten statistischen Eigenschaften der robusten Schätzer ungültig machen. Die Berücksichtigung und Schätzung dieser Varianzen bei der Ableitung robuster Schätzer ist nicht trivial und nur unter einfachen Modellannahmen möglich. In der statistischen Literatur ist diese Problematik nur relativ schwach abgedeckt.

Heteroskedastische Beobachtungen treten vor allem dann auf, wenn die Abweichungen durch einen stochastischen Prozess erzeugt werden oder von der Größe der Beobachtungen abhängen. Das lineare Modell (7.1) wird dann erweitert:

$$l = Ax + Hu, \quad H = diag(h_1, h_2, \ldots, h_n), \quad (7.108)$$
$$h_i = h(a_i, x, \beta), \quad \beta = (\beta_1 \ \beta_2 \ \ldots \ \beta_m)^t, \quad u \sim N(0, I).$$

Neben den Modellparametern x_i sind die Parameter β_i des Fehlermodells $h(a_i, x, \beta)$ robust zu schätzen. Die Abweichungen u_i müssen nicht zwingend normalverteilt sein. Sie sollen aber unabhängig von einander und von den a_i sein und eine symmetrische Verteilung mit Erwartungswert 0 besitzen. In der Literatur findet man einige Vorschläge für das Fehlermodell und für das Vorgehen bei der Schätzung, das sich bei strenger Durchführung als sehr kompliziert erweist, sowie umfangreiche Ableitungen zur Ermittlung der Eigenschaften der gewählten Schätzerverfahren. Für Details sei auf folgende Abhandlungen verwiesen, denen weitere Quellen entnommen werden können: [Carroll/Ruppert 1982], [Giltinan/Carroll/Ruppert 1986], [Bianco/Boente 2002] und [Wu 2007].

Einige Beispiele für in der Literatur untersuchte Fehlermodelle seien zitiert, wobei zur Vereinfachung der Notation $E(l_i) = a_i^t x = \lambda_i$ gesetzt wird:

$$h_i = \beta_1 |\lambda_i|^{\beta_2}, \qquad h_i = \beta_1 (1 + |\lambda_i|)^{\beta_2},$$
$$h_i = \beta_1 \exp(\beta_2 \lambda_i), \quad h_i = \exp(\beta_1 + \beta_2 |\lambda_i|).$$

Für die Schätzung der Modellparameter werden die Modelle linearisiert. Dies wird durch Logarithmieren erreicht. So erhält man zum Beispiel für

$$|v_i| = h_i |u_i|, \quad h_i = \beta_1 (1 + |\lambda_i|)^{\beta_2}$$

die Geradengleichung

$$\ln h_i + \ln |u_i| = \ln \beta_1 + \beta_2 \ln(1 + |\lambda_i|) + \ln |u_i|,$$
$$\ln |v_i| \approx \ln \beta_1 + \ln(1 + |\lambda_i|)\beta_2, \quad \lambda_i = a_i^t x^j. \quad (7.109)$$

Die Linearisierung der anderen Fehlermodelle ist auf demselben Wege möglich.

Wenn die h_i bekannt wären, könnte das Modell (7.108) homogenisiert werden, vgl. (7.2). Mit $l^* = H^{-1}l$ und $A^* = H^{-1}A$ erhielte man dann das gewöhnliche lineare Modell $l^* = A^* x + u$, dessen Parameter nach einem der robusten Verfahren geschätzt werden könnten. Es bietet sich daher eine vereinfachte iterative Schätzung an, wie sie in [Maronna/Martin/Yohai 2006] skizziert ist.

1. Mit einem robusten Schätzer wird (unter Vernachlässigung der Heteroskedastizität in der ersten Iteration) der Schätzwert x^j für den Parametervektor des linearen Modells ermittelt. Mit diesem Näherungswert folgen die Verbesserungen $v^j = Ax^j - l$.

2. Mit einem robusten Schätzer werden in dem linearen Modell (7.109) als Approximation die Parameter β_1^j und β_2^j des Fehlermodells berechnet. Daraus folgen die Näherungswerte für h_i

$$h_i^j = \beta_1^j (1 + |\lambda_i^j|)^{\beta_2^j},$$

mit denen $H^j = diag(h_1^j, h_2^j, \ldots, h_n^j)$ gebildet wird.

3. Mit dieser Matrix H^j wird das Modell homogenisiert.

4. Die Schritte 1 bis 3 werden solange wiederholt, bis die Änderung des Parametervektors eine vorgegebene Schranke unterschreitet.

Ob dieses heuristische Verfahren immer zum Ziel führt, ist nicht bewiesen. Die statistischen Eigenschaften der Ergebnisse hängen von den eingesetzten robusten Schätzern ab, sind aber nicht im Einzelnen untersucht. Gleichwohl hat dieses Verfahren wegen seiner einfachen Anwendbarkeit Vorteile gegenüber den theoretisch fundierteren aber wesentlich komplizierteren Verfahren, die in den oben angegeben Abhandlungen ausführlich und mit umfangreichen Beweisen dargestellt sind.

7.6.5   Korrelierte Beobachtungen

Das Modell mit einer a priori vorliegenden, vollbesetzten Varianz-Kovarianz Matrix Σ der Beobachtungen wird in der uns bekannten Statistikliteratur über robuste Schätzverfahren nicht behandelt. Es spielt aber in zahlreichen Anwendungen, insbesondere im Bereich der geodätischen Messdatenauswertung, durchaus eine Rolle. Einerseits können die Messwerte z. B. zeitlich oder aufgrund der Messumgebung korreliert sein, andererseits ist es vor allem bei der Positionsbestimmung mit GPS sinnvoll, nicht mit den ursprünglichen Messdaten zu arbeiten, sondern mit Differenzen oder Doppeldifferenzen, um schwer fassbare systematische Abweichungen zu eliminieren. Die Strukturen der Modellmatrix für differentielle GPS-Positionierungen sind u. a. in [Chang/Guo 2005] und [Chang 2006] ausführlich dargestellt. Dort findet man auch Untersuchungen zur numerischen Durchführung einer Huber-Schätzung, allerdings für das stochastische Modell $\Sigma = \sigma^2 I$. Die Differenzbildung führt jedoch dazu, dass die Eingangsgrößen der Schätzung bekannte Korrelationsstrukturen aufweisen. Wie bereits in Abschnitt 7.1.1 erläutert, ist bei korrelierten Beobachtungen eine Homogenisierung des Modells nicht sinnvoll, wenn robuste Schätzer eingesetzt werden sollen, da sich die Residuen danach auf Linearkombinationen von Beobachtungen beziehen und somit nicht den Grundannahmen der robusten Schätzung entsprechen. Ausführungen darüber, wie die Parameterschätzung bei korrelierten Beobachtungen robustifiziert werden kann, findet man u. a. in [Yang/Song/Xu 2002], [Wieser 2002] und [Guo/Ou/Wang 2010].

Die dort entwickelten Vorschläge für robuste Schätzverfahren sind heuristischer Natur und basieren auf dem in Abschnitt 6.3.3 eingeführten Konzept der Varianzvergrößerung. Es wird also erwartet, dass die Abweichungen der Beobachtungen, auch wenn sie extrem groß ausfallen, den Erwartungswert 0 besitzen. Der Einfluss von Ausreißern wird gedämpft oder beseitigt, indem bei der korrespondierenden Beobachtung die Varianz vergrößert, bzw. das Gewicht verkleinert wird. Wenn die „Beobachtungen" korreliert sind, weil sie Linearkombinationen der ursprünglichen Messwerte sind, führt ein fehlerhafter Messwert auch zur Verfälschung der damit berechneten Kovarianzen. Daraus folgt, dass bei Änderung einer Varianz auch die zugehörigen Kovarianzen verändert werden müssen. Anders ist die Situation bei Korrelationen, die Ausdruck der natürlichen stochastischen Beziehungen zwischen den Beobachtungen sind. Diese bleiben erhalten, auch wenn eine Beobachtung grob fehlerhaft ist.

[Yang/Song/Xu 2002] gehen von dem allgemeinen linearen Modell (7.1) aus. Nach der *MkQ*-Schätzung werden die Verbesserungen $v_i = a_i^t \hat{x} - l_i$ studentisiert (vgl. Abschnitt 6.2.3)

$$z_i = \frac{v_i}{s_{v_i}} = \frac{v_i \sqrt{p_i}}{s_0 \sqrt{(1 - h_{iip})}} \sim \tau_f. \tag{7.110}$$

Mit den z_i werden Reduktionskoeffizienten γ_{ij} für die Elemente der ursprünglichen Gewichtsmatrix $P = \sigma_0^2 \Sigma^{-1}$ berechnet. Für diese Berechnung kann jede der in Abschnitt 7.3 angegebenen ψ-Funktionen verwendet werden. Die Autoren schlagen folgende spezielle Funktion für γ_{ii} vor

$$\gamma_{ii} = \begin{cases} 1 & \text{für} \quad |z_i| \leq k_0 \\ \frac{k_0}{|z_i|} & \text{für} \quad k_0 < |z_i| \leq k_1 \\ 0 & \text{für} \quad |z_i| > k_1 \end{cases},$$

und definieren die Faktoren für die gemischten Elemente p_{ij} von P durch $\gamma_{ij} = \sqrt{\gamma_{ii}\gamma_{jj}}$. Dadurch bleibt die Korrelationsstruktur der Beobachtungen erhalten. Für die Abstimmkonstanten wird $k_0 \in [2; 3]$ und $k_1 \in [4,5; 8,5]$ empfohlen. Mit den neuen Gewichten $p_{ij}^* = \gamma_{ij} p_{ij}$ lautet die nun zu minimierende Quadratische Form $q^* = v^t P^* v$. Die neugewichtete *MkQ*-Lösung $\hat{x}^* = (A^t P^* A)^{-1} A^t P^* l$ mit $s_0^2 = v^t P^* v / (n-u)$ und $S_{\hat{x}} = s_0^2 (A^t P^* A)^{-1}$ besitzt die empirische Einflussfunktion

$$EF(l_j; \hat{x}) = (A^t P^* A)^{-1} A^t p_j^* v_j,$$

wobei p_j^* für die j-te Spalte der Gewichtsmatrix P^* steht.

[Wieser 2002] diskutiert beide Arten von Korrelationen und arbeitet zunächst eine heuristische Schätzmethode für algebraisch korrelierte „Beobachtungen" aus, da er den Schwerpunkt auf die differentielle GPS-Positionierung legt. Das Verfahren beruht auf der *inMkQ*-Schätzung, wobei in jedem Iterationsschritt nur die Varianzen der Beobachtungen in Abhängigkeit von den aktuellen Residuen angepasst werden. Diese Vorgehensweise ist durch die besondere Struktur der Varianz-Kovarianz Matrix begründet, die sich bei differenzierten GPS-Beobachtungen ergibt. Aus

$$l = F l_0 \quad \text{mit} \quad F = \begin{pmatrix} 1 & 0 & \cdots & & -1 \\ 0 & 1 & \cdots & & -1 \\ \vdots & & \ddots & & \\ 0 & & & 1 & -1 \end{pmatrix}, \quad \Sigma_{l_0} = \begin{pmatrix} \sigma_1^2 & 0 & \cdots & 0 \\ 0 & \sigma_2^2 & & 0 \\ & & \ddots & \\ 0 & 0 & & \sigma_n^2 \end{pmatrix}$$

folgt

$$\boldsymbol{\Sigma}_l = \begin{pmatrix} (\sigma_1^2 + \sigma_n^2) & \sigma_n^2 & \cdots & \sigma_n^2 \\ \sigma_n^2 & (\sigma_2^2 + \sigma_n^2) & \cdots & \\ \vdots & & \ddots & \\ \sigma_n^2 & \sigma_n^2 & \cdots & (\sigma_{n-1}^2 + \sigma_n^2) \end{pmatrix} = \sigma_0^2 \boldsymbol{Q}.$$

Da die Referenzstation mit besonderer Sorgfalt ausgewählt wird, darf man annehmen, dass Ausreißer nur auf den anderen Stationen auftreten können, und deshalb Varianzvergrößerungen nur bei den σ_i^2, $i \neq n$, d. h. auf der Diagonalen, zu erwarten sind. Für die Varianzvergrößerung wird folgende Regel benutzt, die an der ψ-Funktion der sogenannten Dänischen Methode angelehnt ist, vgl. (7.86) und [Caspary 1987].

$$q_{ii}^{(k+1)} = \begin{cases} q_{ii} \exp\left(\dfrac{|T_i^k|}{c}\right) & \text{für} \quad |T_i^k| > c \\ q_{ii} & \text{sonst} \end{cases} . \tag{7.111}$$

Die Testgröße T_i^k in (7.111) ist die Statistik zur Prüfung der Hypothese, dass l_i ein Ausreißer ist. Da korrelierte Beobachtungen angenommen werden, muss die in Abschnitt 6.3.1 für unabhängige Beobachtungen abgeleitete und oben benutzte Teststatik (7.110) verallgemeinert werden. Die Herleitung findet man u. a. in [Kok 1984]. Sei

$$\tilde{v}_i = \boldsymbol{e}_i^t \boldsymbol{P} \boldsymbol{v} \tag{7.112}$$

die Auswirkung des Ausreißers in der Beobachtung l_i auf den Residuenvektor und

$$s_{\tilde{v}_i} = s_0 \sqrt{\boldsymbol{e}_i^t \boldsymbol{P} \boldsymbol{Q}_v \boldsymbol{P} \boldsymbol{e}_i}$$

die geschätzte Standardabweichung dieser Größe, so besitzt der Quotient

$$T_i = \frac{\tilde{v}_i}{s_{\tilde{v}_i}} \sim \tau_f \tag{7.113}$$

für normalverteilte Beobachtungen unter der Nullhypothese eine zentrale τ-Verteilung mit f Freiheitsgraden. Man kann nun für eine festgelegte Irrtumswahrscheinlichkeit den Schwellenwert der τ-Verteilung ermitteln, oder, wie in [Wieser 2002] vorgeschlagen, mit einem pragmatisch festgelegten Wert, z. B. $c = 3$, arbeiten.

Mit (7.111) werden nur die Diagonalelemente der Kofaktorenmatrix vergrößert, die zu Beobachtungen gehören, deren Teststatistik in der k-ten Iteration den Schwellenwert überschreitet. Ausgangswerte sind immer die ursprünglichen Kofaktoren. Die Funktion (7.111) besitzt bei c eine Sprungstelle, die angeblich bei der Iteration keine Probleme verursacht. Sie kann aber leicht durch eine der ψ-Funktionen aus Abschnitt 7.3 ersetzt werden, um die Sprungstelle zu vermeiden. Nach dem k-ten Durchlauf der Prüfung bzw. Anpassung der Diagonalelemente wird die Inverse der Matrix $\boldsymbol{Q}^k$ gebildet, die als $\boldsymbol{P}^k$ in den nächsten Schätzschritt mit der MkQ eingeht. Aus den neuen Residuen werden die neuen Teststatistiken berechnet, wobei

$\boldsymbol{Q}_v$ jedoch nicht iteriert wird. Wenn nach m Iterationen (m in der Regel ≤ 10) keine Beobachtung mehr zu $\left|T_i^m\right| > c$ führt, sind alle Varianzen der tatsächlichen Genauigkeit angepasst und man erhält als Endlösung:

$$\boldsymbol{P}^m = (\boldsymbol{Q}^m)^{-1}, \quad \boldsymbol{N}^m = \boldsymbol{A}^t \boldsymbol{P}^m \boldsymbol{A},$$

$$\boldsymbol{v}^m = (\boldsymbol{A}(\boldsymbol{N}^m)^{-1}\boldsymbol{A}^t\boldsymbol{P}^m - \boldsymbol{I})\boldsymbol{l},$$

$$T_i^m = \frac{\boldsymbol{e}_i^t \boldsymbol{P}^m \boldsymbol{v}^m}{s_0\sqrt{\boldsymbol{e}_i^t \boldsymbol{P}^m \boldsymbol{Q}_v \boldsymbol{P}^m \boldsymbol{e}_i}} < c \quad \forall i,$$

$$\hat{\boldsymbol{x}} = \hat{\boldsymbol{x}}^m = (\boldsymbol{N}^m)^{-1}\boldsymbol{A}^t\boldsymbol{P}^m\boldsymbol{l},$$

$$s_0^2 = \boldsymbol{v}^t\boldsymbol{P}^m\boldsymbol{v}/(n-u), \quad \boldsymbol{S}_{\hat{x}} = s_0^2(\boldsymbol{N}^m)^{-1}.$$

Die Besonderheit, dass mit (7.111) immer die ursprünglichen Kofaktoren vergrößert werden und dass die ursprüngliche Kofaktorenmatrix $\boldsymbol{Q}_v$ beibehalten wird, wird damit begrünet, dass nur so das Verfahren sicher konvergiert.

Mit geringfügigen Erweiterungen kann das Schätzverfahren an die Situation angepasst werden, in der nur die Varianzen vergrößert werden sollen, die Korrelationsstruktur aber erhalten bleiben soll. Entsprechend der Definition der Korrelation

$$\rho_{ij} = \sigma_{ij}/\sigma_i\sigma_j = q_{ij}/\sqrt{q_{ii}q_{jj}}, \quad \text{bzw.} \quad q_{ij} = \rho_{ij}\sqrt{q_{ii}q_{jj}}$$

kann die Varianz-Kovarianz Matrix der Beobachtungen zerlegt werden

$$\boldsymbol{\Sigma}_l = \sigma_0^2\boldsymbol{Q} = \sigma_0^2\boldsymbol{V}\boldsymbol{R}\boldsymbol{V}, \quad \boldsymbol{V} = diag(\sqrt{q_{ii}}), \quad \boldsymbol{R} = (\rho_{ij}). \tag{7.114}$$

Der Ablauf der Iteration unterscheidet sich nur darin, dass die Matrix $\boldsymbol{Q}^k$ nicht durch Veränderung der Diagonalelemente entsprechend (7.111) an die tatsächliche Genauigkeitssituation angepasst wird, sondern dass die Anpassung an den Elementen von $\boldsymbol{V}$ vorgenommen wird und damit $\boldsymbol{Q}^k = \boldsymbol{V}^k\boldsymbol{R}\boldsymbol{V}^k$ berechnet wird.

[Guo/Ou/Wang 2010] entwickeln einen ähnlichen robusten Schätzer für korrelierte Beobachtungen, der die Korrelationsstruktur erhält. Ebenfalls von dem Modell der Varianzvergrößerung (Abschnitt 6.3.3) ausgehend, vermeiden sie die bei [Wieser 2002] in jedem Iterationsschritt erforderliche Inversion der Varianz-Kovarianz Matrix (7.114). Dies wird dadurch erreicht, dass statt einer Varianzvergrößerung eine Verringerung der Gewichte für Beobachtungen vorgenommen wird, deren Verbesserungen einen Schwellenwert überschreiten. Um den Zusammenhang zwischen den Gewichten und dem auf die Verbesserungen bezogenen Schwellenwert herzustellen, wird zunächst folgende Sensitivitätsuntersuchung durchgeführt.

Für die Ableitung der quadratischen Form der Verbesserungen $q = \boldsymbol{v}^t\boldsymbol{P}\boldsymbol{v}$ nach einem Element p_{kl} der Gewichtsmatrix erhält man wegen $\boldsymbol{v}^t\boldsymbol{P}\boldsymbol{A} = \boldsymbol{0}$

$$\frac{\partial q}{\partial p_{kl}} = v_k v_l + 2\boldsymbol{v}^t\boldsymbol{P}\frac{\partial \boldsymbol{v}}{\partial p_{kl}},$$

$$\frac{\partial \boldsymbol{v}}{\partial p_{kl}} = \frac{\partial}{\partial p_{kl}}(\boldsymbol{A}\hat{\boldsymbol{x}} - \boldsymbol{l}) = \boldsymbol{A}\frac{\partial \hat{\boldsymbol{x}}}{\partial p_{kl}},$$

$$\frac{\partial q}{\partial p_{kl}} = v_k v_l + 2\boldsymbol{v}^t\boldsymbol{P}\boldsymbol{A}\frac{\partial \hat{\boldsymbol{x}}}{\partial p_{kl}} = v_k v_l. \tag{7.115}$$

Mit $P = \sigma_0^2 \Sigma_l^{-1}$ gilt z. B. vgl. [Caspary/Wichmann 1994], Abschnitt 1.7

$$\frac{\partial P}{\partial \sigma_i^2} = -P \frac{1}{\sigma_0^2} \frac{\partial \Sigma_l}{\partial \sigma_i^2} P = -\frac{1}{\sigma_0^2} P e_i e_i^t P, \tag{7.116}$$

daraus folgt für ein beliebiges Element der Gewichtsmatrix

$$\frac{\partial p_{kl}}{\partial \sigma_i^2} = \frac{\partial e_k^t P e_l}{\partial \sigma_i^2} = -\frac{1}{\sigma_0^2} e_k^t P e_i e_i^t P e_l = -\frac{p_{ki} p_{il}}{\sigma_0^2},$$

und schließlich der Einfluss einer Varianz auf die quadratische Form

$$\frac{\partial q}{\partial \sigma_i^2} = \sum_{k,l} \frac{\partial q}{\partial p_{kl}} \frac{\partial p_{kl}}{\partial \sigma_i^2} = -\frac{1}{\sigma_0^2} \sum_k e_i^t P e_k v_k \sum_l e_i^t P e_l v_l = \tag{7.117}$$

$$= -\left(\frac{e_i^t P v}{\sigma_0}\right)^2 = -\left(e_i^t \Sigma_l^{-1} v\right)^2. \tag{7.118}$$

Der Vergleich mit (7.112) zeigt die Beziehung

$$\frac{\partial q}{\partial \sigma_i^2} = -\left(\frac{\tilde{v}_i}{\sigma_0}\right)^2,$$

zum Einfluss eines Ausreißers in der Beobachtung l_i auf den Verbesserungsvektor. Dieser Einfluss nimmt quadratisch ab, wenn die Varianz vergrößert wird.

Unter der Annahme, dass σ_0^2 bekannt ist, schlagen die Autoren vor, die Teststatistik vgl. (7.113)

$$T_i = \left(\frac{e_i^t P v}{\sigma_0 \sqrt{e_i^t P Q_v P e_i}}\right)^2 = u_i^2 \tag{7.119}$$

zu bilden, die für normalverteilte Beobachtungen eine χ_1^2–Verteilung besitzt, während $\sqrt{T_i} = u_i \sim N(0,1)$ normiert normalverteilt ist. Der Vergrößerungsfaktor γ_{ii} für die Varianz σ_i^2 kann nach folgender Regel berechnet werden

$$\gamma_{ii} = \begin{cases} 1 & \text{für} \quad T_i \leq \chi_{1,1-\alpha}^2 \\ T_i/\chi_{1,1-\alpha}^2 & \text{für} \quad T_i > \chi_{1,1-\alpha}^2 \end{cases}. \tag{7.120}$$

Von der entsprechend (7.114) zerlegten Varianz-Kovarianz Matrix

$$\Sigma_l = \Lambda R \Lambda, \quad \Lambda = diag(\sigma_1, \sigma_2, \dots, \sigma_n),$$

$$R = (\rho_{ij}), \quad \rho_{ij} = \sigma_{ij}/\sigma_i \sigma_j$$

kann leicht die Inverse gebildet werden

$$P = \Sigma_l^{-1} = \Lambda^{-1} R^{-1} \Lambda^{-1}.$$

Die nach (7.120) bestimmten Vergrößerungsfaktoren γ_{ii} gelten für die Varianzen. Die Standardabweichungen auf der Diagonalen von $\boldsymbol{\Lambda}$ sind daher mit $\sqrt{\gamma_{ii}}$ zu multiplizieren. Mit diesen Werten wird die Diagonalmatrix $\boldsymbol{\Gamma} = diag(\sqrt{\gamma_{11}}, \sqrt{\gamma_{22}}, \dots, \sqrt{\gamma_{nn}})$ gebildet, mit der $\boldsymbol{\Lambda}$ zu multiplizieren ist. Damit erhält man die angepasste Varianz-Kovarianz Matrix

$$\boldsymbol{\Sigma}_l^* = \boldsymbol{\Gamma}\boldsymbol{\Lambda}\boldsymbol{R}\boldsymbol{\Gamma}\boldsymbol{\Lambda}, \quad \boldsymbol{P}^* = (\boldsymbol{\Sigma}_l^*)^{-1} = \boldsymbol{\Gamma}^{-1}\boldsymbol{P}\boldsymbol{\Gamma}^{-1} \tag{7.121}$$

und die neue zu minimierende quadratische Form $\boldsymbol{v}^t \boldsymbol{P}^* \boldsymbol{v}$.

Da die a priori Gewichtmatrix $\boldsymbol{P}$ bei diesem Ansatz konstant gehalten wird, sind in jeder Iteration lediglich die Diagonalelemente $1/\sqrt{\gamma_{ii}}$ der Matrix $\boldsymbol{\Gamma}^{-1}$ zu bestimmen, mit der die angepasste Gewichtmatrix $\boldsymbol{P}^*$ nach (7.121) berechnet wird. Die Regel für die Bestimmung der $1/\sqrt{\gamma_{ii}}$ basiert auf der nach (7.119) berechneten standard normalverteilten Größe u_i

$$1/\sqrt{\gamma_{ii}} = \begin{cases} 1 & \text{für} \quad |u_i| \le u_{\alpha/2} \\ u_{\alpha/2}/|u_i| & \text{für} \quad |u_i| > u_{\alpha/2} \end{cases}$$

wobei $u_{\alpha/2}$ der obere Schwellenwert der $N(0,1)$-Verteilung für die Irrtumswahrscheinlichkeit α ist.

8 Robuste Auswertung von Bilddaten

8.1 Einführung*

Der Übergang von der analogen zur digitalen Bildaufnahme und -auswertung hat den Umfang der Nutzungsmöglichkeiten von Bildinformationen enorm erweitert. Er hat neue technische Entwicklungen möglich gemacht und zu einer spezialisierten wissenschaftlichen Disziplin geführt, die daran arbeitet, Lösungen für die neuartigen Herausforderungen der automatischen Bildanalyse zu entwickeln.

Unter der Bezeichnung Bild sollen hier neben der digitalen fotografischen Aufnahme auch Fernerkundungsszenen, digitalisierte Vorlagen und Scanner-Punktwolken (Abstandsbilder) verstanden werden. Zu den typischen geometrischen Aufgaben der Bildanalyse bzw. Bildnutzung, auf die sich die folgenden Ausführungen beschränken, gehören:

- die Bestimmung der äußeren Orientierung der Kamera bzw. des Scanners, d. h. die Herstellung des mathematischen Zusammenhanges zwischen im Bild gemessenen und terrestrischen Koordinaten,

- das Zusammenfügen von sich teilweise überlappenden Bildern zu einem Panoramabild, oder die Registrierung (Überlagerung) von Bildern des gleichen Objekts aus unterschiedlichen Perspektiven, bzw. von Fernerkundungsaufnamen zur Herstellung einer Karte (Homographie),

- die Registrierung von Punktwolken zur Überführung lokaler Aufnahmesysteme in ein übergeordnetes Koordinatensystem zur Darstellung von 3D-Modellen,

- die automatische Erkennung und Messung von Passpunkten (Landmarken),

- die Schätzung der Trajektorie von autonomen Robotern und

- die Extrahierung und Modellierung unterschiedlicher Objekte in Bildern.

In der geometrischen Bilddatenverarbeitung, die dem Bereich des Rechnersehens zuzuordnen ist und als Teil der angewandten Informatik gesehen werden kann, hat sich eine Terminologie entwickelt, die teilweise redundant ist. Die Autoren der fast ausschließlich englisch sprachigen Literatur kommen aus unterschiedlichen Fachdisziplinen (Informatik, Photogrammetrie, Machinenbau, Physik, u. a.) und haben die Begriffe ihres ursprünglichen Fachgebiets mitgebracht. Eingeführte deutsche Bezeichnungen existieren nur vereinzelt.[1]

---

[1]Die mit * gekennzeichneten Abschnitte dieses Kapitels wurden von Prof. Helmut Mayer kritisch durchgesehen, dafür gebührt ihm Dank. Seine wertvollen Hinweise und Vorschläge wurden in den Text eingearbeitet.

8.1.1   Besonderheiten der Schätzprobleme

Bilddaten sind Punktdaten (oft Rasterdaten), das heißt, sie bestehen aus Koordinaten, die die Position eines Bildpunktes beschreiben und aus Attributen, die die Eigenschaften des Bildpunktes angeben. Die Bildkoordinaten sind meist zweidimensional, während im Objektraum dreidimensionale Koordinatensysteme benötigt werden. Die Attribute im Bild sind zunächst Grautöne, Farben oder Intensitätswerte und -gradienten. Sie korrespondieren mit bestimmten Eigenschaften von Gegenständen oder Strukturen im Objektraum. Die Größe eines Datensatzes entspricht der Anzahl der Bildpunkte und kann selbst nach einer Komprimierung noch mehrere Millionen Elemente groß sein.

Wenn die Auswertung der Bilder interaktiv erfolgt, entstehen meist keine besonderen Probleme, außer dass der Zeit- und Arbeitsaufwand unwirtschaftlich werden kann. Es ist daher das Ziel der Methodenentwicklungen, effiziente völlig automatische Auswerteprozeduren zu schaffen.

Besonders schwierig und fehleranfällig ist die automatische Identifikation von Passpunkten in Bildern und ihre Zuordnung zu den korrespondierenden Punkten im Objektraum oder in Bildern mit veränderter äußerer Orientierung. Oft werden künstliche Zielmarken im Objektraum angebracht, um diese Aufgabe zu erleichtern. Letztlich will man aber erreichen, dass die Auswerteprogramme im Bild selbständig geeignete Strukturen des Objektraums aussuchen, die in Folgebildern oder Bildern mit veränderter äußerer Orientierung wiedererkannt werden. Da diese Verfahren des Rechnersehens noch sehr fehleranfällig sind, enthalten die zur weiteren Verarbeitung erzeugten Bilddatensätze oft in großer Zahl grobe Fehler (Ausreißer), die den Einsatz robuster Schätzer nahelegen.

Ähnlich liegen die Probleme bei der Registrierung von Punktwolken, die meist in zwei Stufen erfolgt. Bei der groben Registrierung wird versucht, über Korrespondenzen Näherungswerte für die Parameter der 3D-Transformation zwischen den Punktwolken zu ermitteln, die bei der Feinregistrierung dann durch eine klassische Parameterschätzung verbessert werden. Einen aktuellen Überblick über die bei der Registrierung eingesetzten Verfahren findet man z. B. in [Salvi et al. 2007] und [Masuda 2009].

Eine deutliche Vereinfachung der Registrierung kann erzielt werden, wenn die Kameras oder Scanner mit GPS-Empfängern ausgestattet sind, und die Aufnahmeumgebung den Empfang einer ausreichenden Anzahl von Satelliten erlaubt. Für die äußere Orientierung der Aufnahmen stehen in diesem Fall gute bis sehr gute Näherungswerte zur Verfügung. Als schwieriges Problem bleibt dann die relative Orientierung der Aufnahmen zu lösen, die eine besondere Herausforderung darstellt, wenn die Zahl der Bilder zur Modellierung eines Objektes groß ist, vgl. (Bartelsen/Mayer 2010] und [Mayer et al. 2012].

Häufig enthält ein Bild mehrere unterschiedliche Objekte, die getrennt modelliert werden sollen. Entsprechend sind die Bilddaten zu segmentieren. Zu diesem Zweck sind spezielle Programme entwickelt worden, die Punkte mit vergleichbaren Eigenschaften zusammenfassen. So werden z. B. Linien oder Kanten selektiert, indem starke Grauwertänderungen gesucht und zu einem Linienskelett des Bildes zusammengefasst werden. Zum Auffinden glatter Flächen können kleine Elementarflächen z. B. durch Bildung eines TIN erzeugt werden, deren Flächennormalen berechnet werden. Zusammenhängende Elemente mit gleichen Normalen können zu einem Teilbild gehören, das eine Fläche darstellt.

Für viele praktische Aufgaben ist es zweckmäßig, digitale Photos und Skanner-Punktwolken zu kombinieren, um die geometrische Information der Punktwolke durch Farbinformation zu ergänzen. Viele dieser Entwicklungen sind erst in den Anfängen und noch Gegenstand aktueller Forschung. In der Praxis arbeitet man noch meist mit interaktiven und teilautomatisierten Verfahren, um die aufgenommenen Objekte zu erfassen und so zu modellieren, dass sie in GIS- oder CAD-Systemen weiterverarbeitet werden können. Den aktuellen Stand der z. Z. in der Praxis eingesetzten Methoden wird u. a. in [Zogg 2008] und [Abdelhafiz 2009] beschrieben.

Ein anderer Weg besteht darin, ein parametrisches Modell des interessierenden Objekts zu bilden und die Parameter robust zu schätzen. Einen Überblick über die Einsatzmöglichkeiten der bisher beschriebenen robusten Schätzer und ihre Anpassung an die Besonderheiten der Bildauswertung findet man u. a. in [Meer et al. 1991] und [Zhang 1997]. Diese Schätzer scheitern allerdings, wenn nicht die Mehrheit der Punkte zu dem modellierten Objekt gehört. Nach Abschnitt 7.4.1 erreicht die *MkMQ* den maximalen Bruchpunkt von $\delta^* = ([(n - u)/2] + 1)/n$. Nun ist es in der Bildverarbeitung nicht ungewöhnlich, dass zu einem modellierten Objekt in einem Bild weit unter 50 % der Datenpunkte gehören. Alle anderen Punkte sind folglich Ausreißer. Um trotzdem die Modellparameter schätzen zu können, sind einige heuristische Verfahren entwickelt worden, die äußerst robust sind. Die Struktur dieser Verfahren, die im Folgenden dargestellt werden, lässt es nicht zu, die in der Mathematischen Statistik entwickelten Kriterien der Robustheit anzuwenden. So können weder Bruchpunkt noch Einflussfunktion oder Aureißersensitvität angegeben werden.

8.2   *HBM*-Schätzer

Ausgehend vom Konzept des *MkMQ*-Schätzers wird in [Hoseinnezhad/Bab-Hadiashar 2011] der *HBM*-Schätzer (high breakdown *M*-Schätzer) für die Parameterschätzung in der geometrischen Bildanalyse präsentiert. Dieser Schätzer ist in der Lage, aus einer großen Menge von Punktdaten die zu einem Objekt gehörenden Daten zu selektieren, auch wenn ihre Anzahl weit unter der Hälfte der Daten liegt.

Ihren Lösungsvorschlag demonstrieren die Autoren an der nicht differenzierbaren Zielfunktion $med_n(\boldsymbol{a}_i^t \boldsymbol{x} - l_i)^2 = med_n(v_i{}^2)$ des *MkMQ*-Schätzers, die durch ihre asymptotische Version $med_\infty(v^2) = F_{v^2}^{-1}(1/2)$ ersetzt wird, die differenzierbar ist und mit der *inMkQ* minimiert werden kann. Dafür ist es allerdings erforderlich, die Verteilung der v_i^2 zu schätzen. Dazu wird ein Kerndichteschätzer mit Gausskern vorgeschlagen. Mit $v_i^2 = z_i$ erhält man damit die geschätzte Dichte

$$f(z) = \frac{1}{nh} \sum_{i=1}^{n} K\left(\frac{z - z_i}{h}\right).$$

Für die Bandbreite h wird ein *MAM*-Schätzer $h = n^{-1/5} med_n |z_i - med_n(z_i)|$ gewählt. Die Verteilung der Residuenquadrate folgt daraus zu

$$F(z) = \frac{1}{nh} \sum_{i=1}^{n} \int_{-\infty}^{z} K\left(\frac{\xi - z}{h}\right) d\xi.$$

Wenn angenommen wird, dass mindestens $\mu = 1 - \varepsilon$ Prozent der Daten modellkonform sind, so fallen bei richtigem Schätzergebnis $k = [\mu n]$ Verbesserungsquadrate kleiner als die k-te Ordnungsstatistik aus. Es ist daher nach Ansicht der Autoren zweckmäßig, anstelle des Medians der v_i^2 die k-te Ordnungsstatistik zu minimieren. Wegen $P(z \leq z_{(k)}) = k/n = \mu$ für $n \to \infty$ nimmt die verallgemeinerte Zielfunktion mit $z_{(k)} = z^\mu$ die Form $F_z^{-1}(\mu) = z^\mu$ an. Die Ableitung der Zielfunktion nach x führt nach einigen Umformungen auf die Schätzgleichung

$$\sum_{i=1}^{n} \frac{1}{h^2} K\left(\frac{z^\mu - z_i}{h}\right) v_i \frac{\partial v_i}{\partial x} = 0.$$

Wenn für den asymptotischen Wert z^μ der Stichprobenwert $z_{(k)}$ eingesetzt wird, liest man für die *inMkQ* die Gewichtsfunktion

$$w_i = \frac{1}{h^2} K\left(\frac{v_{(k)}^2 - v_i^2}{h}\right)$$

ab. Als Näherungswerte werden die aus einer Zufallsstichprobe vom Umfang u berechneten Parameter eingesetzt. Da das Schätzergebnis von den Näherungswerten abhängt, muss auch bei dieser Methode mit einer großen Zahl von Rechendurchläufen gearbeitet werden, die nach Versicherung der Autoren jedoch deutlich geringer ist als die, die nach (7.66) ermittelt wird. An Beispielen aus dem Bereich des machinellen Sehens weisen sie die Leistungsfähigkeit dieses Lösungsansatzes nach.

8.3   Der *RANSAC*-Algorithmus*

Unter dem Namen *RANSAC* wurde in [Fischler/Bolles 1981] der Fachwelt ein extrem robuster Schätzer vorgestellt wurde. Die Bezeichnung *RANSAC* (*random sample consensus*) kann man etwa mit Zustimmung zu oder Unterstützung einer Zufallsstichprobe übersetzen. Der *RANSAC*-Algorithmus unterteilt die Punktdaten in Ausreißer und modellkonforme Daten, und erlaubt dabei einen Ausreißeranteil von weit über 50 %. Er ist außerdem leicht zu implementieren, und hat sich bei zahlreichen Aufgaben der Bilddatenverarbeitung bewährt. Eine Reihe von Weiterentwicklungen und Verfeinerungen ist in den letzten drei Jahrzehnten vorgeschlagen worden, die seine Popularität noch erhöht haben.

Einen Vergleich von *MkMQ* mit *RANSAC* geben [Meer et al. 1991], wobei der Schwerpunkt auf der Bewertung der Eignung für Schätzaufgaben im Bereich des Rechnersehens liegt. Der *RANSAC*-Algorithmus in seiner ursprünglichen Form wird in [Fischler/Bolles 1981] ausführlich beschrieben. Er wurde für die Anpassung von Objektmodellen an Datensätze entwickelt, die eine große Zahl von Ausreißern enthalten und ist daher besonders für Anwendungen in der automatischen Bildanalyse geeignet, deren Datengrundlage oft das Ergebnis fehleranfälliger Verfahren der Merkmalserkennung ist. Als prototypisches Beispiel wird in [Fischler/Bolles 1981] die Ermittlung der äußeren Orientierung einer Kamera auf der Basis automatisch erkannter Passpunkte behandelt. Die Leistungsfähigkeit des Verfahrens wird an synthetischen und realen Datensätzen demonstriert.

Sei ein Bilddatensatz mit n Datenpunkten gegeben und ein mathematisches Modell mit u unbekannten Parametern, zu deren Bestimmung mindestens m Datenpunkte benötigt werden, so besteht der *RANSAC*-Algorithmus zur Schätzung der Modellparameter aus folgenden Schritten:

1. Wähle nach Zufall m Datenpunkte aus dem Datensatz aus und berechne den Parametervektor x_i. Das Ergebnis ist das hypothetische Modell M_i.

2. Berechne in einer gegebenen Metrik die Abstände aller $n - m$ Datenpunkte zu M_i und ermittle die Anzahl k_i der Punkte, deren Abstände (Residuen) eine vorgegeben Schranke S nicht überschreiten. Diese Datenpunkte bilden die Zustimmungsmenge Z_i (consensus set) des Modells M_i.

3. Falls k_i gleich oder größer als eine vorgegebene Schranke K ausfällt, gehe zu Schritt 5.

4. Wenn $k_i < K$ ist, beginne erneut mit Schritt 1 und wiederhole den Prozess bis die festgelegte Anzahl N der Iterationen erreicht ist. Ermittle das Modell mit der größten Zustimmungsmenge Z_{max}. Wenn diese akzeptabel ist, gehe zu Schritt 5. Sonst brich das Verfahren als erfolglos ab.

5. Führe eine optimale Schätzung des Parametervektors x mit den Punkten von Z_{max} durch. Dazu kann der *MkQ*- oder ein M-Schätzer eingesetzt werden.

Der Algorithmus enthält drei Schwellenwerte: Die Toleranzgrenze S, mit der entschieden wird, welche Punkte modellkonform und welche Ausreißer sind, die Grenzanzahl K, mit der festgelegt wird, wieviel Punkte die Zustimmungsmenge Z mindestens enthalten muss und die Anzahl N der Iterationen, die durchzuführen sind, wenn nicht vorher ein Modell mit K unterstützenden Punkten gefunden wird. Auf diese Parameter wird in den nächsten Abschnitten näher eingegangen.

Das *RANSAC*-Verfahren besteht also aus zwei wesentlichen Schritten: (i) es wird eine Modellhypothese auf Basis einer minimalen Zufallsstichprobe aufgestellt, (ii) die Hypothese wird mit dem gesamten Datensatz verifiziert bzw. falsifiziert. Diese Schritte werden so oft wiederholt, bis mit einer vorgegebenen Wahrscheinlichkeit, die der Bestimmung von N zugrunde liegt, das beste Modell gefunden ist.

8.3.1 Die Toleranzgrenze S

Bei der Verifizierung eines hypothetischen Modells M_i spielt die Schranke S, mit der Ausreißer von modellkonformen Daten getrennt werden, die entscheidende Rolle. Wenn a priori bekannt ist, wie stark die Verrauschung der Positionen ist, kann daraus analytisch der Erwartungswert des Abstandes eines modellkonformen Datenpunktes von einem modellierten Objekt abgeleitet werden, auf dessen Basis S festgelegt werden kann. Dabei ist die modellspezifische Metrik des Abstandes zu beachten, der nur als euklidischer Abstand leicht zu interpretieren ist. Ferner ist zu berücksichtigen, dass das Modell meist eine Approximation der Wirklichkeit ist und daher ebenfalls einen Beitrag zum Gesamtfehler leistet. Häufig sind keine brauchbaren Annahmen über die Qualität der Daten verfügbar, dann muss mit Erfahrungswerten gearbeitet werden.

Wird für S ein zu kleiner Wert festgelegt, so werden Punkte als Ausreißer interpretiert, die modellkonform sind und bei richtiger Zuordnung zur Genauigkeit und Stabilität der Schätzergebnisse beitragen würden. Wird für S dagegen ein zu hoher Wert gewählt, wirken bei der

Schätzung Punkte mit, die eigentlich Ausreißer sind und daher zur Verzerrung der Schätzergebnisse führen. Dieser letztgenannte Effekt kann weitgehend vermieden werden, wenn bei der abschließenden Schätzung ein *VP*-Schätzer nach Abschnitt 7.3.3 gewählt wird. Dabei ist allerdings zu beachten, dass Punktdaten vorliegen, und die Residuen und die Abstimmkonstante entsprechend zu definieren sind, vgl. Abschnitt 7.6.3.

In [Choi/Kim 2008] wird die Problematik thematisiert, die darin zu sehen ist, dass S einerseits zur dualen Klassifizierung der Daten dient, andererseits aber eigentlich erst nach Abschluss der Schätzung aus den Residuen berechenbar ist. Die Autoren schlagen ein probabilistisches Fehlermodell vor und führen die Annahme ein, dass die modellkonformen Daten normalverteilt sind, während die Ausreißer einer Gleichverteilung folgen. Um mit diesem Ansatz rechnen zu können, muss allerdings eine Annahme über den Anteil ε von Ausreißern getroffen werden.

8.3.2   Die Mindestunterstützung K

Die Festlegung der Mindestanzahl K an unterstützenden Datenpunkten für ein hypothetisches Modell, die erreicht werden muss, damit das Modell angenommen und die Iteration beendet werden kann, erfolgt auf der Basis von Annahmen über den Ausreißeranteil ε in den Punktdaten. Da diese Annahmen oft sehr unsicher sind, ist es schwierig, den für die zu lösende Aufgabe adäquaten Wert K zu wählen. Wenn K zu klein ist, kann die Iteration leicht mit einem ungenügenden Modell enden. Ist K hingegen zu groß festgelegt worden, wird die Unterstützungsmenge in jeder Iteration als zu klein qualifiziert, so dass die gesamten N Iterationen durchgeführt werden, ohne die erwünschte Lösung zu liefern.

Die für die Beendung der Iteration entscheidende Größe ist offensichtlich der Ausreißeranteil ε der Daten. Wenn ε bekannt ist, erhält man für K den optimalen Wert $K = (1 - \varepsilon)n$. Es ist jedoch auch die Abhängigkeit der Größe der Unterstützungsmenge von der Toleranzgrenze S zu berücksichtigen, deren Wert auch nur eine Schätzung ist.

Praktisch wird meist so vorgegangen, dass der anfänglich gewählte Wert ε im Verlauf der Iterationen an die erzielten Zwischenwerte angepasst wird. Dazu wird aus dem aktuellen Wert $k_{\max}$ die Schätzung $\widetilde{\varepsilon} = 1 - k_{\max}/n$ berechnet, die in (8.2) eingesetzt, einen neuen Wert für N liefert.

In diesem Fall wird auf K ganz verzichtet und es werden alle N Iterationen durchgeführt, und das Modell mit der größten Unterstützungsmenge wird angenommen. Aber auch diese Vorgehensweise ist problematisch. Denn man hat keine Sicherheit, dass die so gefundene Lösung richtig ist und verzichtet auf die Möglichkeit der vorzeitigen Beendung der Iterationen und auf die damit verbundene Reduzierung des Rechenaufwandes. Das Problem ist im Grunde nur verlagert worden, da nun die Festlegung der Anzahl N der Iterationen, die ebenfalls mit Unsicherheit behaftet ist, über die Wahl des Modell entscheidet.

8.3.3   Die Anzahl der Iterationen N

Die Anzahl N der Iterationen wird so festgelegt, dass mit einer gewählten Wahrscheinlichkeit P ein Modell gezogen wird, das keine Ausreißer enthält. Dies entspricht der Vorgehensweise beim *MkMQ*-Schätzer nach Abschnitt 7.4.1. Von dort kann Gleichung (7.66) übernommen werden, in der ε wie vorher der Ausreißeranteil ist. An die Stelle der Parameterzahl u tritt die Anzahl m der benötigten Datenpunkte zur eindeutigen Lösung des Modells:

$$P \approx 1 - (1 - (1 - \varepsilon)^m)^N \tag{8.1}$$

$$1 - P \approx (1 - (1 - \varepsilon)^m)^N$$

$$N \geq \frac{\log(1 - P)}{\log(1 - (1 - \varepsilon)^m)}. \tag{8.2}$$

Diese Näherungsformel ist vom Stichprobenumfang unabhängig. Wenn die Wahrscheinlichkeit $P = 95\%$ gewählt wird, erhält man die in Tabelle 8.1 angegebenen Wiederholungszahlen. Die Umrechnung auf andere Wahrscheinlichkeiten ist einfach, da P nur im Zähler auftritt.

Wird eine Wahrscheinlichkeit $P^* > P$ gefordert, so sind die Tabellenwerte mit $k^* = \log(1 - P^*)/\log(1 - P)$ zu multiplizieren. Für $P^* = 99\%$ beträgt der Faktor $k^* = 1{,}537$ und für $P^* = 99{,}9\%$ erhält man $k^* = 2{,}306$.

Die mit (8.2) berechnete Mindestanzahl N erweist sich in der Praxis meist als zu klein. Es werden daher eher zwei bis drei mal so viele Iterationen für erforderlich gehalten. Der Grund dafür ist, dass nicht alle ausreißerfreien Stichproben ein brauchbares Modell garantieren. Eine ungünstige Konstellation der Datenpunkte kann zu einem verzerrten Modell führen, das keine akzeptable Lösung darstellt.

Tabelle 8.1: Mindestanzahl von Zufallsstichproben vom Umfang m für P=0.95

Wahrscheinlichkeit $P = 95\%$								
ε	0,1	0,2	0,3	0,4	0,5	0,6	0,7	0,8
$m = 2$	2	3	4	7	10	17	32	73
$m = 4$	3	6	11	22	46	116	368	1871
$m = 6$	4	10	24	63	190	730	4109	$4{,}6 \times 10^4$
$m = 8$	5	16	51	177	765	4571	$4{,}5 \times 10^4$	$1{,}2 \times 10^6$
$m = 10$	7	26	105	494	3066	$2{,}9 \times 10^4$	$5{,}1 \times 10^5$	$2{,}9 \times 10^7$

Wie man an der Tabelle erkennt, ist es ganz wesentlich, das geometrische Modell so zu formulieren, dass m möglichst klein wird. In Anbetracht dieser Erkenntnis ist der größte Teil der Arbeit [Fischler/Bolles 1981] der geometrischen Analyse der äußeren Orientierung der Aufnahmekamera gewidmet mit dem Ziel, die minimale Anzahl von Passpunkten für die Lösung der Aufgabe zu finden. Für alle gängigen Aufgaben, wie die Bestimmung der Epipolargeometrie bzw. der Fundamentalmatrix oder der essentiellen Matrix sowie die Modellierung von Geraden, Kegelschnitten, Polynomen, Kugeln, Zylindern, gibt es inzwischen entsprechende Analysen, denen man geschlossene Formeln mit der geringst möglichen Anzahl von Bildpunkten entnehmen kann, siehe z. B. [Roth/Levine 1990], [Torr/Zisserman 2000], [Nister 2004] und [Beder/Förstner 2006]. Während die robuste Schätzung in der Mathematischen Statistik fast ausschließlich für lineare Modelle entwickelt wurde, sind die parametrischen Modelle der geometrischen Bilddatenverarbeitung vorwiegend nichtlinear.

8.3.4   Ausreißeranteil und Modellabweichungen

Wie bereits ausgeführt, ist die Ausreißerrate ε eine wichtige Größe bei der Anwendung des *RANSAC*-Algorithmus. Diese ist bei der automatischen Merkmalserkennung meist gering, wenn das aufgenommene Objekt deutlich unterscheidbare Strukturen aufweist. Wenn das Bild mehrere Objekte wiedergibt, die getrennt modelliert werden sollen, so sind alle Punkte, die nicht zu dem gerade bearbeiteten Objekt gehören, Ausreißer im Sinne der Schätzung. Ihr Anteil kann dann weit über 50 % liegen. Diese Situation tritt häufig bei der Auswertung von Scanner-Punktwolken auf. Allerdings kennt man in der Regel die ungefähren Ausmaße der zu modellierenden Objekte und kann den Datensatz so segmentieren, dass die Stichproben nur in der Umgebung des Objektes gezogen werden.

Für den erforderlichen Rechenaufwand ist schließlich noch bedeutsam, wie die Ermittlung der unterstützenden Datenpunkte durchgeführt wird. Da die Punktmenge meist sehr groß ist, und für jeden Punkt der Abstand zum korrespondierenden Punkt oder zum gerade geprüften Modell berechnet wird, müssen die dazu eingesetzten Verfahren optimal gestaltet werden. Der Abstand eines Punktes vom modellierten Objekt ist durch die Länge des Lotes von diesem Punkt auf das Objekt definiert (vgl. Abschnitt 4.2.2). Die Berechnung dieses Abstandes ist nur bei Geraden einfach. Bei allen gekrümmten Objekten ist der Aufwand meist so hoch, dass mit Näherungen gearbeitet werden muss. Oft wird so vorgegangen, dass in einem ersten Schritt eine vereinfachte Berechnung der Abstände durchgeführt wird und die strenge Berechnung nur auf die konformen Daten des ersten Schrittes angewandt wird. Eine weitere Erschwernis tritt auf, wenn unterschiedliche Gewichte der Punkte eingeführt werden müssen. Eine ausführliche Untersuchung dieser Problematik bei der Schätzung von Kegelschnitten und geeignete Näherungslösungen findet man in [Zhang 1997].

8.4   Weiterentwicklungen*

Zahlreiche Autoren haben Vorschläge zur Weiterentwicklung des *RANSAC*-Algorithmus ausgearbeitet, um ihn rechentechnisch effizienter zu machen, bzw. um die Eigenschaften der Daten in speziellen Anwendungen auszunutzen. Für einen informativen Überblick über diese Arbeiten sei auf [Raguram/Frahm/Pollefeys 2008], [Choi/Kim/Yu 2009] und [Raguram/Frahm 2011] verwiesen. Dort findet man auch Vergleichsrechnungen und Bewertungen sowie umfangreiche Literaturhinweise, so dass es vertretbar erscheint, hier nicht alle Einzelheiten darzulegen.

8.4.1   Die Verlustfunktion

Die Zielfunktion des klassischen *RANSAC*-Verfahrens ist die Anzahl der Punkte, die ein hypothetisches Modell unterstützen. In der üblichen Schreibweise der Mathematischen Statistik lässt sich dies durch die zu minimierende Verlustfunktion

$$\rho(d) = \begin{cases} 0 & \text{für} \quad d^2 < S \\ 1 & \text{für} \quad d^2 \geq S \end{cases} \tag{8.3}$$

formulieren. Hierin bedeutet d^2 eine Fehlerfunktion, für die beispielsweise das Quadrat des Abstands vom hypothetischen Modell gewählt werden kann. Nun liegt es nahe, diese binäre Funktion durch eine Funktion zu ersetzen, die den konformen Punkten Gewichte zuordnet, die vom Abstand d abhängen. Als einfachste Form kann eine Verlustfunktion mit Verwerfungspunkt gewählt werden:

$$\rho(d) = \begin{cases} d^2 & \text{für} \quad d^2 < S \\ S & \text{für} \quad d^2 \geq S \end{cases}. \tag{8.4}$$

In [Torr/Zisserman 2000] wird eine Verlustfunktion vorgeschlagen, die auf der hypothetischen Verteilung der Fehlergrößen basiert und als Maximum-Likelihood Funktion konzipiert ist. Dabei wird angenommen, dass die Abweichungen der konformen Punkte $N(0,\sigma^2)$-verteilt sind, während die Ausreißer eine Gleichverteilung im Intervall $\left[-\frac{b}{2}, \frac{b}{2}\right]$ besitzen. Daraus folgt die Dichtefunktion der Mischverteilung

$$f(d) = (1 - \varepsilon) \frac{1}{\sqrt{2\pi\sigma^2}} \exp\left(-\frac{d^2}{2\sigma^2}\right) + \varepsilon \frac{1}{b}. \tag{8.5}$$

Für die Schätzung der Parameter der Epipolargeometrie seien die gemessenen Koordinaten der Korrespondenzen im ersten Bild mit (x_1, y_1) und im zweiten mit (x_2, y_2) bezeichnet und ihre geschätzten Werte mit $(\hat{x}_1, \hat{y}_1)$ bzw. $(\hat{x}_2, \hat{y}_2)$. Aus den Residuen $v_x = \hat{x} - x$ und $v_y = \hat{y} - y$ wird $v^2 = v_x^2 + v_y^2$ gebildet. Als Quadrat der zufälligen Fehlergröße der i-ten Korrespondenz folgt daraus $d_i^2 = v_{1i}^2 + v_{2i}^2$. Die Loglikelihoodfunktion für n Korrespondenzen lautet mit diesen Bezeichnungen

$$\mathcal{L} = \sum_{i=1}^{n} \ln\left\{(1 - \varepsilon)\left[\frac{1}{\sqrt{2\pi\sigma^2}}\right]^n \exp\left(-\frac{d_i^2}{2\sigma^2}\right) + \varepsilon \frac{1}{b}\right\}. \tag{8.6}$$

Als Verlustfunktion wird bei dieser als *MLESAC (Maximum Likelihood Consensus)* bezeichneten Methode die negative Loglikelihoodfunktion eingeführt: $\rho(d) = -\mathcal{L}$.

Da der Ausreißeranteil ε als wichtige Größe in die Verlustfunktion eingeht aber nicht als bekannt gelten kann, schlagen [Torr/Zisserman 2000] zu seiner Schätzung ein iteratives Verfahren vor. Sei z_i eine Zeigervariable, die den Wert $z_i = 1$ annimmt, wenn die i-te Korrespondenz modellkonform ist, und $z_i = 0$, wenn sie ein Ausreißer ist. Nach dem Mischverteilungsmodell ist die Likelihood p_i dafür, dass eine Korrespondenz modellkonform ist, durch

$$p_i = (1 - \varepsilon) \frac{1}{\sqrt{2\pi\sigma^2}} \exp\left(-\frac{d_i^2}{2\sigma^2}\right) \tag{8.7}$$

gegeben. Entsprechend gilt für einen Ausreißer

$$p_a = \varepsilon \frac{1}{b}. \tag{8.8}$$

Beginnend mit einem Schätzwert für ε, z. B. $\varepsilon_1 = 0{,}5$, erhält man

$$P(z_i = 1 \mid \varepsilon_1) = \frac{p_i}{p_i + p_a} \quad \text{und} \quad P(z_i = 0 \mid \varepsilon_1) = 1 - \frac{p_i}{p_i + p_a} \tag{8.9}$$

und daraus den verbesserten Wert

$$\varepsilon_2 = 1 - \frac{1}{n} \sum \frac{p_i}{p_i + p_a}, \tag{8.10}$$

mit dem die nächste Iteration erfolgt. Nach wenigen Schritten konvergiert diese Verfahren.

8.4.2 Modellhypothese und Verifizierung

Die Stichproben zur Modellbildung im Schritt 1 des *RANSAC*- Algorithmus werden nach Zufall gezogen. Dies ist nur optimal, wenn alle Punkte dieselbe Qualität besitzen und unstrukturiert verteilt sind. Bei automatischen Verfahren zur Bestimmung der Epipolargeometrie werden markante Punkte in den Bildern aufgesucht und durch eine Korrespondenzanalyse einander zugeordnet. Die Qualität der Korrespondenzen kann dabei abgeschätzt werden. Unter dem Namen *PROSAC* wird in [Chum/Matas 2005] ein Stichprobenverfahren vorgeschlagen, bei dem die Korrespondenzen zunächst nach steigender Qualität geordnet werden. Zur Bildung der hypothetischen Modelle werden Stichproben aus einer Untermenge mit den Punkten höchster Qualität gezogen. Bei der Verifizierung wird die Reihenfolge der Punkte ebenfalls nach Qualität festgelegt. Die aktuelle Untermenge wird schrittweise um die wahrscheinlichsten Korrespondenzen vergrößert. Das Verfahren terminiert, wenn die Wahrscheinlichkeit, ein Modell mit mehr Unterstützungspunkten zu finden als das aktuell beste, eine Schranke, z. B. 5 %, unterschreitet. Abschließend erfolgt eine Verifizierung des Modells mit allen Korrespondenzen. Mit dieser selektiven Stichprobenziehung kann das Ergebnis um Zehnerpotenzen schneller erzielt werden als mit dem standard *RANSAC*-Algorithmus.

Es gibt weitere Vorschläge, die Stichproben statt nach dem Zufallsprinzip nach Plausibilitätsüberlegungen zu ziehen. Man kann beispielsweise erwarten, dass ein konformer Punkt näher bei anderen konformen Punkten liegt als bei Ausreißern. Es ist daher sinnvoll, die Stichprobe auf die Umgebung eines zufällig gewählten Startpunktes zu beschränken. Diese Strategie ist besonders erfolgversprechend bei der Modellierung von Ebenen in Punktwolken, wie es bei der Aufnahme von Bauwerken mit Scannern häufig vorkommt. Dabei sollten die gezogenen Punkte aber einen Mindestabstand einhalten, um die Berechnung realistischer Ebenenparameter zu gewährleisten.

Eine andere Strategie, das Rechenverfahren zu beschleunigen, wird in [Matas/Chum 2004] vorgeschlagen. Mit dem Ziel, unbrauchbare Modelle frühzeitig zu erkennen und zu verwerfen, erfolgt die Verifikation der Hypothesen zunächst mit einer geringen Anzahl $\bar{n} \ll n$ von Datenpunkten bzw. Korrespondenzen. Nur wenn diese alle modellkonform sind, wird die Hypothese mit dem gesamten Datensatz überprüft. Die Wahl von $\bar{n}$ ist bei dieser Modifikation des *RANSAC*-Algorithmus kritisch. Als optimal wird $\bar{n} = 1$ empfohlen. Obwohl damit zu rechnen ist, dass bei diesem Verfahren viele gute Hypothesen verworfen werden, kann eine deutliche Verkürzung der Rechenzeit erwartet werden.

Ebenfalls mit dem Ziel, unbrauchbare Hypothesen frühzeitig zu verwerfen, wird in [Capel 2005] ein Verfahren vorgestellt, das darauf beruht, dass bei bekannter Anzahl k konformer Punkte eines hypothetischen Modells mit der hypergeometrischen Verteilung die Erwartung $\tilde{k}$ von unterstützenden Punkten in einer zufällig gezogenen Unterstichprobe vom Umfang $\tilde{n}$ berechnet werden kann. Setzt man für k die bisher gefundene größte Unterstützungsmenge eines Modells ein, kann $\tilde{k}$ für eine weitere Unterstichprobe vom Umfang $\tilde{n}$ näherungsweise berechnet werden. Wird nun für eine neue Hypothese nach Auswertung von $\tilde{n}$ Datenpunkten ein Wert $k < \tilde{k}$ gefunden. wird diese Hypothese verworfen.

Das Messrauschen kann dazu führen, dass eine ausreißerfreie Stichprobe zu einem Modell führt, das nicht von allen ausreißerfreien Punkten unterstützt wird. Wenn beispielsweise ein kreisförmiges Objekt modelliert wird, für dessen Bestimmung drei Punkte benötigt werden, und durch die Zufallsstichprobe drei nahe benachbarte Punkte ausgewählt wurden, die auf dem Kreis liegen, aber verrauscht sind, so werden Parameter berechnet, die sehr unsicher sind und möglicherweise einen Kreis definieren, der stark von der Realität abweicht. Dies kann dazu führen, dass entfernter liegende Kreispunkte als Ausreißer betrachtet werden. Um diesem Effekt entgegenzuwirken, wird in [Chum/Matas/Obdrzalek 2004] vorgeschlagen, den zweiten Schritt des standard Algorithmus zu modifizieren. Nach der üblichen Ermittlung der modellkonformen Punkte wird ein lokaler Optimierungsschritt eingefügt, in dem die Modellparameter unter Verwendung dieser Punkte neu geschätzt werden. Dazu wird die *MkQ*, ein *M*-Schätzer oder ein anderes Optimierungsverfahren eingesetzt. Die Punkte, die bei diesem verbesserten Modell die Toleranzgrenze nicht überschreiten, bilden die Unterstützungsmenge. Diese als *LO-RANSAC (Locally Optimized RANSAC)* bezeichnete Version verbessert zwar die Genauigkeit, erfordert aber auch einen erhöhten Rechenaufwand.

Eine Modifikation des *RANSAC*-Algorithmus, die ohne Festlegung einer Mindestanzahl K von unterstützenden Punkten auskommt, wird in [Raguran/Frahm 2011] vorgestellt. Für jedes hypothetische Modell M_i wird aus den k_i konformen Datenpunkten die Varianz $\hat{\sigma}_i^2$ berechnet, und es wird angenommen, dass dieser Wert für ein ausreißerfreies Modell eine gute Schätzung für die wahre Varianz σ^2 ist. Unter der Annahme der Normalverteilung der Residuen v_{ij} eines ausreißerfreiem Modells folgt die Summe $\sum_i(v_{i1}^2 + v_{i2}^2 + \cdots + v_{ik_i}^2)$ der χ^2-Verteilung mit k_i Freiheitsgraden und ermöglicht die Berechnung der Region R_α^i in der α % der modellkonformen Datenpunkte zu erwarten sind. Für ein zweites ausreißerfreies Modell wird man auf demselben Weg die Region R_α^l berechnen. Im Überlappungsbereich $R_\alpha^i \cap R_\alpha^l$ dieser beiden Regionen sind α^2 der modellkonformen Datenpunkte zu erwarten. Wird $\alpha \approx 1$ gewählt, so gilt $\alpha^2 \approx \alpha$. Die Suche nach „α-konsistenten" Modellen wird fortgesetzt, bis drei Modelle gefunden sind, deren paarweise Überlappungsregionen darauf schließen lassen, dass sie keine Ausreißer enthalten. Modelle, die durch Ausreißer kontaminiert sind, können nach dieser Strategie leicht erkannt und verworfen werden. Für das in [Raguran/Frahm 2011] ausführlich begründete Verfahren und den beschriebenen Algorithmus wurde die Bezeichnung $RECON$ (REsidual CONsensus) gewählt. An Beispielen wird die Zuverlässigkeit des Verfahrens demonstriert, das allerdings mit einem hohen Rechenaufwand verbunden ist.

8.4.3 *RANSAC* und *M*-Schätzer

Schon in [Fischler/Bolles 1981] wird vorgeschlagen, zum Abschluss des Verfahrens mit den als modellkonform ermittelten Datenpunkten eine klassische Schätzung der Modellparameter durchzuführen, um die Genauigkeit des Ergebnisses zu verbessern. Der oben beschriebene *LO-RANSAC*-Algorithmus nach [Chum/Matas/Obdrzalek 2004] fügt dagegen einen Optimierungsschritt ein, um durch eine *M*-Schätzung die Genauigkeit der Parameter der hypothetischen Modelle zu steigern.

Eine ähnliche Vorgehensweise wird in [Bartelsen/Mayer 2010] und [Mayer et al. 2012] beschrieben. Die Kombination von *RANSAC* zum Herausfiltern der konformen Datenpunkte mit robuster M-Schätzung zur Steigerung der Genauigkeit führt zu einem Verfahrensablauf, der die relative Orientierung einer großen Anzahl von Bildern einer Scene oder von Bildfolgen bewältigt. Dabei sind nur geringe Einschränkungen der Basislängen und Bildverschwenkungen zu beachten.

Der 5-Punkte-Algorithmus nach [Nister 2004] wird eingesetzt, um nach dem *RANSAC*-Verfahren hypothetische Modelle für die relative Orientierung eines Bildpaares zu erzeugen. Die Ermittlung der modellkonformen Punkte erfolgt nach einer Verlustfunktion entsprechend (8.4). Dies ist der erste E-Schritt der als EM (expectation maximization) Strategie bezeichneten Vorgehensweise. Im folgenden M-Schritt wird eine robuste Bündelausgleichung mit allen konformen Punkten durchgeführt. Für das so verbesserte Modell werden erneut die konformen Punkte ermittelt, und mit diesen wird die robuste Ausgleichung wiederholt. Diese E- und M-Schritte werden solange wiederholt, bis die Anzahl der konformen Punkte stabil ist.

Als robuster Schätzer dient der *inMkQ*-Schätzer mit Gewichten, die als Funktion der studentisierten Verbesserungen berechnet werden. Um den Rechenaufwand in Grenzen zu halten, wird die EM-Iteration nicht für alle hypothetischen Modelle durchgeführt. Als ausreichend hat es sich erwiesen nach 100 *RANSAC*-Schritten, das Modell mit maximaler Unterstützung zu ermitteln, und dies weiter zu iterieren, so dass dieses rechenintensive Verfahren nur auf 1 % der der Anzahl N der *RANSAC*-Iterationen angewand wird.

8.4.4   Echtzeit-*RANSAC*

Die bisher beschriebenen Modifikationen des *RANSAC*-Algorithmus zur Verkürzung der Rechenzeit reichen für die in Echtzeit durchzuführende Schätzung der Bewegung autonomer Roboter nicht aus. Bei dieser Anwendung des Rechnersehens steht nur ein enges Zeitintervall zur Verfügung, in dem aber nicht unbedingt das optimale Schätzergebnis erzielt werden muss. Auch gute Näherungslösungen reichen oft aus. Die in [Nister 2003] entwickelte Strategie zur Lösung dieses Problems beruht darauf, nicht nacheinander jede Hypothese gegen den gesamten Datensatz zu verifizieren (*depth first*), sondern eine festgelegte Anzahl M von Hypothesen zu erzeugen und die Daten einzeln nacheinander gegen alle M Hypothesen zu testen (*breadth first*). Dieses als *preemptive RANSAC* bezeichnete Verfahren ermöglicht ein schnelles Herausfiltern der schlechten Hypothesen und führt in der verfügbaren Zeit zur bestmöglichen Lösung. Ähnlich wie bei *MLESAC* erfolgt die Einteilung der Beobachtungen nicht mithilfe einer festen Schranke in Ausreißer und konforme Punkte. Vielmehr wird eine Bewertungsfunktion definiert, die auf der a posteriori Wahrscheinlichkeit beruht, dass eine konforme Beobachtung an einem guten Modell getestet wird.

Eine Auswahlfunktion (*preemptive function*)

$$f(i) = \lfloor M 2^{-\lfloor \frac{i}{B} \rfloor} \rfloor, \quad i = 1, \ldots, n \tag{8.11}$$

bestimmt die Anzahl der Hypothesen, die nach Bewertung des i-ten Punktes beibehalten werden. Das Symbol $\lfloor x \rfloor$ bezeichnet die größte ganze Zahl $\leq x$. Wenn ein Block von B Punkten abgearbeitet ist, werden die Hypothesen nach absteigender Bewertung umgeordnet, und nur die entsprechend (8.11) halbierte Anzahl der Hypothesen wird gegen die Punkte des nächsten Blocks getestet. Dieser Ablauf wird solange wiederholt, bis nur eine Hypothese übrig bleibt, alle Punkte bewertet sind oder das Zeitlimit erreicht wird. Nach [Nister 2003] haben sich für die Positionsbestimmung autonomer Roboter die Werte $M = 500$ und $B = 100$ bewährt.

Nach Gleichung (8.2) hängt die Anzahl der benötigten Hypothesen von der Ausreißerrate ε ab. Die a priori festgelegte Anzahl M bei dem oben beschriebenen Algorithmus hat keinen Bezug zu dem tatsächlichen Ausreißeranteil in den Daten. Ein Blick auf Tabelle 8.1 zeigt, dass bei geringen Ausreißerraten zu viele Hypothesen getestet werden, während bei hohem Ausreißeranteil die Wahrscheinlichkeit, eine fehlerfreie Hypothese zu generieren, stark abnimmt. Es ist daher sinnvoll, den Algorithmus um eine Schätzung des realen Wertes von ε zu erweitern. Eine solche Erweiterung enthält der *ARRSAC*-Algorithmus (*Adaptive Real-Time Random Ample Consensus*), der in [Raguram/Frahm/Pollefeys 2008] beschrieben wird. Der Rechenablauf wird durch diese Erweiterung zwar komplexer, aber mit umfangreichen numerischen Untersuchungen weisen die Autoren nach, dass *ARRSAC* deutlich schneller und sicherer zu einem guten Schätzergebnis führt als die bisher für Echtzeitschätzungen eingesetzten Algorithmen.

Der Algorithmus beginnt mit der Festlegung der Obergrenze M von zu bildenden Hypothesen und der Größe B der Datenblöcke. Danach wird die erste Stichprobe gezogen und das damit berechnete Modell gegen die Daten des ersten Bocks getestet. Die Bewertung der Hypothese führt entweder zum Verwerfen oder zu einem vorläufigen Schätzwert für ε. Mit diesem wird ein Wert für N berechnet, für den aber die Obergrenze M eingehalten wird. Die Wiederholung dieser Schritte führt zu einer besten Hypothese, und damit zu einem Schätzwert $\hat{\varepsilon}$, sowie der Anzahl N zu bildender Hypothesen.

Der weitere Algorithmus stimmt weitgehend mit dem *preemptive RANSAC* überein. Es sind jedoch noch zwei Modifikationen eingebaut. Die erste ermöglicht es, zu einem späteren Zeitpunkt die Anzahl der Hypothesen zu vergrößern, falls sich der Schätzwert für den Ausreißeranteil ändert. Die zweite ist die Option, die Stichprobenentnahme auf die Datenpunkte zu beschränken, die die Unterstützungsmenge von guten Hypothesen bilden. Dieses Abweichen vom Zufallsprinzip erhöht bei großen Ausreißerraten die Wahrscheinlichkeit, gute Lösungen zu finden und wird nur in dieser Situation aktiviert.

8.5 Die *Hough*-Transformation

Die *Hough*-Transformation (*HT*) ist ein spezielles fehlertolerantes Verfahren zur Auswertung von Messdaten. Ähnlich wie der *RANSAC*-Algorithmus ist die Grundlage heuristisch und basiert nicht auf den in der Mathematischen Statistik entwickelten Schätzkriterien. Die Messdaten sind Bildpunkte, die von Kantendetektoren als Elemente linearer Strukturen im Bild selektiert wurden. Da die Kantendetektoren kein perfektes Ergebnis liefern, sondern meist stark verrauschte und lückenhafte Binärbilder erzeugen, ist eine Nachbearbeitung erforderlich, um die linearen Strukturen zu vektorisieren. In den Standardanwendungen der *HT* geht es um die Parametrisierung von geometrischen Strukturen wie Gerade, Kreis, Ellipse, die durch einfache mathematische Formeln darstellbar sind.

Die Grundidee der *Hough*-Transformation besteht darin, die geometrischen Strukturen nicht im Bild zu erfassen, sondern diese Aufgabe in den Dualraum (*Hough*-Raum) zu verlegen, der von den Parametern des geometrischen Modells der zu erfassenden Objekte aufgespannt wird. Die Parameterschätzung erfolgt dann durch die Ermittlung lokaler Maxima im Dualraum. Das Verfahren geht auf ein Patent zurück, das dem amerikanischen Wissenschaftler

P. V. C. Hough 1962 erteilt wurde. Im Bereich des Rechnersehens wurde die *HT* seit dem Erscheinen des Artikels [Duda/Hart 1972] weiterentwickelt und seit den achtziger Jahren des vorigen Jahrhunderts verstärkt eingesetzt. Eine anschauliche Darstellung der *HT* einschließlich ihrer Varianten und Weiterentwicklungen bis zum Jahr 1988, sowie eine Analyse ihrer Leistungsfähigkeit und ihrer Anwendungsmöglichkeiten findet man in dem umfangreichen Übersichtsartikel [Illingworth/Kittler 1988], dessen Literaturverzeichnis 136 Beiträge dokumentiert.

8.5.1 Die Erfassung von Geraden

Der einfachste und zugleich häufigste Anwendungsfall der *HT* ist die Identifizierung von Geraden im Bild. Zur Demonstration des Verfahrens soll das folgende Beispiel ausführlich behandelt werden, bei dem angenommen wird, dass die Parameter einer Geraden, auf der drei kollineare Punkte im Bild liegen, bestimmt werden sollen.

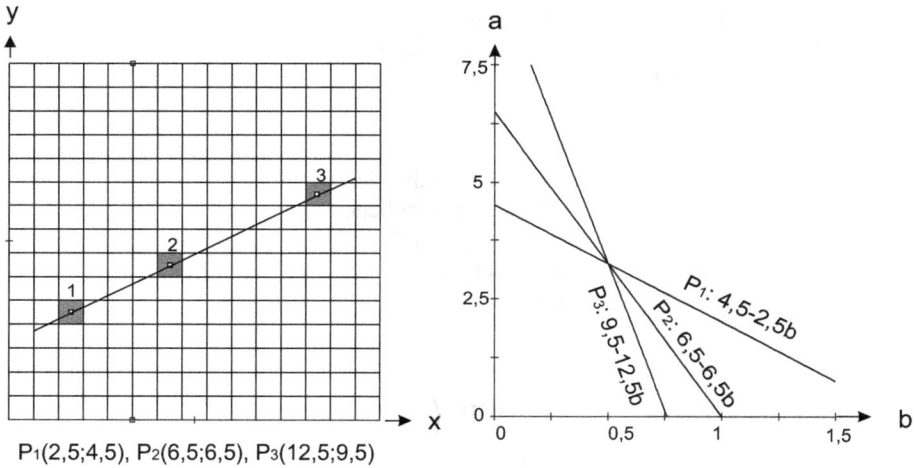

$P_1(2,5;4,5)$, $P_2(6,5;6,5)$, $P_3(12,5;9,5)$

Abbildung 8.1: Bildraum und Parameterraum (a,b) einer Geraden

Im linken Teil der Abb. 8.1 sind die Gerade und drei Punkte auf dieser Geraden dargestellt. Als Modell der Geraden sei die einfache Gleichung

$$y = a + bx \tag{8.12}$$

gewählt, mit dem Achsabschnitt a und dem Anstieg $b = \tan \beta$. Alle möglichen Geraden, die durch einen Punkt P_i gehen, haben die Darstellung $y_i = a + bx_i$. Im Parameterraum mit den Koordinatenachsen a und b können alle diese Geraden durch die Gleichung

$$a = y_i - bx_i \tag{8.13}$$

und damit durch eine einzige Gerade dargestellt werden, wie im rechten Teil der Abbildung gezeigt wird. Am Schnittpunkt der Geraden, die von den Punkten P_i erzeugt werden, können die gesuchten Parameter a und b abgelesen werden.

Da die *HT* als automatisches Verfahren zur Erfassung der gesuchten Geraden konzipiert ist, und die Anzahl der Pixel, die von dem vorgeschalteten Kantendetektor einer Geraden zugeordnet werden, meist sehr hoch ist, ist es nicht zweckmäßig über Geradenschnitte die gesuchten Parameter zu ermitteln. Die Lösung wird vielmehr dadurch gefunden, dass ein Gitter über den Parameterraum gelegt wird, dessen Maschen als Akkumulatoren dienen. Und zwar wird die Anzahl der Geraden, die durch eine Masche verlaufen, erfasst. Bildhaft werden die einzelnen Maschen oft als Urnen bezeichnet, und jede Gerade, die durch eine Masche verläuft, gibt ein Votum für die zugehörige Parameterkombination ab, indem sie den Zählerstand der Masche um eins erhöht Schließlich wird der Akkumulator mit dem höchsten Zählerstand ermittelt, und die zugehörige Parameterkombination als Lösung betrachtet.

Dieses einfache Verfahren zur Vektorisierung von Geraden versagt, wenn der Geradenverlauf sehr steil ist, da für $\beta \to \pi/2$ sowohl $a \to \infty$ als auch $b \to \infty$ geht. Besser ist es deshalb, die Gerade durch die Hessesche Normalform

$$x \cos \alpha + y \sin \alpha - c = 0 \tag{8.14}$$

darzustellen. In dieser Parametrisierung der Geraden ist c die Länge des Lotes vom Koordinatenursprung auf die Gerade und α der Winkel, den das Lot mit der x-Achse bildet. Im Dualraum mit den Koordinatenachsen c und α werden die Punkte des Bildraums als sinusförmige Kurven abgebildet.

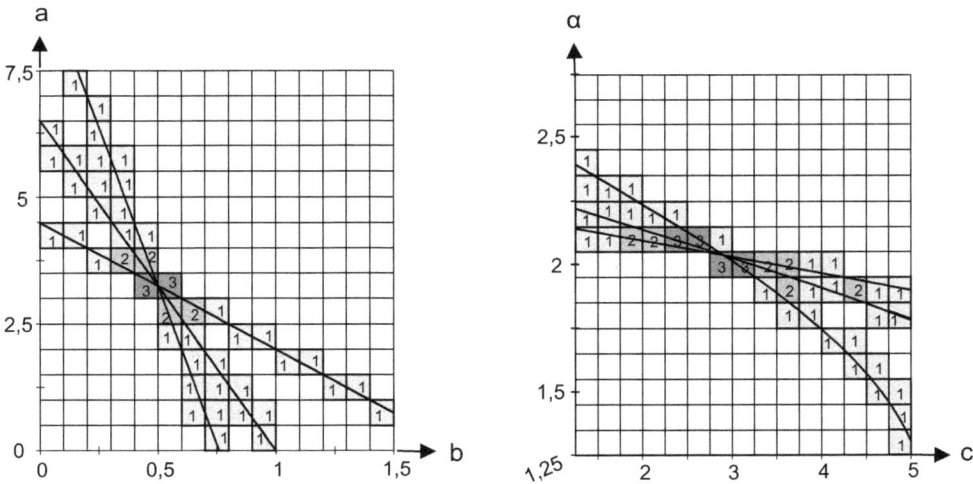

Abbildung 8.2: Akkumulatoren für Geradenmodelle (a,b) und (c,α)

Die Abbildung 8.2 zeigt im linken Teil die Akkumulatoren des Dualraums (*Hough*-Raum) mit den von den drei Punkten erzeugten Geraden nach Gleichung (8.13). Im rechten Teil sind die Akkumulatoren mit den Sinusoiden nach Gleichung (8.14) für dieselben Punkte dargestellt.

8.5.2   Das Akkumulator-Feld

In den Abbildungen deuten sich schon einige Probleme an, auf die weiter unten näher eingegangen wird: (i) Der maximale Zählerstand kann bei mehreren Akkumulatoren auftreten, so dass die Ermittlung der optimalen Parameter nicht trivial ist. (ii) Die Genauigkeit der ermittelten Parameter hängt von der gewählten Diskretisierung des Dualraums ab. (iii) Da das Verfahren automatisch ablaufen soll, muss der Dualraum so dimensioniert werden, dass alle denkbaren Geraden abbildbar sind. Wenn der Nullpunkt der Bildkoordinaten in die Mitte des Bildes gelegt wird, und das Bild die Seitenlängen A und B hat, muss daher für die Parameter (8.14) $-\frac{1}{2}\sqrt{A^2 + B^2} \le c \le +\frac{1}{2}\sqrt{A^2 + B^2}$ gelten, und ferner ist $0 \le \alpha < \pi$ zu wählen.

Die beiden letztgenannten Punkte können zu einem extrem hohen Speicherbedarf für die Akkumulatoren führen. Damit steigt auch die Anzahl der erforderlichen Rechenoperationen enorm, da für jedes Sinusoid alle Schnittpunkte mit den Dualraumzellen ermittelt werden müssen. Andererseits erfolgen die Rechenoperationen für die einzelnen Pixel unabhängig voneinander, so dass Parallelrechner eingesetzt werden können.

Eine Strategie zur Reduzierung des Speicherplatzes besteht darin, eine dynamische Diskretisierung des *Hough*-Raumes vorzunehmen. Nach Art des Binärbaumes werden im Verlauf der Transformation Zellen mit hohem Zählerstand aufgespalten und solche mit niedrigem zusammengefasst. Dadurch ergibt sich in Nähe der Maxima eine höhere Auflösung und damit eine genauere Ermittlung der Parameter. Allerdings wird dieser Vorteil durch erhöhten Rechenaufwand für die Organisation das Akkumulator-Feldes erkauft.

Etwas einfacher ist eine hierarchische Gestaltung des Akkumulatorfeldes zu realisieren, die dieselben Vorteile bietet: Im ersten Schritt wird die *Hough*-Transformation mit einer relativ groben Diskretisierung des *Hough*-Raumes durchgeführt. Im zweiten Schritt werden die Bereiche mit hohen Zählerständen feiner aufgeteilt, und die Transformation wird nun auf diese Bereiche beschränkt. Bei Bedarf können diese Schritte iteriert werden, bis die benötigte Genauigkeit der Parameter erzielt ist.

8.5.3   Auswertung der Zähler

In der Regel enthält ein Bild eine größere Anzahl von Geraden, die zu einer entsprechenden Anzahl von lokalen Maxima im Akkumulator-Feld führt. Die Höhe des Zählerstandes gibt an, wieviel Geraden die entsprechende Zelle des Dualraums geschnitten haben, und damit wieviel Punkte auf der Geraden im Bildraum liegen. Wenn eine Bildgerade diagonal durch die Bildmitte verläuft, werden auf ihr deutlich mehr Punkte liegen als auf einer Geraden, die das Bild in der Nähe einer Ecke schneidet. Wird bei der Bestimmung der Maxima ein Schwellenwert für die Zählerstände festgelegt, und werden alle darunter liegenden Akkumulatoren vernachlässigt, kann es vorkommen, dass kurze Geraden nicht erkannt werden. Um dieses Problem zu vermeiden, können die Zählerstände n_i normalisiert werden. Dazu wird für jede Parameterkombination (c_i, α_i) die Anzahl $n_{i(\max)}$ der Punkte bestimmt, die maximal auf der entsprechenden Bildgeraden liegen können. Die Bestimmung der Maxima erfolgt dann für die normalisierten Werte $\overline{n}_i = n_i / n_{i(\max)}$. Die Werte $n_{i(\max)}$ werden durch Anwendung der *Hough*-Transformation auf ein Bild gleicher Größe und Auflösung gewonnen, bei dem entweder alle Pixel gefüllt sind oder durch einen Zufallsgenerator eine Gleichverteilung der gefüllten Pixel im Bild erzeugt wurde.

Für die Bestimmung der Maxima gibt es mehrere Methoden, die jedoch nicht immer überzeugende Ergebnisse liefern. Dies liegt, wie schon bei dem einführenden Beispiel erkennbar, daran, dass es meist keine ausgeprägten Maxima gibt sondern Bereiche, in denen mehrere Zähler vergleichbare Stände haben. Ursachen dafür sind die Bildauflösung, die Diskretisierung des *Hough*-Raums und die Unsicherheiten der Kantendetektoren. Nach Anwendung einer Schwellenwertoperation, bei der alle Zähler unterhalb der Schwelle null gesetzt werden, heben sich oft schmetterlingförmige Bereiche oder solche, die Bergrücken ähneln, heraus, deren Schwerpunkt als plausibelster Wert ermittelt wird. Alternativ dazu werden nach der Schwellenwertoperation alle verbliebenen Zähler mit ihren Nachbarn verglichen. Stellt sich dabei heraus, dass es einen oder mehrere Nachbarn mit einem höheren Zählerstand gibt, wird der getestete Akkumulator null gesetzt, ansonsten wird sein Wert beibehalten. Die verbleibenden Maxima geben die gesuchten Parameter mit der Auflösung des Akkumulator-Feldes an.

8.5.4 Begrenzung der Geraden

Ein weiteres Problem besteht darin, dass die *Hough*-Transformation zwar die Parameter der Geraden und über den Zählerstand ihre ungefähre Länge liefert aber nicht ihren Anfangs- und Endpunkt. Um diese wichtige Information zu gewinnen, sind zusätzliche Rechenoperationen erforderlich, deren Umfang erheblich sein kann.

Eine Möglichkeit besteht darin, die gefundenen Geraden ins Bild zu übertragen und zu überprüfen, wie weit sie sich mit Kantenpixeln decken. Für die praktische Durchführung gibt es mehrere Vorschläge. Man kann durch rekursive Teilung der Geraden ermitteln. wo sie beginnt und endet, oder man kann ein Fenster über die Gerade führen und prüfen, ob das mittlere Pixel noch gesetzt ist. Die Verfahren sind jedoch nicht zuverlässig, wenn die Anzahl der Geraden im Bild groß ist, und wenn durch Verdeckung Lücken im Geradenbild auftreten.

Eine andere Lösungsmöglichkeit besteht darin, in jedem Akkumulator zusätzlich vier Speicherplätze anzulegen, in denen die Koordinaten x_a, y_a für den Anfangspunkt und x_e, y_e für den Endpunkt der Geraden mitgeführt werden. Jedes Pixel, das ein Sinusoid im *Hough*-Raum erzeugt, bringt seine Koordinaten mit. Neben der Erhöhung der Zählers aller geschnittenen Akkumulatoren, wird das Koordinatenpaar abgelegt bzw. ein vorhandenes überschrieben, wenn dadurch die durch die vorhandenen Koordinaten definierte Geradenlänge vergrößert wird. Nach Abschluss der Transformation enthält dann der Akkumulator mit dem maximalen Zählerstand auch die Endpunktkoordinaten der Geraden.

8.5.5 Erfassung beliebiger Geometrien

Ganz ähnlich wie bei der Erfassung von Geraden ist die Vorgehensweise bei anderen parametrisierbaren Geometrien wie Ebenen, Kreise und Ellipsen. Diese Geometrien stehen meist im Vordergrund, da sie besonders häufig an von Menschen geschaffenen Objekten auftreten. Allerdings steigen Speicherplatz- und Rechenzeitbedarf exponentiell mit der Anzahl zu bestimmender Parameter. So wird bereits bei Ebenen und Kreisen (drei Parameter) ein dreidimensionales Akkumulatorfeld benötigt, und Ellipsen erfordern die Bestimmung von fünf Parametern für die Festlegung von Form und Position. Da anders als bei Geraden keine einfache Beziehung zwischen Pixelposition und Parmeter existiert, werden besondere geometrische Eigenschaften oder auch Vereinfachungen genutzt, um die *HT* beherrschbar zu machen.

In [Ballard 1981] wurde eine Methode vorgestellt, die es erlaubt, beliebige Geometrien in einem Bild zu lokalisieren. Dieses als Generalisierte *Hough*-Transformation (*GHT*) bezeichnete Verfahren, setzt voraus, dass die gesuchte Geometrie als Vorlage gegeben ist. Die Vorlage wird digital in einer Tabelle gespeichert, die die wesentlichen Punkte auf dem Rand durch ihren Abstand und ihre Orientierung bezüglich eines Referenzpunktes enthält. Für jedes Pixel des dualen Bildes wird überprüft, welche Transformationsparameter (2 Translationen, Drehwinkel, Maßstabsfaktor) erforderlich sind, um es mit einem Randpunkt der Vorlage zur Deckung zu bringen. Der *Hough*-Raum ist hier also vierdimensional, und jeder Bildpunkt erzeugt eine Hyperfläche. Der Verschneidungspunkt dieser Flächen liefert die gesuchten Parameter. Die Anwendung der *GHT* ist mit hohem rechen- und speichertechnischen Anforderungen verbunden. Auch die Ermittlung der lokalen Maxima im Parameterraum ist nicht trivial.

Schon für eine Geometrie, die mit drei Parametern beschrieben wird, ist die Anwendung der *HT* mit hoher Komplexität und mit Unsicherheiten verbunden. Es wird daher oft versucht, das Problem in unabhängige Teilaufgaben zu zerlegen, oder durch Kombination mit anderen Lösungstechniken ein leichter zu handhabendes Rechenverfahren zu erhalten.

Die *HT* kann auch zur Erfassung von parametrisierten Geometrien in Scanner-Punktwolken angewandt werden. In [Vosselman et al. 2004] wird ausführlich gezeigt, wie Ebenen, Zylinder und kugelförmige Objekte zweckmäßig dargestellt werden und wie durch geschickte Aufspaltung der Geometrien die Dimension des Parameterraumes klein gehalten werden kann. Bei der Bearbeitung umfangreicher komplexer Szenen, wie sie beim Aufbau von Stadtmodellen oder Modellen industrieller Anlagen auftreten, ist es außerdem unerlässlich, die Punktwolken zu segmentieren, um die Anzahl der Objekte, die durch eine *HT* erfasst werden sollen, überschaubar zu halten.

8.5.6   Weiterentwicklungen

Ein Nachteil der klassischen *HT* besteht darin, dass für jedes nichtnull Pixel die Transformation in den Parameterraum erfolgt, unabhängig davon, ob es zu einer gesuchten Geometrie gehört. Um den damit verbundenen hohen Rechenaufwand zu reduzieren, wurde in [Xu/Oja/Kultanan 1990] vorgeschlagen, mit einer zufälligen Auswahl der Pixel zu arbeiten. Diese als randomisierte *Hough*-Transformation (*RHT*) bezeichnete Methode beruht darauf, dass zur eindeutigen Berechnung eines geometrischen Objekts eine bekannte Mindestanzahl m von Punkten ausreicht, vgl. Abschnitt 8.3.3. Der Algorithmus besteht aus folgenden Schritten:

1. Wähle nach Zufall m Punkte aus und berechne die Parameter des geometrischen Objekts.

2. Lege den Parametersatz im Akkumulator ab und setze den zugehörigen Zähler auf eins

3. Wiederhole den ersten Schritt und vergleiche die berechneten Parameter mit den bereits abgespeicherten. Wird in einer Zelle ein vorgegebenes Ähnlichkeitskriterium erfüllt, mittle die Parameter, trage das Mittel ein und erhöhe den Zähler um eins. Tritt dies nicht ein, so gehe zum zweiten Schritt zurück.

4. Wenn ein Zähler den gewählten Schwellenwert erreicht, gilt das geometrische Objekt als gefunden. Alle zu dem Objekt gehörenden Pixel werden gelöscht. Die Suche nach weiteren Objekten wird mit Schritt drei fortgesetzt.

5. Das Verfahren endet, wenn alle Geometrien gefunden sind.

Ähnlich wie beim *RANSAC*-Algorithmus kann auch bei der *Hough*-Transformation mit Gewichten gearbeitet werden. In [Maji/Malik 2009] wird eine Methode zur Erkennung und Lokalisierung von Objekten vorgestellt, die auf der *HT* mit gewichteten Voten beruht.

Ein ähnlicher Weg wird in [Keck et al. 2005] beschritten. Zur Bestimmung von Konturen in komplexen Binärbildern, werden in den Akkumulatoren statt Einsen Gewichte addiert, die für die einzelnen Pixel als Nebenprodukt aus der Kantendetektion abgeleitet werden. Die Kantendetektoren arbeiten üblicherweise mit einem Schwellenwert für die Kodierung der Pixel mit null oder eins. Wird dieser Schwellenwert deaktiviert, können die Grauwertgradienten direkt als Maß für die Stärke der Kante aufgefasst und als Gewicht für die Pixel eingeführt werden. Die Vorteile dieser Modifikation der *HT* wird in [Keck et al. 2005] an einem Beispiel demonstriert.

Eine weitere interessante Anwendung wird in [Yao/Gall/Gool 2010] beschrieben. Zur Klassifizierung und Lokalisierung menschlicher Bewegungen werden Videosequenzen in einem Raum-Zeit Bezugssystem analysiert. Die direkte Formulierung der *Hough*-Transformation führt zu einem Parameterraum mit mindestens sechs Dimensionen. Es wird daher ein Vorgehen in drei Schritten vorgeschlagen. Im ersten Schritt wird, für jedes Bild unabhängig, die Position der Personen detektiert. Wegen der hohen Bildfolge sind diese Positionen stark korreliert und können im zweiten Schritt zeitlich zu Personenspuren verbunden werden. Im dritten Schritt erfolgt eine Klassifikation und zeitliche Lokalisierung der Bewegung durch Votierung für die Art der Bewegung und ihre raum-zeitliche Lokalisierung auf der Personenspur.

Literaturverzeichnis

Abdelhafiz A. (2009): *Intergrating Digital Photogrammetry and Terrestrial Laser Scanning.* DGK,Reihe C 631, München.

Adoul F. W. O. (1987): *Detection of Outliers in Geodetic Networks Using Principal Component Analysis and Bias Parameter Estimation.* Techn. Report 2, Inst of Geodesy, Uni Stuttgart.

Andersen R. (2007): *Modern Methods for Robust Regression.* SAGE Publ. Inc., London.

Andrews D. F., P. J. Bickel, F. R. Hampel, P. J. Huber, W. H. Rogers u. J. W. Tuckey (1972): *Robust Estimates of Location.* Princeton University Press, Princeton, New Jersey.

Andrews D. F. u. D. Pregiborn (1978): Finding the Outliers that Matter. *J. R. Satist. Soc. B 40*, S. 85–93.

Anscombe F. J. (1960): Rejection of Outliers. *Technometrics 2*, S. 123–147.

Anscombe F. J. u. J. W Tukey (1963): The Examination and Analysis of Residuals. *Technometrics 5*, S. 141–160.

Atkinson A. C. (1994): Fast Very Robust Methods for the Detection of Multiple Outliers. *JASA 89*, S. 1329–1339.

Atkinson A. C. u. M. Riani (2000): *Robust Diagnostic Regression Analysis.* Springer, New York u. a.

Aydin C. u. H. Demirel (2004): Computation of Baarda's lower bound of the non-centrality parameter. *J. Geod. 78*, S. 437–441.

Baarda W. (1968): *A testing procedure for use in geodetic networks.* Publications on Geodesy, 2/5, Netherlands Geodetic Commission, Delft.

Backhaus K., B. Erichson, W. Plinke und R. Weiber (2000): *Multivariate Analysemethoden.* 9. Aufl., Springer, Berlin.

Balakrishnan N. u. N. Kannan (2003): Variance of a Winsorized Mean When the Sample Contains Multiple Outliers. *Commun. Statist. Theory Meth. 32*, S. 139–149.

Ballard D. H. (1981): Generalizing the Hough transform to detect arbitrary shapes. *Pattern Recognition 13*, S. 111–122.

Barnett V. u. T. Lewis (1994): *Outliers in Statistical Data.* Third Edition, John Wiley &Sons, Chichester u. a., Second Edition.

Barretto H. u. D. Maharry (2006): Least median of squares and regression through the origin. *Comp. Stat. & Data Analysis 50*, S. 1391–1397.

Barrodale I. u. F. D. K. Roberts (1973): An Improved Algorithm for Discrete L_1 Linear Approximation. *SIAM J. of Num. Analysis 10*, S. 839–848.

Barry B. A. (1978): *Errors in Practical Meassurement in Science, Engineering, and Technology.* John Wiley & Sons, New York u. a.

Bartelsen J. u. H. Mayer (2010): Orientation of Image Sequences Acquired from UAVs and with GPS Cameras. *Surveying and Land Information Science 70*, S. 151–159.

Basset G. u. R. Koenker (1978): Asymptotic Theory of Least Absolute Error Regression. *JASA 73*, S. 618–622.

Basso R. M., V. H. Lachos, C. R. B. Cabral u. P. Ghosh (2010): Robust mixture modeling based on scale mixtures of skew-normal distributions. *Comp. Stat. & Data Analysis 54*, S. 2926–2941.

Baumann E. (1972): *Die Anwendung statistischer Methoden bei der Untersuchung geodätischer Netze.* Diss. C175, Deutsche Geod. Komm., München.

Becker C. u. U. Gather (1999): The Masking Breakdown Point of Multivariate Outlier Identification Rules. *JASA 94*, S. 947–955.

Beckman R. J. u. R. D. Cook (1983): Outlier..........s: discussion parer with comments. and response. *Technometrics 25*, S. 119–163.

Beder C. u. W. Förstner (2006): Direct Solutions for Computing Cylinders from Minimal Sets of 3D Points. *Proc. Europ. Conf. on Computer Vision,* S. 135–146, Graz.

Beineke D. (2001): *Verfahren zur Genauigkeitsanalyse in Altkarten.* Schriftenreihe Stud. Vermw. UniBwMünchen, Heft 71.

Bellio R. (2007): Algorithm for bounded-influence estimation. *Comp. Stat. & Data Analysis 51*, S. 2531–2541.

Benning W. (2002): *Statistik in Geodäsie, Geoinformation und Bauwesen.* Herbert Wichmann Verlag, Heidelberg.

Berrendero J. R., B. V. M. Mendes u. D. E. Tyler (2007): On maximum bias functions of MM-estimates and constrained M-estimates of regression. *The Annals of Statistics 35*, S. 13–40.

Besley D. A., E. Kuh u. R. E. Welsch (1980): *Regression Diagnostics: Identifying Influential Data and Sources of Collinearity.* John Wiley & Sons, New York u. a.

Bessel W. F. (1938): Untersuchungen über die Wahrscheinlichkeit der Beobachtungsfehler. *Astronomische Nachrichten 15, Heft 25–27,* S. 369–404.

Bessel W. F. u. Baeyer (1838): *Gradmessung in Ostpreußen und ihre Verbindung mit Preußischen und Russischen Dreiscksketten.* F. Dümmler.

Bianco A. u. G. Boente (2002). On the asymptotic behavior of one-step estimates in heteroscedastic regression models. *Statistics & Probability Letters 60*, S. 33–47.

Bjerhammar A. (1973): *Theory of Errors and Generalized Matrix Inverses.* Elsevier Scientific Publ. Comp., Amsterdam u. a.

Bloomfield P. u. W. L. Steiger (1983): *Least Absolute Deviations: Theory, Applications,and Algorithms.* Birkhäuser, Boston u. a.

Borutta H. (1988): *Robuste Schätzverfahren für geodätische Anwendungen.* Schriftenreihe Stud. Vermw. UniBwMünchen, Heft 33.

Boudt K. u. C. Croux (2010): Robust M-estimation of multivariate GARCH models. *Comp. Stat. & Data Analysis 54*, S. 2459–2469.

Brownlee K. A. (1965): *Statistical Theory and Methodology in Science and Engineering.* John Wiley & Sons, New York u. a.

Cadigan N. G. u. P. J. Farrell (1998): Expected local influence in the normal linear regression model. *Statistics & Probability Letters 41*, S. 25–30.

Capel D. (2005): An effective bail-out test for RANSAC consensus scoring. *Proc. British Machine Vision Conf., S. 629–638.*

Carling K. (2000): Resistant outlier rules and the non-Gaussian case. *Comp. Stat. & Data Analysis 33*, S. 249–258.

Carosio A. (1979): Robuste Ausgleichung. *Verm., Photogr. u. Kulturt. 77*, S. 293–297.

Carosio A. (1982): Robuste Ähnlichkeitstransformation und Interpolation nach dem arithmetischen Mittel. *Verm. Photogr. u. Kulturt. 80*, S. 196–200.

Carosio A. (1995): Ausgleichung geodätischer Netze mit dem Verfahren der robusten Statistik. *Verm. Photogr. u. Kulturt. 93*, S. 188–191.

Carroll R. J. u. D. Ruppert (1982): Robust estimation in heteroscedastic linear models. *The Annals of Statistics 10,* S. 429–441.

Caspary W. (1987): *Concepts of Network and Deformation Analysis.* School of Surveying UNSW, Monograph 11, Kensington, N.S.W. Australia.

Caspary W. (1988): Fehlerverteilungen, Methode der kleinsten Quadrate und robuste Alternativen. *Zeitschr. f. Vermw.113*, S. 123–133.

Caspary W. (1989): A Robust Approach to Estimating Deformation Parameters. *Proc. 5th Int. FIG Symp. on Def. Analysis*, S. 124–135.

Caspary W. u. H. Borutta (1986): Geometrische Deformationsanalyse mit robusten Schätzverfahren. *Allg. Verm. Nachr. 93*, S. 315–326.

Caspary W. u. W. Haen (1990): Simultaneous estimation of location and scale parameters in the context of robust M-estimation. *Man. Geod. 15*, S. 273–283.

Caspary W. u. K. Wichmann (1994): *Lineare Modelle – Algebraische Grundlagen und statistische Anwendungen.* Oldenbourg Verlag, München Wien.

Caspary W. u. D. Beineke (2003): Robuste Helmerttransformation. *Allg. Verm. Nachr. 110*, S. 242–247.

Caspary W. u. K. Wichmann (2007): *Auswertung von Messdaten – Statistische Methoden für Geo- und Ingenieurwissenschaften.* Oldenbourg Verlag, München Wien.

Caspary W., Chen Y. Q. u. R. König (1983): Kongruenzuntersuchungen in Deformationsnetzen durch Minimierung der Summe der Klaffungsbeträge. *Schriftenreihe Stud. Vermw.* UniBwMünchen, Heft 9.

Caspary W., W. Haen u. V. Platz (1990): The distribution of length and direction of two-dimensional random vectors. *Global and Regional Geodynamics* (Ed. Vyskocil, Reigber, Cross), S. 232–240, Springer-Verlag, New York u. a.

Caspary W., W. Haen u. H. Borutta (1990): Deformation Analysis by Statistical Metods. *Technometrics 32*, S. 49–57.

Castillo E., A. S. Hadi, A. Conejo u. A. Fernandez-Canteli (2004): A General Method for Local Sensitivity Analysis With Application to Regression Models and Other Optimization Problems. *Technometrics 46*, S. 430–443.

Castro de M., M. Galea-Rojas u. H. Bolfarine (2007): Local influence assessment in heteroscedastic measurement error models. *Comp. Stat. & Data Analysis 52*, S. 1132–1142.

Cen M., Z. Li, X. Ding u. J. Zhou (2003): Gross error diagnostics before least squares adjustment of observations. *J. of Geodesy 77*, S. 503–513.

Chadwell C. D. (1999): Reliabiliy analysis for design of stake networks to measure glacier suface velocity. *J. Glaciology 45*, S. 154–164.

Chaloner K. u. R. Brant (1988): A Bayesian approach to outlier detection and residual analysis. *Biometrika 75*, S. 651–659.

Chan W. S., Y. L. Xu, X. L. Ding u. W. J. Dai (2006): An integrated GPS-accelerometer data processing technique for strutural deformation monitoring. *J. of Geodesy 80*, S. 705–719.

Chang X. W. u. Y. Guo (2005): Huber's M-estimation in relative GPS positioning: computational aspects. *J. of Geodesy 79*,.S. 351–362.

Chang X. W. (2006): Computation of Huber's M-estmates for a block-angular regression problem. *Comp. Stat. & Data Analysis 50*, S. 5–20.

Chao M. T. (1986): On M and P Estimators that Have Breakdown Point Equal to $\frac{1}{2}$. *Stat. & Prob. Letters 4*, S. 127–131.

Chatterjee S. u. A. S. Hadi (1988): *Sensitivity Analysis in Linear Regression.* Wiley, New York u. a.

Chatterjee S., A. S. Hadi u. B. Price (2006): *Regression Analysis by Example (4. Aufl.).* Wiley, New York u. a.

Chave A. D. u. D. J. Thomson (2003): A bounded influence regression estimator based on the statistics of the hat matrix. *Appl. Statistics 52*, S. 307–322.

Cheng C.-L. u. J. W. Van Ness (1999): *Statistical Regression with Measurement Error.* Arnold, London·Sydney·Auckland.

Choi S. u. J-H. Kim (2008): Robust Regression to Varying Data Distribution and Its Application to Landmark-based Localisation. *Proc. IEEE Int. Conf. on Systems, Man and Cybernetics,* S. 3465–3470.

Choi S., T. Kim u. W. Yu (2009): Performande Evaluation of RANSAC Family. *Proc. British Machine Vision Conf.*, Paper 355, London.

Chum O. u. J. Matas (2005): Matching with PROSAC-Progressive Sampling Consensus. *Proc. Comp. Vision and Pattern Recogn. Vol.1*, S. 220–226.

Chum O.,J. Matas u. S. Obdrzalek (2004): Enhancing RANSAC by generalized model optimization. *Proc. Asian Conf. on Computer Vision.*

Coakley C. W. u. T. H. Hettmansperger (1993): A Bounded Influence, High Breakdown, Efficient Regression Estimator. *JASA 88*, S. 872–880.

Collins J. R. (1999): Robust M-estimators of scale: Minimax bias versus maximal varianz. *The Canadian Journal of Statistics 27*, S. 81–96.

Cook R. D. (1977): Detection of Influential Observations in Linear Regression. *Technometrics 19*, S. 15–18.

Cook R. D. (1986): Assessment of Local Influence. *J. R. Statist. Soc. B 48,* S. 133–169.

Cook R. D. u. S. Weisberg (1982): *Residuals and Influence in Regression.*Chapman and Hall, New York, London.

Critchley F., M. Schyns, G. Haesbroeck, G. Fauconnier, G. Lu, R. A. Atkinson u. D. Q. Wang (2010): A relaxed approach to combinatorial problems in robustness and diagnostics. *Statistics and Computing 20*, S. 99–115.

Czuber E. (1891): *Theorie der Beobachtungsfehler.* B. G. Teubner, Leipzig.

David H. A. (1956): On the application to statistics of an elementary theorem in probability. *Biometrika 43,* S. 85–91.

Davies P. L. (1987): Asymptotic Behavior of S-Estimates of Multivariate Location Parameters and Dispersion Matrices. *The Annals of Statistics 15,* S. 1269–1292.

Davies P. L. (1993): Aspects of robust linear regression. *The Annals of Statistics 21,* S. 1843–1899.

Davies P. L. u. U. Gather (1993): The Identification of Multiple Outliers. *JASA 88,* S. 782–792.

Davies P. L. u. U. Gather (2005): Breakdown and Groups: discussion paper with comments and rejoinder. *The Annals of Statistics 33/3*, S. 977–1035.

Davies P. L. u. U. Gather (2007): The Breakdown Point – Examples and Counterexamples. *REVSTAT – Statistical Journal 5,* S. 1–17.

Devlin S. J., R. Gnanadesikan u. J. R. Kettenring (1975): Robust estimation and outlier detection with correlation coefficients. *Biometrika 62,* S. 531–545.

Devlin S. J., R. Gnanadesikan u. J. R. Kettenring (1981): Robust Estimation of Dispersion Matrices and Principal Componenets. *JASA 76,* S. 354–362.

Dielman T. E. (2005): Least absolute value regression: recent contributions. *J. Statist. Comput. Simul. 75,* S. 263–286.

Dielman T. u. R. Pfaffenberger (1982): LAV (Least Absolute Value) Estimation in Linear Regression: A Review. *TIMS/Studies in the Management Science 19,* S. 31–52.

Dielman T., C. Lowry u. R. Pfaffenberger (1994): A Comparison of Quantile Estimators. *Commun. Statist.-Simul. 23,* S. 355–371.

Dielman T. E. u. E. L. Rose (1994): Estimation in Least Absolute Value Regression with Autocorrelated Errors. *J. Statist. Comput. Simul. 50,* S. 29–43.

Ding X. u. R. Coleman (1996): Sensitivity analysis in Gauss-Markov models. *J. Geod. 70,* S. 480–488.

Ding X. u. R. Coleman (1996): Multiple outlier detection by evaluating redundancy contributions of observations. *J. Geod. 70,* S. 489–498.

Dixon W. J. (1950): Analysis of Extreme Values. *Ann. Math. Statist.21,* S. 488–506.

Dixon W. J. (1951): Ratios involving extreme values. *Ann. Math. Statist.22,* S. 68–78.

Dodge Y. (1987): An introduction to L_1-norm based statistical data analysis. *Comp. Stat. & Data Analysis 5,* S. 239–253.

Dodge Y. (1996]: The Guinea Pig of Multiple Regression. *Robust Statistics, Data Analysis, and Computer Intensive Methods* (Hrsg. H. Rieder), S. 91–117, Springer-Verlag, New York u. a.

Dodge Y. (2002) (Hrsg): *Statistical Data Analysis Based on the L_1-Norm and Related Methods*. Birkhäuser Verlag, Basel-Boston-Berlin.

Donoho D. L. u. P. J. Huber (1983): The notion of breakdown point. *A Festschrift for Erich L. Lehmann* (Hrsg.: Bickel/Doksum/Hodges), S. 157–184, Wadsworth, Belmont.

Donoho D. L. u. R. C. Liu (1988): The „Automatic" Robustness of Minimum Distance Functionals. *The Annals of Statistics 16*, S. 552–586.

Draper N. R. u. J. A. John (1981): Influental Observations and Outliers in Regression. *Technometrics 23*, S. 21–26.

Duda R. O. u. P. E. Hart (1972): Use of the Hough transform to detect lines and curves in pictures. *Comm. ACM 15*, S. 11–15.

Durzok J. (1989): *Fachlexikon Messung und Messfehler.* VCH-Verl.-Ges., Weinheim.

Edlund O. u. H. Ekblom (2005): Computing the constrained M-estimates for regression. *Comp. Stat. & Data Analysis 49*, S. 19–32.

Ellenberg J. H. (1973): The Joint Distribution of the Standardized Least Squares Residuals from a General Linear Regression. *JASA 68*, S. 941–943.

Ellis S. P. u. S. Morgenthaler (1992): Leverage and Breakdown in L_1 Regression. *JASA 87/417 Theory and Methods* S. 143–148.

Even-Tzur G. (2002): GPS vector configuration design for monotoring deformation networks. *J. of Geodesy 76*, S. 455-461.

Everitt B. S. u. G. Dunn (1991): *Applied Multivariate Data Analysis*. Edward Arnold, London u. a.

Fang Y. u. M. K. Jeong (2008): Robust Probabilistic Multivariate Calibration Model. *Technometrics 50*, S. 3005–316.

Ferguson T. F. (1961): On the rejection of outliers. *Proc. of the Fourth Berkeley Symp. on Math. Stat. and Probability*, Vol. 1, S. 253–287.

Ferretti N., D. Kelmansky, V. J. Yohai u. R. H. Zamar (1996): *Generalized τ-Estimates*. Techn. Rep. 164, Univ. of British Columbia, Dept. of Statistics.

Ferretti N., D. Kelmansky, V. J. Yohai u. R. H. Zamar (1999): A Class of Locally and Globally Robust Regression Estimates. *JASA 94*, S. 174–188.

Filzmoser P., R. Maronna u. M. Werner (2008): Outlier identification in high dimensions. *Comp. Stat. & Data Analysis 52*, S. 1694–1711.

Fischler M. A. u. R. C. Bolles (1981):Random Sample Consensus: A Paradigm for Model Fitting with Applications to Image Analysis and automated Catography. *Comm. of the ACM 24*, S. 381–395.

Fisher R. A. (1922): On the mathematical foundations of theoretical statistics. *Philos. Trans. of the Royal Soc. of London (A) 222*, S. 309–368.

Fisz M. (1976):*Wahrscheinlichkeitsrechnung und mathematische Statistik*. VEB Verlag der Wissenschaften, Berlin.

Flores S. (2010): On the efficient computation of robust regression estmators. *Comp. Stat. & Data Analysis 54,* S. 3044–3056.

Fox A. J. (1972): Outliers in Time Series. *J. Roy. Statist. Soc., Ser. B 34,* S. 350–363.

Fraiman R., V. J. Yohai u. H. Zamar (2001): Optimal Robust *M*-Estimates of Location. *Annals of Statistics 29,* S. 194–233.

Frigge M., D. C. Hoaglin u. B. Iglewicz (1989): Some Implementations of the Boxplot. *Amer. Statist 43,* S. 50–54.

Fuchs H. (1982): Contribution to the adjustment by minimizing the sum of absolute residuals. *Manuscr. Geod. 7,* S. 151–207.

Fuller W. A. (1987): *Measurement Error Models.* John Wiley & Sons, New York u. a.

Fütterer O. (2005): Properties of Multivariate Statistics from the Vievpoint of Industrial Application. *Joint International IMEKO TC1+TC7 Symposium,* Ilmenau, Deutschland.

Gargula T. (2009): Establishing of a damping function criterion in the robust adjustment algorithm. *Allg. Verm Nachr. 116,* S. 64–69.

Gargula T. u. W. Krupinski (2007): The use of konic equation as a damping function in robust estimation. *Allg. Verm Nachr. 114,* S. 337–340.

Gather U. u. B. K. Kale (1988): Maximum Likelihood Estimation in the Presence of Outliers. *Commun. Statist. Theory Meth. 17,* S. 3767–3784.

Gauss C. F. (1887): *Abhandlungen zur Methode der kleinsten Quadrate. In deutscher Sprache herausgegeben von Dr. A. Börsch u. Dr. P. Simon.* Physica-Verlag (Nachdruck 1964).

Genton M. G. u. A. Lucas (2003): Comprehensive definitions of breakdown points for independent and dependent observations. *J. R. Statist. Soc. B 65,* S. 8–94.

Gentle J. E. (1998): *Random Number Generation and Monte Carlo Methods.* Springer-Verlag, New York u. a.

Gervini D. u. V. J. Yohai (2002): A class of robust and fully efficient regression estimators. *The Annals of Statistics 30,* S. 583–616.

Ghosh S. (1989): On two methods of identifying influental sets of observations. *Stat. & Prob. Letters 7,* S. 241–245.

Gill R. D. (1989): Non- und Semi-Parametric Maximum Likelihood Estimators and the von Mises Method. *Scand. J. Stat. 16,* S. 97–128.

Giloni A., J. S. Simonoff u. B. Sengupta (2006): Robust weighted LAD regression. *Comp. Stat. & Data Analysis 50,* S. 3124–3140.

Giltinan D. M., R. J. Carrol u. D. Ruppert (1986): Some New Estimation Methods for Weighted Regression When There Are Possible Outliers. *Technometrics 28,* S. 219–230.

Gnanadesikan R. u. J. R. Kettenring (1972): Robust estimates, residuals, and outlier detection with multiresponse data. *Biometrics 29,* S. 81–124.

Götzelmann M., W. Keller u. T. Reubelt (2006): Gross error compensation for gravity field analysis based on kinematik orbit data. *J. Geod. 80,* S. 184–198.

Golub G. H. u. C. F. Van Loan (1980): An analysis of the total least squares problem. *SIAM J. Num. Anal. 17,* S. 883–993

Großmann W. (1961): *Grundzüge der Ausgleichungsrechnung.* Zweite Aufl., Springer-Verlag, Berlin, Göttingen, Heidelberg.

Grubbs F. E. (1950): Sample Criteria for Testing Outlying Observations. *Ann. Math. Statist. 21*, S. 27–58.

Grubbs F. E. (1969): Procedures for Detecting Outlying Observations in Samples. *Technometrics 11*, S. 1–21.

Gui Q., Y. Gong, G. Li u. B. Li (2007): A Bayesian approach to the detection of gross errors based on posterior probability. *J. of Geodesy 81*, S. 651–659.

Guo J. u. J. Ou (2010): Variation characteristics of MDBs in robust estimation. *Allg. Verm. Nachr. 117*, S. 49–52.

Guo J., J. Ou u. H. Wang (2010): Robust estimation for correlated observations: two local sensitivity-based downweighting strategies. *J. of Geodesy 84*, S. 243–250.

Guo J.-F., J.-K. Ou u. Y.-B. Yuan (2010): Reliability Analysis for a Robust M-Estimator. *J. Surv. Eng. 136, (angenommener Aufsatz).*

Hadi A. S. (1992): A new measure of overall potential influence in linear regression. *Comp. Stat. & Data Analysis 14*, S. 1–27.

Hahn M. u. R. Bill (1984): Ein Vergleich der L1- und L2-Norm am Beispiel der Helmerttransformation. *Allg. Verm. Nachr. 91*, S. 440–450.

Hall C. W. (1977): *Errors in Experimentation.* Matrix Publishers, Inc., Champaign, IL.

Hampel F. R. (1971): A General Qualitative Definition of Robustness. *The Annals of Mathematical Statistics 42*, S. 1887–1896.

Hampel F. R. (1975): Beyond Location Parameters: Robust Concepts and Methods (einschl. Diskussion). *Bull. of the Intern. Stat. Institut 46/1*, S. 375–391.

Hampel F. R. (1978): Modern Trends in the Theory of Robustness. *Math. Operationsforsch. Statist., Ser. Statistics 9*, S. 425–442.

Hampel F. R. (1974): The Influence Curve and Its Role in Robust Estimation. *JASA 69*, S. 383–393.

Hampel F. R. (1980): Robuste Schätzungen: Ein Anwendungsorientierter Überblick. *Biom. J. 22*, S. 3–21.

Hampel F. R. (1985): The Breakdown Points of the Mean Combined With Some Rejection Rules. *Technometrics 27/2*, S. 95–107.

Hampel F. R., P. J. Rousseeuw u. E. Ronchetti (1981): The Change of Variance Curve and Optimal Redescending M-Estimators. *JASA 76*, S. 643–648.

Hampel F. R., Ronchetti E. M., Rousseeuw P. J. u. W. A. Stahel (1986): *Robust Statistics.* John Wiley & Sons, New York u. a.

Härdle W. u. L. Simar (2007): *Applied Multivariate Statistical Methods.* (2nd Edition) Springer-Verlag Berlin u. a.

Hart H., W. Lotze u. E.-G. Woschni (1997): *Messgenauigkeit.* Oldenbourg Verlag, München Wien.

Harter H. L. (1974/75): The Method of Least Squares and Some Alternatives-Part I–V, *Biometrika 42*, S. 147–174, S. 235–264, *Biometrika 43*, S. 1–44, S. 125–190, S. 269–278.

Hartless G., J. G. Booth u. R. C. Littell (2003): Local Influence of Predictors in Multiple Linear Regression. *Technometrics 45*, S. 326–333.

Hawkins D. M. (1980): *Identification of Outlers.* Chapman and Hall, London, Ney York.

Hawkins D. M. u. D. Olive (1999): Applications and algorithms for least trimmed sum of absolute deviations regression. *Comp. Stat. & Dat Analysis 32*, S. 119–134.

Hawkins D. M. u. D. Olive (2002): Inconsistency of resampling algorithms for high-breakdown regression estimators and a new algorithm. *JASA 97*, S. 136–159.

Hawkins D. M., D. Bradu u. G. V. Kass (1984): Location of Several Outliers in Multiple-Regression Data Using Elemental Sets. *Technometrics 25*, S. 197–2008.

Hazan A., Z. Landman u. U. E. Makov (2003): Robustness via a mixture of exponential power distributions. *Comp. Stat. & Dat Analysis 42*, S. 111–121.

Heck B. (1981): Der Einfluss einzelner Beobachtungen auf das Ergebnis einer Ausgleichung und die Suche nach Ausreißern in den Beobachtungen. *Allg. Verm. Nachr.88*, S. 17–34.

He X. u. D. G. Simpson (1993): Lower bounds for contamination bias: globally minimax versus locally linear estimation. *The Annals of Statistics 21*, S. 314–337.

Helmert F. R. (1877): Über den Maximalfehler einer Beobachtung. *Zeitschr. f. Vermw. 6*, S. 131–147.

Helmert F. R. (1872): *Die Ausgleichungsrechnung nach der Methode der kleinsten Quadrate.* B. G. Teubner, Leipzig.

Hennig C. (2004): Breakdown Points for Maximum Likelihood Estimators of Location-Scale Mixtures. *The Annals of Statistics 32*, S. 1313–1340.

Hennig C. u. M. Kutlukaya (2007): Some Thoughts About the Design of Loss Functions. *REVSTAT-Statistical Journal 5*, S. 19–39.

Hettmansperger T. P. u. S. J. Sheather (1992): A Cautionary Note on the Method of Least Median of Squares. *The Amer. Stat. 46*, S. 79–83.

Hillebrand M. u. C. H. Müller (2006): On consistency of redescending M-kernel smoothers. *Metrika 63*, S. 71–90.

Hoaglin D. C., B. Iglewicz u. J. W. Tukey (1986): Performance of Some Resistant Rules for Outliers Labeling. *JASA 81*, S. 991–999.

Hoaglin D. C., F. Mosteller u. J. W. Tukey (1983): *Understanding Robust and Exploratory Data Analysis.* John Wiley & Sons, New York u. a.

Hofmann M. u. E. J. Kontoghiorghes (2010): Matrix strategies for computing the least trimmed squares estimation of the general linear and SUR models. *Comp. Stat. & Dat Analysis 54*, S. 3392–3403.

Hoseinnezhad R. u. A. Bab-Hadiashar (2011): An M-estimator for high breakdown robust estimation in computer vision. *Comp. Vision a. Image Underst. 115*, S. 1145–1156.

Hössjer O. (1992): On the optimality of S-Estimators. *Sta. and Prob. Letters 14*, S. 413–419.

Huber P. J. (1964): Robust estimation of a location parameter. *Ann. Math. Statist. 35*, S. 73–101.

Huber P. J. (1972): The 1972 Wald Lecture – Robust Statistics: A Review. *The Annals of Math. Statistics 43*, S. 1041–1067.

Huber P. J. (1973): Robust Regression: Asymptotics, Conjectures and Monte Carlo. *The Annals of Statistics 1*, S. 799–821.

Huber P. J. (1981): *Robust Statistics*. Wiley, New York u. a.

Huber P. J. (1983): Minimax Aspects of Bounded-Influence Regression: discussion paper with comments and rejoinder. *JASA 78*, S. 66–80.

Huber P. J. u. R. Dutter (1974): Numerical solutions of robust regression problems. *COMPSTAT 1974, Proc. in Comp. Statistics*, Physika Verlag, Wien.

Huber P. J. u. E. M. Ronchetti (2009): *Robust Statistics*. 2. Aufl. Wiley, New York u. a.

Hubert M., G. Pison, A. Struyf u. S. Van Aelst (Hrsg. 2004): *Theory and Applications of Recent Robust Methods*. Birkhäuser, Basel·Boston·Berlin.

Hubert M., P. J. Rousseeuw u. K. Vanden Branden (2005): ROBPCA: A New Approach to Robust Principal Component Analysis. *Technometrics 47*, S. 64–79.

Hwang J., H. Jorn u. J. Kim (2004): On the performance of bivariate robust location estimators under contamination. *Comp. Stat. & Data Analysis 44*, S. 587–601.

Illingworth J. u. J. Kittler (1988): A Survey of the Hough Transform. *Comp. Vision, Graphics and Image Processing 44*, S. 87–116.

Irle A. (2005): *Wahrscheinlichkeitstheorie und Statistik*. 2. Aufl. Teubner Verlag, Wiesbaden.

Izeman A. J. (2008): *Modern Multivariate Statistical Techniques*. Springer Science+Business Media LLC, New York.

Jäger. R., T. Müller, H. Saler u. R. Schwäble (2005): *Klassische und robuste Ausgleichungsverfahren*. Wichmann, Heidelberg.

Jongh de P. J., T. de Wet u. H. Welsh (1988): Mallow-Type Bounded-Influence-Regression Trimmed Means. *JASA 83*, S. 805–810.

Jordan W. (1877): Über den Maximalfehler einer Beobachtung. *Zeitschr. f. Vermw. 6*, S. 35–40.

Jordan W. (1904): *Handbuch der Vermessungskunde, 1. Band Ausgleichungs-Rechnung*, 5. Aufl. (Hrsg. Reinhertz), Metzler, Stuttgart.

Jureckova J. u. J. Picek (2006): *Robust Statistical Methods With R*. Chapman & Hall, Boca Raton, FL.

Jureckova J. u. P. K. Sen (1996): *Robust Statistical Procedures – Asymptotics and Interrelations*. John Wiley & Sons, New York u. a.

Jordan W. (1920): *Handbuch der Vermessungskunde, 1. Band Ausgleichungs-Rechnung*, 7. Aufl. (Bearb. Reinhertz/Eggert), Metzler, Stuttgart.

Jorgensen P. C., P. Frederiksen, K. Kubik u. W. Weng (1984): Ah, Robust Estimation. *Proc. XV Congr. ISPRS, Rio de Janeiro, Comm. III*, S. 268–277.

Kanani E. (2000): *Robust Estimators for Geodetic Transformations and GIS*. Diss ETH No 13521, IGP Mitteilung Nr 70, Zürich.

Keck B., C. Ruwwe, U. Zölzer u. O. Duprat (2005): Hough transform with weighting edge-maps. *Fifth IASTED Int. Conf. on Visualization &Image Processing 2005*

Keiser O. M. u. H. Matthias (1981): Zur Fehlertheorie von Messreihen mit pseudosystematischen Fehlern.*Verm. Photogr. Kulturt. 79*, S. 194–198.

Kern M., T. Preimesberger, M. Allesch, R. Pail, J. Bouman u. R. Koop (2005): Outlier detection algorithms and their performance in GOCE gravity field processing. *J. of Geodesy 78*, S. 509–519.

Kistler E., M. Attwenger u. J. Dorsch (2009): Grenzüberschreitendes Laserscanning-Projekt der Länder Tirol und Bayern. *Mitteilungen des DVW-Bayern 61*, S. 55–68.

Knight N. L., J. Wang u. C. Rizos (2010): Generalized measures of reliability for multiple outliers. *J. Geod. 84,* S. 625–635.

Knight K. (1998): Limiting Distributions for L_1 Regression Estimators under General Conditions. *The Annals of Statistics 26*, S. 755–770.

Koch K. R. (1996): Robuste Parameterschätzung. *Allg. Verm Nachr. 103*, S. 1–18.

Koch K. R. (1997): *Parameterschätzung und Hypothesentests.* Dümmler, Bonn, 3. Aufl.

Koch K. R. (2000): *Einführung in die Bayes-Statistik.* Springer, Berlin u. a.

Koch K. R. (2002): Räumliche Helmert-Transformation variabler Koordinaten im Gauß-Helmert- und im Gauß-Markoff-Modell. *Zeitschr. f. Vermw. 127*, S. 147–152.

Koch K. R. (2007): Outlier Detection in Observations Including Leverage Points by Monte Carlo Simulations. *Allg. Verm. Nachr. 114*, S. 330–336.

Kok J. J. (1984): *On Data Snooping and Multiple Outlier Testing.* NOAA Technical Report NOS NGS 30, Rockville.

Krarup T., J. Juhl u. K. Kubik (1980): Götterdämmerung over least squares adjustment. *Proc. 14th Congress of ISP, Hamburg, Comm. III,* S. 369–378.

Krasker W. S. u. R. E. Welsch (1982): Efficient Bounded-Influence Regression Estimation. *JASA 77*, S. 595–604.

Kubik K. u. K. Lyons (1988): Photogrammetric Work Without Blunders. *Photogr. Eng. a. Remote Sensing 54*, S. 51–54.

Künsch H. R., L. A. Stefanski u. R. J. Carroll (1989): Conditionally Unbiased Bounded-Influence Estimation in General Regression Models, With Application to Generalized Linear Models. *JASA 84,* S. 460–467.

Kutterer H. (2002): *Zum Umgang mit Ungewissheit in der Geodäsie-Bausteine für eine neue Fehlertheorie.* DGK, Reihe C, Nr. 553, München.

Lai P. Y. u. M. S. Lee (2005): An Overview of Asymptotic Properties of L_p Regression Under General Classes of Error Distributions. *JASA 100*, S. 446–458.

Lawrance A. J. (1995): Deletion Influence and Masking in Regression. *J. R. Statist. Soc. B,* S. 181–189.

Lee A. H. u. W. K. Fung (1997): Confirmation of multiple outliers in generalized linear and nonlinear regressions. *Comp. Stat. & Data Analysis 25,* S. 55–65.

Lehmann R. (2010): Normierte Verbesserungen – wie groß ist zu groß? *Allg. Verm. Nachr. 117*, S. 53–61.

Ligges U. (2008): *Programmieren mit R.* 3. Aufl., Springer-Verlag, Berlin Heidelberg.

Lischer P. (1996): Robust Statistical Methods in Interlaboratory Analytical Studies. *Robust Statistics, Data Analysis, and Computer Intensive Methods* (Hrsg. H. Rieder), Springer, New York u. a., S. 251–265.

Liu R. Y. u. K. Singh (1993): A Quality Index Based on Data Depth and Multivariate Rank Tests. *JASA 88*, S. 252–260.

Liu R. Y. u. K. Singh (1997): Notions of Limiting *P* Values Based on Data Depth and Bootstrap. *JASA 92*, S. 266–277.

Lopez-Pintado S. u. J. Romo (2009): On the Concept of Depth for Functional Data. *JASA 104*, S:718–734.

Lye J. N. u. V. L. Martin (1993): Robust Estimation, Nonnormalities, and Generalized Exponential Distributions. *JASA 88*, S. 261–267.

Maji S. u. J. Malik (2009): Object Detection using a Max-Margin Hough Transform. *Proc. CVPR 2009*, S. 1038–1045.

Maronna R. A. u. V. J. Yohai (2000): Robust regression with both continuous and categorical predictors. *J. stat. planning a. inference 89*, S. 187–214.

Maronna R. A. u. R. H. Zamar (2002): Robust Estimates of Location and Dispersion for High-Dimensional Datasets. *Technometrics 44*, S. 307–317.

Maronna A. R., R. D. Martin u. V. J. Yohai (2006): *Robust Statistics – Theory and Methods.* Wiley & Sons, The Atrium, Southern Gate, Chichester.

Markovsky I. u. S. Van Huffel (2007): Overview of total least squares methods. *Signal Process 87*, S. 2283–2302.

Martin R. D., V. J. Yohai u. R. H. Zamar (1989): Min-max bias robust regression. *The Annals of Statistics*, S. 1608–1630.

Martin R. D. u. R. H. Zamar (1993): Bias Robust Estimation of Scale. *The Annals of Statistics 21*, S. 991–1017.

Martin R. D. (1979): Robust Estimation for Time Series Autoregression. In: Launer R. L. und Wilkinson G. (Hrsg.): *Robustness in Statistics.* S. 147–176, Academic Press, London.

Masicek L. (2004): Consistency of the Least Weighted Squares Regression Estimator. In: Hubert M., G. Pison, A. Struyf u. S. Van Aelst (Hrsg.) *Theory and Applications of Recent Robust Methods, S. 183–194*, Birkhäuser Basel u. a.

Masse J.-C. u. J.-F. Plante (2003): A Monte Carlo study of the accuracy and robustness of ten bivariate location estimators. *Comp. Stat. & Data Analysis 42*, S. 1–26.

Masuda T. (2009): Log-polar height maps for multiple range image registration. *Computer Vision and Image Understanding 113*, S. 1158–1169.

Matas J. u. O. Chum (2004): Randomized RANSAC with $T_{d,d}$ test. *Image and Vision Computing 22*, S. 837–842.

Mayer H., J. Bartelsen, H. Hirschmüller u. A. Kuhn (2012): Dense 3D Reconstruction from Wide Baseline Image Sets. *Real World Scene Analysis,LNCS 7474 (*Hrsg. F. Dellaert et al.), S. 285–304, Springer-Verlag Berlin Heidelberg.

McKean J. W. (2004): Robust Analysis of Linear Models. *Statistical Science 19*, S. 562–570.

McKean J. W. u. R. M. Schrader (1984): A comparison of methods for studentizing the sample median. *Commun. Statist. B, 13*, S. 751–773.

McKean J. W. u. S. J. Sheather (2000): Partial Residual Plots Based on Robust Fits. *Technometrics 42*, S. 249–261.

Meer P., D. Mintz, A. Rosenfeld u. D. Y. Kim (1991):Robust Regression Methods for Computer Vision: A Review. *Int. J. of Computer Vision 6,* S. 59–70.

Mejoge R. S. u. R. E. Welsch (2010): A diagnostic method for simultaneous feature selection and outlier identificatio in linear regression. *Comp. Stat. & Data Analysis 54,* S. 3181–3193.

Mendes B. u. D. E. Tyler (1996): Constrained M-estimates for regression. *Robust Statistics, Data Analysis, and Computer Intensive Methods* (Hrsg. H. Rieder), Springer, New York u. a., S. 299–320.

Merriman M. (1877): A List of Writings relating to the Method of Least Squares, with historical and critical Notes. *Transactions of the Connecticut Academy of Arts and Sciences 4 (2),* S. 151–232.

Mili L. u. C. W. Coakley (1996): Robust Estimation in Structured Linear Models. *The Annals of Statistics 24,* S. 2593–2607.

Mizera I. u. C. H. Müller (1999): Breakdown Points and Variation Exponents of Robust M-Estimators in Linear Models. *The Annals of Statistics 27/4,* S. 1164–1177.

Moosbrugger H. (2002): *Lineare Modelle.* Huber Verlag, Bern u. a.

Morgenthaler S. (2007): A survey of robust statistics. *Stat. Meth. & Appl. 15,* S. 271–293.

Morgenthaler S., R. E. Welsch u. A. Zedine (2004): Algorithms for Robust Model Selection. In Hubert et al. (Hrsg.):*Theory and Applications of Recent Robust Methods.* Birkhäuser, Basel·Boston·Berlin, S. 195–206.

Mount D. M., N. S. Netanyahu u. E. Zuck (2004): Analizing the Number of Samples Required for an Approximate Monte-Carlo LMS Line Estimator. In: Hubert M., G. Pison, A. Struyf u. S. Van Aelst (Hrsg.) *Theory and Applications of Recent Robust Methods,* S. 207–219, Birkhäuser Basel u. a.

Müller C. H. (1995): Breakdown points for designed experiments. *J. of Stat. Planning a. Inference 45,* S. 423–427.

Müller C. H. (1997): *Robust Planning and Analysis of Experiments.* Springer-Verlag New York, Inc.

Müller C. H. u. N. Neykov (2003): Breakdown points of trimmed likelihood estimators and related estimators in generalized linear models. *J. of Stat. Planning a. Inference 116,* S. 503–519

Müller E. K. (1979): Wann dürfen Messwerte bei der Auswertung von Messungen vernachlässigt werden? *PTB-Mitteilungen 89,* S. 96–101.

Murray R. J. H. C. (1994): *The Bell Curve.* The Free Press, New York u. a.

Narula S. C. u. J. F. Wellington (1982): The Minimum Sum of Absolute Errors Regression: A State of the Art Survey. *Int. Stat. Review 50,* S. 317–326.

Narula S. C. u. J. F. Wellington (1985): Interior Analysis for the Minimum Sum of Absolut Errors Regression. *Technometrics 27,* S. 181–188.

Narula S. C. (1987): The minimum sum of absolute errors regression. *J. of Quality Technology 19,* S. 37–45.

Niemeier W. (2002): *Ausgleichungsrechnung.* Walter de Gruyter, Berlin, New York.

Nguyen T. D. u. R. Welsch (2010): Outlier detection and least trimmed squares approximation using semi-definite programming. *Comput. Stat. & Data Analysis 54*, S. 3212–3226.

Nister D. (2003): Preemptive RANSAC for Live Structure and Motion Estimation. *Proc. Ninth IEEE Int. Conf. on Computer Vision Bd. 2*, S. 199–206.

Nister D. (2004): An Efficient Solution to the Five-Point Relative Pose Problem. *IEEE Transactions on Pattern Analysis and Machine Intellegence 26*, S. 756–770.

Nunkesser R. u. O. Morell (2010): An evolutionary algorithm for robust regression, *Comp. Stat. & Data Analysis 54*, S. 3242–3248.

Olive D. J. (2002): Application of Robust Distances for Regression. *Technometrics 44*, S. 64–71.

Olive D. J. (2004): A resistant estimator of multivariate location and dispersion. *Comp. Stat. & Data Analysis 46*, S. 93–102.

Oman S. D. (1984): Analysing Residuals in Calibration Problems. *Technometrics 26*, S. 347–353.

Ortega J. F. (2004): A Family of Scale Estimators by Means of Trimming. In: Hubert M., G. Pison, A. Struyf u. S. Van Aelst (Hrsg.) *Theory and Applications of Recent Robust Methods*, S. 259–269, Birkhäuser Basel u. a.

Passi R. M., M. J. Carpenter u. H. A. Passi (1987): Operational Outlier Detection. *Comm. Statist. Theory Meth. 16(11)*, S. 3379–3391.

Patel J. K. u. C. B. Read (1982): *Handbook of The Normal Distribution.* Marcel Dekker, Inc, New York und Basel.

Pena D. (2005): A New Statistic for Influence in Linear Regression. *Technometrics 47*, S. 1–12.

Pena D. u. I. Guttman (1993): Comparing probabilistic methods for outlier detection in linear models. *Biometrika 80*, S. 603–610.

Pena D. u. V. Yohai (1999): A Fast Procedure for Outlier Diagnostics in Large Regression Problems. *JASA 94*, S. 434–445.

Pena D. u. F. J. Prieto (2001): Multivariate Outlier Detection and Robust Covariance Matrix Estimation. *Technometrics 43*, S. 286–300.

Pison G. u. S. Van Aelst (2004): Diagnostic Plots for Robust Multvariate Methods. *J. Comp. a. Graph. Statistics 13*, S. 310–329.

Price R. M. u. D. G. Bonett (2001): Estimating the Variance of the Sample Median. *J. Statist. Comput. Simul. 68*, S. 295–305.

Profos P. (1984): *Meßfehler.* B. G. Teubner, Stuttgart.

Proszynski W. (2010): Another approach to reliability measures for systems with correlated observations. *J. Geod. 84*, S. 547–556.

Pokropp F. (1994): *Lineare Regression und Varianzanalyse.* Oldenbourg, Verlag München Wien.

Qin G. Y., Z. Y. Zhu u. W. K. Fung (2008): Robust estimating equations and bias correction of correlation parameters for longitudinal data. *Comp. Stat. & Data Analysis 52*, S. 4745–4753.

Quesenberry C. P. u. H. A. David (1961): Some tests for outliers. *Biometrika 48,* S. 379–390.

Quesenberry C. P. u. C. Quesenberry Jr. (1982): On the Distribution of Residuals from Fittet Parametric Models. *J. Statist. Comput. Simul 15,* S. 129–140.

R Development Core Team (2006): *R: A Language Environment for Statistical Computing.* R Foundation for Statistical Computing, Vienna.

Raguram R., J.-M. Frahm u. M. Pollefeys (2008): A Comparative Analysis of RANSAC Techniques Leading to Adaptive Real-Time Random Sample Consensus. *Proc. Europ. Conf. on Comp. Vision,* S. 500–513, Springer-Verlag Berlin Heidelberg.

Raguram R. u. J.-M. Frahm (2011): RECON: Scale-Adaptive Robust Estimation via Residual Consensus. *Proc. Int. Conf. on Computer Vision (ICCV),* S. 1299–1306.

Randal J. A. (2008): A reinvestigation of robust scale estimation in finite samples. *Comput. Stat. & Data Analysis 52,* S. 5014–5021.

Randles R. H. (1984): On Tests Applied to Residuals. *JASA 79,* S. 349–354.

Rangelova E., G. Fotopoulos u. M. G. Sideris (2009):On the use of iterative re-weighting least-squares and outlier detection for empirically modelling rates of vertical displacement. *J. of Godesy 83,* S. 523–535.

Rao C. R. u. H. Toutenburg (1995): *Linear Models – Least Squares and Alternatives.* Springer, New York u. a.

Resnik B. (2009): Analyse von hochfrequenten geodätischen Deformationsmessungen mit gefensterter Fourier-Transformation. *Allg. Verm. Nachr. 116,* S. 70–74.

Riani M. u. A. C. Atkinson (2000): Robust Diagnostic Data Analysis: Transformations in Regression. *Technometrics 42,* S. 384–394.

Richardson A. M. (1997): Bounded Influence Estimation in the Mixed Linear Model. *JASA 92,* S. 154–161.

Rieder H. (1996): *Robust statistics, data analysis, and computer intensive methods.* Springer, New York u. a.

Rocke D. M., G. W. Downs u. A. J. Rocke (1982): Are Robust Estimators Really Neccessary? *Technometrics 24/2,* S. 95–101.

Romanowski M. (1964): On the Normal Law of Errors. *Bull. Geod.73,* S. 195–215.

Romanowski M. u. E. Green (1983): Reflexions on the Kurtosis of Samples of Errors. *J. of Godesy 57,* S. 62–82.

Roth G. u. M. D. Levine (1990): Segmentation of Geometric Signals using Robust Fitting. *Proc. Int. Conf. on Pattern Recognition,* S. 826–831, Atlantic City.

Rousseeuw P. J. (1983): Multivariate Estimation with High Breakdown Point. *Proc. 4th Pann. Symp. on Math. Stat. (Hrsg.: Grossmann/Pflug/Vincze/Wetz),* S. 283–297.

Rousseeuw P. J. (1984): Least Median of Squares Regression. *JASA 79,* S. 871–880.

Rousseeuw P. J. u. A. M. Leroy (1987): *Robust Regression and Outlier Detection.* John Wiley & Sons, New York u. a. 2. Auflage 2003.

Rousseeuw P. J. u. K. Van Driessen (1999): A Fast Algorithm for the Minimum Covariance Determinant Estimator. *Technometrics 41,* S. 212–223

Rousseeuw P. J. u. K. Van Driessen (2006): Computing LTS regression for large data sets. *Data Mining & Knowledge Discovery 12*, S. 29–45.

Rousseeuw P. J. u. S. Verboven (2002): Robust estimation in very small samples. *Comput. Stat. & Data Analysis 40*, S. 741–758.

Rousseeuw P. J., K. Van Driessen, S. Van Aelst u. J. Agullo (2004): Robust Multivariate Regression. *Technometrics 46*, S. 293–305.

Rousseeuw P. J. u. V. Yohai (1984): Robust regression by means of S-Estimators. *Robust and Nonlinear Time Series Analysis* (Franke/Härdle/Martin,Hrsg.), Lecture Notes in Statistics 26, S. 256–272, Springer N. Y.

Ruppert D. (1985): On the Bounded-Influence Regression Estimator of Krasker and Welsch. *JASA 80*, S. 205–208.

Ruppert D. (1992): Computing S Estimators for Regression and Multivariate Location/Dispersion. *J. of Comp. and Graph. Statistics 1*, S. 253–270.

Ruppert D. u. R. J. Carroll (1980): Trimmed Least Squares Estimation in the Linear Model. *JASA 75*, S. 828–838.

Sachs L. (1988): *Statistische Methoden: Planung und Auswertung.* 6. Aufl., Springer-Verlag, Berlin u. a.

Sakata S. u. H. White (1995): An Alternative Definition of Finite-Sample Breakdown Point with Applications to Regression Model Estimators. *JASA 90 Theory and Methods*, S. 1099–1106.

Saleh J. (2000). Robust estimation based on energy minimization prinziples. *J. Geod 74*, S. 291–305.

Salibian-Barrera M. u. R. Zamar (2004): Uniform asymptotics for robust location estimates when the scale is unknown. *The Annals of Statistics 32*, S. 1434–1447.

Salibian-Barrera M. u. V. Yohai (2006): A Fast Algorithm for S-regression Estimates. *J. of Comp. and Graph. Statistics 15*, S. 414–427.

Salibian-Barrera M., G. Willems u. R. Zamar (2008): The fast τ-estimator for regression. *J. of Comp. and Graph. Statistics 17*, S. 659–682.

Salvi J., C. Matabosch, D. Fofi u. J. Forest (2007): A review of recent range image registration methods with accuracy evaluation. *Image and Vision Computing 25*, S. 578–596.

Schaffrin B. (1997): Reliability Measures for Correlated Observations. *J. Surv. Eng. 123*, S. 126–137.

Schaffrin B. (2007): Connecting the Dots: The Straight-Line Case Revisited. *Zeitschr. f. Vermw.132*, S. 385–394.

Schendera C. F. G. (2007): *Datenqualität in SPSS.* Oldenbourg Verlag, München.

Schlittgen R. (1966): *Statistische Inferenz.* Oldenbourg Verlag, München.

Schlittgen R. (2009): *Multivariate Statistik.* Oldenbourg Verlag, München.

Schneeweiß H. u. H.-J. Mittag (1986): *Lineare Modelle mit fehlerbehafteten Daten.* Physica-Verlag,Heidelberg Wien.

Schwarz C. R. u. J. J. Kok (1993): Blunder Detection and Data Snooping in LS and Robust Adjustment. *J. Surv. Eng. 119*, S. 127–136.

Schwertman N. C. u. R. de Siva (2007): Identifying outliers with sequential fences. *Comp. Stat. & Data Analysis 51*, S. 3800–3810.

Searle S. R. (1971): *Linear Models*. John Wiley & Sons, New York u. a.

Shevlyakov G. L. u. T. Y. Khvatova (1998): On Robust Estimation of a Correlation Coefficient and Correlation Matrix. *MODA 5-Advances in Model-Oriented Data Analysis and Experimental Design (Atkinson,Prozato,Wynn (Eds.))*, S. 153–162, Physica-Verlag, Heidelberg.

Simpson D. G., D. Ruppert u. R. J. Carroll (1992): On One-Step GM Estimates and Stability of Inferences in Linear Regression. *JASA 87*, S. 439–450.

Simpson J. R. u. D. C. Montgomery (1998): A performance-based assessment of robust regression methods. *Commun. Statist.-Simula. 27*, S. 1031–1049.

Soliman S. A. u. G. S. Christensen (1991): A new algorithm for nonlinear L_1-norm minimization with nonlinear equality constraints. *Comput. Stat. & Data Analysis 11*, S. 97–109.

Somogyi J. u. J. Zavoti (1990): Die Anwendung der L_p-Norm-Schätzung für Ähnlichkeitstransformationen. *ZfV 115*, S. 28–36.

Somogyi J. u. J. Zavoti (1993): Robust estimation with iteratively reweighted least-squares method. *Acta Geod Geoph Mont Hung 28*, S. 465–490.

Soudarin L. u. J.-F. Cretaux (2006): A model of present-day tectonic plate motion from 12 years of DORIS measurements. *J. of Geodesy 80*, S. 609–624.

Stahel W. A. (2008): *Statistische Datenanalyse*. (5. Aufl.) Vieweg&Sohn, Wiesbaden.

Staudte R. G. u. S. J. Sheather (1990): *Robust Estimation and Testing*. John Wiley & Sons, New York u. a.

Stefanski L. A. (2000): Measurement Error Models. *JASA 95*, S. 1353–1358.

Stefansky W. (1972): Rejecting Outliers in Factorial Designs. *Technometrics 14*, S. 469–479.

Stigler S. M. (1973): Simon Newcomb, Percy Daniell, and the History of Robust Estimation 1885–1920. *JASA 63*, S. 872–879.

Stigler S. M. (2010): The Changing History of Robustness. *The American Statistician 64*, S. 277–281.

Struyf A. u. P. J. Rousseeuw (2000): High-dimensional computation of the deepest location. *Comp. Stat. & Data Analysis 34*, S. 415–426.

Svarc M., V. J. Yohai u. R. H. Zamar (2002): Optimal Bias Robust M-estimates of Regression. *Statistical Data Analysis Based on the L_1-Norm and Related Methods* (Y. Dodge, Hrsg.), Birkhäuser Verlag, Basel·Boston·Berlin

Tarbeyev Y. V. (1984): Theoretical and practical limits of measurement accuracy. *Measurement 2*, S. 18–24.

Tatsouka K. S. u. D. E. Tyler (2000): On the Uniqueness of S-Functionals and M-Funktionals under Nonelliptical Distributions. *The Annal of Statistics 28*, S. 1219–1243.

Teunissen P. J. G. (2006): *Network quality control*. VSSD,Delft, NL.

Thompson W. R. (1935): On a criterion for the rejection of observations and the distribution of the ratio of deviation to sample standard deviation. *Annals of Math. Stat. 6*, S. 214–219.

Toutenburg H. (2003): *Lineare Modelle*. Physica-Verlag, Heidelberg.

Torr P. H. S. u. A. Zisserman (2000): MLESAC: A New Robust Estimator with Application to Estimating Image Geometry. *Comp. Vision and Image Underst. 78,* S. 138–156.

Tukey J. W. (1975). Mathematics and the Picturung of Data. *Proceedings International Congress of Mathematicians, Vol 2,* S. 523–531.

Van Huffel S. u. J. Vandewalle (1991): *The Total Least Squares Problem.* SIAM, Philadelphia

Vanlanduit S. u. P. Guillaume (2004): Robust Processing of Mechanical Vibration Measurements. In: Hubert M., G. Pison, A. Struyf u. S. Van Aelst (Hrsg.) *Theory and Applications of Recent Robust Methods, S. 377–385,* Birkhäuser Basel u. a.

Van Mierlo J. (1981): A review of model checks and reliability. *Proc. Intern. Symp. on Geod. Networks and Comp., Munich* S. 308–321.

Velleman P. F. u. R. E. Welsch (1981): Efficient Computing of Regression Diagnostics. *The American Statistician 35,* S. 234–242.

Venables W. N. u. B. D. Ripley (2002): *Modern Applied Statistics with S, (4. Ed.),* Springer, New York u. a.

Verdinelli I. u. L. Wasserman (1991): Bayesian analysis of outlier problems using the Gibbs sampler. *Statistics and Computing 1,* S. 105–117.

Vosselman G., B. G. H. Gorte, G. Sithole u. T. Rabbani (2004): Recognising Structure in Laser Scanner Point Clouds. *ISPRS Archives, Vol. XXXXVI–8/W2,* S. 33–38.

Wang C. M., D. F. Vecchia, M. Young u. N. A. Brilliant (1997): Robust Regression Applied to Optical-Fiber Dimensional Quality Control. *Technometrics 39,* S. 25–33.

Wang N. u. A. E. Raftery (2002): Nearest-Neighbor Variance Estimation (NNVE): Robust Covariance Estimation via Nearest-Neighbor Cleaning. *JASA 97,* S. 994–1006.

Watson G. A. (2007): Robust counterparts of errors-in-variables problems. *Comp. Stat. & Data Analysis 52,* S. 1080–1089.

Weisberg S. (1985): *Applied Linear Regression.* John Wiley &Sons, New York u. a.

Welsch W., O. Heunecke u. H. Kuhlmann (2000): *Auswertung geodätischer Überwachungsmessungen.* H. Wichmann Verlag, Heidelberg.

Wicki F. (1998): *Robuste Schätzverfahren für die Pararmeterschätzung in geodätischen Netzen.* Inst. f. Geodäsie u. Photogr. Nr. 67, ETH Zürich.

Wicki F. (2001): Robust Estimator for the Adjustment of Geodetic Networks. *Proc. First Int. Symp. on Robust Stat. and Fuzzy Techn. in Geodesy and GIS,* (A. Casrosio, H. Kutterer Hrsg.), IGP-Bericht 295, S. 53–60, ETH Zürich.

Wieser A. (2002): *Robust and fuzzy techniques for parameter estimation and quality assessment in GPS.* Diss TU Graz, Shaker Verlag, Aachen.

Wilcox R. R. (2005): *Introduction to Robust Estimation and Hypothesis Testing.* Second Ed. Elsevier, Amsterdam u. a.

Willems G., H. Joe u. R. Zamar (2009): Diagnosing Multivariate Outliers Detected by Robust Estimators. *J. Comp. a. Graph. Statistics 18,* S. 73–91.

Wilson H. G. (1978): Least Squares Versus Minimum Absolute Deviations Estimation in Linear Models. *Decision Science 9,* S. 322–335.

Winkel L. (1984): Can reliability concepts be of practical use for a control Engineer? *Measurement and Control 17*, S. 369–374.

Winter R. (1978): *Theoretische und praktische Untersuchungen zu modulierten Normalverteilungen nach Romanowski.* Wiss. Arb. Geod., Photogr. und Katogr. der TU Hannover, Nr. 79.

Wisnowski J. W., J. R. Simpson u. D. C. Montgomery (2002): A Performance Study for Multivariate Location and Shape Estimators. *Qual. Reliab. Eng. Int. 18*, S. 117–129.

Wolf H. (1968): *Ausgleichungsrechnung nach der Methode der kleinsten Quadrate.* Ferd. Dümmlers Verlag, Bonn.

Wu J. C. u. Y. Q. Chen (2002): Improvement of the separability of a survey scheme for monitoring crustal deformations in the area of an active fault. *J. of Geodesy 76*, S. 77–81.

Xu L., E. Oja u. P. Kultanan (1990): A new curve detection method: Randomized Hough transform (RHT). *Pattern Recognition Letters 11*, S. 331–338.

Xu P. (1989): On Robust Estimation with Correlated Observations. *Bull. Geod. 63*, S. 237–252.

Xu P. (2005). Sign-constrained robust least squares, subjective breakdown point and the effect of weights of observations on robustness. *J. of Geodesy 79*, S. 146–159.

Yang Y. (1999): Robust estimation of geodetic datum transformation. *J. of Geodesy 73*, S. 268–274.

Yang Y., L. Song u. T. Xu (2002): Robust estimator for correlated observations based on bifactor equivalent weights. *J. of Geodesy 76*, S. 353–358.

Yang Y., M. K. Cheng, C. K. Shum u. B. D. Tapley (1999): Robust estimation of systematic errors of satellite laser range. *J. of Geodesy 73*, S. 345–349.

Yao A., J. Gall u. L. Gool (2010): A Hough Transform-Based Voting Framework for Action Recognition. *Proc. CVPR 2010*, S. 2061–2068

Yohai V. (1987): High Breakdown-Point and High Efficiency Robust Estimates for Regression. *The Annal of Statistics 15*, S. 642–656.

Yohai V. (1997): Local and global robustness of regression estimators. *J. of stat. planning and inference 57*, S. 73–92.

Yohai V. J. u. R. H. Zamar (1988): High Breakdown-Point Estimates of Regression by Means of the Minimization of an Efficient Scale. *JASA 83*, S. 406–413.

Yohai V. J. u. R. H. Zamar (1997): Optimal locally robust M-estimates of regression. *J. Stat. Planning a. Inference 64*, S. 309–323.

Zhang Z. (1997): Parameter estimation techniques: a tutorial with application to conic fitting. *Image and Vision Computing 15*, S. 59–76.

Zioutas G., A. Avramidis u. L. Pitsoulis (2007): Penalized trimmed squares and a modification of support vectors for unmasking outliers in linear regression. *REVSTAT 5*, S. 115–136.

Zogg H. M. (2008): *Investigations of High Precision Terrestrial Laser Scanning with Emphasis on the Development of a Robust Close-Range 3D-Laser Scanning System.* Inst. f. Geodäsie u. Photogr. Nr. 98, ETH Zürich.

Zuo Y. (2003): Projection-based Depth Functions and Associated Medians. *Ann. Statist. 31,* S. 1460–1490.

Zuo Y. u. X. He (2006): On the Limiting Distributions of Multivariate Depth-based Rank Sum Statistics and Related Tests. *Ann. Statist. 34,* S. 2879–2896.

Zuo Y. u. R. Serfling (2000): General Notions of Statistical Depth Function. *Ann. Statist. 28,* S. 462–48.

Stichwortverzeichnis

www.ingramcontent.com/pod-product-compliance
Lightning Source LLC
Chambersburg PA
CBHW080931220326
41598CB00034B/5754